Teubner-Ingenieurmathematik

Burg/Haf/Wille
Höhere Mathematik für Ingenieure
Band 1: Analysis
2. Aufl. 732 Seiten. DM 46,–
Band 2: Lineare Algebra
448 Seiten. DM 44,–
Band 3: Gewöhnliche Differentialgleichungen, Distributionen,
Integraltransformationen
405 Seiten. DM 42,–
Band 4: Vektoranalysis und Funktionentheorie
ca. 280 Seiten. ca. DM 42,–

Dorninger/Müller
Allgemeine Algebra und Anwendungen
324 Seiten. DM 48,–

v. Finckenstein
Grundkurs Mathematik für Ingenieure
461 Seiten. DM 48,–

Heuser/Wolf
Algebra, Funktionalanalysis und Codierung
168 Seiten. DM 36,–

Kamke
Differentialgleichungen
Lösungsmethoden und Lösungen
Band 1: Gewöhnliche Differentialgleichungen
10. Aufl. 694 Seiten. DM 88,–
Band 2: Partielle Differentialgleichungen erster Ordnung
für eine gesuchte Funktion
6. Aufl. 255 Seiten. DM 68,–

Krabs
Einführung in die lineare und nichtlineare
Optimierung für Ingenieure
232 Seiten. DM 38,–

Schwarz
Numerische Mathematik
2. Aufl. 496 Seiten. DM 48,–

 **B. G. Teubner Stuttgart**

Kerne, Hadronen und Elementarteilchen

Eine Einführung

Von Prof. Dr. Fritz W. Bopp
Universität-Gesamthochschule Siegen

Mit 153 Figuren und 10 Tabellen

 B. G. Teubner Stuttgart 1989

Prof. Dr. Fritz W. Bopp

Geboren 1945 in Hechingen, Studium an der Universität München, der University of Arizona und der University of Illinois. Promotion 1973 an der University of Illinois. Wissenschaftliche Tätigkeit an den Universitäten Bielefeld und Siegen mit zahlreichen, kürzeren Forschungsaufenthalten an den Forschungszentren CERN in Genf und LAPP in Annecy. Habilitation 1978 und seit 1983 apl. Professor an der Universität-Gesamthochschule Siegen.

CIP-Titelaufnahme der Deutschen Bibliothek

Bopp, Fritz W.:
Kerne, Hadronen und Elementarteilchen : eine Einführung /
von Fritz W. Bopp. — Stuttgart : Teubner, 1989
  (Teubner-Studienbücher : Physik)
  ISBN 978-3-519-03068-3   ISBN 978-3-322-92136-9 (eBook)
  DOI 10.1007/978-3-322-92136-9

Gesamtherstellung: Druckhaus Beltz, Hemsbach/Bergstraße
Umschlaggestaltung: M. Koch, Reutlingen

Vorwort

Eine der bedeutenden Entwicklungen in der Physik ist das zunehmende Verständnis der subatomaren Phänomene. Die subatomare Physik hat dabei eine rasche Entwicklung durchlaufen. Sie gehört heute sicherlich zu den kanonischen Teilen eines Physikstudiums. An den meisten Hochschulen wird daher eine einführende Vorlesung angeboten. Dieses Buch ist ein Skript zu einer solchen Vorlesung.

Die subatomare Physik wird an der Universität Siegen für Studenten im 5. Semester gelesen. Die Studenten haben einführende Vorlesungen in die Quantenmechanik und die Atomphysik gehört. Die theoretische Quantenmechanik wird meist parallel besucht. Es handelt sich um eine Vorlesung, die einen Überblick vermitteln soll, der in späteren Spezialvorlesungen vertieft werden kann. Der gegebene Rahmen begrenzt die Möglichkeiten einer solchen Vorlesung. Viele theoretische Vorstellungen können nur vorgestellt und nicht wirklich konsistent eingeführt werden. Auch beschränkt sich die Darstellung auf solche Konzepte, die unmittelbar dem Verständnis existierender experimenteller Beobachtungen dienen.

Das Skript entstand nach und nach aus den Vorbereitungen für die Vorlesungen. Ohne dies ursprünglich zu beabsichtigen, wurde dabei eine Qualität erreicht, die eine weitere Verbreitung sinnvoll erscheinen läßt.

Bei einem solchen Projekt ist man natürlich vielen Leuten zu Dank verpflichtet. Es beginnt mit Herrn Prof. Grupen, der mir freundlicherweise, als ich die Vorlesung übernahm, ein Skript seiner Kernphysikvorlesung überließ. Für viele Hinweise und Korrekturen zu einzelnen Punkten während der verschiedenen Phasen des Projekts habe ich Herrn Dipl.-Phys. Blendowske, Herrn Prof. Dahmen, Herrn Dr. Schwesinger und vielen anderen zu danken. Schließlich gilt mein Dank für Korrekturen und Ratschläge zu größeren Teilen des fertiggestellten Skripts Herrn Prof. Fließbach, Herrn Prof. Grupen, Herrn Hartung, Frau Lange, Herrn Knipprath, Herrn Dr. Neugebauer, Herrn Prof. Schiller, Herrn Tafelmeier und Frau Wied. Zu erwähnen sind auch nützliche Anmerkungen der Gutachter des Teubner Verlags.

Siegen, April 1989   Fritz W. Bopp

Inhaltsverzeichnis

Gliederung nach der typischen Skala

Die Kern- und Elementarteilchenphysik umfaßt ein recht umfangreiches Gebiet.
Um es in einen geeigneten Zusammenhang zu stellen und zu untergliedern, beginnen wir mit einer Art von allgemeiner Klassifikation aller physikalischen Phänomene. Diese universelle Einteilung soll nach der *typischen Längenskala* geschehen, in der die jeweiligen Effekte in Erscheinung treten. Je nach Längenskala,
die für die beobachteten Phänomene typisch ist, sind andere physikalische Gesetze relevant. Das klassische Beispiel hierfür ist das Verhalten eines Gases. Die
im Zentimeterbereich auftretenden Phänomene werden hier durch die makro-
skopische Thermodynamik beschrieben, während im Angströmbereich die mikroskopische Theorie der Streuung von Molekülen ihre Anwendung findet. Daß
bei anderen Längenskalen andere Gesetze zum Tragen kommen, ist (mit Ausnahmen) typisch für alle physikalischen Phänomene. Es ermöglicht daher eine
natürliche Klassifikation.

Um eine Skaleneinteilung universell anzuwenden, ohne von der Notation abgelenkt zu werden, benutzen wir für die augenblickliche Betrachtung die in der
Hochenergiephysik oft gebrauchte Konvention der sogenannten *natürlichen Zeit-
und Längeneinheiten*, die sich aus den folgenden Definitionen ergeben:

$$\text{Plancksche Konstante}/2\pi = \hbar = 6,58 \cdot 10^{-22}\,\text{MeV} \cdot \text{s} \,\hat{=}\, 1\,,$$

$$\text{Lichtgeschwindigkeit im Vakuum} = c = 3 \cdot 10^{8}\,\text{m/s} \,\hat{=}\, 1\,.$$

Die Benutzung der natürlichen Einheiten ist für praktische Rechnungen oft nicht
vorteilhaft. Man kommt nicht umhin, sich die jeweils üblichen Bezeichnungen
anzueignen, weil es z.B. nicht sehr nützlich ist zu wissen, wieviel eV^2 Leistung
ein Auto hat. Wir werden daher in den Gebieten , in denen es in der Literatur
üblich ist, auf das $\hbar$ und das c nicht verzichten.

Die Konvention drückt die Zeit- und die Längeneinheit durch das Inverse der
Energieeinheit

$$1\text{eV} = 1,6 \cdot 10^{-19}\,\text{J}$$

aus. Sie ersetzt die in der Atom- und Kernphysik üblichen Längenskalen des
Angström (0, 1 Nanometers) und des Fermi (Femtometers)

$$1\text{Å} = 10^{-10}\text{m}\,,$$

$$1\text{fm} = 10^{-15}\text{m}\,,$$

durch inverse Energieeinheiten

$$1\text{Å} \cong (1,973\text{keV})^{-1}\,,$$

$$1\text{fm} \cong (197,3\text{MeV})^{-1}\,,$$

wobei, wie wahrscheinlich gut bekannt, Zehnerpotenzen durch entsprechende Buchstaben ausgedrückt werden:

$$\text{keV} = 10^{3}\text{eV},\qquad\qquad \text{MeV} = 10^{6}\text{eV},$$
$$\text{GeV} = 10^{9}\text{eV},\qquad\qquad \text{TeV} = 10^{12}\text{eV}.$$

Die Einheiten werden meist einfach buchstabiert. Die vollen Namen sind

$$\text{Kiloelektronenvolt}\,,\qquad\qquad \text{Megaelektronenvolt}\,,$$
$$\text{Gigaelektronenvolt}\,,\qquad\qquad \text{Teraelektronenvolt}\,.$$

Da das eV eine recht kleine Einheit ist, sind die Bezeichnungen für negative Zehnerpotenzen eigentlich nur für andere Maße, wie das

$$\text{mm} = 10^{-3}\text{m},\qquad \mu\text{m} = 10^{-6}\text{m},\qquad \text{nm} = 10^{-9}\text{m},$$
$$\text{pm} = 10^{-12}\text{m},\qquad \text{fm} = 10^{-15}\text{m},\qquad \text{am} = 10^{-18}\text{m}$$

üblich. Ausgeschrieben sind die Namen

$$\text{Millimeter},\qquad \text{Mikrometer},\qquad \text{Nanometer},$$
$$\text{Pikometer},\qquad \text{Femtometer},\qquad \text{Attometer}.$$

Unsere Längenskala mit dieser Umrechnung auf die typischen Zeitspannen und auf die typischen Energien auszudehnen, ist physikalisch sinnvoll. Effekte, deren Ablauf eine gewisse Zeitgrößenordnung Δt hat, erfordern in einem geänderten Lorentz-System gemäß der Beziehung

$$\Delta x = c\beta\gamma\Delta t$$

die entsprechende Längengrößenordnung Δx. Wegen der quantenmechanischen Unschärferelation

$$\Delta t = \hbar/\Delta E$$

ist ein bestimmter Energiebereich — und damit eine gewisse Energie — notwendig, um entsprechend kurzzeitige oder lokale Effekte aufzulösen und wahrzunehmen. In der Praxis treten natürlich oft verschiedene Skalen auf, von denen allerdings in der Regel nur eine für die betrachtete Physik relevant ist. Ein fast stabiler Kern erfordert eine kleine Längen- und eine fast unendliche Zeitskala.

Solange die Zerfallszeit groß (oder unendlich) ist, ist für die Beschreibung der Kernstruktur die Längenskala, die in etwa der potentiellen Energie entspricht, typisch.

Nachdem wir mit der obigen Konvention eine universelle Skala eingeführt haben, die es gestattet, die räumliche, zeitliche und energetische Situation von Vorgängen zu berücksichtigen, können wir mit unserer *universellen Klassifikation* beginnen. Nehmen wir dazu eine enge, in etwa logarithmische Skala und zeichnen die verschiedenen Gebiete an der entsprechenden Stelle ein. Ein Fahrrad, als ein Beispiel für Alltagsphysik, wird seiner Größenordnung nach im Bereich von Dezimeter bis Meter anzuführen sein, was bei der Enge der Skala ausreichend präzise ist. Im makroskopischen Bereich bestimmt die beobachtete Längenausdehnung meist die typische Skala, während im mikroskopischen Bereich die Position in der Skala durch die gemessene Energie festgelegt wird.

Hat man alle Gebiete eingezeichnet, erhält man in etwa die in Abb. 0.1 dargestellte Situation. In der Abbildung sind aus graphischen Gründen die Abstände in Richtung großer Längeneinheiten für eine logarithmische Skala etwas zu eng gezeichnet. Auch sind Kern- und Hadronenphysik etwas zu weit auseinander geraten.

Die Abbildung umfaßt ein recht weites Gebiet. Die Skala erstreckt sich von den kleinsten zu den größten bekannten Dingen. Das Verständnis der Phänomene, die in der Zeichnung schematisch klassifiziert wurden, ist eine bedeutende kulturelle Leistung unseres Zeitalters[7]. Man ist dabei viele Stufen über die mehr oder weniger spekulativen oder definitorischen Vorstellungen der Antike und des Mittelalters hinausgekommen.

In die Abbildung sind nur Gebiete aufgenommen, von denen man annimmt, daß sie in ihren grundsätzlichen Gesetzmäßigkeiten bekannt sind. Es ist möglich, daß man mit den theoretischen Überlegungen an beiden Enden schon dicht an Grenzen ist, die man nicht oder nur unter größten Schwierigkeiten überwinden kann. Verantwortlich für diese Schwierigkeiten ist die Gravitation. Verläßt man die Skala in Richtung großer Abstände, wird man zu Phänomenen kommen, für die die von der allgemeinen Relativitätstheorie vorhergesagte Krümmung des Raumes wichtig wird. Ist die Masse des Universums groß genug, gibt es einen Horizont, der die prinzipiell zugängliche Information begrenzt. Krümmungseffekte treten auch am anderen Ende bei sehr winzigen Abständen auf. Die klassische Form des Gravitationspotentials

$$\text{Potentielle Energie} = G \cdot m_1 \cdot m_2 / r$$

hat eine Singularität bei $r = 0$. Quantenmechanisch [1] erfordert eine Lokalisierung mit dem typischen Radius r meist eine Masse der Ordnung $1/r$, d.h. mit

---

[1] Betrachten wir das elektrodynamische Potential als Beispiel für eine typische Wechselwirkung ohne eigene Skala. In natürlichen Einheiten entspricht das Ladungsquadrat, abgesehen von einem Faktor 4π, der dimensionslosen Feinstrukturkonstanten. Als Dimensionsgrößen verbleiben damit in der Schrödingergleichung nur m und r. In Lösungen können daher nur $r \cdot m$-Terme als Argumente auftreten.

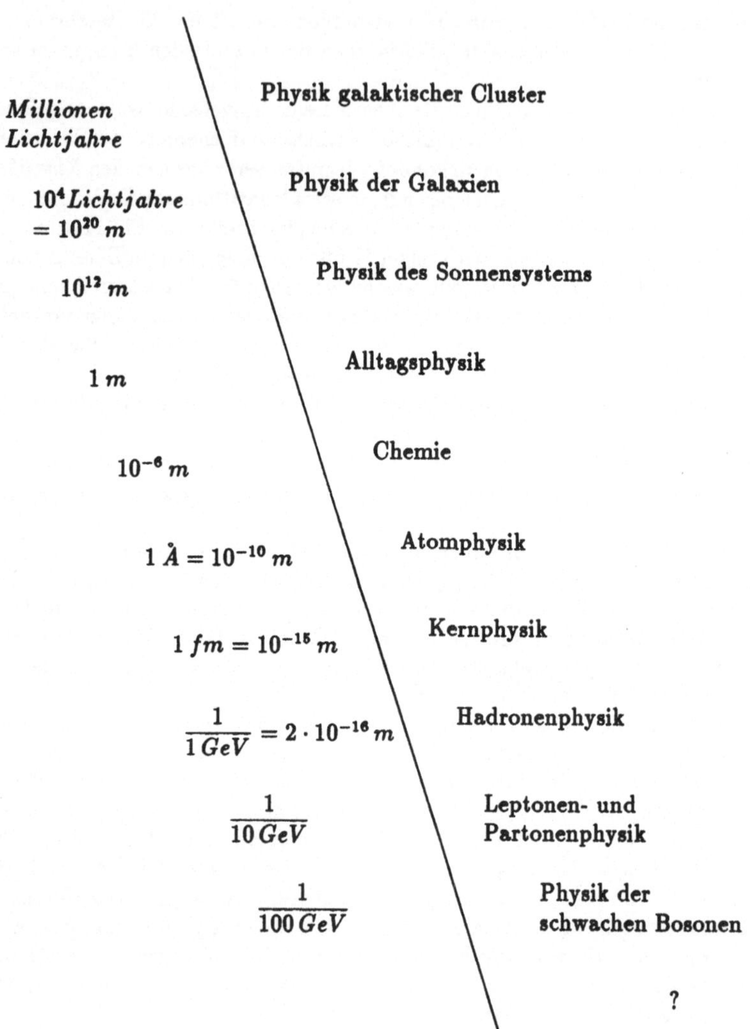

Abb. 0.1:   Universelle Klassifikation

zunehmender Masse können die Teilchen dichter und dichter an die Singularität des Potentials herankommen. Insgesamt steigt die potentielle Energie des Gravitationspotentials daher mit der dritten Potenz der Massen oder der Lokalisierung. Für sehr große Massen wird das Gravitationspotential dieselbe Größenordnung wie die Massen haben. Berechnet man die benötigte Größe, so erhält man die *Planck-Masse*

$$m_{\text{Planck}} \cong G^{-1/2} = 1,2 \cdot 10^{28} \text{eV} \ .$$

Das Gebiet mit einer Längenskala, die dieser Planck-Masse entspricht, wird oft als eine Art "Schallmauer" für das physikalische Verstehen angesehen, die nur schwer zu durchbrechen sein wird. In diesem Gebiet spielt die Gravitation eine zentrale Rolle. Die Gravitation ist mit einer inhomogenen Struktur des Raums verknüpft; man erwartet ein kompliziertes Zusammenspiel von Teilchenfeldern und Raumstrukturen, das die üblichen Betrachtungsweisen unmöglich macht. Es ist nicht klar, ob diese "Schallmauer" wirklich völlig unüberwindbar ist. Es gibt Versuche, selbstkonsistente Theorien für dieses Gebiet zu finden.

Die in gewissem Sinne prinzipiellen Grenzen der Gravitation sind noch nicht erreicht. Betrachten wir die Situation am unteren Ende unserer Skala. Mit der sogenannten Theorie der Großen Vereinheitlichung (englisch Grand Unification Theory) gibt es recht naheliegende Extrapolationen bekannter Gebiete, die nur mit wenigen, relativ harmlosen konzeptuellen Schwierigkeiten zu einem grundsätzlichen Verständnis beinahe bis in die Gegend der Planck-Masse führen würden. Unglücklicherweise hat sich eine wichtige Vorhersage dieser Theorien (der Protonenzerfall) experimentell nicht bestätigt. Es kann sein, daß ein solcher Durchbruch mit einer modifizierten Theorie gelingt. Pessimisten sind allerdings der Ansicht, daß uns im Bereich der kleinen Abstände noch viele Überraschungen und neue Erkenntnisse erwarten und daß es unwahrscheinlich ist, daß plötzlich Sprünge beinahe über zwanzig Dekaden gelingen könnten. Nach ihrer Ansicht kann man wie bisher dann mit mehr oder weniger großem Aufwand Dekade nach Dekade zu kürzeren Abständen vordringen und dabei jeweils die Gültigkeit existierender Konzepte etwas ausdehnen oder neuartige Gebiete der Physik erschließen. Dies ist kein unbedeutendes Unterfangen. Da die kurzreichweitige Theorie die Grundlage für die weniger kurzreichweitige Theorie darstellt, bedeutet dies, daß das Verständnis der Welt nach und nach in grundlegender Weise erweitert wird.

Dieses Buch soll in die Gebiete, die auf der Skala unterhalb der Atomphysik liegen, einführen, die Gliederung des Stoffes folgt der Skaleneinteilung. Unsere Reise in den Mikrokosmos wird daher mit der Kernphysik beginnen und uns dann zur Hochenergiephysik führen.

Der *Kernphysik*-Teil behandelt zunächst Eigenschaften, die für ruhende Kerne relevant sind, und betrachtet dann Streuvorgänge von Kernen. Er schließt mit einem Kapitel über kernphysikalische Prozesse, die aus anderen Gründen wichtig sind.

Unsere Untergliederung der *Teilchenphysik* in drei Teile, in die *Physik der Ha-*

dronen, in die *Physik der Leptonen und Partonen* und in die *Physik der Schwachen Bosonen*, folgt wiederum der typischen Skala. Da die Elektrodynamik, die der Physik der Leptonen zugrundeliegt, über einen weiten Bereich gilt, ist es etwas schwierig, ihr eine Skala zuzuordnen. Der mittlere Skalenbereich ist gewählt, da dort ihre Wirkungsquerschnitte in Relation zu anderen Prozessen eine besonders große Rolle spielen. Jedes der drei Teilgebiete erfordert dann seine eigenen spezifischen Methoden.

Ähnlich wie in der Kernphysik bemüht man sich in der Hadronenphysik um eine globale, phänomenologische Beschreibung hadronischer Wechselwirkungen, die sich im Augenblick nicht aus einer mikroskopischen Theorie ableiten läßt. Eine mikroskopische Beschreibung, d.h. eine Beschreibung aus der Physik der Partonen, ist nur in Randgebieten mit mehr oder weniger groben Approximationen möglich.

Die Physik der Leptonen und Partonen enthält die Effekte der "elektromagnetischen Wechselwirkung" und der "starken Wechselwirkung", soweit diese analog zur elektromagnetischen Wechselwirkung behandelbar sind. Ihr liegen Quantenfeldtheorien mit masselosen Eichteilchen zugrunde. Außerhalb von engen kinematischen Gebieten und abgesehen von gewissen theoretischen Problemen ist sie störungstheoretischen Methoden zugänglich. Allerdings sind die Rechnungen oft sehr kompliziert. Die Vorlesung muß sich darauf beschränken, typische Methoden vorzustellen und die wichtigsten Ergebnisse anzuführen. Um dies zu tun, wird ein besonders einfaches Beispiel für eine solche Rechnung explizit vorgeführt.

Die Physik der schwachen Bosonen enthält die Effekte der sogenannten "schwachen Wechselwirkung". Ihr liegt, wie wir im Kap. 4.2 sehen werden, eine Quantenfeldtheorie mit massiven Eichteilchen zugrunde. Die Masse der Eichteilchen verändert die Situation recht drastisch. Viele konzeptuelle und technische Probleme entfallen und neue Fragen, die oft direkt oder indirekt mit der Entstehung dieser Eichteilchenmassen zu tun haben, sind noch unbeantwortet.

1. Einführung in die Kernphysik

Die Kernphysik ist kein in sich abgeschlossenes Kapitel der modernen Physik. Es gibt keine einfache, grundlegende Theorie, aus der sich detaillierte Eigenschaften der Kerne auf mehr oder weniger einfache Weise berechnen lassen. Es wird sich später herausstellen, daß dies kein Problem eines mangelnden, fundamentalen Verständnisses ist, sondern daß die Kerne einfach recht komplexe Gebilde sind. Zum einen wird mit der wachsenden Zahl der Objekte die Dynamik recht kompliziert. Zum anderen liegt es daran, daß die Längenskalen der Kernphysik und der zugrundeliegenden Hadronenphysik nicht weit genug auseinander sind und daß daher detaillierte Eigenschaften der Hadronenphysik in der Kernphysik eine Rolle spielen. Liegen die Skalen weit genug auseinander, können nur sehr wenige Eigenschaften der fundamentaleren Theorie in der Theorie mit der größeren Skala relevant sein. Ein Beispiel hierfür ist die Atomphysik, in der aus der zugrundeliegenden Quantenelektrodynamik im wesentlichen nur das Coulomb-Gesetz und einfache magnetostatische Korrekturen, die den Spin der Elektronen berücksichtigen, übrig bleiben.

Wegen der Komplexität muß man sich letztlich darauf beschränken, eine phänomenologische Beschreibung mit mehr oder weniger handhabbaren Modellen und Vorstellungen zu finden, die den Strukturen der Kerne mehr oder weniger genau entsprechen. In einer Einführung in die Kernphysik werden daher die experimentell beobachteten Phänomene eine zentrale Rolle spielen.

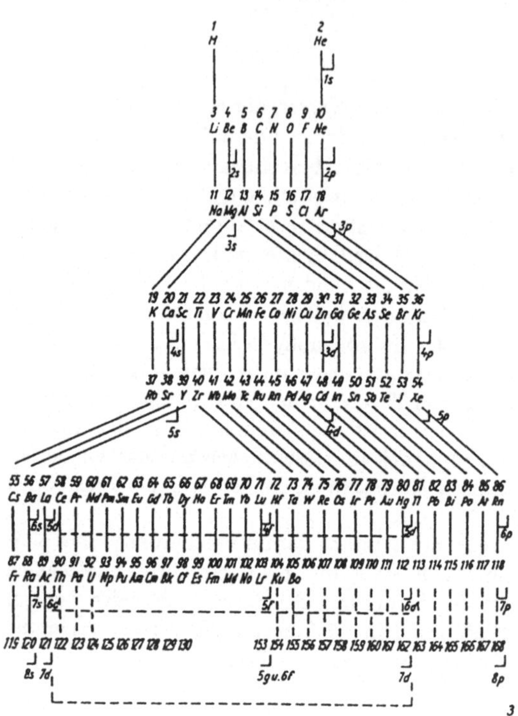

Abb. 1.1:   Das Periodensystem der Elemente [aus R. Lenk et al. [47]]

1.1 Kurze historische Einführung

Nachdem Alchimisten lange vergeblich versucht hatten, das Element Gold "herzustellen", wurde im 19. Jahrhundert die Einteilung der chemischen Substanzen in Elemente und Verbindungen erreicht. Im Jahre 1803 postulierte der englische Chemiker *Dalton*, daß die *Elemente* jeweils aus einer Atomsorte bestehen und daß Verbindungen verschiedene Atome mit festem Mischungsverhältnis enthalten. Der russische Chemiker *Mendelejew* führte 1869 das *Periodensystem* ein, das eine Verbindung zwischen den Gewichten und den chemischen Eigenschaften der Atome herstellte. Das Periodensystem ist schematisch in Abb. 1.1 dargestellt.

Der Durchmesser eines Atoms liegt in der Größenordnung von einem Ångström. Wegen der Unschärferelation ist die Struktur von auflösbaren Objekten von der Wellenlänge der zur Beobachtung eingesetzten Strahlung begrenzt. Die

Abb. 1.2:   Wilhelm Conrad Röntgen [Mit Genehmigung von Historia-Photo, Hamburg]

Auflösung eines Atoms in Unterstrukturen konnte daher erst geschehen, nachdem eine Strahlungsquelle mit der entsprechenden Energie verfügbar wurde.

Der erste Schritt in diese Richtung erfolgte 1895 durch eine Entdeckung des an der Würzburger Universität tätigen Physikers *Röntgen* (Abb. 1.2), für die er den ersten Nobelpreis der Physik erhielt [1]. Er konnte eine die Materie durchdringende Strahlung nachweisen, die photographische Platten schwärzt und Fluoreszenz verursacht. Sie wird heute *Röntgenstrahlung* (im englischen X-rays) genannt. Die Erzeugung der Strahlung erfolgt in einer Röntgenröhre, wie sie in Abb. 1.3 zu sehen ist.

1896 fand der französische Physiker *Becquerel* (Abb. 1.4) die *natürliche Radioaktivität*. Es war ein Beispiel für eine Zufallsentdeckung. Seine ursprüngliche Vorstellung war [2], daß die durchdringende Röntgenstrahlung in Wirklichkeit erst am Glas der Röntgenröhre entstünde und mit Fluoreszenz etwas zu tun hätte. Um gute Fluoreszenz zu erhalten, belichtete er fluoreszierende Uransalze mit Sonnenstrahlung und fand, daß sie in der Tat Quelle einer durchdringenden Strahlung waren. Er war in seinen Untersuchungen ausreichend sorgfältig, um zu bemerken, daß der Effekt unabhängig von der Belichtung war und daß sie bei allen Uranverbindungen auftrat.

1899 wurden wichtige Eigenschaften dieser natürlichen Radioaktivität des Urans herausgefunden. Untersuchungen von *Rutherford* (Abb. 1.5), der damals mit 29 Jahren Professor an der McGill Universität in Kanada war, und anderen zeigten, daß die natürliche Strahlung des Urans drei verschiedene Anteile enthält [2],

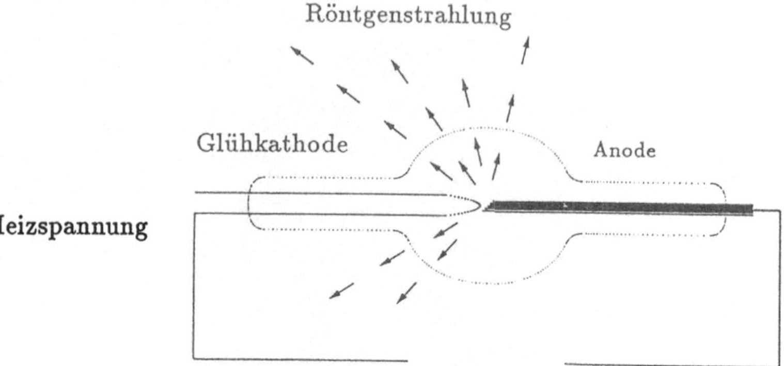

Abb. 1.3:   Glühkathodenröhre zur Herstellung von Röntgenstrahlung

Abb. 1.4:   Henri Becquerel [Mit Genehmigung von Historia-Photo, Hamburg]

Abb. 1.5:   Ernest Rutherford [aus A.S. Eve: Rutherford (Cambridge University Press, Cambridge)]

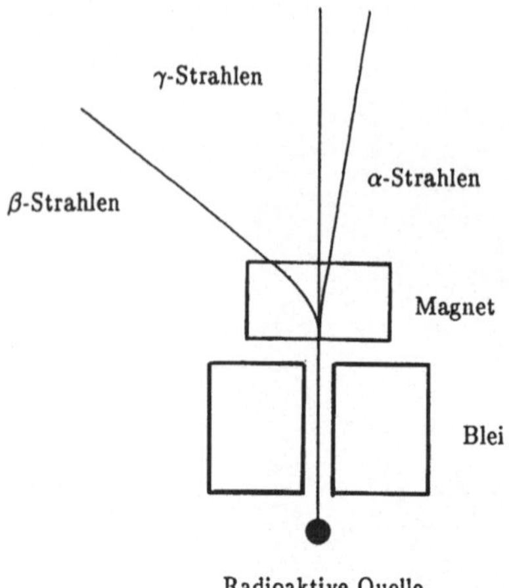

Abb. 1.6:   Die drei Komponenten der natürlichen Strahlung des Urans

die α-Strahlung, β-Strahlung und γ-Strahlung genannt wurden. Die α-Strahlung wird durch ein Blatt Papier gestoppt, β-Strahlung kann Aluminiumfolien von einigen Millimetern durchdringen, und γ-Strahlung erfordert eine Abschirmung von mehreren Zentimetern Dicke. Die drei Komponenten der Radioaktivität besitzen unterschiedliche Ladungen. Ein idealisiertes Schema eines Versuchs, der dies nachweist, ist in Abb. 1.6 dargestellt. Für den Fall der α-Strahlung, der ein besonders starkes Magnetfeld erfordert, wurde dieser Versuch erst Jahre später durchgeführt.

Der französische Physiker *Pierre Curie* und seine Frau, die aus Polen stammende Chemikerin *Marie Sklodowska Curie* (Abb. 1.7) hatten erkannt, daß die Radioaktivität eine Eigenschaft gewisser Elemente war. Frau Curie begann mit einer intensiven Untersuchung aller bekannten Elemente. Sie entdeckte die Radioaktivität des *Thoriums*. Da das Uranerz mehr strahlte als das reine Uran, mußten andere Elemente, die zusammen mit dem Uran auftraten, dafür verantwortlich sein. Die Schwierigkeit war, daß die unbekannten radioaktiven Elemente nur in sehr geringen Mengen vorlagen. Mit mehreren Tonnen Uranpechblende konnten die Curies 1898 die neuen Elemente *Radium* und *Polonium* nachweisen und ein "ganzes" Gramm Radium isolieren.

Nach diesen Arbeiten wurden immer mehr radioaktive Substanzen gefunden und viele bisher unbekannte Elemente entdeckt, unter ihnen das Aktinium, das Radiothorium, das Mesothorium und das gasförmige Radon. Diese intensiven Untersuchungen brachten 1903 *Rutherford* und *Soddy* zur Schlußfolgerung, daß eine *spontane Umwandlung* gewisser Elemente in andere die radioaktive Strahlung verursacht [6].

Abb. 1.7:   Marie Sklodowska und Pierre Curie [Mit Genehmigung des Ullstein-Bilderdienstes, Berlin]

Die meisten Elemente haben eine Masse, die ziemlich genau einem Vielfachen der Wasserstoffmasse entspricht. Zu dieser Regel gibt es allerdings Ausnahmen, die vor allem bei schwereren Kernen, aber auch bei einigen leichteren Elementen auftreten. Um sie zu verstehen, postulierte *Soddy* 1910, daß Elemente manchmal aus einer festen Mischung von unterschiedlichen *Isotopen* bestehen, die identische Eigenschaften haben und sich nur in ihrer Masse unterscheiden und daß die Isotope selber recht genau einem festen Vielfachen der Wassserstoffmasse entsprechen. 1912 konnte *J.J.Thomson* durch ihre unterschiedlichen Bahnen im Magnetfeld die Existenz von zwei verschiedenen Neonisotopen nachweisen.

Gehen wir für einen Augenblick mit unserer Betrachtung wieder ein paar Jahre zurück. Die Physiker *Crookes* und *Perrin* hatten gezeigt [2], daß die "Kathodenstrahlung" in der Glühkathodenröhre aus negativen Teilchen besteht. Die Strahlung, die offensichtlich von der Glühkathode ausgesandt wird, transportiert negative Ladung zur Anode, die man als Strom messen kann. Wie es für negative Teilchen einer gegebenen Masse zu erwarten ist, wird die Kathodenstrahlung im Magnetfeld von der Lorentzkraft in einer bestimmten Weise abgelenkt. Ist das Vakuum in der Glühkathodenröhre nicht perfekt, kann die Bahn der Kathodenstrahlung durch Fluoreszenz in angeregten Gasatomen direkt beobachtet werden. Die korpuskulare Existenz des aus den Atomen emittierten und offensichtlich dort existierenden Elektrons war damit geklärt.

Aus Streuexperimenten hat man geschlossen, daß die Elektronen relativ gleichmäßig über das gesamte Atom "verschmiert" sind. Dabei blieb es lange unklar, wo sich die kompensierende positive Ladung befindet; J.J.Thomson z.B. postu-

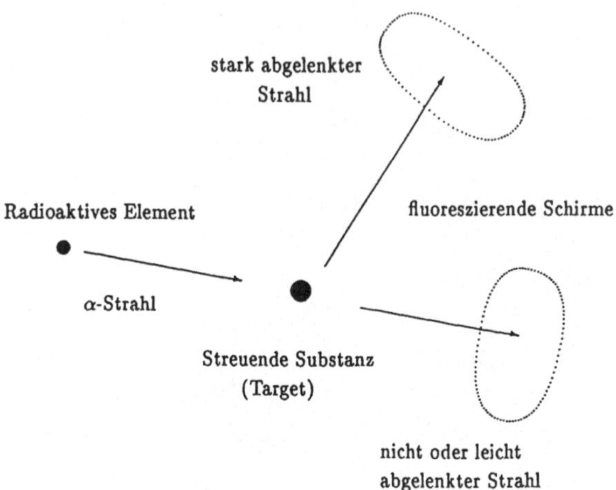

Abb. 1.8:   Der Rutherfordsche Streuversuch

lierte (*Thomsonsches Atommodell*), daß auch diese gleichmäßig über das Atom verteilt sei.

Klarheit über die Verteilung brachten Experimente von *Rutherford* und Mitarbeitern [8]. Das Schema dieser Versuche ist in Abb. 1.8 dargestellt . Die Strahlung mit der höchsten verfügbaren Energie (etwa 4-6 MeV), die Information über die kleinsten Abstände ermöglichen konnte, war damals die α-Strahlung. In den Experimenten wurde die α-Strahlung eines radioaktiven Elements an verschiedenen Substanzen gestreut. Die gestreuten α-Teilchen konnten in mühsamer Experimentierarbeit als Lichtblitze auf geeignet aufgestellten, fluoreszierenden Schirmen mit dem Auge beobachtet werden.

Das Ergebnis der Experimente war, daß der größte Teil der einfallenden Teilchen in etwa seine Richtung beibehielt. In einigen wenigen Streuereignissen — für eine $0,5\,\mu m$ dicke Goldfolie war es ein Streuereignis aus 100000 — wurden die einfallenden Teilchen in einen Winkel von 90^0 und mehr gestreut. Da man von einer kurzreichweitigen Wechselwirkung wegen der Unschärferelation große Impulsüberträge und damit große Streuwinkel erwartet, muß eine langreichweitige Wechselwirkung dominant sein, etwa die Coulomb-Wechselwirkung. Um für diese Interpretation ausreichend große Felder zu haben, muß die positive Ladung in einem Kern sitzen, dessen Radius wesentlich kleiner als der Atomradius ist.

Tatsächlich kann man aus einem solchen Experiment eine wesentlich genauere Information über die Ladung und die Größe des Atomkerns erhalten. Dazu müssen wir zunächst die *Rutherford-Formel* einführen, die das Streuverhalten eines schnellen punktförmigen Strahlteilchens der Ladung z und der Masse M an einem schweren, punktförmig geladenen Atom der Ladung Z, das in einem

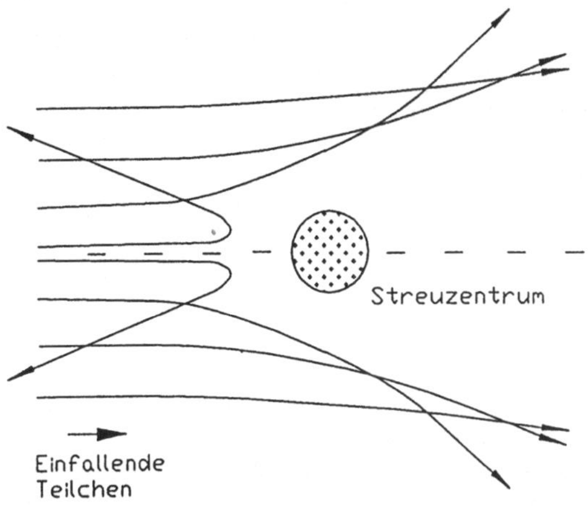

Abb. 1.9:   Streuwege eines klassischen Teilchens im Coulomb-Feld

ruhenden Target sitzt, beschreibt:

$$\frac{d\sigma}{d\Omega} = \left(\frac{zZ\,e^2/4\pi}{2Mv^2}\right)^2 \cdot \frac{1}{\sin^4 \vartheta/2} \,. \tag{1.1}$$

Bei festem einfallenden Teilchenfluß ist der angegebene Wirkungsquerschnitt $d\sigma/d\Omega$, wie wir später genauer festlegen werden, proportional zur Wahrscheinlichkeit, daß ein Teilchen in die angegebene Richtung gestreut wird. Die Richtung wird dabei durch das Raumwinkelelement $d\Omega = \sin\vartheta\,d\vartheta\,d\varphi$ beschrieben. Die obige Relation ergibt sich aus der Tatsache, daß das elektrostatische Coulomb-Potential die Bahn des Projektilteilchens verändert (Abb. 1.9). Projektilteilchen, die recht genau auf das Targetteilchen einfliegen, sind für größere Winkel verantwortlich, während die kleinen Winkel auf solche Teilchen zurückzuführen sind, die weit weg vom Target einfallen und nur den äußeren Rand des Targetfelds spüren.

Die obige Relation folgt aus der klassischen Elektrodynamik. Daß sie in dem neuen mikroskopischen Gebiet anwendbar war, und daß damit die unten gezogenen Folgerungen richtig waren, verdankt sie dem etwas glücklichen Umstand, daß in der Quantenmechanik dieselbe Formel gilt.

Mit einem lokalisierten Kern und mit einer über den gesamten Atombereich verteilten Elektronenwolke hat man nun die folgende Situation: Die meisten gestreuten Projektilteilchen dringen nur mehr oder weniger tief in die Elektronenhülle ein und spüren nur eine elektromagnetische Ablenkung. Diese Ablenkung entspricht je nach Projektilenergie und je nach Streuwinkel mehr oder weniger gut der Rutherford-Formel. Da das Coulomb-Feld schnell abfällt, ist der offensichtlich nicht Coulombartige äußere Bereich mehr oder weniger unwichtig.

Nur für wirklich zentrale Stöße und nur dann, wenn die Energie des einfallenden Teilchens groß genug ist, um die Coulomb-Abstoßung zu überwinden und bis zum Kern durchzudringen, wird eine neue Situation auftreten. Es wird zu einer direkten Wechselwirkung zwischen Kern und Projektil kommen, in der kleine Winkel nicht mehr bevorzugt werden. Bei α-Teilchen aus radioaktiven Zerfällen kann eine solche "anormale Streuung" nur an leichten Kernen mit niedriger Kernladungszahl beobachtet werden.

Die Rutherfordschen Experimente zeigten, daß Kerndurchmesser vier Dekaden unter typischen Radien mittlerer Elektronenschalen liegen. In einem geeigneten Energie- und Winkelbereich, in dem das Projektil den Kern beinahe erreicht, kann der Einfluß der Elektronenladung auf die Projektilbahn damit nicht nur "mehr oder weniger", sondern in guter Approximation vernachlässigt werden. Damit ist eine recht genaue Bestimmung des Kernradius und aus der Größe der Streuung der Kernladung möglich. Man fand die folgende Situation: Die Kernradien liegen im Bereich einiger Fermi. Benutzt man die Wasserstoffladung und die Wasserstoffmasse als Einheiten, so ist die Kernladung eine ganze Zahl, die in etwa dem halben Atomgewicht des Kerns entspricht.

Das Rutherfordsche Atommodell hat eine konzeptuelle Schwierigkeit bezüglich seiner atomphysikalischen Komponente. Es sagt nichts darüber aus, wie die Elektronen auf ihren Bahnen weit weg vom Kern bleiben und nicht langsam unter Abstrahlung von Photonen in den Kern fallen. Dieses Problem wurde zunächst vom Kopenhagener Physiker Niels Bohr mit einem Postulat umgangen, das die möglichen Teilchenbahnen einschränkt und zu vielen phänomenologischen Vorhersagen führte. Gelöst wurde das Problem, wie aus früheren Vorlesungen bekannt, in der Quantenmechanik, die von Schrödinger und von Heisenberg eingeführt wurde. Für die Abstrahlung ist die Ladungs- bzw. Stromverteilung entscheidend. Die Bewegung eines "kreisenden" Elektrons wird durch die "quantenmechanische Verschmierung" der Ladungsverteilung umgangen.

Die im folgenden in der Atomphysik entwickelte Quantenmechanik gilt, wie sich nach und nach herausstellte, auch auf der 10^4 mal kleineren Skala der Kernphysik. Da die Kernphysik im folgenden stark von dieser neuen nicht kernphysikalischen Entwicklung beeinflußt wurde, erscheint es sinnvoll, an diesem Punkt den historischen Weg zu verlassen und einem etwas systematischeren Aufbau zu folgen.

1.2 Die wichtigsten Fakten der Kernstruktur

1.2.1 Zusammensetzung der Kerne

Die Atomkerne bestehen aus *Protonen* und *Neutronen*. Diese beiden Bestandteile der Kerne (englisch und lateinisch nucleus, plural nuclei) werden als Nukleonen (englisch nucleons) bezeichnet. Für jede Kernsorte gibt es eine feste Anzahl dieser Teilchen.

Die Zahl der Protonen heißt *Ordnungszahl Z*, sie gibt die Ladung des Kerns an. Die Kernladung legt die Anzahl der Elektronen der Atomhülle fest und ist damit für die chemischen Eigenschaften der Atome verantwortlich; sie bestimmt, um welches Element des Periodensystems es sich handelt. Die Ordnungzahl eines Kerns mißt seine Ladung in Einheiten der Elektronenladung[2]

$$e = -Q_{\text{Elektron}} = 1{,}6 \cdot 10^{-19}\,\text{Coulomb} = (4\pi \cdot 1.44\,\text{MeV}\,\text{fm})^{1/2}\,. \qquad (1.2)$$

Die Menge der Neutronen, die *Neutronenzahl N*, kann aus der Masse der Kerne bestimmt werden. Die Masse der Kerne hängt im wesentlichen von der Anzahl der Nukleonen im Kern ab, d.h. von der *Massenzahl* (mass number) $A = N + Z$. Auf Korrekturen, die mit der unterschiedlichen Bindungsenergie zu tun haben, werden wir später zu sprechen kommen.

Zur Kennzeichnung von Kernen benutzt man die Schreibweise

$$^{A}_{Z}E_{N} \qquad \text{oder verkürzt} \qquad ^{A}E\,,$$

wobei E die Atomsorte bezeichnet. Zwei Beispiele betrachten wir:

$$^{4}_{2}\text{He}_2 = {}^{4}\text{He} \qquad \text{oder} \qquad ^{235}_{92}\text{U}_{143} = {}^{235}\text{U}\,.$$

Es ist oft nützlich, ähnliche Kerne zu vergleichen. Um die Ähnlichkeiten zu klassifizieren, benutzt man die folgenden Bezeichnungen:

- Kerne mit gleicher Ordnungszahl Z heißen *Isotope*.

- Kerne mit gleicher Neutronenzahl N heißen *Isotone*.

- Kerne mit gleicher Massenzahl A heißen *Isobare*.

- Kerne mit vertauschten Z und N heißen *Spiegelkerne*.

- Angeregte, langlebige Kerne mit gleichen Z und N heißen *Isomere*.

Insgesamt gibt es etwa 1250 bekannte Kerne. Die Ordnungszahl variiert von 1 bis 109. Bei Elementen mit großen Ordnungszahlen gibt es bis zu 23 verschiedene Isotope. Isomere Kerne können durch Absorption oder Emission von γ-Strahlung ineinander übergehen. Übergänge zwischen isobaren Kernen werden durch die β-Strahlung ermöglicht. Unter Abstrahlung eines Elektrons (β-Teilchen) und

---

[2]Für die Definition der Ladung durch andere Einheiten gibt es verschiedene Möglichkeiten. Wir folgen Bjorken und Drell [14] und benutzen Heaviside-Lorentz Einheiten.

24   *1 Einführung in die Kernphysik*

Z \ N	0	1	2	3	4	5	6	7	8
7						$N\,12$ 11.0ms	$N\,13$ 9.96m	**N 14** 99.64%	**N 15** 0.36%
6				$C\,9$ 126ms	$C\,10$ 19.3s	$C\,11$ 20.3m	C 12 98.89%	$C\,13$ 1.11%	$C\,14$ 5736a
5				$B\,8$ 762ms	$B\,9$	**B 10** 20%	**B 11** 80%	$B\,12$ 20.3ms	$B\,13$ 17.3ms
4				$Be\,7$ 53.4d	$Be\,8$	**Be 9** 100%	$Be\,10$ $2\cdot10^6a$	$Be\,11$ 13.8s	$Be\,12$ 11.4ms
3			$Li\,5$	**Li 6** 7.5%	**Li 7** 92.5%	$Li\,8$ 844ms	$Li\,9$ 176ms		$Li\,11$ 9.7ms
2		**He 3** 10^{-4}%	**He 4** 100%	$He\,5$	$He\,6$ 802ms	$He\,7$	$He\,8$ 122ms		
1	**H 1** 100%	**H 2** 10^{-2}%	$H\,3$ 12.3a						

$N \rightarrow$

Abb. 1.10: Auszug aus einer Nuklidtabelle (Angegeben ist die Lebensdauer künstlicher Isotope in Sekunden, Minuten, Tagen und Jahren und die Häufigkeit der in der Natur vorkommenden Isotope.)

eines Antineutrinos geht im Kern ein Neutron in ein Proton über, ohne dabei die Nukleonenzahl zu ändern. Ein Spezialfall von zwei isobaren Kernen sind Spiegelkerne. Spiegelkerne haben ähnliche Eigenschaften, da sich die eigentliche Kernwechselwirkung unter Vertauschung von Protonen und Neutronen (Spiegelung in einem Raum, in dem die Protonenzahl nach oben und die Neutronenzahl nach unten aufgetragen ist) nicht ändert. Spiegelkerne unterscheiden sich durch die Coulomb-Wechselwirkung, die zwischen den Protonen und nicht zwischen den Neutronen auftritt. Da die Coulomb-Wechselwirkung bekannt ist, eignen sich Spiegelkerne zur Überprüfung von Vorstellungen über die Geometrie von Kernen. Spiegelkerne gibt es nur für leichtere Kerne, da, wie wir in Kürze sehen werden, die Coulomb-Wechselwirkung das Auftren schwer Kerne ohne Neutronenüberschuß verhindert.

Die Anordnung der Kerne nach ihrer Ordnungszahl Z und ihrer Neutronenzahl N heißt *Nuklidtabelle*. Ein Auszug einer solchen Tabelle ist in Abb. 1.10 gezeigt, aufgeführt ist die Bezeichnung des Kerns. Für die stabilen Isotope folgt die relative Häufigkeit des jeweiligen Nuklids im Element in seiner natürlichen Zusammensetzung und für nicht stabile Isotope die Lebensdauer

Um einen besseren Überblick zu bekommen, reduzieren wir in Abb. 1.11 die Nuklidtabelle, so daß jedem stabilen oder langlebigen Isotop nur noch ein Punkt entspricht. Es stellt sich heraus, daß die so gewonnenen Punkte jeweils in einem engen Bereich der Tabelle nicht weit von der $(Z = N)$-Achse liegen. Abgesehen vom Wasserstoff $^1_1$H haben Atome in grober Näherung damit etwa gleich viele Neutronen wie Protonen. Auf den zweiten Blick bemerkt man eine systematische Abweichung. Bei höheren Atomgewichten nimmt der Anteil der Neutronen deutlich zu. Eine empirische Relation, die diese Korrektur für die Lage der stabilen

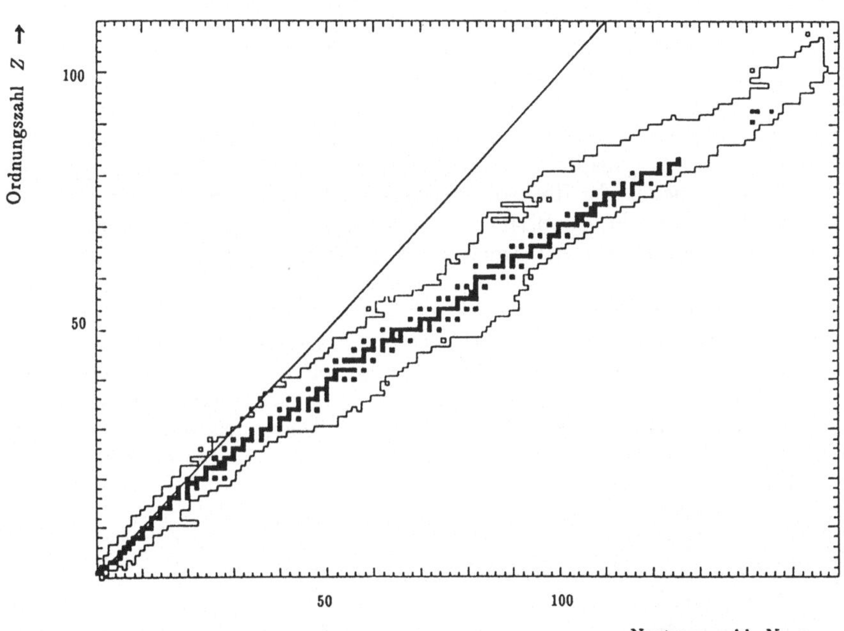

Abb. 1.11: Die Position der langlebigen Isotope (Die Linie umschließt die Kerne mit gemessenen Lebensdauern und Massen.) [Nach W.N. Cottingham et al. [9]]

oder stabilsten Kernsorten berücksichtigt, ist

$$Z = \frac{A}{1,98 + 0,0155 \cdot A^{2/3}} \,.$$

$$(1.3)$$

1.2.2 Geometrie der Kerne

Die räumliche Gestalt des Kerns, d.h. die Dichteverteilung der Nukleonen im Kern kann in erster Näherung als kugelförmig angenommen werden. Korrekturen dazu werden später diskutiert. Wie wir vom Rutherfordschen Experiment wissen, kann man aus geeigneten Streuexperimenten Informationen über radiale Dichteverteilungen in Kernen erhalten. Besonders geeignet sind heute tiefinelastische Streuungen von hochenergetischen Elektronen an Kernen, wie wir sie im dritten Teil des Skripts (Abschnitt 3.2.5) kennenlernen werden. Der Grund, warum Elektronen anstelle der Rutherfordschen α-Teilchen verwendet werden, ist, daß es für Elektronen im Gegensatz zu α-Teilchen auch im Inneren des Kerns nur zu einer berechenbaren, elektromagnetischen Wechselwirkung mit den Ladungen kommt, so daß man auch dort die Ladungsverteilung bestimmen kann. Wie wir später sehen werden, entspricht die Ladungsverteilung im Kern einer Art Fouriertransformierten der beobachteten Impulsübertragsverteilung.

Wie kommt man wenigstens näherungsweise von der Ladungs- zur Nukleonenverteilung? Im Inneren eines Kerns dominieren die Kernkräfte zwischen den Nukleonen über Coulomb-Kräfte. Protonen und Neutronen sollten daher, abgesehen von Korrekturen, eine ähnliche Verteilung haben. In grober Näherung gilt daher

$$\varrho(\text{Nukleonen}) = \frac{A}{Z} \cdot \varrho(\text{Ladungen}) \,.$$

$$(1.4)$$

Die so gewonnene Nukleonenverteilung [9] ist in Abb. 1.12 dargestellt.

Etwas vereinfacht, ergibt sich aus der Abb. für ausreichend große Kerne die folgende Situation: Kerne besitzen im Inneren eine konstante Nukleonendichte, die am Rand des Gebietes jeweils in ähnlicher Weise über denselben Abstand abfällt. Das Kernvolumen ist daher proportional zur Massenzahl, und für den Kernradius muß damit

$$R = R_0 \cdot A^{1/3}$$

$$(1.5)$$

gelten, wobei die Konstante [10]

$$R_0 = 1,1 \,\text{fm}$$

$$(1.6)$$

empirisch bestimmt wurde. Die Dichte ist abgesehen vom Randgebiet

$$\varrho_0 = \frac{A}{\frac{4}{3}\pi R^3} = 0,17 \,\text{fm}^{-3} \,.$$

$$(1.7)$$

An den Rändern fällt die Dichte jeweils innerhalb von etwa zwei Fermi von etwa 90% auf 10%.

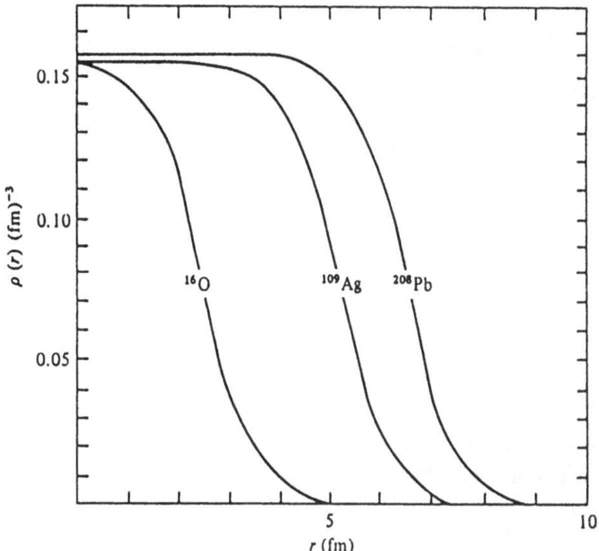

Abb. 1.12:   Die Dichte der Nukleonen im Kern [Nach W.N. Cottingham et al. [9]]

1.2.3 Kernmassen

Mit der Massenzahl haben wir die Kernmasse grob in Einheiten von Nukleonenmassen ausgedrückt. Tatsächlich hängen die Nukleonenmassen etwas vom
Kern ab, in dem sich die Nukleonen befinden. In Bindungszuständen ist die
effektive Masse von Teilchen etwas reduziert gegenüber den freien Teilchen. Auf
unserer Reise in den Mikrokosmos haben wir eine Längenskala erreicht, die einer
Bindungsenergie entspricht, die zwar noch klein, aber nicht mehr völlig gegenüber
den Massen der Konstituenten zu vernachlässigen ist. Um diesen kleinen Effekt
zu sehen, ist es erforderlich, Kernmassen sehr genau zu bestimmen.

Wie Sie vielleicht aus einer Chemievorlesung wissen, gibt es Möglichkeiten,
Stoffe abzuwiegen und durch die Zahl der beteiligten Atome zu teilen. Mit dieser
Methode wurden die Massen von chemischen Elementen bestimmt, wie sie im
Periodensystem erscheinen. Das Problem dabei ist, daß chemische Elemente in
der Natur meist in einem Gemisch verschiedener Isotope vorkommen, und daß
die so bestimmte Masse eines chemischen Elements dann hauptsächlich durch
diese Zusammensetzung bestimmt wird.

Für die Bestimmung der Massen einzelner Isotope gibt es zwei Methoden. Zum
einen können die Massen einzelner geladener Kerne im *Massenspektroskop*, wie
es in der Abb. 1.13 dargestellt ist, direkt gemessen werden. Im Massenspektroskop durchlaufen Teilchen ein geschickt angeordnetes elektrisches und magnetisches Feld. Wie in der Optik werden Teilchen, die durch einen Spalt in die

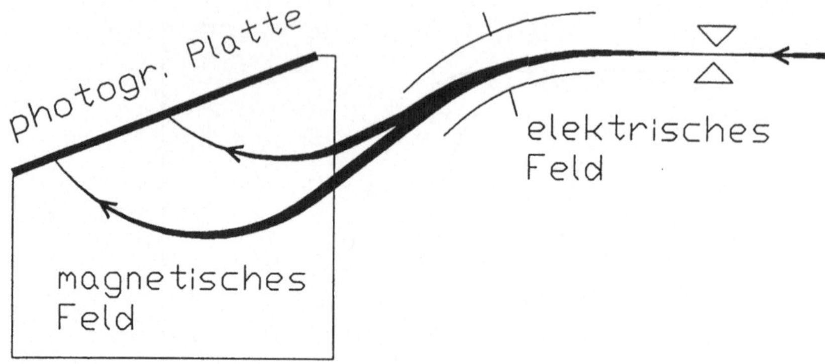

Abb. 1.13:   Schema eines Massenspektroskops

Apparatur eintreten, auf einer photographischen Platte fokussiert. Die Tatsache, daß unterschiedlich schnelle Teilchen im elektrischen Feld in anderer Weise abgelenkt werden als im Magnetfeld, wird dazu benutzt, um den Auftreffpunkt nur von der Masse und nicht von der Geschwindigkeit der Teilchen abhängig zu machen.

Die zweite Methode besteht darin, sich die *Energiebilanz* geeigneter Reaktionen genau genug anzuschauen, um die Massen indirekt erschließen zu können. Betrachten wir dies etwas genauer.

Um die Energiebilanz darzustellen, schreibt man für die Reaktion eines Teilchens a mit einem Kern A, die einen Kern B und ein Teilchen b produziert

$$A + a \rightarrow B + b + Q \,, \tag{1.8}$$

wobei Q die freiwerdende Energie, d.h. den Exzeß an kinetischer Energie im Endzustand, angibt. Der Wert von Q entspricht gerade der Massendifferenz zwischen der linken und der rechten Seite. Wie bei chemischen Prozessen spricht man

für $Q > 0$ von einer exothermen Reaktion,

und

für $Q < 0$ von einer endothermen Reaktion.

Die kinetische Energie, die für das Ablaufen einer endothermen Reaktion mindestens erforderlich ist, heißt Schwellenenergie (englisch threshold energy). Sie ist etwas höher als Q, da der Streuvorgang typischerweise nicht im Schwerpunkt-System stattfindet. Wegen der Impulserhaltung kann dann im Endzustand die kinetische Energie nicht völlig verschwinden.

Betrachten wir dazu als Beispiel eine Reaktion, in der ein Teilchen a mit dem Impuls p auf den ruhenden Kern A eintrifft und gerade in den Kern B und das Teilchen b übergeht. Die minimale Energie wird erreicht, wenn das Teilchen b und der Kern B in ihrem Schwerpunkt-System ruhen. Die kinetische Energie des

Anfangs- und Endzustands ist damit

$$E_{\text{kin.}}^{\text{ein}} = \frac{1}{2m_a} \cdot p^2 \tag{1.9}$$

und

$$E_{\text{kin.}}^{\text{aus}} = \frac{1}{2(m_B + m_b)} \cdot p^2 \, . \tag{1.10}$$

Für die Reaktion verbleibt damit

$$E_{\text{kin.}}^{\text{übrig}} = \frac{1}{2} \cdot \left(\frac{1}{m_a} - \frac{1}{m_B + m_b} \right) \cdot p^2 \, . \tag{1.11}$$

Die Methode der Energiebilanz ist unumgänglich für die Massenbestimmung von neutralen Teilchen oder für Kerne, die für eine massenspektrographische Messung zu kurz leben. Betrachten wir dazu als Beispiel den Prozeß

$$^2D + \gamma \rightarrow n + {}^1H \, . \tag{1.12}$$

Die Minimalenergie des γ-Quants

$$E_{\text{min}}/c^2 = m_n + m_{\text{H}} - m_{\text{D}} + (\text{minimale kinetische Endenergie}) \, , \tag{1.13}$$

die für den Prozeß benötigt wird, ist die Bindungsenergie des Deuterons. Aus ihr läßt sich mit massenspektroskopisch bestimmten Massen m_{H} und m_{D} dann mittels Energiebilanz die Masse des neutralen Neutrons m_n bestimmen.

Die Methode der Energiebilanz erlaubt oft eine hohe Präzision in der relativen Massenbestimmung. Um die erreichbare relative Genauigkeit auszunutzen, definiert man eine *Atomare Massen-Einheit* (englisch atomic mass unit)

$$1 \, \text{AME} = 1 \, \text{amu} = \frac{1}{12} \text{ Masse des } {}^{12}\text{C Atoms} = 1,66 \cdot 10^{-24} \, \text{g} \tag{1.14}$$

und versucht, alle Kerne durch geeignete Übergänge in Relation zum ^{12}C zu setzen.

Es gilt

$$1 \, \text{amu} = 0,9315 \, \text{GeV}/c^2 \, . \tag{1.15}$$

Im Vergleich dazu sind die Massen von freien Nukleonen

$$\begin{aligned}
m_{\text{Proton}} &= 0,9383 \, \text{GeV}/c^2 \, , \\
m_{\text{Neutron}} &= 0,9396 \, \text{GeV}/c^2 \, .
\end{aligned} \tag{1.16}$$

Die kleinen Unterschiede in der Masse haben weitgehende Konsequenzen, wenn man bedenkt, daß wir mehr als zur Hälfte aus Neutronen bestehen. Wie wir in der Physik der schwachen Vektorbosonen sehen werden, kann das Neutron unter Aussendung eines Elektrons (unter Aussendung von β-Strahlung) und eines sogenannten Antineutrinos in ein Proton übergehen

$$n \rightarrow p + e^- + \bar{\nu}_e \, . \tag{1.17}$$

Daß diese Reaktion in dieser Richtung verläuft und daß die Protonen damit stabil und die Neutronen unstabil sind, liegt an der etwas schwereren Neutronenmasse. Da das Antineutrino in guter Näherung als masselos angenommen werden darf, benötigt man

$$m_n > m_p + m_e \, , \qquad (1.18)$$

was wegen der geringen Elektronenmasse von

$$m_e = 0,5 \text{MeV}/c^2 \qquad (1.19)$$

der Fall ist; für die Reaktion stehen 0,7 MeV zur Verfügung.

Da die Bindungsenergie eines Nukleons im Kern in der Größenordnung von 8 MeV ist, ist der Übergang für Neutronen im Kern nicht unabhängig von der Situation im Kern möglich. Der Übergang kann nur dann stattfinden, wenn ein Kern mit niedrigerer oder vergleichbarer Bindungsenergie erreicht wird. Die relativen Massen der isobaren Kerne spielen daher eine wichtige Rolle für das Verständnis der Stabilität verschiedener Kerne.

Man definiert die *Bindungsenergie* des Kerns

$$B/c^2 = \delta M = -M + Z \cdot m_{\text{Proton}} + N \cdot m_{\text{Neutron}} \qquad (1.20)$$

als die Energie, die benötigt wird, um den Kern in einzelne Stücke zu zerlegen. In kernphysikalischen Betrachtungen kann die Bindungsenergie von Atomelektronen oft vernachlässigt werden, die Bindungsenergie eines Kerns entspricht dann der gesamten Bindungsenergie des Atoms. Die Masse des Atoms ergibt sich in dieser Approximation aus der Masse des Kerns und der Elektronen.

Die mittlere Bindungsenergie pro Nukleon B/A ist in Abb. 1.14 für die jeweils stabilsten Kerne dargestellt. Die Kerne mittlerer Ordnungszahl sind besonders stabil. In Abschnitt 1.3.1 werden wir in einem einfachen Modell eine Parametrisation dieser Bindungsenergien finden.

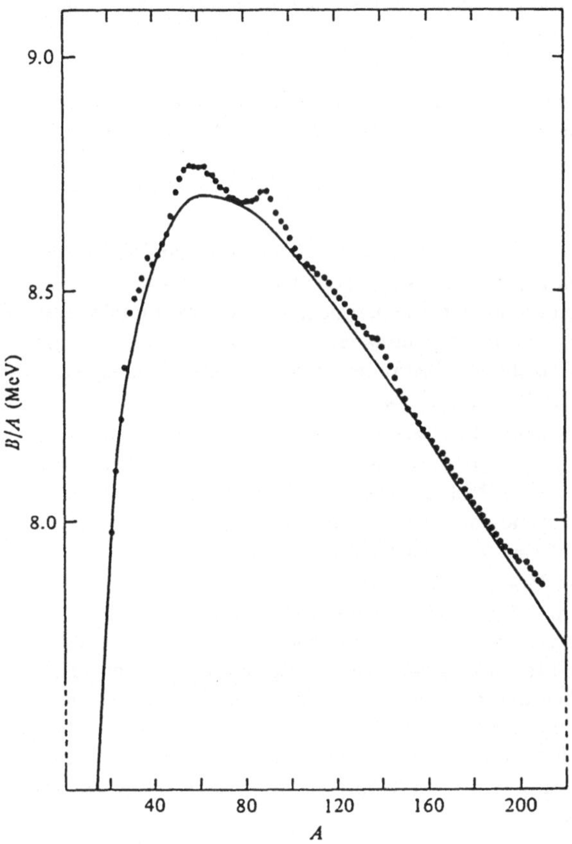

Abb. 1.14:   Die mittlere Bindungsenergie pro Nukleon B/A für die jeweils stabilsten Kerne
[Nach W.N. Cottingham et al. [9]]

1.2.4 Zwei-Nukleonen-Potential

Versuchen wir zunächst, etwas mehr über die Kernkräfte herauszufinden. Aus der Existenz von Kernen mit hohen Ladungen folgt, daß es eine Kraft zwischen den Nukleonen im Kern geben muß, die bei kurzer Reichweite im Vergleich zur Coulomb-Abstoßung eine dominante Rolle spielt.

Um mehr über diese Kraft zu erfahren, kann man zunächst die Komplikationen des Vielteilchensystems vermeiden und *Zwei-Nukleonen-Bindungszustände* betrachten. Den entscheidenden Fortschritt in der Atomphysik brachte die Analyse des Wasserstoffatoms. Kann das Zwei-Nukleonen-System eine ähnliche Rolle spielen?

Das ist leider nur eingeschränkt der Fall. Zum einen ist, wie schon gesagt, die Wechselwirkung zwischen zwei Nukleonen vergleichsweise komplex; zum anderen steht "weitaus weniger" experimentelle Information über Bindungszustände zur Verfügung. Statt einer umfangreichen Spektroskopie mit Übergängen zwischen einer Vielzahl von Zuständen konnte für Zwei-Nukleonen-Systeme nur ein einziger stabiler Bindungszustand beobachtet werden.

Dieser Bindungszustand heißt *Deuteron*. Er besteht zwischen einem Proton und einem Neutron. Die Nukleonen im Deuteron haben keinen Bahndrehimpuls; der Spin der beiden Nukleonen ist "parallel", d.h. er addiert sich zu dem Gesamtspin 1. Zu diesem etwas vereinfachten Bild von den Drehimpulsbeiträgen gibt es Korrekturen im Prozentbereich.

Es gibt zwei Möglichkeiten, die Bindungsenergie des Deuterons *experimentell* zu bestimmen. Man kann entweder, wie oben beschrieben, die für eine Aufspaltung minimal benötigte γ-Strahlenenergie bestimmen, oder man kann im umgedrehten Prozeß langsame Neutronen aus einem Kernreaktor von einigen eV thermischer Energie von Wasserstoffatomen einfangen lassen. Bei diesem Prozeß wird die freiwerdende Energie als γ-Strahlung freigesetzt, deren Wellenlänge durch die Winkelverteilung bei einer Streuung an einem Kristall (Bragg-Streuung) bestimmt werden kann [11]. Die Bindungsenergie des Deuterons ist 2,2 MeV [12].

Das Deuteron ist *gerade noch stabil.* Es ist der einzige Bindungszustand des Zwei-Nukleonen-Systems, da auch schon kleinere Änderungen des Potentials die Stabilität zerstören. Dies erklärt, warum es keine stabilen Bindungszustände mit einem nicht verschwindenden Bahndrehimpuls gibt. Das effektive Potential würde durch die Zentrifugalkraft etwas reduziert. Warum gibt es kein Deuteron mit antiparallelen Nukleonenspins? Es muß ein kleiner, irgendwie spinabhängiger Beitrag zur Wechselwirkung existieren, der den Zustand mit parallelen Spins bevorzugt. Warum gibt es keinen entsprechenden Bindungszustand zwischen 2 Neutronen (oder zwei Protonen)? Die Wechselwirkung zwischen identischen Nukleonen muß etwas kleiner sein als die zwischen verschiedenen Nukleonen.

Die Existenz von Bindungszuständen hängt von Stärke und Reichweite des Potentials ab. Betrachten wir dies etwas genauer: Die Schrödinger-Gleichung im

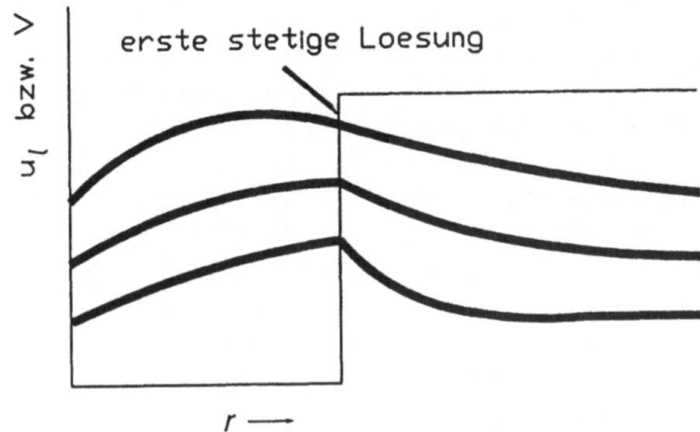

Abb. 1.15: Der erste gebundene Zustand in einem Potential.

Schwerpunktsystem in Relativkoordinaten

$$-\frac{\hbar^2}{2m}\nabla^2\psi + V\psi = E\psi \tag{1.21}$$

kann für

$$V = V(r)$$

durch die Substitution

$$\psi = 1/r \cdot u_l \cdot Y_{lm}(\vartheta, \phi) \tag{1.22}$$

in die eindimensionale Radialgleichung

$$\frac{\hbar^2}{2m} \cdot \frac{d^2}{dr^2}u_l + \left(E - V - \frac{l(l+1)\hbar^2}{2mr^2}\right) u_l = 0 \tag{1.23}$$

umgeformt werden. Da die volle Wellenfunktion ψ überall stetig sein muß, ist es erforderlich, daß die so definierte Funktion u_l im Ursprung verschwindet.

Um Komplikationen zu vermeiden, begnügen wir uns dabei für unsere Diskussion mit einem stückweise konstanten Potential (Abb. 1.15). Gleichung (1.23) wird dann innen und außen jeweils durch einen einfachen Exponentialansatz

$$u_l \propto \exp(\text{Konstante} \cdot r) \tag{1.24}$$

gelöst, und zwar innen mit einer imaginären Konstante und außen mit einer negativen reellen. Für die Wellenfunktion heißt das, daß sie innen oszilliert

$$u_l \propto \sin(k \cdot r)$$

und außen exponentiell abfällt

$$u_l \propto \exp(\kappa \cdot r) \, .$$

Die Konstanten k und κ sind reell. Sie sind proportional zur Wurzel aus dem jeweiligen Absolutwert der runden Klammer in (1.23). Um die Normalisation ignorieren zu können, interessiert die Größe u_l'/u_l. Im Äußeren entspricht sie der negativen Konstante im Exponenten. Der geringste Absolutwert von u_l'/u_l wird erreicht für gerade noch gebundene Zustände, d.h. für $E - V(\infty) \to -0$. Innen enspricht u'/u dem Tangens, der, in einer viertel bis halben Periode beginnend mit $+\infty$, den negativen äußeren Wert erreichen muß. Da die Periode invers proportional zur obigen runden Klammer ist, ist dies für die höchste verfügbare kinetische Energie, d.h. für $E - V(\infty) \to -0$, am leichtesten möglich. Aus dem Verhalten für $E - V(\infty) \to -0$ folgt daher, ob Lösungen existieren können. Nur bei ausreichender Breite und Tiefe eines Potentials wird die benötigte Ableitung erreicht, andernfalls gibt es keine Lösung.

Wodurch kommen die *Kernkräfte* zustande? Eine fundamentale Theorie muß relativistisch kovariant sein. In der relativistischen Quantenmechanik gibt es keine Potentiale, sondern nur Wechselwirkungen mit einer Orts- und einer Zeitabhängigkeit. Alle beobachteten Wechselwirkungen sind lokal, d.h. auf einen Raum-Zeit-Punkt beschränkt. Die langreichweitigen Effekte, die im nichtrelativistischen Grenzfall für die offensichtlich langreichweitigen Potentiale verantwortlich sind, kommen durch den *Austausch virtueller Teilchen* zustande, die an einem Raum-Zeit-Punkt von einem Teilchen abgegeben und dann an einem anderen Raum-Zeit-Punkt von einem anderen Teilchen eingefangen werden. Ein Beispiel für einen solchen Teilchenaustausch ist die elektromagnetische Wechselwirkung, die durch den Austausch von virtuellen Photonen zustande kommt.

Welches Teilchen kann für das Kernpotential verantwortlich sein? Während der Entwicklung der Kernphysik war kein Teilchen mit ausreichend kräftiger Kopplung an Nukleonen bekannt. Da er die grundsätzliche Bedeutung von Austauschteilchen erkannte, wurde die Existenz eines solchen Teilchens 1935 von dem japanischen Physiker *Hideki Yukawa* [13] gefordert. Wie wir in Kapitel 3.1 sehen werden, konnte ein solches Teilchen dann viele Jahre später nachgewiesen werden. Es wird π-Meson oder Pion genannt.

Aus der *Reichweite* der Wechselwirkung konnte die *Masse* dieses Teilchens abgeschätzt werden. Wie virtuelle Photonen (d.h. elektromagnetische Felder) geladene Teilchen umgeben, so sind Hadronen von einer hadronischen Wolke umgeben. Die Reichweite der Wechselwirkung wird durch die Ausdehnung einer solchen Austauschteilchenwolke bestimmt. Diese Ausdehnung kann in der folgenden Weise abgeschätzt werden: Beginnend mit der Gleichung für die Lorentz-Invarianz der Masse in der relativistischen Mechanik, erhält man als Operatorenrelation die Klein-Gordon-Gleichung

$$(E^2 - P^2c^2)\psi = m^2c^4\psi \,, \tag{1.25}$$

wobei m die Masse der Austauschteilchen ist. Sieht man von Drehimpulseffekten (keine Winkelabhängigkeit) ab, hat der relevante statische (keine Zeitabhängig-

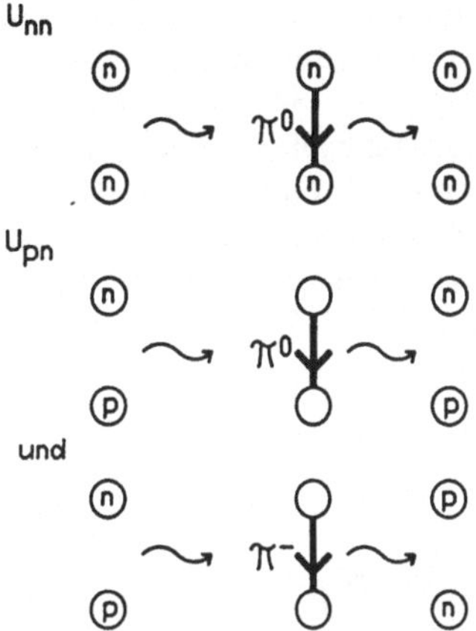

Abb. 1.16: Schematische Darstellung der Austauschwechselwirkung

keit) Teil der Klein-Gordon-Gleichung

$$\frac{\hbar^2}{r}\frac{d^2}{dr^2}\, r\cdot\psi = m^2 c^2 \psi \qquad (1.26)$$

die Lösung

$$\psi \to \frac{1}{r}\cdot e^{-c/\hbar\cdot mr}\,, \qquad (1.27)$$

wie man durch Einsetzen leicht nachprüfen kann. Die Reichweite des Felds entspricht damit dem Inversen der Masse. Nimmt man für die Reichweite der Kernkräfte einen typischen Kernabstand

$$r_0 = 10^{-15} m\,, \qquad (1.28)$$

benötigt man damit ein Teilchen etwa von der Masse

$$m = 200 \text{MeV}/c^2\,, \qquad (1.29)$$

das ausreichend stark mit Protonen und Neutronen wechselwirken muß.

Um eine Bindungsenergie zu erhalten, die zwischen Proton und Neutron etwas stärker ist als zwischen Neutron und Neutron — zwischen dem Proton und dem Neutron existiert das Deuteron als Bindungszustand, zwischen zwei Neutronen existiert kein Bindungszustand — muß es in den Ladungszuständen $Q = -1, 0$ und $+1$ vorkommen. Für das Potential zwischen Proton und Neutron steht dann ein zusätzliches Austauschteilchen zur Verfügung, wie es in Abb. 1.16 dargestellt ist. Die Abbildung zeigt zwei mögliche Austauschprozesse für diese Wechselwirkung und nur einen möglichen Prozeß für die Wechselwirkung zwischen Neutron und Neutron. Es reicht aus, den Austausch jeweils nur in einer Richtung zu betrachten; er entspricht dann dem Austausch des Antiteilchens in der anderen Richtung. Das Antiteilchen des π^+ ist das π^-, das π^0 ist sein eigenes Antiteilchen. Das Argument ist nicht quantitativ anzuwenden.

Betrachten wir den Grundzustand eines Zwei-Nukleon-Systems etwas genauer. In guter Näherung kann jede der beiden Wellenfunktionen des Systems sowohl mit einem Proton als auch mit einem Neutron besetzt sein, und es ist a priori nicht festgelegt, wie die beiden Nukleonen auf Zustände verteilt sind. Eigenzustände sind die symmetrischen und antisymmetrischen Zuordnungen unter Vertauschung. Für zwei Nukleonen gibt es mit den Zuständen ψ_1 und ψ_2 die folgenden Möglichkeiten:

$$\begin{aligned}
\Psi^{symm.} &= \psi_1^p \cdot \psi_2^p \,, \\
\Psi^{symm.} &= \psi_1^n \cdot \psi_2^n \,, \\
\Psi^{symm.} &= 1/\sqrt{2}\,(\psi_1^p \cdot \psi_2^n + \psi_1^n \cdot \psi_2^p) \,, \\
\Psi^{antisy.} &= 1/\sqrt{2}\,(\psi_1^p \cdot \psi_2^n - \psi_1^n \cdot \psi_2^p) \,.
\end{aligned} \qquad (1.30)$$

Der in den letzten beiden Fällen zusätzlich mögliche Austausch mit einem geladenen Pion macht aus dem Proton ein Neutron und aus dem Neutron ein Proton. Der Beitrag hat damit für den symmetrischen und für den antisymmetrischen Fall jeweils ein anderes Vorzeichen. Da beim geladenen Pionaustausch (in Relation zum neutralen Pionaustausch) in der Wechselwirkung ein negatives Vorzeichen auftritt, kommt es für den symmetrischen Fall zu einer Reduktion und für den antisymmetrischen Fall zu einer Verstärkung der Wechselwirkung vom neutralen Pionaustausch. Es verbleibt ein isolierter, tiefergelegener Zustand, der nur für den Proton-Neutron-Zustand auftritt.

Obwohl Pionen selbst keinen Spin tragen, gibt es einen spinabhängigen Teil der Austauschwechselwirkung. Das liegt daran, daß Spin und Bahndrehimpuls ineinander übergehen können und daß ein Spinaustausch auch durch den entspechenden Bahndrehimpulsübertrag vermittelt werden kann. Beim Pionaustausch spielt ein solcher Term eine wichtige Rolle. Er bevorzugt den bezüglich der Proton-Neutron-Besetzung symmetrischen Bindungszustand und hebt den oben begründeten Unterschied zum Teil auf. Er erfordert eine feldtheoretische Beschreibung [14], auf die wir hier nicht eingehen können.

Entscheidend für diesen Effekt ist die Spinstruktur, die wir uns jetzt etwas genauer anschauen. Nukleonen sind Fermionen, d.h. sie müssen daher insgesamt in antisymmetrischen Zuständen auftreten. Da für die Grundzustände des Zwei-Nukleonen-Zustands kein Drehimpuls auftritt, ist der Ortsraumanteil der Gesamtwellenfunktion symmetrisch (unter $r_1 \leftrightarrow r_2$). Die Symmetrie bezüglich einer Vertauschung der Proton-Neutron-Besetzung muß daher durch eine Antisymmetrie im Spinraum ausgeglichen werden und umgekehrt. Die obigen Zustände haben daher definierte Symmetrien bezüglich ihres Spins, d.h. die symmetrischen Zustände im Proton-Neutron-Raum müssen unter Vertauschung der Nukleonenspins antisymmetrisch sein und die antisymmetrischen symmetrisch. Zwei Fermionen mit Spin $S = 1$ haben für geeignet gewählte z-Richtung die Komponente $S_z = 1$, d.h. ihre halbzahligen Spins liegen parallel und ihre Spinwellenfunktion ist symmetrisch. Die symmetrischen Zustände im Spinraum sind

$$
\begin{aligned}
\Psi^{symm.} &= \psi_1^{\uparrow} \cdot \psi_2^{\uparrow} , \\
\Psi^{symm.} &= \psi_1^{\downarrow} \cdot \psi_2^{\downarrow} , \\
\Psi^{symm.} &= 1/\sqrt{2} \, (\psi_1^{\uparrow} \cdot \psi_2^{\downarrow} + \psi_1^{\downarrow} \cdot \psi_2^{\uparrow}) .
\end{aligned}
\tag{1.31}
$$

Der $S = 0$-Zustand, der orthogonal zum $(S = 1, S_z = 0)$-Zustand ist, ist antisymmetrisch:

$$
\Psi^{antisy.} = 1/\sqrt{2} \, (\psi_1^{\uparrow} \cdot \psi_2^{\downarrow} - \psi_1^{\downarrow} \cdot \psi_2^{\uparrow}) .
\tag{1.32}
$$

Auffällig ist, daß die Struktur im Spinraum völlig analog zur Struktur unter Permutation im Proton-Neutron-Raum ist. Das wird uns öfter begegnen. Es gibt einen engen Zusammenhang zwischen Lie-Gruppen, wie sie bei der Behandlung des Spins oder des Drehimpulses in der Quantenmechanik angewandt werden, und der Symmetriegruppe, die das Verhalten unter Permutationen beschreibt [64].

Das kann dazu benutzt werden, das obige Symmetrieargument im Proton-Neutron-Raum als eine geeignete Spinabhängigkeit in einem fiktiven Spinraum zu formulieren. Dieser neue Spin wird *Isospin* genannt. Die Nukleonen haben den Isospin $I = 1/2$ mit der "z-Komponente" $I_z = \pm 1/2$ für das Proton bzw. für das Neutron. Das Pion mit seinen drei Ladungszuständen π^-, π^0 und π^+ hat den Isospin $I = 1$ mit der z-Komponente $I_z = -1, 0$ und $+1$.

Eine quantitative Untersuchung zeigt, daß die von Yukawa geforderten Teilchen selbst keinen Spin tragen können. Man stellt allerdings fest, daß dazu eine Korrektur auftritt, die durch einen kleinen Beitrag anderer Teilchen zustande kommt, die den Spin 1 tragen.

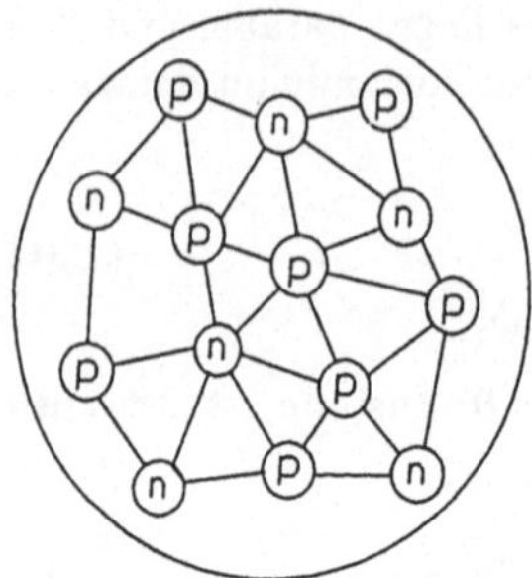

Abb. 1.17:   Die Wechselwirkung nur unmittelbar benachbarter Nukleonen

1.3 Modelle der Kernstruktur

Zu Beginn dieses Kapitels werden wir zunächst ein einfaches, semi-empirisches Bild über das Zustandekommen der Bindungsenergie von Kernen kennenlernen. In diesem Bild werden Vorstellungen über die Verbindung zur zugrundeliegenden Theorie zunächst etwas zurückgestellt, und die Kerne werden beinahe wie "Wassertropfen" behandelt.

1.3.1 Semi-empirische Beschreibung der Bindungsenergie von Kernen

Im *Tröpfchenmodell* wird die Bindungsenergie von Kernen

$$B/c^2 = B(Z, A)/c^2 = -M(Z, A) + Z \cdot m_{\text{Proton}} + N \cdot m_{\text{Neutron}} \, ,$$

die wir in (1.20) definiert hatten, in ihrer Abhängigkeit von der Kernladungszahl und der Massenzahl beschrieben. ($M(Z, A)$ ist die beobachtete Kernmasse) Das Modell nimmt an [17], daß die Bindungsenergie fünf verschiedene additive Beiträge

$$B = B_0 + B_1 + B_2 + B_3 + B_4 \qquad (1.33)$$

enthält, die jeweils eine physikalisch plausible Erklärung haben.

Wir haben gesehen, daß die Kernwechselwirkungen kurzreichweitig sind und daß ihre Stärke in etwa exponentiell abnimmt. Es ist daher sinnvoll anzunehmen, daß der wichtigste Anteil der Wechselwirkung nur die unmittelbar benachbarten Nukleonen betrifft (Abb. 1.17). Dies erklärt dann, warum in erster Näherung der Abstand der Nukleonen und damit die Nukleonendichte konstant ist, wie wir es in Abb. 1.12 beobachtet hatten. Pro Nukleon oder pro Volumen erwartet man daher einen konstanten Beitrag zur Bindungsenergie

$$B_0 = a_V \cdot A \, . \tag{1.34}$$

Dieser Beitrag wird *Volumen-Energie* des Kerns genannt. In der betrachteten Genauigkeit entspricht damit die Massenzahl dem Kernvolumen und der dritten Potenz des Kernradius.

An der Oberfläche des Kerns ist dieses Bild offensichtlich nicht korrekt, da in einer Richtung die Nachbarn fehlen. Mit der *Oberflächenenergie*

$$B_1 = -a_S \cdot A^{2/3} \tag{1.35}$$

berücksichtigt man dieses Defizit durch einen Beitrag, der die Bindungsenergie reduziert. Die Oberfläche wächst mit dem Quadrat des Kernradius, d.h. mit $A^{2/3}$. Der Wert der Konstanten a_S wird nicht berechnet (aus a_V mit geometrischen Überlegungen), sondern einfach an die Daten angepaßt. Dies erlaubt verschiedene Effekte, die auch zu einer Oberflächenabhängigkeit führen, mit zu berücksichtigen. Zum Beispiel hatten wir in Abb. 1.12 gesehen, daß das Bild mit der konstanten Dichte nicht ganz korrekt ist. Bei einer geringeren Dichte an der Oberfläche erwartet man eine andere potentielle Energie pro Nukleon und damit eine oberflächenabhängige Korrektur.

Aus didaktischen Gründen betrachten wir nun zunächst die *Coulomb-Energie B_2*. Ihrer Stärke nach käme sie eigentlich erst an vierter Stelle, und zwar nach dem Term, der dafür verantwortlich ist, daß die Kernladungszahl grob der halben Massenzahl entspricht. Die Coulomb-Wechselwirkung ist die Ursache der Abweichung von dieser Regel; sie bewirkt, daß für schwere Kerne N etwas schneller wächst als Z, wie wir in Abschn. 1.2.1 gesehen hatten.

Aus der Elektrodynamik wissen wir, daß für eine kugelsymmetrische Ladungsverteilung die potentielle Energie im Abstand r

$$U(r) = \frac{1}{4\pi r} \cdot Q_{innen}(r)$$

von der eingeschlossenen Ladung

$$Q_{innen}(r) = eZ \cdot \left(\frac{r}{R}\right)^3 = e \cdot \frac{Z}{A} \cdot \left(\frac{r}{R_0}\right)^3$$

abhängt, die für den Kern in erster Näherung als konstant angenommen werden kann. Die elektrostatische Energie ist damit

$$
\begin{aligned}
B_2 &= \int_0^\infty U(r) \cdot \frac{dQ_{innen}(r)}{dr}\, dr \\
&= \int_0^\infty \left(\frac{1}{4\pi r} \cdot e\frac{Z}{A}\left(\frac{r}{R_0}\right)^3\right) \cdot \left(e\frac{Z}{A}\frac{3r^2}{R_0^3}\right)\, dr \\
&= \frac{3}{5} \cdot \frac{e^2}{4\pi R_0} \cdot \frac{Z^2}{A^{1/3}} \, .
\end{aligned}
$$

Mit der (vorläufigen) Definition einer Konstanten

$$a_C = \frac{3}{5}\frac{e^2}{4\pi R_0}$$

schreiben wir

$$B_2 = a_C \frac{Z^2}{A^{1/3}} \, . \qquad (1.36)$$

Der Wert ist positiv. Die Coulomb-Abstoßung reduziert die Bindungsenergie.

Die verbleibenden beiden Terme erfordern quantenmechanische Überlegungen. Da Nukleonen Fermi-Teilchen sind, können sie nach dem Pauliprinzip Zustände jeweils nur einmal besetzen. Betrachten wir Kerne mit vorgegebener Nukleonenzahl und offener Protonen- bzw. Neutronenzahl. Ignorieren wir für einen solchen Kern zunächst die Abhängigkeit eines Nukleonenzustands von der Art und Weise, wie die anderen Zustände besetzt sind. In dieser Approximation ist die Bindungsenergie des Kerns die Summe der Bindungsenergie der einzelnen Nukleonen. Da sie schon oben berücksichtigt wurden, ignorieren wir die Coulomb-Wechselwirkung. Für die Kernkräfte spielen Protonen und Neutronen eine analoge Rolle, und man erwartet für beide Nukleonen identische Energieniveaus. Es ist daher energetisch vorteilhaft, mit den Protonen und Neutronen gleichmäßig die untersten verfügbaren Zustände aufzufüllen. Die höchste Bindungsenergie wird für $N = Z$ erreicht.

Diese Beobachtung hängt nicht von der obigen Approximation ab. Wie gesagt, gibt es in der Quantenmechanik keine festen Zuordnungen, d.h. vom i-ten Nukleon zum k-ten Zustand, sondern nur eine Mischung von Zuordnungen. Selbst mit berücksichtigter Fermi-Statistik gibt es viele solcher gemischter Zuordnungen mit jeweils festliegender Struktur unter Vertauschungssymmetrie bezüglich des Raums, des Spins oder des Isospins (d.h. der Symmetrie oder Antisymmetrie unter Vertauschung von Proton- und Neutronzuständen). Berücksichtigt man bei zunächst entarteten Nukleonenzuständen das Auftreten der Austauschwechselwirkung, wird die Entartung gebrochen. Beim Zwei-Nukleonen-System war der Zustand, der bezüglich der Proton-Neutron-Vertauschung antisymmetrisch ist, energetisch günstiger als der andere. Versuchen wir diese Beobachtung zu extrapolieren, ohne uns detaillierte Vorstellungen über die Dynamik der Kernkräfte zu machen. Die Reduktion der Bindungsenergie durch Symmetrieeffekte wird, wenn man alle detaillierten Strukturen ignoriert, in etwa von der Zahl der möglichen Kombinationen abhängen, aus denen eine besonders günstige Kombination ausgesucht werden kann. Für Z Protonen in einem Kern mit A Nukleonen gibt es

$$\binom{A}{Z}$$

verschiedene Zustände bezüglich der Proton-Neutron-Symmetrie. Wie oben wird daher für die z-Komponente des Isospin

$$I_z = Z - N = 0$$

die maximale Bindungsenergie erreicht. Tatsächlich hängt die Bindungsenergie von der Symmetriestruktur des Zustands, d.h. vom Gesamtisospin I und nicht von der Komponente I_z ab. Bei vorgegebenem I_z wird die maximale Bindungsenergie für $I_z = I$ erreicht.

Versuchen wir eine geeignete Parametrisierung der Bindungsenergie um dieses Minimum zu finden. Um ein Extremum (d.h. um $N - Z = 0$) tritt für kleine Auslenkungen zunächst ein quadratisches Verhalten proportional zu $(N - Z)^2$ auf. Die so parametrisierte Asymmetrieenergie sollte in etwa eine "extensive" Größe sein, d.h. daß z.B. ein Ungleichgewicht in der rechten Hälfte eines Kerns soviel Bindungsenergie kosten wird, wie dasselbe Ungleichgewicht in einem halb so großen Kern. Diese Annahme erlaubt es, die A-Abhängigkeit der Proportionalitätskonstanten zu bestimmen. Aus der analogen Relation für n Teile

$$c(nA) \cdot (nN - nZ)^2 = n \cdot c(A) \cdot (N - Z)^2$$

"folgt"

$$c(A) \sim 1/A \,.$$

Mit einer geeigneten Konstante a_A kann man den *Asymmetrieenergie*-Beitrag daher bei kleinen Auslenkungen in der folgenden Weise schreiben:

$$B_3 = -a_A(N - Z)^2/A = -a_A(A - 2Z)^2/A \,. \tag{1.37}$$

Da eine Asymmetrie (ein Abstand zur $N = Z$-Achse) die Bindungsenergie reduziert, ist der Term negativ. Er begrenzt die Wirkung des Coulomb-Terms aus (1.36). Mit ihm wird die maximale Bindungsenergie für

$$Z = \frac{A}{2 + 0,0153A^{2/3}}$$

erreicht. Diese Relation entspricht dem in (1.3) parametrisierten Neutronenüberschuß in stabilen oder beinahe stabilen Kernen mit hoher Genauigkeit.

Aus der Systematik der Bindungsenergien kennt man einen weiteren Beitrag, die *Paarungsenergie B_4*. Kerne mit geradem Z oder N sind in der folgenden Weise bevorzugt:

$$B_4 = \begin{cases} +a_P A^{-1/2} & \text{für } gg\text{-Kerne mit geradem } Z \text{ und geradem } N \\ 0 & \text{für } ug\text{-Kerne mit geradem } Z \text{ und ungeradem } N \\ & \text{oder umgekehrt} \\ -a_P A^{-1/2} & \text{für } uu\text{-Kerne mit ungeradem } Z \text{ und ungeradem } N \end{cases} \tag{1.38}$$

Wegen dieser Paarungsenergie sind Kerne mit geradem Z und geradem N besonders stabil, Kerne mit ungeradem Z und ungeradem N, abgesehen von wenigen Ausnahmen, aber instabil.

Im Prinzip erwartet man einen Beitrag dieser Form von einem ähnlichen Argument, wie wir es für den Asymmetrie-Term angeführt haben. Vor allem für große Massenzahlen A ist der Term allerdings viel zu groß. Er deutet darauf hin, daß es im Kern zwischen Paaren von Neutronen bzw. Protonen jeweils eine besonders starke Wechselwirkung gibt [18].

Faßt man die Terme zusammen, erhält man die *Bethe-Weizsäcker-Formel*

$$
\begin{aligned}
m(Z, A)c^2 \;=\; & +Zm_pc^2 + Nm_nc^2 \\
& -a_V A + a_S A^{2/3} + a_C Z^2/A^{1/3} + a_A(A - 2Z)^2/A \\
& -a_P A^{-1/2} \text{ für } gg\text{-Kerne mit geradem Z und geradem N} \\
& +a_P A^{-1/2} \text{ für } uu\text{-Kerne mit ungeradem Z und ungeradem N}
\end{aligned}
\tag{1.39}
$$

für die Bindungsenergie von Kernen. Empirisch bestimmt haben die Konstanten die folgenden Werte [19]:

$$
\begin{aligned}
a_V &= 15,835\,\text{MeV}\,, \\
a_S &= 18,33\,\text{MeV}\,, \\
a_C &= 0,714\,\text{MeV}\,, \\
a_A &= 23,2\,\text{MeV}\,, \\
a_P &= 11,2\,\text{MeV}\,.
\end{aligned}
\tag{1.40}
$$

Der Beitrag der einzelnen Terme zur Masse ist in Abb. 1.18 skizziert.

Trotz ihrer einfachen Struktur gilt die Masseformel *erstaunlich genau*. Der Fehler in der Bindungsenergie liegt typischerweise bei einigen Prozent. Für die Gesamtmassen entspricht dies einer Genauigkeit von 10^{-4}. Ausgenommen werden müssen dabei die leichten Kerne unterhalb einer Massenzahl von 40. Deutlich größere Fehler gibt es für die ungewöhnlich stabilen sogenannten "magischen" Kerne.

Kleine Unterschiede in Bindungsenergien bestimmen, welche Kernreaktionen auftreten und welche nicht. Betrachten wir dazu die Kernmassen innerhalb einer Isobarenreihe. Im Zusammenspiel von Asymmetrie-Term und Coulomb-Term erwartet man in etwa eine etwas verschobene Parabel. Sie ist in Abb. 1.19 dargestellt. Für ungerade A ist jeweils entweder nur ein Z-oder ein N-Wert ungerade und der andere nicht. Man erhält damit keinen unterschiedlichen Beitrag von der Paarungsenergie. Für gerade A ist die Situation komplizierter. Je nachdem, ob Z und N gerade oder ungerade ist, bekommt man einen positiven oder negativen Beitrag, d.h. man hat zwei um einen konstanten Betrag verschobene Parabeln.

Die Isobarenreihe ist wichtig für den β-Zerfall. Ein Kern mit einem Überschuß an Neutronen kann seine Kernladungszahl durch einen β-Zerfall erhöhen. Der ablaufende Prozeß ist dabei

$$
n \to p + e^- + \bar{\nu}_e\,,
\tag{1.41}
$$

wobei das abgestrahlte Elektron als β-Strahlung in Erscheinung tritt. Dieser Prozeß kann bei entsprechendem Überschuß natürlich mehrmals stattfinden. Die treibende Energie ist dabei nicht die kleine Massendifferenz zwischen Proton und Neutron, sondern die freiwerdende Bindungsenergie. Für Kerne mit einem Überschuß an Protonen gibt es den umgekehrten Prozeß

$$
p \to n + e^+ + \nu_e\,,
\tag{1.42}
$$

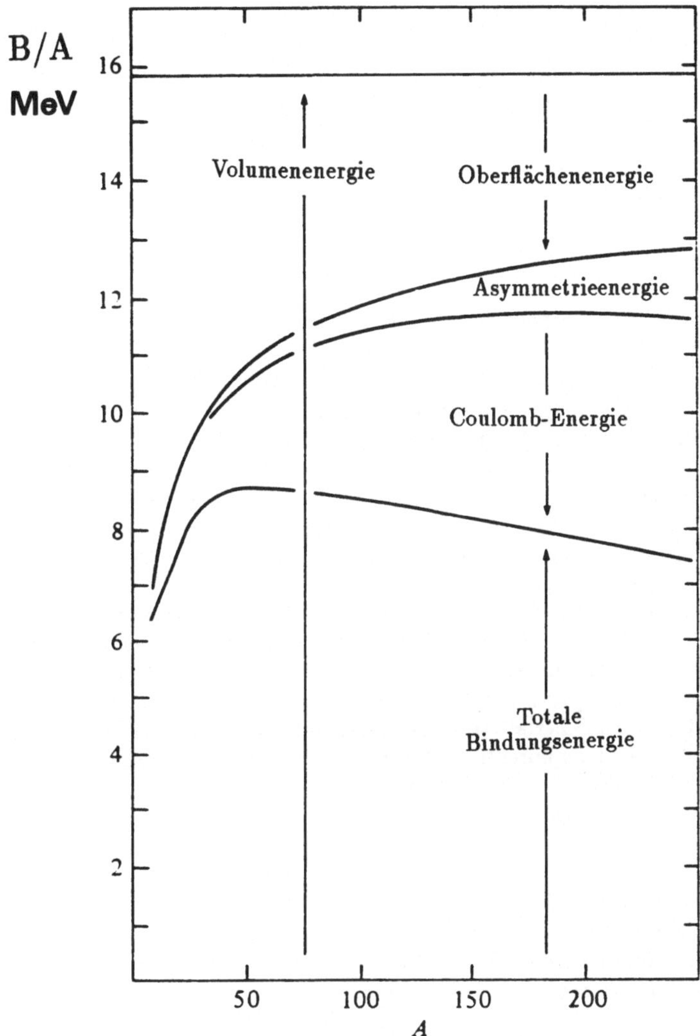

Abb. 1.18: Der Beitrag der einzelnen Terme zur Bindungsenergie [Nach W.N. Cottingham et al. [9]]

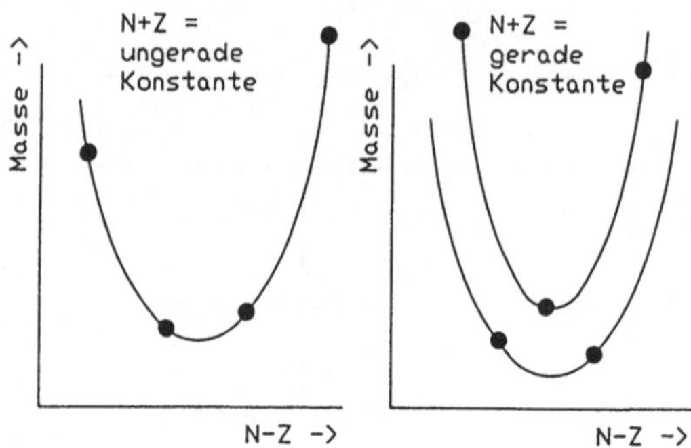

Abb. 1.19:   Schematische Darstellung der Bindungsenergie isobarer Kerne für gerade und ungerade Massenzahlen

der unter Aussendung von positiver β-Strahlung, d.h. der Antiteilchen der oben emittierten Teilchen, abläuft. Das Antiteilchen e^+ des Elektrons e^- heißt Positron. Um die beiden Prozesse zu unterscheiden, spricht man von β^+-oder β^--Zerfällen. Da die Masse eines Elektrons oder Positrons (1/2 MeV) typischerweise klein ist gegenüber den MeV-Werten der Bindungsenergie, kann der Prozeß für Kerne mit ungerader Massenzahl bis zu dem Isobar ablaufen, für das die Bindungsenergie ihren maximalen Wert erreicht. Man beobachtet daher jeweils nur ein einzelnes Isotop, das bezüglich des β-Zerfalls in jeder Richtung stabil ist. Für Kerne mit gerader Massenzahl kann die Asymmetrieenergiedifferenz für den Übergang von der niederen Parabel (Abb. 1.19) zur höheren nicht ausreichen. Trotz der Existenz des β-Zerfalls gibt es daher oft mehrere sehr stabile Isotope. In einem doppelten β-Zerfall kann ein energetisch höhergelegener Zwischenzustand natürlich im Prinzip durchtunnelt werden, aber solche Prozesse werden um Zehnerpotenzen mehr Zeit in Anspruch nehmen.

Die Massenzahl-Abhängigkeit der Kerne hatten wir in Abb. 1.14 kennengelernt. Der etwa konstante B/A-Wert wird bei niederen Massenzahl-Werten durch den Oberflächen-Term ($\propto A^{2/3}$) und bei hohen Massenzahlen durch den Coulomb-Anteil (praktisch $\propto A^2$) reduziert. Dies ermöglicht eine Reihe von Übergängen. Zwei leichte Kerne können in einem Fusionsprozeß in einen schwereren übergehen, ein schwerer Kern kann sich in zwei leichtere Kerne (Spaltung) oder in Kern und α-Teilchen (α-Zerfall) spalten.

1.3.2 Thomas-Fermi-Modell

Wie kann man das Verhalten der Kerne aus einer fundamentalen Nukleon-Nukleon-Wechselwirkung verstehen? Vielteilchenprobleme sind in praktischen Problemen nicht exakt lösbar. Sie erfordern drastische Approximationen. Für Kerne gibt es zwei extreme Möglichkeiten. Man kann entweder das komplizierte Zusammenspiel im Vielteilchenzustand ignorieren und sich der *Bewegung einzelner Teilchen* in geeignet gewählten, effektiven Potentialen zuwenden, oder man kann den Kern nur *kollektiv* als Flüssigkeit oder Gas beschreiben [20].

Die Beschreibung der Nukleonendynamik sowohl durch Orbitale als auch durch eine Art von Gasanalogie erscheint auf den ersten Blick unsinnig, da bekannt ist, daß die Wechselwirkung zwischen Nukleonen sehr stark ist. Das Volumen von Nukleonen, wie es sich aus dem Streuquerschnitt ergeben würde, ist nicht viel kleiner als der Platz pro Nukleon im Kern (d.h. das Inverse der Packungsdichte), und ein einfallendes Proton, das nur ein einziges Mal durch einen großen Kern fliegt, wird im Mittel ein bis mehrere Male streuen. Der Grund, warum beide Konzepte trotzdem anwendbar sind, hat seinen Ursprung in der Fermi-Statistik. Da alle für Fermionen des Kerns energetisch zugänglichen Zustände besetzt sind, sind die erwarteten drastischen Streuvorgänge innerhalb des Kerns nicht möglich. Das gilt nicht für Streuvorgänge mit von außen kommenden Nukleonen. Im Bereich positiver Energien gibt es natürlich beliebig viele unbesetzte Endzustände, und die mittlere freie Weglänge von solchen Teilchen ist damit sehr kurz.

Wie wir gesehen haben, spielt die Fermi-Statistik eine zentrale Rolle. Viele Eigenschaften der Kerne sind allein aus der Fermi-Statistik unabhängig von der detaillierten Struktur der Kerne zu verstehen. Dies geschieht im *Thomas-Fermi-Modell*. In diesem Modell ist jedwede Wechselwirkung zwischen den Nukleonen vernachlässigt, und es gibt — abgesehen von der Größe — keine Abhängigkeit von der genauen Form und Dichtestruktur des Kerns.

Um die grundlegende Idee zu erläutern, brauchen wir wieder etwas Quantenmechanik. Betrachten wir zunächst untereinander nicht wechselwirkende Teilchen in einem kastenförmigen Würfelpotential:

$$V(\mathbf{r}) = \begin{cases} -V_0 & \text{für } 0 < x,y,z < +a \\ \infty & \text{sonst .} \end{cases} \tag{1.43}$$

Die Schrödinger-Gleichung mit einem solchen Potential

$$-\frac{\hbar^2}{2m}\left(\frac{d^2}{dx^2} + \frac{d^2}{dy^2} + \frac{d^2}{dz^2}\right)\psi(x,y,z) = (E-V)\,\psi(x,y,z) \tag{1.44}$$

faktorisiert. Schreibt man die Wellenfunktion als

$$\psi(\mathbf{r}) = X(x)Y(y)Z(z)\,,$$

erhält man drei separate Gleichungen

$$-\frac{\hbar^2}{2m}\frac{d^2}{dx^2}X(x) = E_x X(x)\,,$$

$$-\frac{\hbar^2}{2m}\frac{d^2}{dy^2}Y(y) = E_y Y(y)\,,$$

$$-\frac{\hbar^2}{2m}\frac{d^2}{dz^2}Z(z) = E_z Z(z)$$

mit soweit unbestimmten Konstanten (“Unterenergien”)

$$(E + V_0) = E_x + E_y + E_z\,.$$

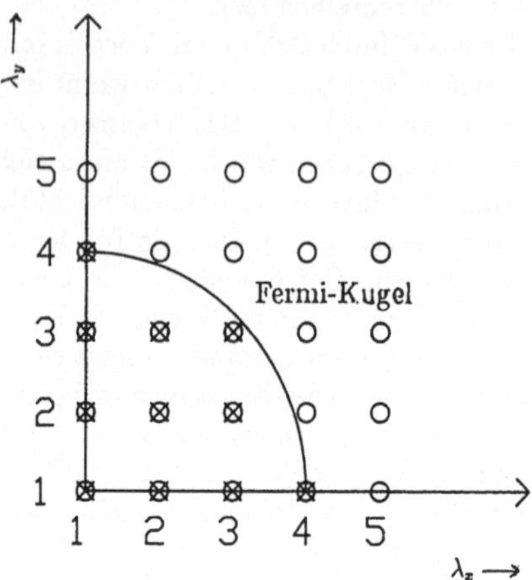

Abb. 1.20:   Der diskrete Phasenraum des Kastenpotentials

Betrachten wir zunächst die x-Komponente. Die Wellenfunktion muß an den Kanten verschwinden. Die Lösungen haben daher die Form

$$X(x) = \text{Konstante} \cdot \sin(k_x x)$$

mit der "Wellenvektor"-Komponente

$$k_x = \frac{\pi \cdot \lambda_x}{a} \, ,$$

wobei

$$\lambda_x = 1, 2, 3, \cdots .$$

Die Lösungen in den anderen Richtungen sind völlig analog. Die λ-Werte liegen in einem dreidimensionalen Raum mit jeweils ganzzahligen Koordinaten, dem "Wellenzahlvektorraum", wie in der Abb. 1.20 dargestellt ist. Die "Unterenergie" der jeweiligen Lösung ist

$$E_x = \frac{\hbar^2}{2m} \frac{\pi^2}{a^2} \lambda_x^2 \, ,$$

und die (kinetische) Gesamtenergie hat damit den Wert

$$E + V_0 = \frac{\hbar^2}{2m} \frac{\pi^2}{a^2} (\lambda_x^2 + \lambda_y^2 + \lambda_z^2) \, .$$

Da wir die Wechselwirkung zwischen verschiedenen Teilchen vernachlässigen, haben wir auch die Lösungen im Mehrteilchensystem. Wieviele Zustände passen in den Kern bei vorgegebener Maximalenergie? Es sind gerade die Zustände, die sich in Abb. 1.20 innerhalb einer "Fermi-Kugel" mit dem Radius

$$R_{\text{Fermi}} = \frac{a}{\hbar\pi}\sqrt{2m(E+V_0)} = \frac{a}{\hbar\pi}\sqrt{2mE_{\text{Fermi}}} \qquad (1.45)$$

befinden oder, genauer gesagt, in dessen positiven Sekanten, d.h. einer 1/8-Kugel. Die Fermi-Energie E_{Fermi} ist die besetzte maximale kinetische Energie $E - V_0$. Ist die Zahl der Zustände groß, wird sie in etwa dem verfügbaren Volumen entsprechen

$$n = \frac{1}{8} \cdot (\frac{4}{3}\pi R^3_{\text{Fermi}}) = \frac{2}{3\pi^2\hbar^3} \cdot (2mE_{\text{Fermi}})^{3/2} \cdot V\,, \qquad (1.46)$$

wobei $V = a^3$ dem Volumen des Potentialkastens entspricht.

Versuchen wir jetzt unsere Betrachtung etwas realistischer zu machen. Zunächst haben wir mehrere Nukleonsorten. Jeder Zustand kann insgesamt viermal besetzt werden, und zwar durch ein Proton und ein Neutron, jeweils mit dem Spin nach "oben" und nach "unten".

Die unendliche Potentialwand ist nicht physikalisch. Nimmt man an, daß das Potential außen verschwindet, ändert sich wenig für die Wellenfunktionen im Kasten. Nur die obersten Wellenfunktionen tunneln etwas in die Begrenzung. Der wesentliche Effekt ist, daß jetzt Nukleonen mit $E > 0$ nicht mehr gebunden sind. Es gibt damit für gebundene Nukleonen eine maximale kinetische Energie, die der Tiefe des Potentials entspricht. In den meisten Kernen wird diese Energie nicht wirklich erreicht, und die Tiefe des Potentials ist daher meist etwas größer als die Fermi-Energie, die, wie gesagt, die maximale kinetische Energie der tatsächlich besetzten Zustände angibt. In realistischeren Betrachtungen würde man die Tiefe des Potentials so anpassen, daß diese Differenz der beobachteten Separationsenergie entspricht.

Die zentrale Beobachtung ist jetzt, daß die Dichte n/V der Zustände nur von der Fermi-Energie abhängt. In einen doppelt so großen Kasten gehen zweimal so viele Zustände. Das gilt natürlich nur approximativ für nicht zu kleine Potentialkästen. Wir hatten im Wellenvektorraum ja nicht einzelne Zustände abgezählt, sondern nur Volumina betrachtet.

Betrachten wir zur Illustration zwei identische, aneinandergefügte Potentialkästen. In einem solchen Doppelkasten gibt es etwa gleich viele symmetrische und antisymmetrische Zustände. Die antisymmetrischen Wellenfunktionen verschwinden an der ursprünglichen Kastengrenze und entsprechen daher genau den Lösungen in einem der ursprünglichen Kästen. Die symmetrischen Zustände sind neu. Sie sind verantwortlich für den Faktor Zwei in der Zahl der vorhandenen Zustände, der bei einer Verdopplung des Volumens von (1.46) erwartet wird.

In der betrachteten Approximation hängt eine solche Addition nicht von der Tiefe der beiden Kastenteile ab. Macht man die Kästchen "infinitesimal", kann man beliebig geformte Potentiale approximieren, und zwar auch in drei Dimensionen. In einer gewissen Näherung gibt es daher eine allgemeine Beziehung zwischen Fermi-Energie und Nukleonendichte, die für viele Abschätzungen verwendet werden kann. Aus der Dichteverteilung in Abb. 1.12 läßt sich damit direkt mit (1.46) die Potentialtiefe ablesen. Mit einer typischen Kerndichte von

$$\varrho_0 = 0,17 \, \frac{\text{Nukleonen}}{fm^3}$$

erhält man eine Fermi-Energie von etwa 36 MeV (es ist $\hbar c = 197$ MeV $\cdot$ fm). Ein Nukleon an der "Fermi-Kante", das diese relative Energie $(E - V)$ trägt, ist noch gebunden. Mit einer zusätzlichen Bindungsenergie von etwa 4 MeV ist die absolute Potentialtiefe dann 40 MeV.

1.3.3 Das Schalenmodell

Das Thomas-Fermi-Modell erlaubt ein Verständnis der groben globalen Strukturen, wie sie in die Bethe-Weizsäcker-Formel eingingen. In der Nuklid-Tafel gibt es spezifische Strukturen, die zu starken Änderungen von einer Massenzahl zur nächsten führen, die nicht aus der offensichtlich recht kontinuierlichen Änderung von Dichteverteilungen erklärt werden können. Solche Strukturen hatten wir in Abb. 1.14 in der Bindungsenergie pro Nukleon kennengelernt. Ähnliche Strukturen beobachtet man, wenn man die natürliche Häufigkeit der Elemente aufträgt.

Untersucht man die Isotope, die dafür verantwortlich sind, so findet man [21], daß dafür jeweils besondere Protonen- oder Neutronenzahlen verantwortlich scheinen. Für solche speziellen Werte, die sogenannten *magischen Zahlen*

$$N, Z = 2, 8, 20, 28, 50, 82 \text{ oder } 126 ,$$

scheint ein besonderer Grad an Stabilität erreicht. Dies gilt besonders für die N-Abhängigkeit, aber auch, wenn auch weniger deutlich, für die Z-Abhängigkeit. Dies wird besonders gut sichtbar, wenn man die Änderung der Separationsenergie [22] betrachtet, die in Abb. 1.21 für Neutronen und in Abb. 1.22 für Protonen gezeigt ist.

Möchte man solche detaillierteren Strukturen verstehen, muß man mit der Dynamik der Nukleonen eine Stufe genauer sein. Dies geschieht im *Schalenmodell* (englisch shell model). Nach wie vor wird die direkte Wechselwirkung zwischen einzelnen Nukleonen vernachlässigt, die detaillierte Form der Wellenfunktionen der Nukleonen in empirischen mittleren Potentialen wird jetzt aber explizit berücksichtigt. Die Vorstellung für die magischen Zahlen ist nun, daß wie in der Atomhülle die Energieniveaus in Schalen gruppiert sind und daß vollständig aufgefüllte Schalen relativ stabil sind. Der Name "magisch" hat seinen Ursprung darin, daß es lange Zeit nicht möglich war, Schalen mit solchen Besetzungszahlen zu verstehen.

Das Schalenmodell folgt der Hartree-Fock-Approximation in der Atomphysik. In dieser Approximation werden zunächst die Wellenfunktionen eines einzelnen Fermions in einem mittleren Coulomb-Potential der anderen Elektronen berechnet, und anschließend wird dann aus der so erhaltenen Dichte (d.h. aus der

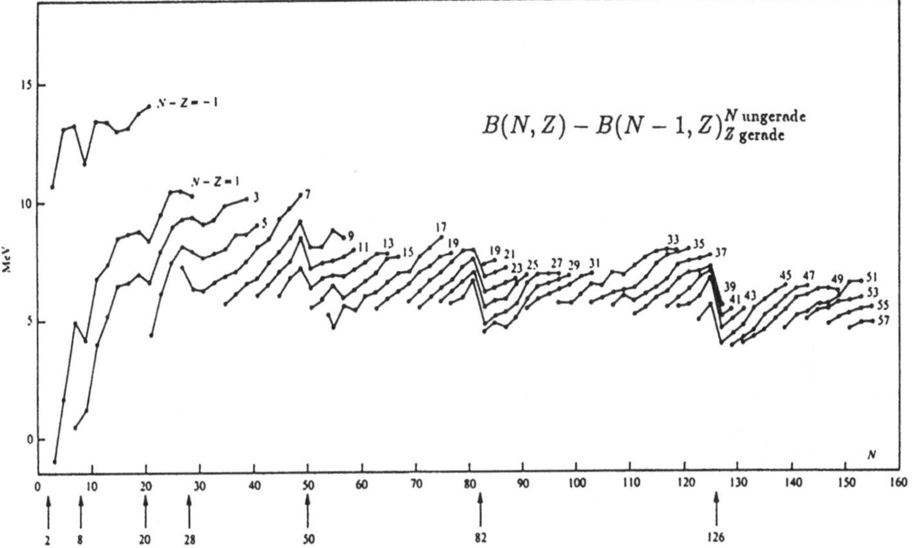

Abb. 1.21: Die Änderung der Separationsenergie für Neutronen [aus: E. Segrè [3]]

Summe der Wellenfunktionsquadrate) der Ladungsverteilung mit dem Coulomb-Gesetz das resultierende elektrostatische Potential bestimmt. Die richtige Lösung hat man, wenn das so berechnete Potential mit dem ursprünglich hineingesteckten Potential übereinstimmt. Eine geeignete Iteration erlaubt es, eine solche Lösung zur gewünschten Genauigkeit zu finden, d.h. die zugrundeliegende Integralgleichung zu lösen. Für die Lösung muß natürlich die Antisymmetrie der Wellenfunktion des Fermionensystems erhalten bleiben.

Das Bild mit einem mittleren Potential ist für Kerne nicht ohne weiteres anwendbar, da Kernkräfte bei kleinen Nukleonenabständen sehr stark variieren. Betrachten wir die Situation etwas genauer. Der Operator der Schrödinger-Gleichung[3]

$$\overline{H}\,\Psi = E\,\Psi$$

wird in geeigneter Weise in einen Ein- und Zwei-Teilchen-Beitrag aufgespalten

$$\overline{H} = \sum_i H_0(\overline{r}_i, \overline{p}_i) + \sum_{i,j} V_{i,j}(\cdots)\,.$$

Die Aufspaltung in einen Ein-Teilchen-Operator und eine Störung (Zwei-Teilchen-Beitrag) wird dabei so gewählt, daß der zweite Operator einen minimalen Beitrag leistet und (so gut wie möglich) vernachlässigt werden kann. Die Wellenfunktion besteht aus einer antisymmetrischen Summe

$$\Psi \propto \cdots + \cdots \psi_i(r_k)\cdot\psi_j(r_l)\cdots - \cdots\psi_j(r_k)\cdot\psi_i(r_l)\cdots\,.$$

---

[3] Operatoren sind überstrichen.

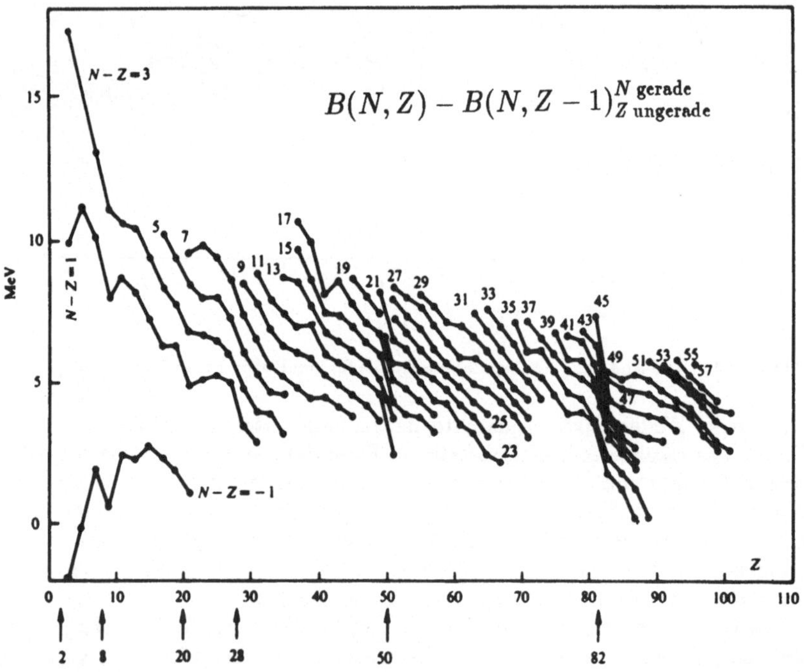

Abb. 1.22:   Die Änderung der Separationsenergie für Protonen [aus: E. Segrè [3]; nach: J.H.E. Mattauch et al. [22]]

Die Produkte lösen die ungestörte Schrödinger-Gleichung, wenn die einzelnen Wellenfunktionen selber Lösungen sind. Wegen der Antisymmetrie müssen sie dabei jeweils verschiedenen Zuständen entsprechen.

Aus verschiedenen Gründen verzichtet man in der Kernphysik meist auf die Selbstkonsistenzbedingung und arbeitet mit geeignet gewählten Potentialen, die empirisch aus den beobachteten Energieniveaus gewonnen werden. Zum einen ist die Wechselwirkung zwischen zwei Nukleonen viel komplizierter und ungesicherter als die Coulomb-Wechselwirkung. Zum anderen ist die Approximation, aus dem attraktiven Zwei-Nukleon-Potential ein effektives Zentralpotential $V_{\text{zentral}}(r)$ herauszuziehen, hier sowieso wesentlich schlechter. Auf Versuche, den Rest

$$\sum_j V_{i,j}(\boldsymbol{r}_i, \boldsymbol{r}_j) - V(r_i)_{\text{zentral}}$$

irgendwie als Korrektur zu berücksichtigen, werden wir später zurückkommen.

Man weiß, daß die Nukleonendichte im Inneren des Kerns in etwa konstant ist. Aus der Überlegung im letzten Abschnitt folgt, daß damit auch das effektive Kernpotential im Inneren konstant sein muß. Man erwartet also in erster Approximation eine Art *kugelförmiges Kastenpotential*

$$V(r) = \begin{cases} -V_0 & \text{für } 0 < r < +R \\ 0 & \text{sonst} \end{cases} \tag{1.47}$$

für Neutronen. Für Protonen wird der Coulomb-Anteil hinzukommen, der innen ($\approx -r^2$) das Potential am Rand ein wenig absenkt und außen für eine Coulomb-Schwelle ($\approx 1/r$), die uns noch beschäftigen wird, verantwortlich ist. Von der Dichteverteilung in Abb. 1.12 wissen wir, daß das Kastenpotential nicht für die "abgerundeten" Randbereiche gilt, und daß für leichte Kerne diese Abrundungseffekte dominieren; die Dichteverteilung entspricht dort mehr einer Gauß-Verteilung, wie man sie für einen *harmonischen Oszillator*

$$V(r) = V_0 \cdot r^2 \tag{1.48}$$

erwartet. Das wirkliche Potential muß irgendwo dazwischen liegen. In vielen Rechnungen wird daher das sogenannte *Wood-Saxon-Potential*

$$V(r) = \frac{-V_0}{1 + \exp\left((r - R)/a\right)} \tag{1.49}$$

benutzt. Für unsere Diskussion reicht es, die "extremen" Potentiale des Kastens und des Oszillators zu betrachten. Wie liegen die Energieniveaus in beiden Fällen?

Die Lösung des dreidimensionalen harmonischen Oszillators faktorisiert wegen

$$V(r) \propto r^2 = x^2 + y^2 + z^2$$

wie das im letzten Abschnitt behandelte rechteckige Kastenpotential in drei eindimensionale Wellenfunktionen

$$\psi(\boldsymbol{r}) = X(x) \cdot Y(y) \cdot Z(z) \,.$$

Jede der Komponenten ist Lösung des eindimensionalen harmonischen Oszillators. Die Gesamtenergie hat damit drei Beiträge,

$$\begin{aligned} E &= \hbar\omega(n_x + 1/2) + \hbar\omega(n_y + 1/2) + \hbar\omega(n_z + 1/2) \\ &= \hbar\omega(n + 3/2) \end{aligned} \qquad (1.50)$$

mit $n = n_x + n_y + n_z = 0, 1, 2 \cdots$. Die Besetzungszahl wird durch die kombinatorischen Möglichkeiten bestimmt, die Energie auf Anregungen in den einzelnen
Komponenten zu verteilen. Es gibt $n + 1$ Möglichkeiten, n zwischen n_x und
$n_y + n_z$ zu verteilen, und die Aufteilung zwischen n_y und n_z ergibt im Mittel $n/2 + 1$ Kombinationen. Summiert man über jeweils voll besetzte Schalen
$n = 0, 1, 2, 3, 4, 5 \cdots$ mit den Besetzungsmöglichkeiten

$$1, \ 3, \ 6, \ 10, \ 15, \ 21 \ \cdots \ . \qquad (1.51)$$

für beide Spinzustände, erhält man für Neutronen (oder für Protonen) die folgenden, besonders stabilen Besetzungszahlen:

$$2, \ 8, \ 20, \ 40, \ 70, \ 112 \ \cdots \ . \qquad (1.52)$$

Die ersten drei entsprechen in der Tat den magischen Zahlen.

Geeignete lineare Kombinationen der entarteten Zustände ergeben Eigenzustände des Drehimpulsoperators. Solche Eigenzustände hätte man sofort erhalten, wenn man die Wellenfunktion zunächst in einen radialen und einen winkel-
abhängigen Anteil separiert hätte. Für den nebeneinander geschriebenen 0., 1.,
2., usw. Anregungszustand erhält man jeweils Beiträge mit den verschiedenen,
untereinandergeschriebenen Drehimpulsen

$$\begin{array}{cccccc} 0, & 1, & 0, & 1, & 0, & 1 \cdots \\ & & 2, & 3, & 2, & 3 \cdots \\ & & & & 4, & 5 \cdots \ . \end{array}$$

Da es zu Drehimpuls l insgesamt $2l + 1$-Zustände gibt, erhält man in jeder Spalte
die obigen Besetzungszahlen.

Verläßt man das Harmonische-Oszillator-Potential und wählt ein anderes kugelsymmetrisches Potential wie das Kastenpotential, wird die Entartung zwischen
den verschiedenen Drehimpulszuständen mit verschiedenen l aufgehoben. Da
keine Vorzugsrichtung vorliegt, bleibt natürlich die Entartung bezüglich der Dreh-
impulsrichtung m bestehen.

Für ein kugelsymmetrisches Kastenpotential ist die Aufspaltung der Linien
nicht sehr groß, wie man in den ersten beiden Spalten in Abb. 1.23 sehen kann.
In der Abbildung sind die üblichen spektroskopischen Bezeichnungen

$$\text{s(sharp)}, \text{p(principal)}, \text{d(diffuse)}, \text{f(fundamental)}, \ \cdots \ \text{weiter alphabetisch} \cdots$$

für die Bahndrehimpulse $l = 0, 1, 2$, usw. benutzt. Die erste Spalte zeigt die
äquidistanten Niveaus des harmonischen Oszillators, die zweite Spalte die des

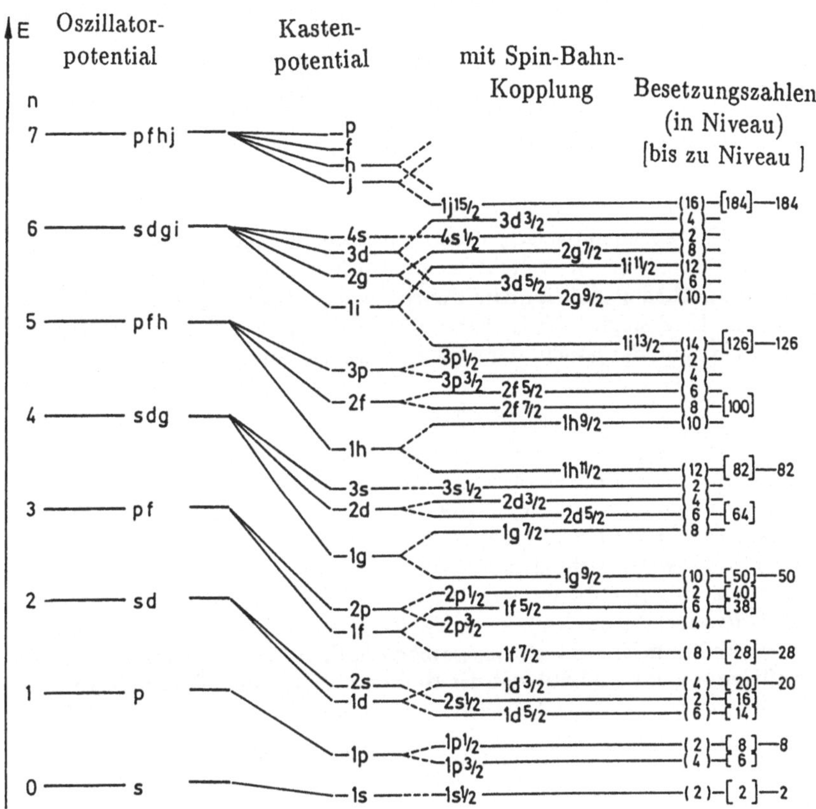

Abb. 1.23: Die Aufspaltung der Terme und die Spin-Bahn-Kopplung [nach H. Bucka [28]]

radialen Kastenpotentials, das das Potential großer Kerne approximieren sollte. Die Energiezustände haben sich nicht sehr stark geändert. Sie sind nach wie vor für höhere Anregungszustände verkehrt gruppiert; das Problem mit den magischen Zahlen ist noch nicht gelöst.

Der harmonische Oszillator und das Kastenpotential sind Extremfälle, das wirkliche Potential wird dazwischen liegen. Im allgemeinen ändert sich die relative Lage der Eigenzustände nur sehr langsam mit der Form des Potentials; bestimmte Ordnungsrelationen bleiben für eine weite Klasse von Potentialen erhalten. Es ist unmöglich, allein durch eine geschickte Wahl des Potentials, die den magischen Zahlen entsprechende Gruppierung zu erhalten.

Die einzige Möglichkeit, die magischen Zahlen zu erhalten, ist eine Aufspaltung von Zuständen mit verschiedenen Spins. Von Abschn. 1.2.4 wissen wir, daß die Wechselwirkung zweier Nukleonen einen Spin-abhängigen Anteil hat, und eine solche Abhängigkeit ist damit auch für das effektive globale Potential zu erwarten. Eine Möglichkeit ist dabei eine Wechselwirkung[4] zwischen Spin und Bahndrehimpuls des jeweils betrachteten einzelnen Nukleons [23]

$$V_{\text{Spin-Bahn}}(r_i)\,(\bar{l}_i \cdot \bar{s}_i)\,. \tag{1.53}$$

Jensen und Goeppert-Mayer (Nobelpreis 1963) fanden 1948 heraus, daß ein solcher Term in der Tat zur richtigen Aufspaltung der Terme führt, wie sie in der letzten Spalte der Abb. 1.23 dargestellt ist. Der niedrigste ($L = 3$)-Zustand mit Spin in Bahndrehimpulsrichtung kommt aus der Gegend des dritten in die Gegend des zweiten Orbitals und analog der niedrigste ($L = 4$)-Zustand in die Gegend des dritten Orbitals usw. Die eckigen Klammern geben die Besetzungszahlen der scheinbaren Orbitale an, die den magischen Zahlen entsprechen.

Der obige Term ist nicht der einzige mögliche Spin-Bahn-Kopplungs-Term. Beschäftigen wir uns zunächst mit der Notation. Mit großen Buchstaben werden oft die den gesamten Kern betreffenden Größen bezeichnet[5], d.h.

$$\bar{J} = \sum \bar{j}_i\,, \quad \bar{L} = \sum \bar{l}_i \text{ und } \quad \bar{S} = \sum \bar{s}_i\,,$$

wobei

$$\bar{J} = \bar{L} + \bar{S}\,; \quad \bar{j}_i = \bar{l}_i + \bar{s}_i\,.$$

Mit

$$\bar{j}_i^2 = \bar{l}_i^2 + 2(\bar{s}_i \cdot \bar{l}_i) + \bar{s}_i^2$$

---

[4]Der nichtrelativistische Grenzfall der Dirac-Gleichung, die wir im dritten Teil kennenlernen werden, führt für ein einzelnes Teilchen in einem Potential zu folgender Spin-Bahn-Wechselwirkung:

$$\frac{\partial}{\partial r_i}V(r_i)\,(\bar{l}_i \cdot \bar{s}_i)\,.$$

Der nichtrelativistische Grenzfall erlaubt es, die r-Abhängigkeit der Spin-Bahn-Wechselwirkung sinnvoll festzulegen. Er kann nicht dazu benutzt werden, ihre Größe und sogar ihr Vorzeichen zu bestimmen.

[5]Manchmal wird der Buchstabe I anstelle von J benutzt, um den Drehimpuls des Kerns (I) von dem der Hülle (J) zu unterscheiden. In diesem Buch wird I für den Isospin verwendet.

(wobei die Operatoren $\bar{l}_i^2$ und $\bar{s}_i^2$ feste und damit nicht relevante Eigenwerte $l(l+1)$ und $3/4$ haben) läßt sich der obige Spin-Bahn-Term schreiben

$$1/2\, V_{\text{Spin–Bahn}}(r_i)\,(\bar{j}_i \cdot \bar{j}_i)\,. \tag{1.54}$$

Er wird daher oft *jj-Kopplung* genannt.

Von der Atomphysik ist eine andere Kopplung bekannt. Da hier die elektrostatischen Kräfte recht langreichweitig sind, spürt ein Elektron das Magnetfeld, das von dem Bahndrehimpuls aller anderen Elektronen hervorgerufen wird. Der Wechselwirkungs-Term ist damit

$$K_{\text{Spin–Bahn}}\,(\bar{L} \cdot \bar{S})\,. \tag{1.55}$$

Er wird *LS-Kopplung* oder *Russel-Saunders-Kopplung* genannt. Überwiegt diese Kopplung, sind die Atomzustände in etwa Eigenzustände des Gesamtspins und Gesamtdrehimpulses. Man hat damit eine Aufspaltung der radialen Anregungen mit festem Bahndrehimpuls und festem Gesamtspin in $2S+1$ verschiedenen Spinorientierungen. Die *LS*-Kopplung kann die magischen Zahlen nicht erklären, und sie ist damit nicht dominant in Kernen der dafür relevanten Größe. Für sehr leichte Kerne (etwa $A < 16$) scheint eine Mischung beider Terme aufzutreten.

In welcher Reihenfolge die Orbitale im "Ein-Teilchen"-Schalenmodell des Atomkerns aufgefüllt werden, beeinflußt den Gesamtdrehimpuls der Atomkerne. Der Gesamtdrehimpuls entspricht dem von außen beobachteten "Spin" des als ganzes gesehenen Atomkerns. Betrachten wir den Einfluß des jj-Terms und vernachlässigen wir für den Augenblick jedwede Zwei-Nukleon-Wechselwirkung. Zu jedem (m_l, m_s)-Zustand gibt es einen $(-m_l, -m_s)$-Zustand mit identischer Energie. Beide Zustände werden daher in der Regel gleichzeitig aufgefüllt werden. Für gg-Kerne (mit geradem Z und geradem N) findet man daher einen verschwindenden Gesamtdrehimpuls des Kerns. Für Kerne mit ungerader Nukleonenzahl wird der Gesamtdrehimpuls und das magnetische Moment des Spins durch dieses äußere zusätzliche Nukleon bestimmt. Wie in der Atomhülle tragen abgeschlossene Schalen nicht bei. In Analogie zur Atomphysik wird es als "*Leuchtnukleon*" bezeichnet.

Betrachten wir ein Beispiel. Der Sauerstoffkern ^{16}O ist doppelt magisch ($Z = 8$ und $N = 8$). Die niedersten s- und p-Zustände (d.h. $l = 0$ und $l = 1$) sind aufgefüllt, wie es in Abb. 1.24 gezeigt ist. In der Figur ist der Fall des ^{17}O-Isotops dargestellt, das ein zusätzliches Neutron besitzt. Da dies einen totalen Drehimpuls von $5/2$ trägt, ist der Gesamtdrehimpuls des Kerns $5/2$. Mit dieser Methode erhält man die in Abb. 1.25 dargestellten Vorhersagen. Die Übereinstimmung ist erstaunlich gut in Anbetracht der Tatsache, daß nur der mittlere Effekt der Zwei-Teilchen-Wechselwirkung berücksichtigt war. Sie funktioniert besonders gut in der Nachbarschaft von magischen Kernen. Das ist nicht überraschend. Fügt man zu einem magischen Kern ein Nukleon, wird dieses wegen des relativ großen Energieabstands eine etwas geringere Überlappung mit den übrigen "Rumpf"-Nukleonen haben. Eine Vernachlässigung des Unterschieds von zentra-

	Zustandszahl	Anzahl p	Anzahl n
—— 1d ——	6		1
—— 1p ——	2	2	2
—— 1p ——	4	4	4
—— 1s ——	2	2	2

Abb. 1.24:   Die Besetzungszahlen des Sauerstoffisotops ^{17}O

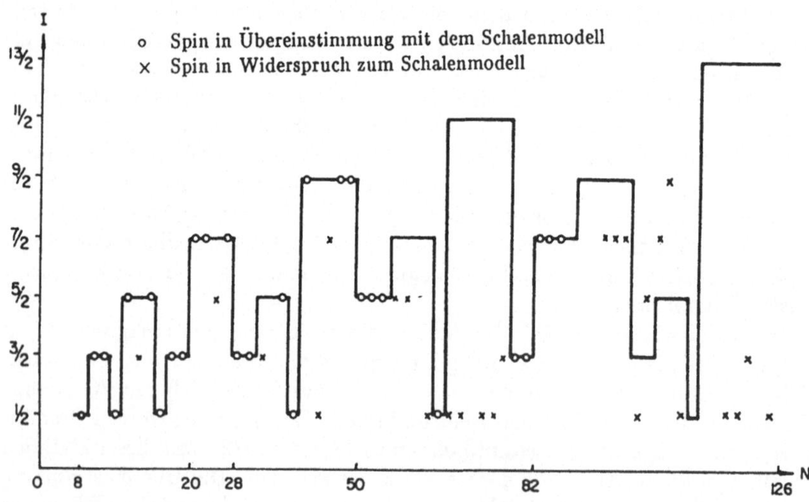

Abb. 1.25:   Der beobachtete Kernspin im Vergleich zum Schalenmodell [aus P. Marmier [33]]

ler Wechselwirkung und der Zwei-Teilchen-Wechselwirkung ist daher hier besonders unproblematisch.

Das gilt auch für Anregungszustände von Kernen mit einem Leuchtnukleon. Um die Situation zu illustrieren, sind in Abb. 1.26 die Anregungszustände des ^{17}O-Isotops zusammengestellt. Erwartungsgemäß (Abb. 1.23) findet man neben dem $1d_{5/2}$-Grundzustand einige leicht identifizierbare Leuchtnukleonanregungszustände $2s_{1/2}$, $1f_{7/2}$ und $2p_{3/2}$. Wie man in der Abbildung sehen kann, wird die Situation für höhere Anregungen schnell kompliziert. Das Spektrum kann in diesem Bereich nur in detaillierten Modellrechnungen, die Korrekturen zum Schalenmodell explizit berücksichtigen, verstanden werden.

1.3.4 Kurze Betrachtung der Kernmomente

Kerne enthalten sich bewegende Ladungen, deren Energie natürlich von anliegenden elektrischen und magnetischen Feldern abhängt. Für quantitative Betrachtungen muß man die Ladungen und Stromverteilungen nach Multipolen entwickeln, wie dies aus der Elektrodynamik bekannt ist. Da die Ausdehnung des Kerns klein ist, sind nur die niedrigsten Beiträge physikalisch interessant. Das erste elektrische Moment (die Ladung oder Ordnungszahl) ist bekannt. Experimentell relevant ist das magnetische Dipolmoment und das elektrische Quadrupolmoment. Ohne magnetischen Monopol gibt es kein entsprechendes magnetisches Moment und, da im Kern nur positive Ladungen auftreten, spielen elektrische Dipolmomente keine Rolle (für den Grundzustand).

Für Messungen von *magnetischen Dipolmomenten*

$$\mu_{\text{Kern}} = g_{\text{Kern}} \cdot \mu_N \tag{1.56}$$

verwendet man die Einheit des Kernmagnetons, d.h. des magnetischen Moments eines Protons, das mit dem Drehimpuls $l = 1$ in einem Zentralfeld kreist:

$$\mu_N = \frac{e\hbar}{2m_p c} = 3,15 \cdot 10^{-14} \frac{\text{MeV}}{\text{T}} . \tag{1.57}$$

Da die Protonmasse die Elektronmasse im Bohrschen Magneton, das das magnetische Dipolmoment des Elektrons beschreibt, ersetzt, ist die Skala für magnetische Dipolmomente um drei Zehnerpotenzen niedriger als in der Atomhülle.

Das magnetische Moment des Kerns enthält Beiträge vom Bahndrehimpuls und vom Spin der Nukleonen. Welcher Beitrag kommt vom Spin eines Nukleons? In der reinen (Ein-) Dirac-Teilchen-Theorie hat ein Fermion der Masse m_p in niedrigster Ordnung in der obigen Einheit das magnetische Dipolmoment 1 , d.h. der Bahndrehimpuls $l = 1$ führt zu demselben Moment wie der Spin $s = 1/2$. Der Drehimpuls des geladenen, reinen Dirac-Teilchens in einem Bindungszustand ist damit

$$\overline{\mu}_{\text{Dirac-Teilchen}} = \mu_N \cdot (\overline{l} + 2 \cdot \overline{s}) , \tag{1.58}$$

wobei $\overline{l}$ und $\overline{s}$ als Operatoren aufzufassen sind. Zu dieser niedrigsten Ordnung gibt es Korrekturen. Für Elektronen führt das, wie wir später sehen werden,

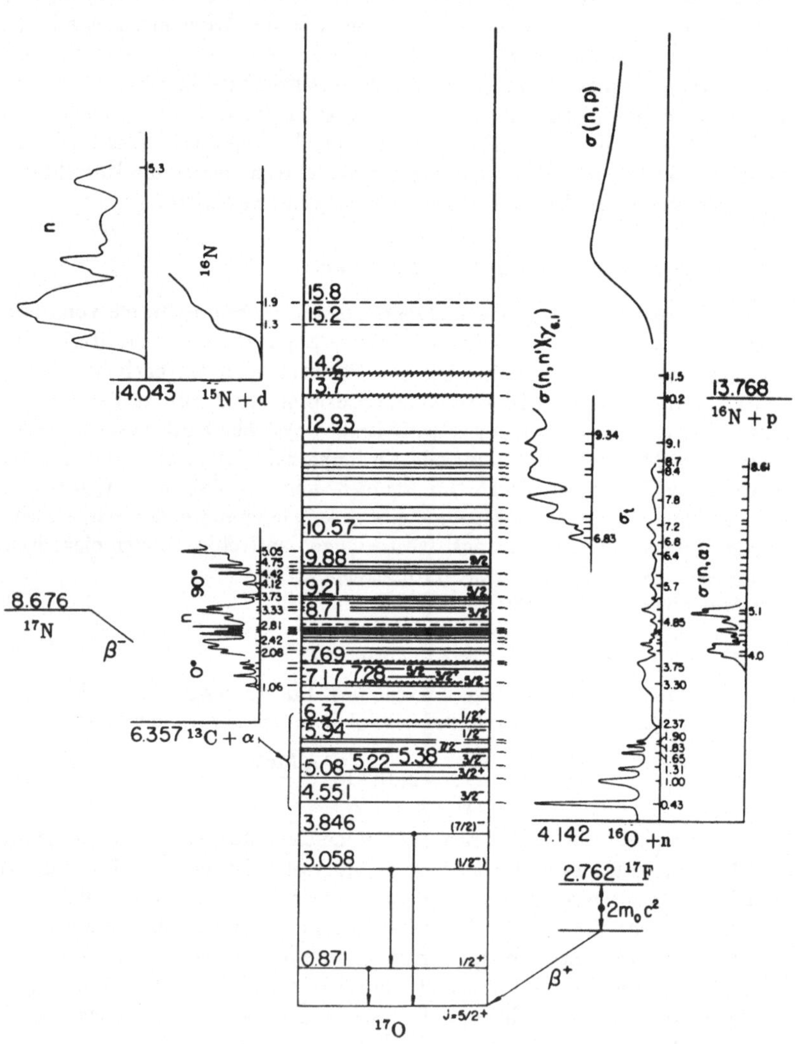

Abb. 1.26:   Die Energieniveaus des ^{17}O-Kerns [aus Landolt-Börnstein [34]]

hauptsächlich durch die Hinzunahme der virtuellen Photonen zu einer winzigen Abweichung. Da das Proton bzw. das Neutron keine elementaren Fermionen sind, haben sie *anomale magnetische Momente*, die weit von dem eines freien Dirac-Teilchens abweichen. Man führt einen Korrekturfaktor ein

$$\overline{\mu}_{Nukleon} = \mu_N \cdot (\overline{l} + g_s \cdot \overline{s}) \,, \tag{1.59}$$

der für Protonen den Wert $g_s = 5,58$ und für Neutronen den Wert $g_s = -3,84$ hat. Für Neutronen verschwindet natürlich der erste Summand.

Für Kerne ist auf der rechten Seite der Gesamtbahndrehimpuls der geladenen Protonen und der Gesamtspin einzusetzen. Betrachten wir den Fall eines Kerns mit einem einzelnen "Leuchtproton", das den Gesamtdrehimpuls und den Gesamtspin des Kerns trägt.

Möchte man das magnetische Moment eines Kerns angeben, können quantenmechanische Effekte nicht vernachlässigt werden. Berücksichtigt man die Spin-Bahn-Wechselwirkung, sind nur J, J_z, S und $J \cdot S$ erhaltene Größen. Versuchen wir nun, das magnetische Moment durch diese Eigenwerte auszudrücken, ohne in quantenmechanische Details zu gehen. Der einzige erhaltene "Vektor" wird durch J, J_z beschrieben. Nur der Teil von μ, der in diese Richtung zeigt, kann daher einen im Mittel nicht verschwindenden Erwartungswert haben. Man kann daher den Operator $\overline{\mu}$ durch den Operator

$$\overline{J} \, \frac{1}{J(J+1)} \, \overline{J} \cdot \overline{\mu}$$

ersetzen. Die Energie des Kerns im Magnetfeld läßt sich mit dem Erwartungswert dieses Operators in der folgenden Weise ausdrücken:

$$E = -B \cdot \mu_{\text{Kern}} = -B \cdot \; < \overline{J} \, \frac{1}{J(J+1)} \, \overline{J} \cdot \overline{\mu}_{\text{Kern}} > \; . \tag{1.60}$$

Zeigt die z-Achse in Richtung des Magnetfelds, ist der erste Faktor rechts $|B| \cdot J_z$. Zur Berechnung des zweiten Vektorprodukts

$$\overline{J} \cdot \overline{\mu}_{\text{Kern}} = \overline{J} \cdot \mu_N \left[\overline{L} + g_s \cdot \overline{S} \right] \tag{1.61}$$

spalten wir den letzten Vektor in einen Teil proportional zu $\overline{L} + \overline{S} = \overline{J}$ und einen Teil proportional zu $L - S$. Durch diese Aufspaltung gibt es dann im Produkt jeweils volle Quadrate der Operatoren mit den Erwartungswerten $J(J+1)$ und $L(L+1) - S(S+1)$. Man erhält

$$E = -|B| \cdot J_z \cdot \mu_N \left[\left(\frac{1}{2} + \frac{g_s}{2}\right) + \left(\frac{1}{2} - \frac{g_s}{2}\right) \cdot \frac{(L(L+1) - S(S+1))}{J(J+1)} \right] \,, \tag{1.62}$$

wobei bei einem ungepaarten Nukleonenspin $S = \frac{1}{2}$ und $L = J \pm \frac{1}{2}$ ist. Die erhaltenen magnetischen Momente

$$(\mu_{\text{Kern}})_z = J_z \cdot \mu_N \begin{cases} [1 - (\frac{1}{2} - \frac{g_s}{2})\frac{1}{J}] & \text{für } J = L + \frac{1}{2} \\[2ex] [1 + (\frac{1}{2} - \frac{g_s}{2})\frac{1}{J+1}] & \text{für } J = L - \frac{1}{2} \end{cases} \tag{1.63}$$

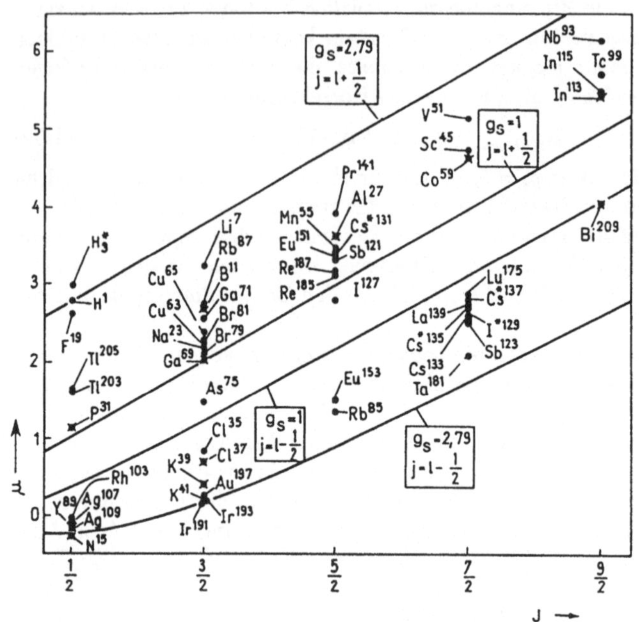

Abb. 1.27:   Die magnetischen Dipolmomente für Kerne mit ungepaarten Protonen [aus T. Mayer-Kuckuk [38]]

werden *Schmidt-Werte* genannt.

Die Spinabhängigkeit der magnetischen Momente von Kernen mit einem ungepaarten Proton ist in Abb. 1.27 dargestellt. Das Bild mit einem einzelnen ungepaarten Proton, das mit seinem anomalen magnetischen Moment den Spin und das magnetische Dipolmoment des Kerns bestimmt, ist nur auf einer qualitativen Ebene richtig. Das anomale magnetische Moment scheint für Nukleonen im Kern reduzierte Werte anzunehmen.

Welche Möglichkeiten gibt es, magnetische Dipolmomente zu messen? Aus der Atomphysik ist das Stern-Gerlach-Experiment (Abb. 1.28) bekannt. Die Energie eines Kernmagnetons im Magnetfeld ist durch (1.60) gegeben. In einem inhomogenen Magnetfeld hat diese Energie eine nicht verschwindende Ableitung, es gibt eine Kraft in Richtung des stärkeren Magnetfeldes, das zur Ablenkung eines Strahls benutzt werden kann. Praktisch läßt sich das (einfache) Stern-Gerlach-Experiment nur auf neutrale Strahlen anwenden, da sonst die Lorentz-Kraft dominiert. Man muß die Kernmomente innerhalb eines Atoms messen. Das ist wegen des großen Unterschieds zwischen Bohrschem Magneton und dem Kernmagneton sehr schwierig und erfordert besondere Verfahren.

Eine Methode der Bestimmung von Kernmomenten benutzt die Hyperfein-

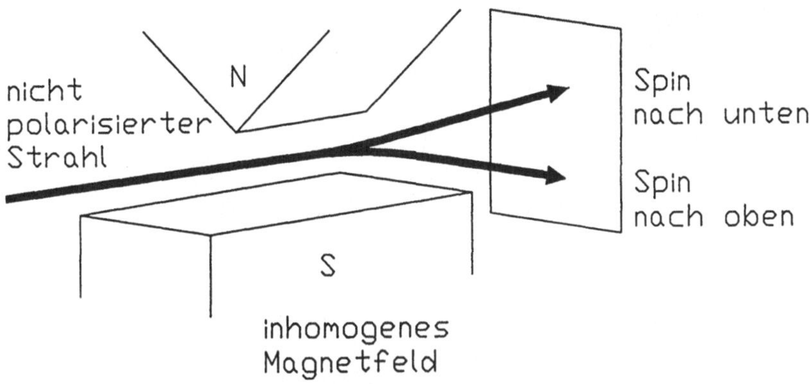

Abb. 1.28: Das Stern-Gerlach-Experiment

struktur der Spektrallinien in Atom- und Molekülspektren. Die verschiedenen Polarisationsrichtungen eines Kerns führen zu einer Aufspaltung geeigneter Spektrallinien, aus der sich das magnetische Moment des Kerns berechnen läßt. Entscheidend für die Meßgenauigkeit ist dabei die Größe der atomphysikalischen (d.h. der von einem nicht verschwindenden magnetischen Moment der Hülle erzeugten) Magnetfelder und die Genauigkeit, mit der diese bestimmt werden können. Die Magnetfelder um den Kern sind größer als die maximal mit äußeren Magneten erreichbaren Felder (augenblicklich sind das einige zehn Tesla).

Eine andere Methode involviert Umklapp-Prozesse des Kernspins in starken, äußeren Magnetfeldern, die durch Absorption von geeigneten Photonen ermöglicht werden. Wie wir oben gesehen hatten, sind die Kernmomente sehr klein, und die benötigten Photonenergien liegen daher für verfügbare Magnetfelder im leicht handhabbaren Radiofrequenzbereich. Im magnetischen *Kernresonanz-Spektrometer* (englisch nuclear magnetic resonance oder NMR) werden die Photonen durch eine geeignete Spule als HF-Feld angeboten und durch Variation der Hochfrequenz oder des Magnetfelds wird das Resonanzgebiet gesucht, für das Absorption auftritt.

Der Umklappprozeß bildet die Grundlage der Kernspintomographie (räumliche Abbildung mittels Kernspin). Durch eine geschickte Inhomogenität des Magnetfelds erhält man eine hohe räumliche Auflösung.

Das *elektrische Kernquadrupolmoment*, das bei einer Ausrichtung in z-Richtung als

$$Q \propto \int \varrho \cdot r^2 \left[3\cos^2(\vartheta) - 1 \right] d^3r \tag{1.64}$$

geschrieben wird, hat die Einheit $C \cdot fm^2$. Hat die Hülle ein nicht verschwindendes Quadrupolfeld, ist der Energiebeitrag E aus der Wechselwirkung mit dessen

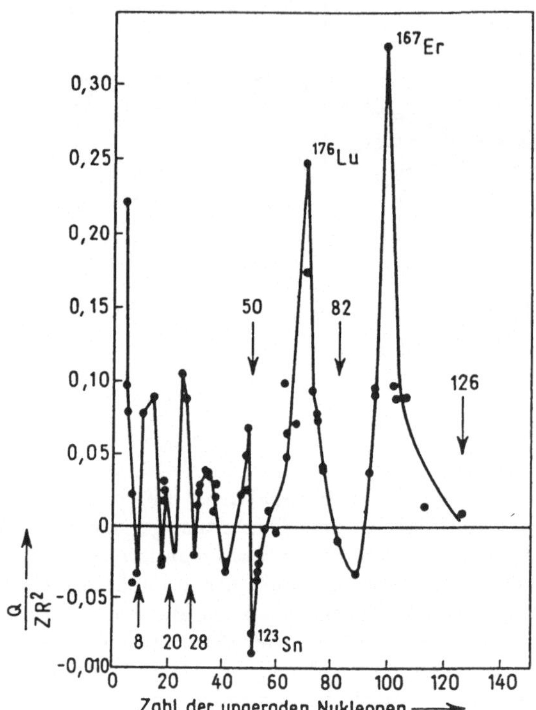

Abb. 1.29:   Die elektrischen Quadrupolmomente ungerader Kerne [aus T. Mayer-Kuckuk [38]]

elektrostatischem Potential V

$$E = Q \cdot \frac{d^2}{dz^2} V \ .$$ (1.65)

Informationen über das Quadrupolmoment erhält man aus genauen spektroskopischen Untersuchungen. Unsicherheiten in der Größe des Hüllenpotentials spielen bei einer Messung der Isotopieverschiebung geeigneter Spektrallinien keine Rolle, da isotope Atome sich nicht in ihren Hüllen unterscheiden.

Das Ergebnis von Quadrupolmessungen ist in Abb 1.29 in einer geeignet reduzierten Koordinate dargestellt. In der Gegend der magischen Zahlen, d.h. mit — abgesehen von wenigen Nukleonen oder Löchern — abgeschlossenen Schalen funktionieren die Vorhersagen des Schalenmodells zufriedenstellend. Im Schalenmodell haben die abgeschlossenen Schalen keinen Einfluß auf Kernmomente; die Kernmomente werden durch die Bewegung der äußeren Leuchtnukleonen bestimmt. Bei halb gefüllten Schalen schwerer Kerne ist die Vorhersage des Schalenmodells drastisch verletzt.

1.3.5 Kollektives Modell

Im letzten Abschnitt hatten wir gesehen, daß die Vorhersagen des Schalenmodells für den Kernspin für größere Kernmassen schlechter und schlechter werden. Es stellt sich heraus, daß für schwerere Kerne Korrekturen zur Zentralfeldapproximation zunehmend wichtiger werden. Solche Korrekturen können im kollektiven Modell berücksichtigt werden, das von Aage Bohr und Ben R. Mottelson (Nobelpreis 1975) entwickelt wurde. Das Modell erlaubt es, viele andere Eigenschaften schwerer Kerne zu verstehen.

Im Schalenmodell, in dem sich — abgesehen vom Leuchtnukleon — alle Bahndrehimpulse und Spins paarweise aufheben, sind die oft hohen elektrischen Quadrupolmomente und magnetischen Dipolmomente nicht zu erklären. Man braucht einen Beitrag der abgeschlossenen Kernrümpfe. Daß Kernrümpfe zu keinen Kernmomenten beitragen, gilt natürlich nur für den Fall eines reinen Zentralpotentials. Kleine Abweichungen von der Kugelsymmetrie können, da der Kern viele Nukleonen enthält, relativ leicht zu großen Korrekturen führen. Da die Kernkräfte eigentlich kurzreichweitig sind, können lokale Schwankungen auftreten und Korrekturen zur Zentralfeldapproximation verstärken.

Wie kann man sich solche Schwankungen vorstellen? Ausgehend vom Tröpfchenmodell erwartet man kollektive Bewegungen mit einer Dynamik, die sich aus den im Tröpfchenmodell bekannten Beiträgen zur Bindungsenergie bestimmt. Für diese Bewegung gibt es zwei wichtige Modi.

Zum einen gibt es Vibrationen um die kugelsymmetrische Form. Der Kern kann, z.B. zwischen einer sogenannten "oblaten" und einer "prolaten" Form oszillieren. Solche Vibrationen (mit kleiner Auslenkung β) des effektiven Kernradius

$$R(\vartheta, \varphi) = R_0 \cdot (1 + \beta \cdot Y_{20}(\vartheta, \varphi))$$

werden zu den äquidistanten Spektrallinien

$$E = \hbar\omega(n + 1/2)$$

des harmonischen Oszillators führen.

Zum andern gibt es Rotationen bei nicht völlig kugelsymmetrischen Kernen. Wie stabil ist ein Kern gegen Deformation aus der Kugelsymmetrie? Für den Volumen-Term ist die Kernform ohne Bedeutung. Ein positiver Oberflächenenergie-Term stabilisiert die Kugelform. Der Coulomb-Term versucht, den Abstand zwischen den Ladungen zu vergrößern, was mit einer Abweichung von der Kugelform offensichtlich erreicht werden kann. Wir hatten gesehen, daß die Bedeutung des Coulomb-Terms mit der Kerngröße zunimmt und für große Kerne eine entscheidende Rolle spielt. Abweichungen von einer kugelsymmetrischen Verteilung sind daher für große Kerne zu erwarten.

Die Energieniveaus der kollektiven Rotationsanregungen eines solchen Kerns
sind

$$E_L = \hbar^2 \frac{1}{2\Theta} L(L+1) \,,$$

wobei Θ das Trägheitsmoment des Kerns ist. Für Rotationen eines spiegelsym-
metrischen Rumpfes kommen nur gerade Drehimpulse in Frage.

Besonders große Abweichungen von der Kugelsymmetrie treten bei Kernen mit
halb gefüllten Schalen auf. In schwereren Kernen mit bis auf ein Leuchtnukleon
abgeschlossenen Schalen (wie der in Abb. 1.26 betrachtete ^{17}O-Kern) können (in
expliziten Modellrechnungen) detaillierte Informationen über die Anregungsmodi
der Rumpfkerne erhalten werden. Zu den Vorhersagen des Schalenmodells für das
Leuchtnukleon kommen Korrekturen durch die Wechselwirkung mit dem nicht
kugelsymmetrischen Rumpf.

1.3.6 Cluster- und α-Teilchen-Modell

Vor allem für Kerne, deren Protonen- und Neutronenzahl nicht in der Nachbarschaft von magischen Zahlen liegen, gibt es auch bei kleineren Massenzahlen
deutliche Korrekturen zum Schalenmodell. Um sie zu verstehen, benötigt man
eine noch drastischere Korrektur.

Das Problem des Schalenmodells ist, daß die Zwei-Teilchen-Kräfte offensichtlich
lokale Korrelationen in der Teilchenverteilung einführen, die im effektiven Zentralpotential nicht berücksichtigt wurden. Eine zunächst rein formale Möglichkeit, Korrelationen zu berücksichtigen [6], ist die sogenannte Cluster-Entwicklung
[24]. An Stelle von einzelnen Nukleonen betrachtet man eine geeignete (die
richtige Zwei-, Drei-, usw.-Nukleon-Korrelationen ergebende) Mischung von ein,
zwei, drei usw. Nukleonenanhäufungen als neue, dynamisch relevante Konstituenten.

In der Kernphysik haben die Cluster eine unmittelbare physikalische Interpretation. Man beobachtet in Zerfällen, daß bei Emission von Kernmaterie meist
α-Teilchen abgestrahlt werden. Dies deutet darauf hin, daß die Kernbestandteile
mit einer gewissen Wahrscheinlichkeit α-Teilchen sind, die manchmal, wie wir
später sehen werden, durch den Tunneleffekt dem Kern entkommen können. Da
der Tunneleffekt eine Emission von α-Teilchen stark bevorzugt, gibt die Beobachtung keinen Hinweis auf die relative Häufigkeit der α-Cluster.

Die Annahme, daß man das Vielteilchensystem Kern manchmal in zwei Unter-
systeme, den Cluster und den Rumpf, aufspalten kann, d.h., daß für die Dynamik nur die Relativkoordinate und die internen Koordinaten eine Rolle spielen,
bedeutet eine drastische Reduktion der Koordinaten. Für leichte Kerne ermöglicht diese Reduktion eine mikroskopische Beschreibung der Kernstruktur aus der

---

[6] Die Methode ist nur bei positiver Korrelation anwendbar. Die starke Repulsion (hard core)
bei kleinen Abständen kann nicht berücksichtigt werden. Schalenmodellrechnungen mit oder
ohne Cluster-Zuständen haben daher Probleme, wenn sehr große Impulse betrachtet werden.
Die "Skala" der Gültigkeit des Modells ist begrenzt.

Nukleon-Nukleon-Wechselwirkung [25]. Man erreicht ein gutes und verläßliches Verständnis leichterer Kerne bis etwa ^{20}Ne.

Die Rechnungen bestätigen die Clusterannahme; sie zeigen, daß das Auftreten der Cluster die Kernstruktur recht drastisch beeinflussen kann. Betrachten wir als Beispiel den Grundzustand von ^{7}Li . Dieser Kern besteht vollständig oder fast vollständig aus einem relativ losen (Bindungsenergie $\leq$ 3 MeV) Bindungszustand eines α-Teilchens (Bindungsenergie etwa 30 MeV) und eines Tritons (Tritium-kerns).

1.3.7 Möglichkeiten, Modelle an besonderen Kernen zu testen

Die in den letzten Abschnitten entwickelten Vorstellungen scheinen die beobach-tete Struktur der Kerne im wesentlichen korrekt zu beschreiben. Eine wirkliche Kontrolle von Modellen erfordert Vorhersagen. Kann man die Modelle in neue, bisher unbekannte Gebiete extrapolieren?

Eine Spekulation in dieser Richtung ist die mögliche Existenz von ungewöhnlich schweren Kernen. Extrapoliert man die Überlegungen zu den magischen Kernen, kommt man im Bereich von $Z = 190$ zu einer Insel besonders hoher Bindungsener-gien. Ob der Effekt groß genug ist für die Existenz stabiler *superschwerer Kerne*, ist ungeklärt. Kleine Änderungen in den Parametern führen zu unterschiedlichen Vorhersagen bezüglich ihrer Stabilität [26]. Auf alle Fälle ist dies eine offene Mö-glichkeit, und es existiert ein systematisches experimentelles Programm, solche Kerne zu produzieren und zu finden.

Ein Gebiet, in das man die entwickelten Vorstellungen extrapolieren kann, ist seit längerem bekannt und wird intensiv untersucht. Es betrifft das Verhalten von *Kernen mit hohem Spin*. Experimentell wurde gezeigt, daß es möglich ist, Kernen relativ hohe Drehimpulse zu geben und den stufenweisen Zerfall von Isomeren mit hohem Spin unter Abstrahlung von Photonen zu beobachten. Im letzten Abschnitt hatten wir gelernt, daß Kerne mit hohen Ladungen relativ leicht deformierbar sind. Obwohl die zusätzlichen Zentrifugalkräfte nicht zu groß sind, erwartet man daher eine interessante Umstrukturierung der Kerne [26].

Die Herstellung hoher Drehimpulse kann zum Beispiel durch Coulomb-Anre-gung erfolgen. Streuen zwei schwere Kerne mit einer Energie, die zu Über-windung der Coulomb-Barriere nicht ausreicht, können auftretende starke elek-tromagnetische Kräfte die Kerne verändern und anregen (wie der Mond auf der Erde Ebbe und Flut erzeugt). Die ursprüngliche Rutherford-Streuung wird da-durch inelastisch. Die Kerne können dabei sehr hohe Drehimpulse (bis $L = 60$) erhalten. Die Zustände hoher Drehimpulse ohne andere Anregung (d.h. mit minimaler Energie) heißen Yrast-Zustände [27,29] .

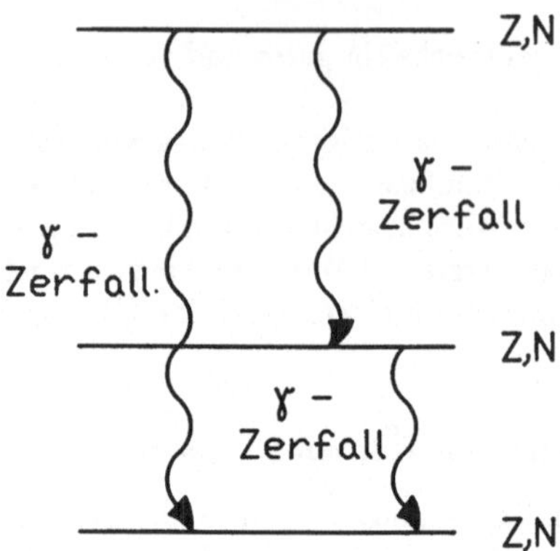

Abb. 1.30:   Zerfallsschema mit γ-Zerfall

1.4 Radioaktiver Zerfall

Wir haben das Kapitel über die Bindungsstruktur der Kerne abgeschlossen und
wenden uns jetzt radioaktiven Zerfallsprozessen zu. Wir hatten gesehen, daß
einige wenige in der Natur vorkommende Kerne radioaktiv sind. Die natürlichen
radioaktiven Substanzen haben mist "astronomische" mittlere Zerfallszeiten —
sonst wären sie seit der Entstehung der Erde zerfallen. Dazu gibt es allerdings
Ausnahmen, da kurzlebige radioaktive Stoffe im Zerfall langlebiger entstehen
können. Als Beispiel dazu hatten wir das Radium kennengelernt. Neben den
natürlichen Strahlern gibt es heute eine Vielzahl von neuen meist rasch zerfallenden radioaktiven Substanzen, die künstlich in Kernreaktoren erzeugt werden.
Braucht man extrem kurzlebige Substanzen (z.B. in der medizinischen Diagno-
stik), für die die Lagerung schwierig wäre, kann man geeignete Zerfallsprodukte
verwenden, die von der ursprünglichen Substanz auf chemischem oder physikalischen Wege getrennt werden können.

Wir betrachten die Situation, in der ein angeregter Kern eine kurze Zeit lebt
und dann unter Abstrahlung eines Photons in einen weniger angeregten Zustand
zerfällt (γ-Zerfall). Die Situation ist analog zur Atomhülle, wo ein Elektron von
einem Energieniveau in ein anderes durch Emission eines Photons direkt oder mit
Zwischenstufen übergehen kann, wie es im Zerfallsschema (Abb. 1.30) dargestellt
ist. Das einzige, was sich ändert, ist die Größenordnung der Energie.

Anders als in der Atomphysik gibt es für Kerne neben der γ-Emission weitere
Prozesse, wie sie in Abb. 1.31 angezeigt sind. Den α-, β^+- und β^--Zerfall hatten
wir schon kennengelernt. Ist der β^+-Zerfall energetisch nicht erlaubt, gibt es als
Alternative den Elektroneneinfang. Er basiert auf dem folgenden Prozeß:

$$p + e^- \rightarrow n + \nu_e \,, \tag{1.66}$$

bei dem das auslaufende Positron durch ein einlaufendes Elektron ersetzt wurde.
Woher bekommt der Kern sein einlaufendes Elektron? Für schwere Kerne haben

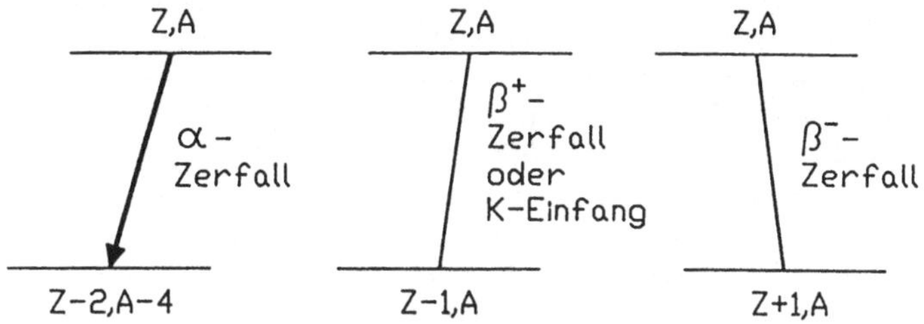

Abb. 1.31: Weitere wichtige Zerfallsprozesse

die Elektronen der K-Schale eine nicht zu vernachlässigende Aufenthaltswahrscheinlichkeit im Kernbereich, so daß bei der entsprechenden Lage der Kernniveaus ein Einfang eines Elektrons aus der K-Schale ablaufen kann. Wegen der geringen Aufenthaltswahrscheinlichkeit ist er vergleichsweise langsam. Nicht jedes bei einem radioaktiven Zerfall emittierte Elektron hat seinen Ursprung in einem β-Zerfall. In der inneren Konversion wird ein emittiertes γ-Quant bisweilen von einem Elektron der Atomhülle "wieder" eingefangen, was in der Regel zu einer Emission des Elektrons führt. Dieses Bild ist natürlich nicht ganz richtig, da es sich nicht um ein freies Photon sondern um ein ausgetauschtes Photon handelt. Da beide Prozesse sehr ähnlich sind, betrachtet man die relative Wahrscheinlichkeit einer inneren Konversion zur γ-Emission. Sie nimmt mit wachsender Ordnungszahl zu.

1.4.1 Mittlere Lebensdauer

Die mittlere Zeit bis zum Zerfall heißt *mittlere Lebensdauer*. Um die Größenordnung festzulegen, gebe ich ein paar Zahlenwerte an. Eine typische mittlere Lebensdauer für die vergleichsweise schnellen γ-Zerfälle ist

$$\tau_\gamma \sim 10^{-12}\text{s} \, .$$

Die mittleren Lebensdauern für die vergleichsweise langsamen α- und β-Zerfälle liegen in den Bereichen

$$\tau_\alpha \sim 10^{-6}\text{s} \cdots 10^{+10}\text{a} \, ,$$

$$\tau_\beta \sim 10^{-2}\text{s} \cdots 10^{+10}\text{a} \, .$$

Zum Vergleich seien einige andere mittlere Lebensdauer-Werte angeführt. Ohne Hilfe oder Behinderung vom Kernpotential hat der β-Zerfall des Neutrons die mittlere Lebensdauer

$$\tau_{n \to p + e^- + \bar{\nu}_e} = 15 \min \, .$$

In der Hadronenphysik werden uns für Resonanzzustände Zerfallszeiten von bis zu 10^{-24} Sekunden begegnen. In Versuchen, die Physik der schwachen Vektorbosonen mit der Physik der Partonen auf eine einheitliche Grundlage zu stellen, erhält man die Vorhersage, daß das Proton zerfällt, wenn auch extrem langsam. Falls es in der angenommenen Weise zerfallen sollte, wurde experimentell gezeigt, daß das Proton länger als 10^{32} Jahre, d.h. 10^{22} Weltalter lebt.

Wie kann man die enorm unterschiedlichen *Lebensdauern messen?* Je nach Größenordnung gibt es die verschiedensten Methoden. Bei sehr kurzen Zerfallszeiten (etwa ab 10^{-13}s) mißt man die Lebensdauer indirekt. Man betrachtet den Streuvorgang, in dem das kurzlebige Objekt produziert wird. Der Prozeß kann nur ablaufen, wenn der Anfangszustand eine Energie besitzt, die der Masse des Objekts entspricht. Wegen des Heisenbergschen Unschärfe-Prinzips

$$\Gamma \cdot \tau = \hbar$$

kann dabei allerdings nur der Energiebereich mit der entsprechenden Unschärfe Γ festliegen. Aus der Unschärfe der Energieabhängigkeit des Wirkungsquerschnitts kann man daher die Lebensdauer des zwischenzeitlich existierenden Teilchens bestimmen. Beispiele für solche Messungen werden wir später ausführlich besprechen.

Längere Lebensdauern kann man oft direkt beobachten. Man kann sehen, wie die Teilchen mit bekannter Geschwindigkeit einen gewissen Abstand fliegen und dann zerfallen. Dabei ist mit dem Lorentz-Faktor γ zu berücksichtigen, daß die Zeit im Laborsystem nicht der Eigenzeit entspricht,

$$\tau_{Labor} = \gamma \cdot \tau = \frac{E}{Mc^2} \cdot \tau \,. \tag{1.67}$$

Das hilft für die Messung kurzer Lebensdauern. Meist kann man sich allerdings das Lorentz-System nicht frei wählen, und es gibt daher Grenzen für die verfügbaren Lorentz-Faktoren. Man kommt daher oft nicht umhin, winzige Abstände auszumessen. In Experimenten, in denen kurzlebige Teilchen analysiert wurden, konnten mit verschiedenen Methoden mikroskopische Auflösungen von einigen $10\mu m$ erreicht werden. Für ruhende Objekte können mit moderner Elektronik Zeiten zwischen Einfang und Zerfall bis zu 10^{-12}s aufgelöst werden.

Für lange Lebenszeiten, wie sie typisch für natürliche kernphysikalische Zerfallsprozesse sind, zählt man die Zahl der Zerfälle pro Zeiteinheit in einer vorgegebenen Substanzmenge. Man benutzt in diesem Meßverfahren das Exponentialgesetz der Zerfallswahrscheinlichkeit. Diese Methode kann auch bei sehr langen Lebenszeiten beibehalten werden. Die zu untersuchenden und mit Detektoren ausgestatteten Volumina müssen dann entsprechend groß sein. Für Protonenzerfallsexperimente wurden riesige unterirdische Tanks mit vielen tausend Kubikmeter Wasser verwendet.

1.4.2 Das exponentielle Zerfallsgesetz

Quantenmechanisch ist es nicht bekannt, wann ein angeregter Kern zerfällt. Es gibt nur eine Zerfallswahrscheinlichkeit pro Zeiteinheit

$$\text{Zerfallswahrscheinlichkeit pro Zeiteinheit} = \lambda = -\frac{1}{N}\frac{d}{dt}N \, , \qquad (1.68)$$

wobei N die Menge der Kerne ist. Wichtig ist, daß in der Gleichung λ nur von der zerfallenden Substanz und von keinen anderen Faktoren abhängt. (1.68) ist eine Differentialgleichung für die wahrscheinliche Menge von nicht zerfallener Substanz. Sie hat folgende Lösung:

$$N(t) = \exp(-\lambda \cdot t) \, . \qquad (1.69)$$

Eine einfache Integration der Zerfallswahrscheinlichkeit

$$\tau = \int_0^\infty t\,\frac{\lambda \cdot N(t)}{N_0}\,dt = \frac{1}{\lambda} \qquad (1.70)$$

ergibt die *mittlere Lebensdauer*. In praktischen Messungen wird oft die Zeit $T_{(\frac{1}{2})}$ ermittelt, in der nur noch die Hälfte der Substanz

$$N(T_{(\frac{1}{2})}) = \frac{1}{2} \cdot N_0 \qquad (1.71)$$

vorhanden ist (*Halbwertszeit*). Aus

$$\frac{1}{2} = \exp(-\lambda \cdot T_{(\frac{1}{2})}) \qquad (1.72)$$

folgt

$$T_{(\frac{1}{2})} = \frac{\ln 2}{\lambda} = \frac{0,693}{\lambda} = 0,693 \cdot \tau \, . \qquad (1.73)$$

Das einfache Exponentialgesetz wird etwas komplizierter, wenn mehrere Prozesse hintereinandergeschaltet sind, d.h. wenn es eine *Tochter-Aktivität* gibt:

$$A \xrightarrow{\lambda_a} B \xrightarrow{\lambda_b} C \, . \qquad (1.74)$$

Die Gleichung für die Wahrscheinlichkeit der N_B-Kerne ist

$$\frac{d}{dt}N_B = \lambda_a \cdot N_A - \lambda_b \cdot N_B = \lambda_a \cdot N_0 \exp(-\lambda_a \cdot t) - \lambda_b \cdot N_B \, . \qquad (1.75)$$

Die inhomogene Differentialgleichung wird gelöst durch

$$N_B = N_0\,\frac{\lambda_a}{\lambda_b - \lambda_a}\,[\exp(-\lambda_a \cdot t) - \exp(-\lambda_b \cdot t)] \, , \qquad (1.76)$$

was je nach den Zerfallszeiten zu den in Abb. 1.32 angezeigten Verteilungen führt. Tatsächlich ist die Situation oft noch beträchtlich komplizierter; es gibt

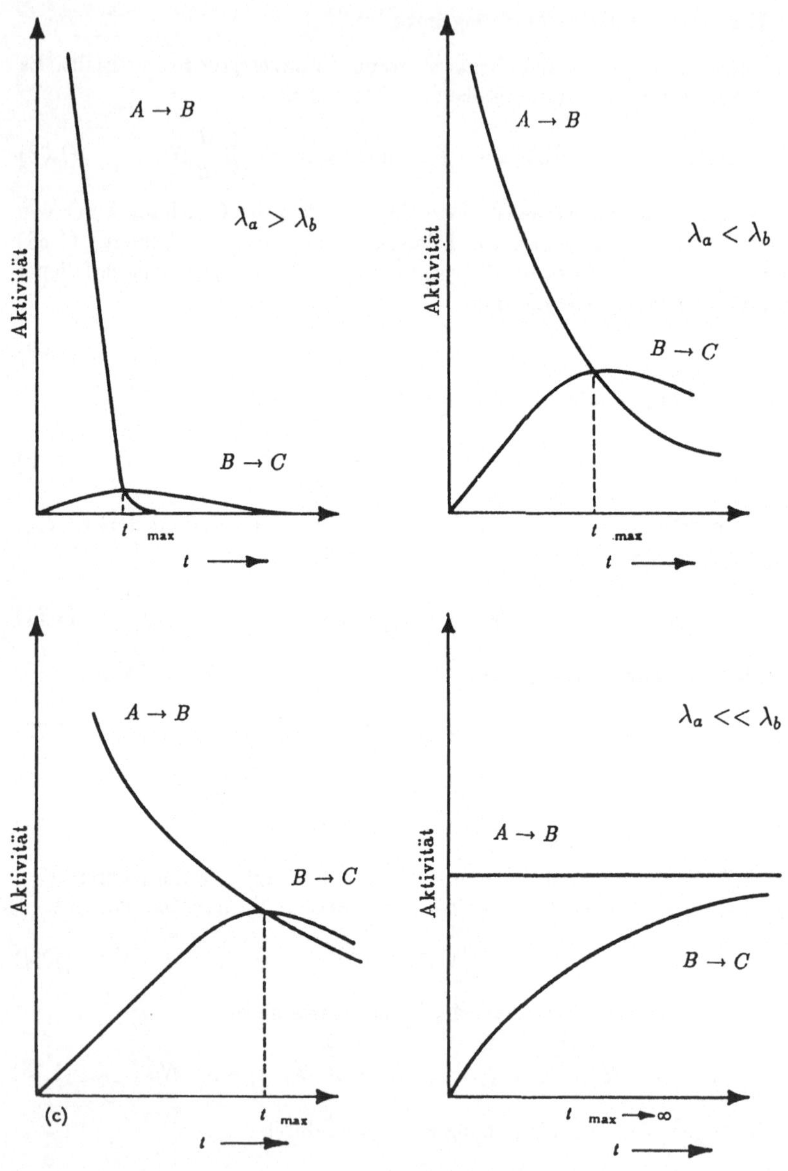

Abb. 1.32:   Häufigkeit der Prozesse in einem Zerfall mit Tochter-Aktivität [aus P. Marmier et al. [40]]

manchmal lange, sich sogar verzweigende Zerfallsketten. Dazu kommen bisweilen eine äußere Strahlungseinwirkung und detaillierte Überlegungen, wann welche Stoffe entweichen können.

Betrachten wir ein Beispiel für eine solche Situation. Wie kann man das *geologische Alter* der Erde bestimmen? Kelvin hat versucht, das Alter der Erde seit Erstarrung einer geschmolzenen Masse abzuschätzen. Sein Ergebnis war eine Größenordnung zu klein, da bei seiner Abschätzung die Radioaktivität innerhalb der Erde nicht mitgerechnet war, die das Abkühlen der Erde verzögerte.

Die Radioaktivität hat nicht nur Kelvins Berechnung ungültig gemacht, sondern sie liefert auch selber eine Methode der Altersbestimmung. Die Methode beruht darauf, daß seit dem Erstarren die Zerfallsprodukte in den Mineralien eingeschlossen bleiben und daß ihr Mengenverhältnis zur ursprünglichen Substanz bei bekannter Zerfallszeit eine Altersbestimmung zuläßt. Die errechneten Werte für das Erdalter liegen bei $3 - 5 \cdot 10^9$ Jahren.

1.4.3 Einheiten für die Radioaktivität

Die Einheit für die *Radioaktivität einer Substanz* ist das Becquerel, und zwar ist

$$1 \text{ Becquerel } = 1 \text{ Bq} = 1 \text{ Zerfall/s} \equiv 1\, s^{-1} \, . \tag{1.77}$$

Das Becquerel ersetzt die ältere Einheit

$$1 \text{ Curie } = 1 \text{ Ci} = 3,7 \cdot 10^{10} \text{ Bq} \, , \tag{1.78}$$

die der Radioaktivität eines Gramms Radium entspricht. Die Radioakivität wird oft pro Volumen oder, wenn es sich um einen Oberflächeneffekt handelt, pro Fläche angegeben.

Oft interessiert die auf ein Objekt *eingefallene Strahlendosis.* Strahlung ionisiert Materie, und man kann daher einfach die Zahl der Ionen messen. Die Einheit

$$1 \text{ Röntgen } = 1R = 2,08 \cdot 10^9 \text{ Ionen und Elektronen pro 1 cm}^3 \text{ Luft} \tag{1.79}$$

beschreibt, wieviel Coulomb an Ionen in trockener Luft erzeugt wurden. Die pro Substanzmenge abgegebene Energie ist das "rad"

$$1 \text{ Röntgen absorbed dose } = 1 \text{ rad} = 10^{-2} \text{ Joule/kg} \, , \tag{1.80}$$

was meist etwa einem Röntgen entspricht. In *SI*-Einheiten verwendet man an Stelle des rad das Gray,

$$1 \text{ Gray } = 1 \text{ Gy} = 100 \text{ rad} = \text{ Joule/kg} \, . \tag{1.81}$$

Für die Frage der *biologischen Schädigung* ist die Wirksamkeit der Strahlung verschieden. Mit einem empirischen biologischen Bewertungsfaktor legt man als "Röntgen-equivalent-man"

$$1 \text{ rem } = \text{ äquivalent zu 1 rad Röntgenstrahlung bei 200 KeV} \tag{1.82}$$

die Strahlungsmenge fest, die 1 rad Röntgenstrahlung bei 200 KeV entspricht. Der Bewertungsfaktor ("relative biological effectiveness", oft RBE genannt) erreicht den Wert 20 für Schwerionenstrahlung. In SI-Einheiten verwendet man an Stelle des rem's das Sievert

$$1 \text{ Sievert } = 1 \text{ Sv} = 100 \text{ rem} . \tag{1.83}$$

Die unmittelbare medizinische Schädigung bei einer einmaligen Belastung ist recht genau bekannt. Die maximale Dosis, bis zu der keine klinische Behandlung der Strahlungsschäden erforderlich wird, ist $0,25$ Sv. Eine Belastung mit 7 Sv hat in fast allen Fällen einen tödlichen Ausgang.

Die Wirkung niedriger, langfristiger Strahlenbelastung ist nicht leicht festzulegen. Man erwartet, daß das Krebsrisiko ansteigt und genetische Mutationen der Keimzellen erhöht auftreten können. Ein Orientierungspunkt für die tatsächliche Größe dieser Gefährdung ist die natürliche Strahlungsbelastung.

Bei der natürlichen, langfristigen Strahlenbelastung gibt es drastische Schwankungen. Man unterscheidet zwischen innerer und äußerer Belastung. Für die innere Belastung muß, da die Elemente im Körper unterschiedlich deponiert werden, wiederum zwischen einzelnen Organen unterschieden werden. Ein relativ großer Wert tritt in der Lunge (durch Inhalation von Radon und Thorium) auf und erreicht dort lokal Werte in der Größenordnung von 3 mSv/a. Gemittelt über den Körper tragen in den Kreislauf aufgenommene Radionuklide aus der Biosphäre mit etwa $0,7$ mSv/a bei. Die natürliche, äußere Belastung von der kosmischen Strahlung und von terrestrischer Umgebungsstrahlung beträgt in etwa 1 mSv/a. Diese Werte erhöhen sich oft um Größenordnungen (erhöhte Radon-Konzentrationen in schlecht gelüfteten Räumen, erhöhte kosmische Strahlung für Flugpersonal etc.). Extreme Werte treten in besonderen geologischen Gebieten auf; so erreicht die Umgebungsstrahlung in einer Gegend Brasiliens mit Thorium-haltigem Sand Werte von bis zu 120 mSv/a [30] .

Die normale Belastung durch künstliche Radioaktivität erscheint in diesem Vergleich unbedenklich gering, da die Werte der natürlichen Belastung nicht annähernd erreicht werden. Dies gilt nicht für einige medizinische Anwendungen und auch nicht für Unfälle beim Betrieb kerntechnischer Anlagen. In Tschernobyl wurde in der unmittelbaren Umgebung eine letale Dosis erreicht. In vielen Teilen Europas hat sich im Jahr nach dem Unfall die zusätzliche, künstliche Belastung in der Größenordnung der normalen natürlichen Belastung erhöht.

1.4.4 Der γ-Zerfall

Betrachten wir nun spezifische Zerfallstypen und beginnen wir dabei, in Anlehnung an unsere Einteilung nach der typischen Energieskala, mit den Zerfallsprozessen, für die sich die Kernstruktur vergleichsweise wenig ändert. Wir behandeln daher zunächst den γ-Zerfall und anschließend den β-Zerfall und schließen dann die Diskussion mit dem α-Zerfall und der Kernspaltung ab.

Kerne mit vorgegebenen Ordnungszahlen Z und Neutronenzahlen N können in vielen *isomeren* Anregungszuständen mit verschiedenen

- Energien,
- Gesamtdrehimpulsen,
- Paritätszuständen

vorkommen. Wir hatten gesehen, daß — wie in der Atomhülle — Übergänge von einem Niveau in ein anderes durch Abstrahlung eines γ-Quants möglich sind.

Die Emission eines γ-Quants kann den Gesamtdrehimpuls des Kerns ändern. Das Photon hat den Spin 1, dieser Spin ist parallel oder antiparallel zur Bahn des Photons gerichtet. Ein Photon mit parallelem Spin entspricht einer rechtsdrehenden zirkular polarisierten und ein Photon mit antiparallelem Spin einer linksdrehenden zirkular polarisierten Welle. Normalerweise gibt es zu einem Objekt mit dem Drehimpuls $J = 1$ genau $2J + 1 = 3$ verschiedene Zustände, die durch Drehungen im Ruhesystem ineinander übergeführt werden können. Daß das Photon mit seinen zwei Polarisationsrichtungen eine Ausnahme bilden kann, hängt mit seiner Masselosigkeit zusammen. Ein Photon bewegt sich mit Lichtgeschwindigkeit, und es existiert daher kein Ruhesystem, in dem Drehungen durchgeführt werden könnten, die die Richtung des Spins verändern.

Im System des Kerns (oder genauer im Schwerpunkt-System) kann das einfallende Photon natürlich einen Bahndrehimpuls haben. Dieser Drehimpuls wird klassisch senkrecht zur Bahn des Photons stehen. Für die Änderung des Gesamtdrehimpulses des Kerns ist der Gesamtdrehimpuls des Photons wichtig. Dieser setzt sich zusammen aus Bahndrehimpuls im Kernmittelpunktssystem und Spin. Quantenmechanisch kann das Photon folgende Gesamtdrehimpulse J_γ haben:

$$J_\gamma = \begin{cases} L_\gamma - 1 \\ L_\gamma \\ L_\gamma + 1 \end{cases} . \tag{1.84}$$

Bei solchen Übergängen spielt die Parität eine wichtige Rolle. Die Parität beschreibt das Verhalten von Zuständen unter einer Inversion des Raums

$$(x, y, z) \;\rightarrow\; (-x, -y, -z) .$$

Die Parität des Photons

$$P\gamma = (-1)(-1)^{L_\gamma} . \tag{1.85}$$

setzt sich aus einem Bahndrehimpuls-abhängigen Anteil $(-1)^{L_\gamma}$ und einen inneren Anteil zusammen. Der innere Anteil, d.h. die Parität des Photons, ist negativ. Nach (1.84) gibt es damit zwei Möglichkeiten für die Parität des abgestrahlten Photons bei vorgegebenen Gesamtdrehimpuls

$$P\gamma = \begin{cases} (-1)^{J_\gamma} & \text{für ``elektrische'' Strahlung} \\ (-1)(-1)^{J_\gamma} & \text{für ``magnetische'' Strahlung} . \end{cases} \tag{1.86}$$

Der Name kommt dabei dadurch zustande, daß das Photon seinen Ursprung jeweils in elektrischen Ladungen bzw. elektrischen Strömen haben muß, um diese

Parität zu erhalten. Betrachten wir den Fall der Abstrahlung von einem Dipol. Ändert man die Richtung aller Koordinaten, ändert sich das elektrische Dipolmoment (der Ladungen) um einen Faktor -1, während das magnetische Dipolmoment (der Ströme) erhalten bleibt. Da die Wellenfunktion des emittierten Photons die entsprechende Parität haben muß, gilt (1.86). Für die Strahlung eines Dipols ist $J_\gamma = 1$.

Die Abstrahlung elektromagnetischer Wellen in den verschiedenen Zuständen wird klassisch durch die Verteilung der Ladungen und der Ladungsströme bestimmt. In der Quantenmechanik enthalten die entsprechenden Größen Produkte der Nukleonenwellenfunktionen vor und nach der γ-Emission. Bezüglich der Winkelabhängigkeit lassen sich diese Produkte wieder nach Kugelfunktionen $Y_{LM}(\vartheta,\phi)$ entwickeln und ein Photon wird nur abgestrahlt, wenn die Kugelfunktion, die die Winkelabhängigkeit des Photonfeldes beschreibt, in dieser Entwicklung enthalten ist. Sind J_i und J_f der Gesamtdrehimpuls des Kerns vor und nach dem Zerfall, muß der Gesamtdrehimpuls der Strahlung im Schwerpunkt-System

$$J_\gamma = J_f - J_i \qquad (1.87)$$

zwischen dem

minimal benötigten Drehimpuls $|J_i - J_f|$

und dem

maximal möglichen Drehimpuls $J_i + J_f$

liegen. Der Gesamtdrehimpuls des Photons im Schwerpunkt-System wird *Multipolordnung* der Strahlung genannt. Er bestimmt die Dipol-, Quadrupol-, Oktopol- $\cdots 2^{J_\gamma}$-pol-Natur der Strahlung [37] . Einige exemplarische Übergänge sind in Abb. 1.33 dargestellt.

Wie gut ist die Konvergenz der Multipolentwicklung? Die Wellenlänge des Photons ist groß in Relation zum Kernradius, und die Terme der Entwicklung sind damit von der Größe $(\text{Kernradius}/\text{Wellenlänge})^{2 \cdot J_\gamma}$. Es ist offensichtlich, daß die Terme mit niedrigst möglichen J_γ-Werten dominieren. Die beobachteten Übergänge sind [11] [38]

$$E_1, \quad E_2, \quad E_3, \quad E_4, \quad E_5,$$
$$M_1, \quad M_2, \quad M_3, \quad M_4 .$$

Die von Strömen induzierten Felder werden erst für $v \to c$ mit den von Ladungen induzierten Feldern vergleichbar. Für Kerne ist die magnetische Strahlung damit unterdrückt gegenüber der elektrischen Strahlung.

Ein interessanter Aspekt betrifft die *Emission und anschließende Absorption von γ-Strahlung*. Setzt ein Übergang in einem Atom A ein Photon frei, kann das Photon ein Atom B dazu anregen, den Übergang rückwärts durchzuführen. Das geht allerdings im Prinzip nur, wenn das Ruhesystem des emittierenden Systems dem des absorbierenden Systems entspricht. Das ist in der Regel nicht der Fall.

Ein emittiertes Photon wird, wie es in Abb. 1.34 angedeutet ist, die frei werdende Energie nicht ganz übernehmen. Es gibt einen Rückstoß des Kerns

$1^+ \xrightarrow{\gamma} 0^+$	$L = 1$ kein Paritätswechsel	reiner $M1$- Übergang
$1^- \xrightarrow{\gamma} 0^+$	$L = 1$ Paritätswechsel	reiner $E1$-Übergang
$\tfrac{1}{2}^+ \xrightarrow{\gamma} \tfrac{1}{2}^+$	$0 \leq L \leq 1$ kein Paritätswechsel	reiner $M1$- Übergang
$\tfrac{3}{2}^+ \xrightarrow{\gamma} \tfrac{1}{2}^+$	$1 \leq L \leq 2$ kein Paritätswechsel	möglich $M1$- und $E2$- Übergang
$\tfrac{3}{2}^+ \xrightarrow{\gamma} \tfrac{5}{2}^+$	$1 \leq L \leq 4$ kein Paritätswechsel	möglich $M1$-, $E2$-, $M3$- und $E4$- Übergang

Abb. 1.33: Einige elektromagnetische Übergänge

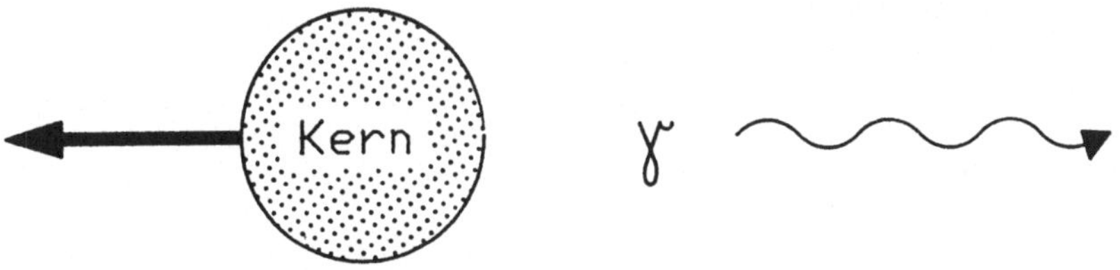

Abb. 1.34: Die Impulse bei der Abstrahlung eines γ-Quants

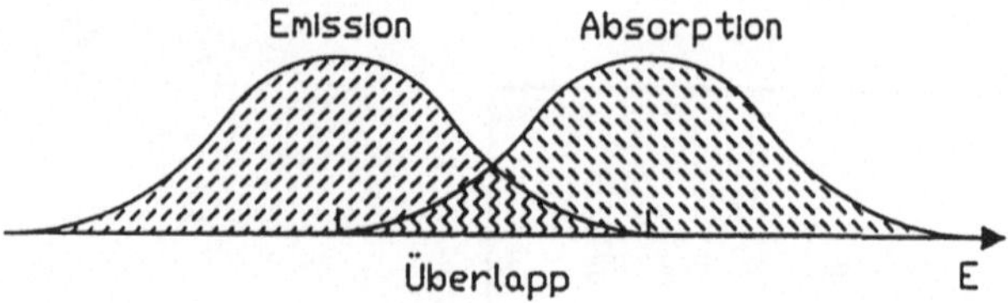

Abb. 1.35: Das Emissions- und Absorptionsspektrum von γ-Quanten

mit dem Impuls des Photons

$$- P_{\text{Kern}} = P_{\text{Photon}} = E_{\text{Photon}}/c \, . \tag{1.88}$$

Er trägt damit die, wenn auch kleine, kinetische Energie

$$E_{\text{Kern}} = \frac{P_{\text{Kern}}^2}{2M_{\text{Kern}}} \, . \tag{1.89}$$

Die Relation zwischen der gesamten Anregungsenergie und Photonenergie ist damit

$$E_{\text{Anregung}} = E_{\text{Photon}} + \frac{E_{\text{Photon}}^2/c^2}{2M_{\text{Kern}}} \, . \tag{1.90}$$

Da der zweite Summand klein ist, bedeutet die Inversion bezüglich E_{Photon} und E_{Anregung} gerade ein Minus statt Plus,

$$E_{\text{Photon}} = E_{\text{Anregung}} - \frac{E_{\text{Anregung}}^2/c^2}{2M_{\text{Kern}}} \, . \tag{1.91}$$

Bei der Absorption des Photons vom ruhenden Target tritt derselbe Effekt in umgekehrter Weise auf. Da sich der Photonimpuls auf den Kern überträgt, braucht man eine erhöhte Photonenergie

$$E_{\text{Photon}} = E_{\text{Anregung}} + \frac{E_{\text{Photon}}^2/c^2}{2M_{\text{Kern}}} \, . \tag{1.92}$$

Tatsächlich gibt es Fluktuationen in der emittierten und der für die Absorption benötigten Photonenenergie. Je nach Breite dieser Verteilungen wird die emittierte Strahlung nicht oder nur sehr wenig absorbiert (vgl. Abb. 1.35).

Was bestimmt die *Breite* dieser Verteilungen? Wichtig ist die thermische Energie. Durch den Doppler-Effekt kann ein Photon etwas mehr oder etwas weniger Energie bekommen. Eine Lorentz-Transformation bedeutet für das Photon

$$E'_{\text{Photon}} = \frac{E_{\text{Kern}}}{M_{\text{Kern}}} E_{\text{Photon}} + \frac{P_{\text{Kern}} c}{M_{\text{Kern}} c^2} P_{\text{Photon}} c \, , \tag{1.93}$$

und, da $E_{\text{Photon}} = P_{\text{Photon}} c$ gilt,

$$\frac{\Delta E_{\text{Photon}}}{E_{\text{Photon}}} = \frac{(E'_{\text{Photon}} - E_{\text{Photon}})}{E_{\text{Photon}}} = \frac{1}{2} \left(\frac{P_{\text{Kern}}}{M_{\text{Kern}} c} \right)^2 + \frac{P_{\text{Kern}}}{M_{\text{Kern}} c} \, . \tag{1.94}$$

Der quadratische Term bewirkt eine minimale Verschiebung des Maximums. Uns interessiert hier der (nur linear kleine) 2. Term. Das quadratische Mittel dieses Terms über Atome einer gegebenen Temperatur kennen wir aus der Thermodynamik

$$\frac{\Delta E_{\text{Photon}}}{E_{\text{Photon}}} = \sqrt{\left\langle \frac{2}{M_{\text{Kern}}c^2} \cdot \frac{P^2_{\text{Kern}}}{2M_{\text{Kern}}} \right\rangle} = \sqrt{\frac{2\frac{1}{2}kT}{M_{\text{Kern}}c^2}} \, . \tag{1.95}$$

Betrachten wir als Beispiel einen Übergang $(3/2^- \to 1/2^-)$ in den Grundzustand des Eisenistops ^{57}Fe [27] . Bei einer γ-Energie von $14,4$ keV und einer Massenzahl 57 entspricht die kinetische Korrektur zur Energie etwa $2 \cdot 10^{-3}$ eV. Bei Raumtemperatur (mit $T = 292$ K und $k = 8,6 \cdot 10^{-5}$ eV/K) ergibt sich damit die folgende Breite aus der Doppler-Verschiebung:

$$\frac{\Delta E_{\text{Photon}}}{E_{\text{Photon}}} = \sqrt{\frac{kT}{M_{\text{Kern}}c^2}} = \sqrt{\frac{0,03 \cdot 10^{-9}}{A}} \, . \tag{1.96}$$

Im oben betrachteten Fall entspricht die Breite damit etwa $10 \cdot 10^{-3}$ eV, d.h. sie ist etwas breiter als die Rückstoßenergie.

In Prinzip kommt dazu ein Beitrag von der Heisenbergschen Unschärferelation $\Gamma = \hbar/\tau$, der angibt, wie genau die usprüngliche Energie des angeregten Zustands und damit die des emittierten Photons festgelegt ist. Er ist normalerweise nicht zu berücksichtigen. Bei der oben betrachteten, relativ langlebigen $(\tau = 1,4 \cdot 10^{-7}$s) Linie ist er $4,7 \cdot 10^{-9}$ eV.

Mößbauer Effekt

Es gibt allerdings eine Möglichkeit, in diesen Bereich vorzudringen und Linien dieser Breite zu beobachten. Es ist der *Mößbauer-Effekt* [31] . Er wurde vom Münchner Physiker R.L. Mößbauer entdeckt, als er seine Doktorarbeit machte. Der zentrale Punkt ist, daß das Verhältnis von freiwerdender Strahlungsenergie und Kernmasse winzig ist. Die Rückstoßenergie ist damit nicht mehr in einem kernphysikalischen, sondern in einem atom- oder festkörperphysikalischen Bereich.

Betrachten wir einige Grundtatsachen der Festkörperphysik. Was bedeutet Temperatur in einem Festkörper? Es gibt viele Schwingungsmodi, die mit einer temperaturabhängigen Wahrscheinlichkeit besetzt sind. Aus der Quantenmechanik wissen wir, daß die Anregungsenergie auch bei tiefen Temperaturen eine nicht verschwindende Größe hat, und daß die Zahl der Anregungsmöglichkeiten abnimmt. Mehr und mehr Anregungsmöglichkeiten frieren ein. Dies hat die Konsequenz, daß die Wärmekapazität, die von der Zahl der Freiheitsgrade abhängt, entsprechend sinkt. In obigem Beispiel ist die minimale Anregungsenergie für Schwingungen eines Atoms etwa $1,7 \cdot 10^{-2}$ eV .

Die *Rückstoßenergie* $1,9 \cdot 10^{-3}$ eV *liegt unter der Minimalanregung.* Der Kern kann sich also nicht mehr relativ zum Festkörper bewegen, die Masse, die bei der Berechnung des Rückstoßes eingeht, kann damit z.B. die gesamte Masse eines

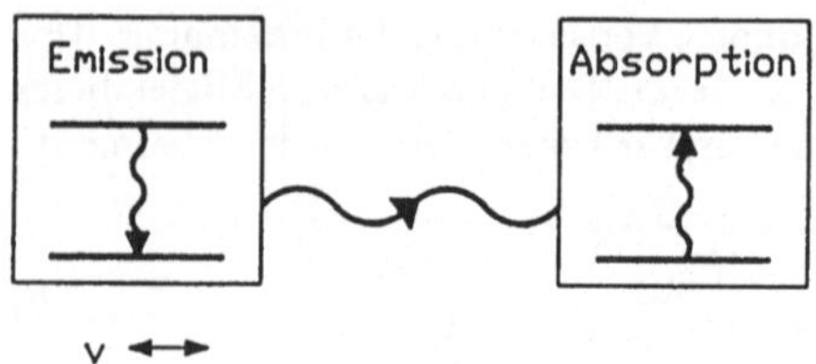

Abb. 1.36:   Das Schema eines Mößbauer-Spektrometers

Kristalls sein. Das reduziert die Rückstoßenergie um 24 Zehnerpotenzen, und die von der Unschärferelation gesetzte Grenze kann daher erreicht werden.

Warum wurde der Effekt nicht früher entdeckt? Ein Grund ist, daß konventionelle Detektoren keine ausreichende Auflösung hatten, um den Effekt zu sehen. Mößbauers Trick war es, die Resonanzabsorption zu verwenden, bei der ein γ-Quant von derselben Resonanz emittiert und absorbiert wird. Um die Meßfrequenz zu variieren, benutzte er dabei eine bewegliche Anordnung (Abb. 1.36), die eine Relativgeschwindigkeit zwischen Emitter und Absorber ermöglichte.

Die phantastische Präzision des Mößbauereffekts erlaubt eine Vielzahl von kern-, atom- und molekülphysikalischen Anwendungen. Kleine elektrische oder magnetische Felder (Dipol- oder Quadrupolmomente) verändern die Position der Linien, und es ist daher möglich, sehr genaue Informationen über die Position der Kerne in chemischen Strukturen zu gewinnen. Man kann z.B. herausfinden, an wievielen nicht äquivalenten Stellen Eisenatome in einem Molekül vorkommen und mit welcher Wertigkeit sie gebunden sind [27] .

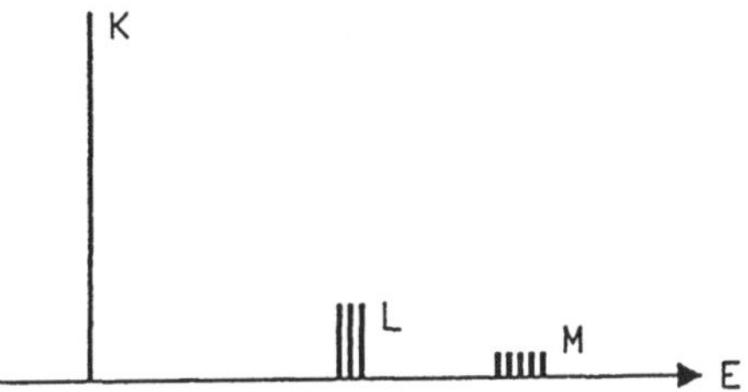

Abb. 1.37:   Die Multiplizität der Abstrahlungslinien nach innerer Konversion

Innere Konversion

Ein dem γ-Zerfall sehr ähnlicher Prozeß ist die *Innere Konversion*. Ein Proton des Kerns "streut" an einem Elektron der Hülle durch den Austausch eines Photons. Durch den Streuvorgang wird das Elektron aus dem Atom herausgeschlagen.

Im Prinzip ist in der Zentralfeldapproximation die Coulomb-Wechselwirkung zwischen Kern und Hülle, die für die Streuung verantwortlich ist, schon berücksichtigt — die Elektronen bewegen sich im Feld aller Protonen — und es handelt sich also um ein Beispiel dafür, welche drastischen Korrekturen Zwei-Körper-Wechselwirkungen bei der Zentralfeld-Approximation verursachen können.

Wie berücksichtigt man die Wirkung einer solchen Elektron-Kern-Streuung? Man extrapoliert den Elektron-Proton-Streuquerschnitt zu kleinen Streuenergien. Anstelle des Flusses, der pro Zeiteinheit auf den Querschnitt des Targetteilchens einfällt, ergibt sich hier die Reaktionsrate pro Zeiteinheit aus der Aufenthaltswahrscheinlichkeit eines Elektrons im Streuvolumen des Protons; diese ist ist klein, aber nicht null.

Der dominante Streuprozeß ist die Emission des Elektrons aus dem Atom. Die freiwerdende Energie im Elektron setzt sich aus einer Kombination der gewonnenen Bindungsenergie im Kern und der verlorenen Bindungsenergie in der Hülle zusammen. Da sowohl die nicht-entartete K-Schale als auch die dreifach entartete L-Schale und die 5-fach entartete M-Schale in Betracht kommen, hat man das in Abb. 1.37 dargestellte Spektrum [40] .

1.4.5 Der β-Zerfall

Wir hatten gesehen, wie Kerne mit einer zu hohen Protonen- oder Neutronenzahl in einen energetisch günstigeren Zustand zerfallen können. Dabei geht ein Neutron in ein Proton über oder umgekehrt.

Die historisch erste Schwierigkeit mit dem β-Zerfall betraf sein Energiespektrum. Im Gegensatz zu den Spektren im α- und γ-Zerfall beobachtet man hier ein geladenes Teilchen mit breitem Energiespektrum, wie es in Abb. 1.38 zu sehen ist. Da beim Übergang eine definierte Energie frei wird und der Energieerhaltungs-

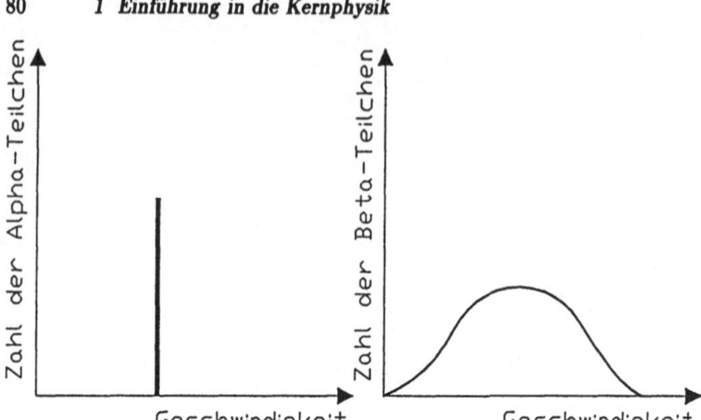

Abb. 1.38:   Die Energieverteilung des im β-Zerfalls emittierten Elektrons

satz nicht verletzt sein kann, muß es sich also um einen komplizierteren Zerfall handeln. Neben dem Positron bzw. Elektron muß zumindest ein weiteres, nicht beobachtetes Teilchen auftreten, das die restliche Energie trägt.

Dieses Teilchen wurde von Pauli 1931 postuliert, und es wird als Neutrino bzw. Antineutrino bezeichnet. Da die Nukleonenzahl beim β-Zerfall unverändert bleibt und da das Elektron oder Positron einen halbzahligen Spin besitzt, muß das Antineutrino oder Neutrino auch einen halbzahligen Spin tragen. Es hat sich herausgestellt, daß eine "Leptonenzahl" erhalten bleibt: das negative "Lepton" Elektron wird zusammen mit dem "Antilepton" Antineutrino oder das positive "Antilepton" Positron zusammen mit dem "Lepton" Neutrino produziert.

Die schwache Wechselwirkung, die für den β-Zerfall verantwortlich ist, wird im Teil 4 des Buches behandelt. Für ihre Beschreibung sind minimale Grundkenntnisse der relativistischen Quantenmechanik erforderlich, die im Teil 3 vermittelt werden.

Lassen Sie mich hier kurz die wichtigsten Ergebnisse anführen. Die Wahrscheinlichkeit schwacher Prozesse ist proportional zum Quadrat eines Wechselwirkungsterms. Dieser Term läßt sich als Vierervektorprodukt zweier Faktoren schreiben, die jeweils nur von den Wellenfunktionen eines Fermionpaares abhängen. Im β-Zerfall enthält einer der Faktoren die Proton- und Neutronwellenfunktion und der andere die Leptonenwellenfunktionen. Die Faktoren können aus einem Produkt der Wellenfunktion eines einlaufenden Fermions und der eines auslaufenden Fermions bestehen, z.B. aus der Wellenfunktion des Protons des Anfangszustands und der Wellenfunktion des Neutrons des Endzustands. In der relativistischen Theorie spielen einlaufende Teilchen und auslaufende Antiteilchen eine analoge Rolle: Der Zerfall $p \rightarrow n + e^+ + \nu$ wird durch denselben Wechselwirkungsterm wie der Prozeß $p + e \rightarrow n + \nu$ beschrieben. Dasselbe gilt für alle anderen Prozesse, die durch die entsprechenden Übergänge zu erhalten sind.

Eine wichtige Komplikation, die in Teil 4 ausführlich behandelt wird, hat ihre Ursache in der Tatsache, daß die beiden Faktoren im Viererprodukt sowohl einen Vektor- als auch einen Axialvektor-Anteil haben. Betrachten wir dazu eine Spiegelung des Raums. Ein Vektor-Beitrag wird in Abhängigkeit von der Spiegelebene seine Richtung ändern. Das Quadrat eines Vektor-Beitrags, wie es im letztlich relevanten Quadrat des Wechselwirkungsterms auftritt, wird nicht berührt, da sich beide Faktoren in derselben Weise transformieren. Bei der Spiegelung eines Axialvektors tritt zusätzlich ein Vorzeichenwechsel auf, der im Quadrat wiederum keine Rolle spielt. Problematisch ist der gemischte Vektor- und Axialvektor-Beitrag, der unter Spiegelung sein Vorzeichen ändert, da der zusätzliche Vorzeichenwechsel nicht kompensiert wird. Der Wechselwirkungsterm in der gespiegelten Welt ist anders als in unserer wirklichen Welt. Die Parität ist gebrochen [32] .

Betrachten wir dazu den β-Zerfall etwas genauer. Wählen wir zunächst eine geeignete Spiegeltransformation. Benutzen wir das Schwerpunkt-System, in dem die vier auftretenden Impulse in einer Ebene liegen, und betrachten wir die Spiegelung an der Impulsebene. Offensichtlich wird sie die Impulse der Teilchen nicht berühren. Wie beim Drehimpuls handelt es sich beim Spin um einen Axialvektor, und die betrachtete Spiegelung ändert daher die Richtung der Fermionenspins; aus einem rechtshändigen Spin, d.h. einem Spin in Richtung des Impulses, wird ein linkshändiger Spin und umgekehrt.

Die Dynamik der schwachen Wechselwirkung hat die Eigenschaft, daß bei linkshändigen Fermionen der gemischte Vektor- und Axialvektor-Beitrag mit positiven Vorzeichen auftritt. Der Beitrag der rechtshändigen Fermionen ergibt sich dann aus der Spiegelung, und es kommt wegen des Vorzeichenwechsels zu einer Subtraktion. Besonders drastisch ist die Konsequenz für Leptonen, für die beide Beiträge gerade gleich groß sind. Da sie sich gegenseitig aufheben, können rechtshändige Leptonen an der betrachteten Wechselwirkung nicht teilnehmen.

Die Paritätsverletzung kann im β-Zerfall nachgewiesen werden. Bei sehr tiefen Temperaturen lassen sich ^{60}Co-Isotope polarisieren, und der Zerfall der polarisierten Kerne

$$^{60}_{27}\text{Co} \rightarrow\,^{60}_{28}\text{Ni} + e^- + \bar{\nu} \qquad (1.97)$$

kann beobachtet werden. Dabei stellt sich heraus, daß die Elektronen bevorzugt entgegengesetzt zur ursprünglichen Spinrichtung emittiert werden. Sind die Elektronen bevorzugt in Richtung des Kernspins polarisiert, ist die beobachtete Richtungsabhängigkeit eine Konsequenz der Linkshändigkeit.

Da sich unter Spiegelung die Spinrichtung anders transformiert als die Impulsrichtung, kann eine solche Vorzugsrichtung nicht auftreten, wenn in der wirklichen Welt und in der gespiegelten Welt dieselben Gesetze gelten müssen. Die beobachtete Vorzugsrichtung beweist die Paritätsverletzung.

Der "schwache Strom" hat eine ähnliche Struktur, wie der elektromagnetische Strom. Wie für den γ-Zerfall muß man bei Kernen im Prinzip über die verschiedenen abgestrahlten Drehimpulse summieren. Da der Kernradius üblicherweise

Fermi-Übergänge	Gamov-Teller-Übergänge
Prozeß:	Prozeß:
$n \rightarrow p + e^- + \bar{\nu}_e$	$n \rightarrow p + e^- + \bar{\nu}_e$
S_z :	S_z :
$\Uparrow \;\rightarrow\; \Uparrow \;+\; \Uparrow\Downarrow$	$\Uparrow \;\rightarrow\; \Downarrow \;+\; \Uparrow\Uparrow$
$+1/2 \qquad +1/2 \qquad\quad 0$	$+1/2 \qquad -1/2 \qquad\quad +1$
S :	S :
$(1/2) \rightarrow (1/2) + (0)$	$(1/2) \rightarrow (1/2) + (1)$

Abb. 1.39:   Der Spin beim β-Zerfall

klein gegenüber der Wellenlänge der abgestrahlten Energie ist, konvergiert die Entwicklung in Bahndrehimpulsen relativ schnell. Dominant für den abgestrahlten Bahndrehimpuls ist $\Delta L = 0$.

In der Näherung, daß eine Behandlung der Nukleonenwellenfunktionen mit einer nichtrelativistischen, zweikomponentigen Schrödingergleichung zulässig ist und daß die Wellenlänge der abgestrahlten Leptonen groß gegenüber dem Kernradius ist, läßt sich das Vierervektorprodukt in eine Summe über zwei unterscheidbare Beiträge aufspalten. Der eine enthält das Quadrat eines "Fermi-Matrixelements" $(\psi_p^\dagger 1 \psi_n)$ und der andere das Quadrat eines "Gamow-Teller-Matrixelements" $(\psi_p^\dagger \sigma \psi_n)$. Der Operator σ ist ein Vektor aus Pauli-Matrizen, der den Spin der Nukleonen bestimmt. In einem Fall bleibt die Richtung der Nukleonenspins erhalten, im andern Fall ändert sich die Richtung des Spins, wie es in Abb. 1.39 aufgezeichnet ist.

Neben diesem $\Delta L = 0$-Beitrag gibt es natürlich auch Beiträge höherer Ordnung. Man spricht von verbotenen Übergängen, die bei entsprechendem Unterdrückungsfaktor auftreten, wenn der erlaubte Übergang nicht möglich ist [38].

1.4.6 Der α-Zerfall

Wir kommen jetzt zum α-Zerfall, in dem zum ersten Mal ein wirklicher Bestandteil des Kerns emittiert wird. Bei dem α-Teilchen handelt es sich um einen Kern des Heliumatoms, nämlich um zwei Protonen und zwei Neutronen, d.h. er ist sowohl bezüglich seiner Protonenzahl wie auch bezüglich seiner Neutronenzahl magisch (doppelt magisch), und seine Bindungsenergie ist daher besonders hoch. Wie für doppelt magische Kerne zu erwarten ist, verschwindet der Kernspin ($J = 0$).

Die Strahlung ist ein Zwei-Körper-Zerfall; ein schweres Atom zerfällt in ein etwas leichteres Atom und ein α-Teilchen. Typischerweise ist der zerfallende Kern praktisch in Ruhe, und das emittierte Teilchen hat damit eine wohldefinierte

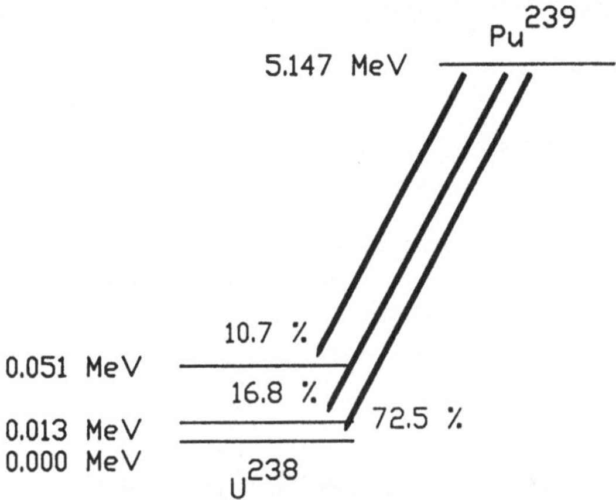

Abb. 1.40: Typisches Niveauschema beim α-Zerfall

Energie. Diese Energie kann entweder durch die Reichweite der Teilchen, z.B.
in Luft, durch die Menge der Ionisierung in bestrahlter Materie oder die Ablenkung der Teilchen im Magnetfeld bestimmt werden. Typisch ist eine dominante
scharfe Linie. Daneben gibt es manchmal auch schwächere Linien mit einer etwas
geringeren Strahlungsenergie, wie es in Abb. 1.40 angedeutet ist. Solche seltener
vorkommenden Übergange führen dann zunächst in Zwischenzustände, die dann
unter Emission eines Photons, d.h. von γ-Strahlung, in einer zweiten Stufe den
Grundzustand erreichen.

Die *totale Energie*, die beim α-Zerfall freigesetzt wird, ist

$$Q_\alpha/c^2 = M(Z, A) - M(Z - 2, N - 2) - M(^4\mathrm{He}) \,. \qquad (1.98)$$

Da die Nukleonenzahl und -art erhalten bleibt, entspricht sie, abgesehen vom
geänderten Vorzeichen, der Bindungsenergiedifferenz. Wegen der (aus der Sicht
des Tröpfchenmodells) ungewöhnlich hohen Bindung ist es notwendig, für das
α-Teilchen direkt den experimentellen Wert

$$B(^4\mathrm{He}) = 28,3 \, \mathrm{MeV} \qquad (1.99)$$

zu verwenden. Der α-Zerfall tritt bei großen Kernen auf. Für die relativ kleine
Änderung in Ordnungs- und Massenzahl reicht es, für die Berechnung der Differenz die ersten beiden Terme den linearen Term in der Potenzreihenentwicklung
zu berücksichtigen

$$B(Z, A) - B(Z - 2, A - 4) = \frac{\partial B(Z, A)}{\partial Z} \cdot 2 + \frac{\partial B(Z, A)}{\partial A} \cdot 4 \,. \qquad (1.100)$$

Um die Ableitung abzuschätzen, können wir das Tröpfchenmodell verwenden, das die Bindungsenergie in der folgenden Weise

$$B(Z,A) \;=\; +a_v A - a_s A^{2/3} - a_c (Z)^2/(A)^{1/3} - a_a (A-2Z)^2/A$$
$$+a_p A^{(-1/2)} \quad \text{für gg Kerne}$$
$$-a_p A^{(-1/2)} \quad \text{für uu Kerne}$$

parametrisiert. Der a_v-Term ergibt einen Beitrag, der dem Volumenterm des α-Teilchens entspricht. Der a_s-Term und der a_c-Term sind abzuleiten. Da $A-2Z$ konstant bleibt, heben sich beide Ableitungsterme im a_a-Term gegenseitig auf, und es verbleibt nur der Beitrag von der A-Abhängigkeit. Wegen seiner A-Abhängigkeit gibt es einen kleinen Beitrag des a_p-Terms, wenn er auftritt. Man erhält

$$Q_\alpha = (28,3-4a_v)+4a_s\frac{2}{3}A^{-\frac{1}{3}}+a_c 4ZA^{-\frac{1}{3}}(1-\frac{Z}{3A})+a_a 4(1-\frac{2Z}{A})^2\pm\frac{4}{2}a_p A^{(-3/2)}\,.$$
$$(1.101)$$

Setzt man die Konstanten ein, erhält man endotherme Reaktionen für $A > 150$, d.h. ab Samarium. Von dieser Massenzahl an wird damit der α-Zerfall auftreten. Tatsächlich erscheinen viele schweren Kerne ab Samarium noch stabil bezüglich des α-Zerfalls. Dafür ist die sehr große Zerfallszeit verantwortlich.

Was bestimmt die *Geschwindigkeit der α-Zerfälle?* Dies kann man in einem Ein-Teilchen-Modell verstehen. In ihm nimmt man an, daß — mit einer bestimmten, kleineren Komponente ihrer Wahrscheinlichkeit — die beiden Protonen und die beiden Neutronen eines Orbitals wie ein einziges Teilchen in einem effektiven Potential behandelt werden können. Wir hatten gesehen, daß man für Neutronen ein kastenförmiges (oder Woods-Saxon-) Potential erwartet. Das Potential für solche α-Teilchen sollte ein ähnliches Verhalten zeigen. Wie das Proton muß das α-Teilchen allerdings die Wirkung des Coulomb-Felds spüren. Außerhalb des Kerns muß es daher eine Coulomb-Barriere geben, in der das Potential positive Werte annimmt.

Neben gebundenen Zuständen mit negativer Energie hat man dabei quasistationäre, *metastabile Zustände.* Sie können im Prinzip zerfallen, sie müssen aber zunächst den Coulomb-Berg durchtunneln. Das ist natürlich anders als in der klassischen Physik, in der ein Teilchen mit einer vorgegebenen Energie einen Berg höherer Energie nicht überwinden könnte.

Um die Quantenmechanik qualitativ zu verstehen, stellen wir uns vor, wir hätten einen Computer, der Differentialgleichungen lösen kann. Für gebundene Zustände soll er zunächst — automatisch mit der richtigen Anfangsbedingung — am Ursprung anfangen und dann die Wellenfunktion von einem Punkt zum nächsten rekonstruieren, bis am klassischen Umkehrpunkt gerade nur noch ein exponentiell abfallender Anteil übrig bleibt. Man erhält also Lösungen, wie sie unten in Abb. 1.41 dargestellt sind.

Wenden wir jetzt unser Programm auf einen metastabilen Energiebereich an. Nehmen wir an, daß der Computer "nett" ist und sich möglichst vernünftige Anfangsbedingungen aussucht. Die Wellenfunktion könnte er daher in etwa wie

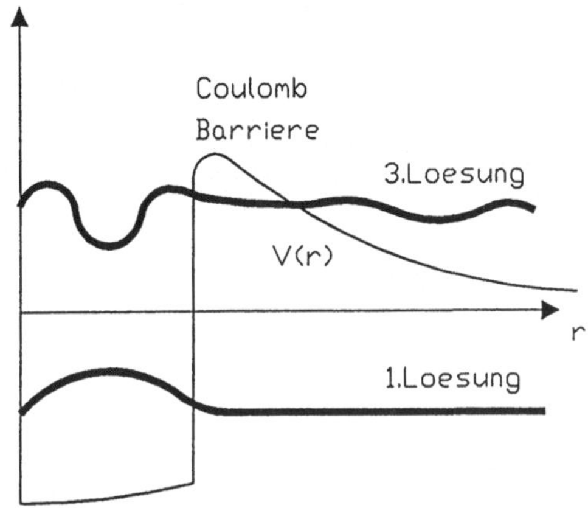

Abb. 1.41:   Stabile und metastabile Zustände in der Quantenmechanik

für einen gebundenen Zustand beginnen. Im Inneren gibt es das übliche Verhalten, das dann an der Schwelle im wesentlichen in einen exponentiellen Abfall übergeht. Ein Teil der Welle wird nun aber die Schwelle durchdringen und außen eine oszillierende Welle bilden, wie es in der oberen Kurve in der Abbildung zu sehen ist. Dabei gibt es nun für die statische Lösung eine Schwierigkeit mit der Normierung, da die Welle unseres Teilchens unendlich weit reicht. Man versucht, ein nicht-stationäres Problem mit einer stationären Methode zu lösen.

Der einzige Fehler bei der betrachteten Lösung ist, daß die Welle beim Resonanzzerfall außen nicht mehr stationär (d.h. ein- und auslaufend) ist, sondern nur noch eine auslaufende Komponente hat. Mit einer für den inneren Bereich unsignifikanten Änderung (der in der Schwelle exponentiell ansteigenden, im Inneren beinahe verschwindenden Komponente) erhält man eine Lösung mit der geänderten Randbedingung. Aus der nicht normierten Lösung kann dann, bei einer vorgegebenen Aufenthaltswahrscheinlichkeit im Potentialtopf, der Fluß von Wahrscheinlichkeit aus dem Potential im äußeren Bereich berechnet werden, d.h. man erhält die Zerfallswahrscheinlichkeit pro Zeiteinheit. Graphisch, d.h. in Abb. 1.41, entspricht er der relativen Größe des Amplitudenquadrates außen mal der Geschwindigkeit des durch die Welle beschriebenen Teilchens $\hbar k/m$. Die Zerfallszeit hängt daher von der Dicke und der Höhe der Wand ab.

Je nach der Form des Potentials wird es eine kleinere oder größere Zahl von deutlichen Resonanzen geben. Die Zahl der deutlichen Resonanzen ist meist recht klein. Eine Ausnahme bilden Potentiale mit einer Schwelle, die durchtunnelt werden muß. Ein Beispiel für eine solche zu durchtunnelnde Wand ist die Coulomb-Barriere.

Die Abbildung mit der Schwelle illustriert die enge Parallelität zwischen Resonanzen und gebundenen Zuständen. Würde man den äußeren Teil des Poten-

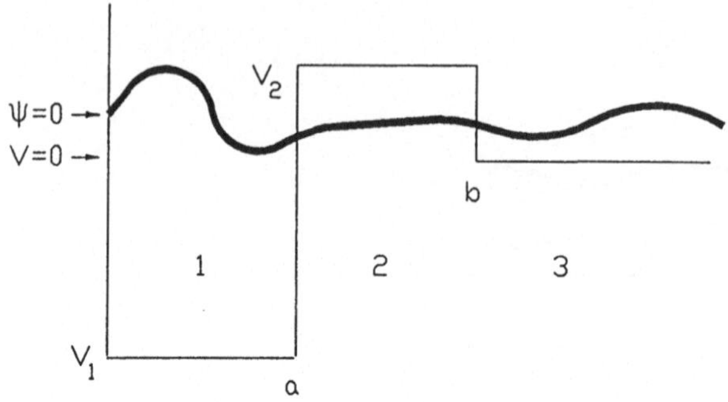

Abb. 1.42: Das in der Rechnung benutzte Kastenpotential

tials anheben, müßte man im Äußeren auf die in diesem Resonanzbereich ohnehin relativ kleine auslaufende Welle verzichten. Im Inneren würden Resonanzen in gebundene Zustände übergehen, ohne daß sich die relative Energie und die Form der Wellenfunktion wesentlich ändern würde.

Betrachten wir dazu als rechenbares Beispiel das *Kastenpotential mit einer Rechteckbarriere*, wie es in Abb. 1.42 dargestellt ist. Die Energie E des Zustands sei positiv. Außen hat die Welle damit die Form

$$\psi = A_3 \cdot \exp[ik_3(x - b)] \tag{1.102}$$

mit dem Impuls $\hbar\, k_3 = \sqrt{2mE}$ mit noch offener Normierung, die wir o.B.d.A. reell wählen. Wir folgen jetzt der Welle Schritt für Schritt in Richtung Ursprung. Im Punkt b gilt

$$\psi(b) = A_3 \tag{1.103}$$

und

$$\psi'/\psi = ik_3 \,. \tag{1.104}$$

Innerhalb der Potentialschwelle wird der Impuls komplex,

$$\hbar\, \kappa_2 = \sqrt{2m(V_2 - E)} \,, \tag{1.105}$$

und die Wellenfunktion hat damit die Form

$$\psi = A_2 \cdot \exp[\kappa_2(x - b)] + B_2 \cdot \exp[-\kappa_2(x - b)] \,. \tag{1.106}$$

Für den Punkt b gilt damit $\psi = A_2 + B_2 = A_3$ und

$$\frac{\psi'}{\psi} = \frac{A_2\kappa_2 - B_2\kappa_2}{A_2 + B_2} = \kappa_2\left(1 - \frac{2}{A_2/B_2 + 1}\right) \,, \tag{1.107}$$

was zusammen mit der (1.104) A_2/B_2 festlegt:

$$\frac{A_2}{B_2} = \left(\frac{2}{1 - ik_3/\kappa_2} - 1\right) . \tag{1.108}$$

Für große κ_2 ist damit $A_2 = B_2 = A_3/2$. Für den Punkt a gilt analog zu oben

$$\psi(a) = A_2 \exp[\kappa_2(a - b)] + B_2 \exp[-\kappa_2(a - b)] \tag{1.109}$$

und

$$\begin{aligned}
\frac{\psi'}{\psi} &= \frac{A_2\kappa_2 \exp[\kappa_2(a - b)] - B_2\kappa_2 \exp[-\kappa_2(a - b)]}{A_2 \exp[\kappa_2(a - b)] + B_2 \exp[-\kappa_2(a - b)]} \\
&= \kappa_2 \left(1 - \frac{2}{A_2/B_2 \exp[2\kappa_2(a - b)] + 1}\right) \\
&= \kappa_2 \left(1 - \frac{2}{\left(\frac{2}{1 - ik_3/\kappa_2} - 1\right) \exp[2\kappa_2(a - b)] + 1}\right) .
\end{aligned} \tag{1.110}$$

Für große κ_2-Werte bleibt nur der Term mit dem positiven Exponent übrig

$$\psi'(a) = B_2\kappa_2 \exp[-\kappa_2(a - b)] = A_3/2\kappa_2 \exp[-\kappa_2(a - b)] . \tag{1.111}$$

Innerhalb des Kastenpotentials ist der Impuls

$$\hbar k_1 = \sqrt{2m(E - V_1)} , \tag{1.112}$$

und die Wellenfunktion hat damit die Form

$$\psi = A_1 \exp(ik_1 b) - A_1 \exp(-ik_1 b) , \tag{1.113}$$

wobei die identischen Koeffizienten für das Verschwinden der Wellenfunktion im Ursprung sorgen, und

$$\frac{\psi'}{\psi} = \frac{ik_1 \exp(ik_1 b) + ik_1 \exp(-ik_1 b)}{\exp(ik_1 b) - \exp(-ik_1 b)} = ik_1 \left(1 - \frac{2}{\exp(2ik_1 b) - 1}\right) . \tag{1.114}$$

Wegen der Kontinuität im Punkt a muß dies derselbe Ausdruck wie oben sein, was die Energie des instabilen Bindungszustands festlegt. Obwohl dies im Prinzip leicht zu lösen ist, beschränken wir uns hier auf den Grenzwert hoher Schwellen, d.h. großer κ_2 . Die Bedingung an die Energie ist damit

$$\exp(2ik_1 b) = 1 , \tag{1.115}$$

und für die Ableitung gilt

$$\psi'(a) = 2iA_1 k_1 = A_3\kappa_2 \exp[\kappa_2(b - a)] . \tag{1.116}$$

Die Amplitude der Welle im Inneren ist, wenn das Teilchen sich noch mit der Wahrscheinlichkeit 1 im Inneren befindet,

$$A_1 = (2 \text{ Kastenlänge })^{-\frac{1}{2}} = (2a)^{-\frac{1}{2}}, \tag{1.117}$$

und die Größe des auslaufenden Flusses ist damit

$$j = \lambda = 1/T = \frac{\hbar k_3}{m} A_3^* A_3 = \frac{2\hbar k_3 k_1^2}{am\kappa_2^2} \exp[-2\kappa_2(b-a)]. \tag{1.118}$$

Der wesentliche Faktor bei diesem Ergebnis ist die Exponentialfunktion. Mit geeigneten Konstanten, schreibt man

$$\lambda = \lambda_o \exp(-G), \tag{1.119}$$

wobei

$$G = 2\kappa_2(b-a) \tag{1.120}$$

der *Gamow-Faktor* genannt wird.

Das Ergebnis läßt sich relativ leicht auf andere Potentialformen übertragen. Ändert sich das Potential nur langsam im Vergleich zur Wellenfunktion, kann man die sogenannte WKB-Approximation anwenden. In unserem Fall läuft das darauf hinaus, daß man sich die Schwelle aus kurzen Schwellenstücken zusammengesetzt denkt und das Produkt im Exponenten durch das entsprechende Integral ersetzt [70] :

$$G = 2 \int \kappa(x)dx = \frac{2}{\hbar} \int_a^b \sqrt{2m(V(x) - E)}dx . \tag{1.121}$$

Wir können diese Approximation nun direkt auf das (wenigstens ab einem bestimmten Abstand exakte) *Coulomb-Potential* anwenden und den Gamow-Faktor explizit berechnen. Bestimmen wir zunächst den äußeren klassischen Umkehrpunkt

$$b = \frac{Ze \cdot ze}{4\pi E} = 1,44 \frac{Z \cdot z}{E}, \tag{1.122}$$

wobei $E = V(b) = Ze \cdot ze/4\pi b$. Mit R als dem Radius, an dem die Schwelle anfängt, schreiben wir

$$G = 2 \int_R^b \sqrt{2mE(b/r - 1)/\hbar^2}dr = C \int_R^b \sqrt{(b-r)/r}dr , \tag{1.123}$$

wobei

$$C = \sqrt{8mE/\hbar^2} . \tag{1.124}$$

Die Substitution $\mathcal{R} = r^{1/2}$ erlaubt die Lösung des Integrals

$$\int_R^b \sqrt{(b-r)/r}\, dr = 2 \int_{\sqrt{R}}^{\sqrt{b}} \sqrt{b - \mathcal{R}^2}\, d\mathcal{R} , \tag{1.125}$$

die wir hier nicht durchführen wollen. Das Ergebnis ist

$$G = C \cdot b(\arccos\sqrt{R/b} - \sqrt{R/b - (R/b)^2}) . \tag{1.126}$$

Ist die Schwellenenergie $(Ze \cdot ze/R)$ deutlich größer als die kinetische Energie[7],

---

[7]Typische Werte sind $R = \cdots 10\,\text{fm}$ und $b = 20 \cdots 40\,\text{fm}$.

d.h.

$$R \ll b \,,$$

läßt sich der Gamow-Faktor in der folgenden Weise approximieren:

$$G = C \cdot b(\frac{\pi}{2} - \sqrt{\frac{R}{b}}) = A/\sqrt{E} - B\sqrt{R} \,. \tag{1.127}$$

Berücksichtigt man noch eine Ordnung weniger, ergibt dies

$$G = A/\sqrt{E} = C \cdot b\frac{\pi}{2} \,. \tag{1.128}$$

Der Gamow-Faktor hängt von der Höhe der Coulomb-Schwelle und von der Energie des abgestrahlten α-Teilchens ab. Sehr schwere Kerne werden oft mehrere Male hintereinander durch α-Zerfälle in leichtere Kerne übergehen. Innerhalb einer solchen Zerfallsreihe erwartet man keine starken Dichteschwankungen der Kernmaterie. Zumindest bleibt die gerade oder ungerade Natur bezüglich Z und N erhalten. Die Coulomb-Schwelle sollte daher nicht unsystematisch variieren. Natürlich wird es in einer solchen Zerfallsreihe eine beträchtliche Änderung in der Energie der abgestrahlten α-Teilchen geben. Die obige Relation

$$\lambda = \lambda_0 \exp(-A/\sqrt{E}) \tag{1.129}$$

kann daher in diesem Punkt direkt experimentell überprüft werden. In Abb. 1.43 sind die Daten dazu in einem geeigneten, logarithmischen Koordinatensystem dargestellt. Wie erwartet, liegen die Datenpunkte jeweils auf Geraden. Der Unterschied zwischen den verschiedenen Geraden beruht im wesentlichen auf der nicht berücksichtigten Abhängigkeit vom Z/A-Verhältnis [36] .

Die obige Relation wird *Geiger-Nuttallsche Regel* genannt. In der ursprünglichen Beobachtung wurde anstelle der Energie der Logarithmus der Reichweite der α-Teilchen in Luft verwendet.

Die Erklärung der extrem starken Abhängigkeit der Lebenszeit von E war ein entscheidender Erfolg der Quantenmechanik mit ihrem Tunneleffekt [2] .

1.4.7 Zerfall durch Kernspaltung

Die Kernspaltung wurde 1938 von Otto Hahn und Fritz Straßmann entdeckt und von Lise Meitner und Otto Frisch zuerst korrekt interpretiert (Abb. 1.44). In unserer Behandlung von Zerfallsprozessen interessiert uns zunächst die spontane Spaltung. Fragen, die mit der stimulierten Spaltung (und der Kettenreaktion) zu tun haben, werden später in einem besonderen Kapitel behandelt.

Im Tröpfchenmodell beruht die Kernspaltung auf demselben Prinzip wie der α-Zerfall. Die *totale Energie*, die im Spaltungsprozeß freigesetzt wird, ist

$$Q_{Spaltung} = M(Z, A) - M(Z_1, A_1) - M(Z_2, A_2) \,. \tag{1.130}$$

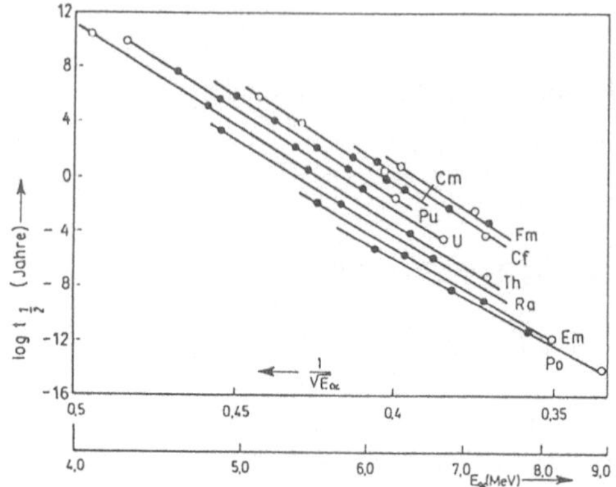

Abb. 1.43:   Die Geiger Nuttalsche Beobachtung [aus T. Mayer-Kuckuk [38] nach: C.J. Gallagher et al. [39]]

Abb. 1.44:   Lise Meitner und Otto Hahn [mit Genehmigung des Ullstein-Bilderdienstes, Berlin]

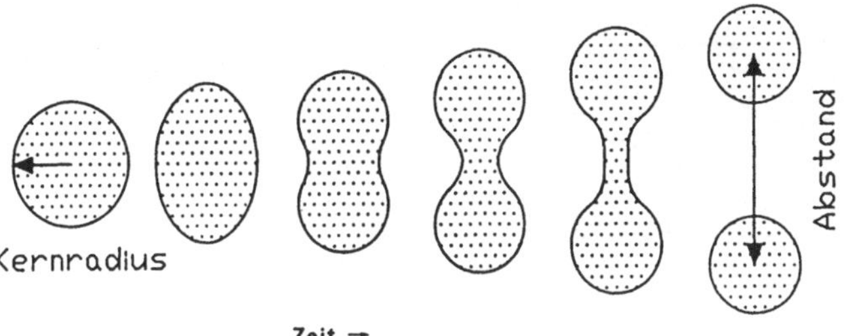

Abb. 1.45: Der geometrische Ablauf des Kernzerfalls

Da die Nukleonenzahl und -art erhalten bleiben, geben die Nukleonenmassen und der Volumenterm keinen Beitrag zur Massendifferenz. Halten wir das Proton-Neutron-Verhältnis im Zerfall fest, trägt der Asymmetrieterm nichts bei. Der Beitrag des Paarungsterms wird in der Regel klein sein. Wichtig ist der Beitrag des Oberflächenterms und des Coulomb-Terms, die wir bei festem Verhältnis in der folgenden Weise schreiben können:

$$\Delta m = a_s(A^{\frac{2}{3}} - A_1^{\frac{2}{3}} - A_2^{\frac{2}{3}}) + a_c(\frac{Z}{A})^2(A^{\frac{5}{3}} - A_1^{\frac{5}{3}} - A_2^{\frac{5}{3}}) \, . \tag{1.131}$$

Für einen Zerfall in zwei gleiche Kerne haben wir damit

$$\frac{\Delta m}{A} = a_s A^{-\frac{1}{3}}(1 - 2^{\frac{1}{3}}) + a_c(\frac{Z}{A})^2 A^{\frac{2}{3}}(1 - 2^{-\frac{2}{3}}) \, , \tag{1.132}$$

wobei bei großen Kernen der negative erste Summand zu einer exothermen Reaktion führt. Einfaches Einsetzen der Parameter führt zu der Vorhersage, daß alle Kerne oberhalb von A=90 instabil gegen Spaltung sind. Zu dieser Vorhersage gibt es natürlich kleinere Korrekturen, die die Stabilität schwerer Kerne erhöhen. Schwere Kerne haben eine erhöhte Proton-Neutron-Asymmetrie und sind nicht völlig sphärisch. Trotzdem braucht die Tatsache, daß Kerne bis etwa A=250 recht stabil gegenüber Spaltung sind, eine andere Erklärung. Im Prinzip mögliche Zerfälle sind hier noch drastischer unterdrückt als beim α-Zerfall.

Betrachten wir als Beispiel das "stabile" Uranisotop ^{235}U. In Wirklichkeit hat es einen α-Zerfall mit der Lebensdauer von 10^8 Jahren, und es ist anzunehmen, daß es in Prinzip auch in zwei schwerere Kerne zerfallen kann. Der Grund für die scheinbare Stabilität der schweren Kerne ist ihre große Masse und die Länge und Größe des zu durchtunnelnden Potentials.

Bei einer Spaltung in größere Teile wird eine Verformung wichtig werden. Wegen der Coulomb-Abstoßung ist die Kugelform nicht sehr stabil, und der Zerfall eines Kerns sieht daher etwa so aus, wie in Abb. 1.45 dargestellt. Man sieht, daß über einen vergleichsweise großen Abstand auf die Kernteile attraktive Kräfte

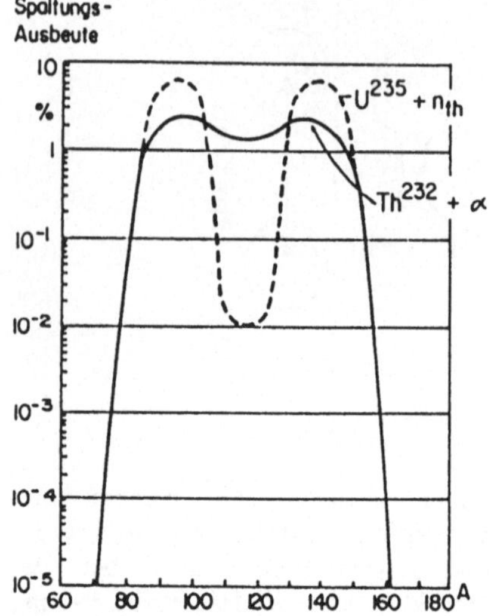

Abb. 1.46:   Die Massezahlverteilung der Spaltprodukte [aus P. Marmier [33]]

wirken können. Selbst ohne Verformung ist die Summe der Radien der Fragmente nach der Spaltung größer als der ursprüngliche Kernradius.

In diesem Bild gibt es zwei zu durchtunnelnde Phasen, der Kern muß zunächst eine ungünstige Form annehmen und dann, nach der Trennung, die etwas abgeschwächte Coulombschwelle überwinden. Die Tunnelwahrscheinlichkeit durch die Coulombschwelle nimmt mit wachsender reduzierter Masse $M_1 M_2/M$ und mit wachsendem Produkt der Ladungen $Z_1 Z_2$ drastisch ab. Diese Abhängigkeit macht es plausibel, warum der oben betrachtete Zerfall in zwei gleiche Kerne keineswegs dominant sein kann und warum ein Zerfall in einen großen und einen kleinen Kern bevorzugt ist. Dies kann man in Abb. 1.46 sehen, in der die Massenzahlverteilung der primären in der Spaltung produzierten Kerne dargestellt sind. Die betrachteten Kerne sind angeregte ^{236}U- und ^{232}Th-Zustände. Mit zunehmender Anregungsenergie wird der Effekt schwächer, da die Tiefe und damit auch die Länge der Schwelle dadurch natürlich geringer wird.

Das obige Argument ist nur eine Plausibilitätsbetrachtung. Die zentrale Annahme war, daß die erste Phase die Größe der Bruchstücke nicht entscheident beeinflußt. Dies ist im einfachen Tröpfchenmodell nicht der Fall und der Effekt erfordert daher komplexere Überlegung.

Es ist zu erwähnen, daß auch die Möglichkeit einer Spaltung in drei Teilkerne existiert. Ihre Wahrscheinlichkeit ist jedoch sehr gering, bei 10^6 "binären" Spaltungen (zwei Bruchstücke) tritt eine "tertiäre" in drei Bruchstücke auf.

Es ist wichtig, nicht zu vergessen, daß die Höhe der Potentialschwelle von derselben Größenordnung ist wie im α-Zerfall. Mit einer externen Anregung ist es daher relativ leicht möglich, zu schnellen Spaltungsprozessen ohne oder fast ohne Tunneln zu kommen. Die Spaltung wird uns daher noch einmal im Kapitel über Streuung begegnen.

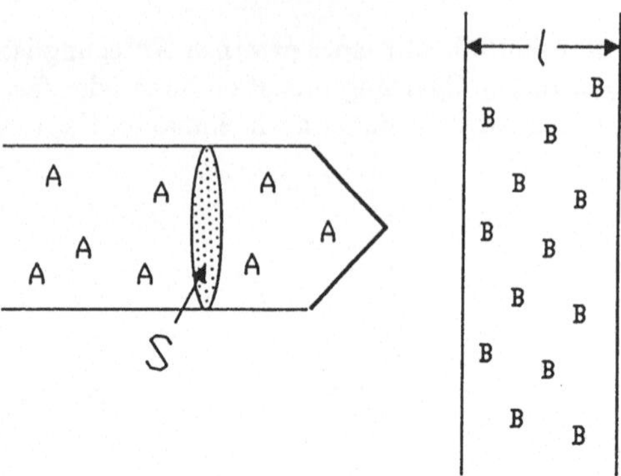

Abb. 1.47:   Die Strahl-Target-Wechselwirkung

1.5 Allgemeine Betrachtungen zum Streuprozeß

Wir gehen jetzt auf unserer typischen Skala etwas weiter (zu kürzeren Zeiten) und betrachten streuende Kerne. Dazu müssen wir uns zunächst ein paar allgemeine Gedanken zum Streuprozeß von beliebigen Objekten ("Teilchen") machen. Diese Überlegungen werden uns auch außerhalb des Kernphysikteils zugute kommen.

Bei einem Streuvorgang fällt ein Teilchenstrahl auf ein Objekt ein, an dem gestreut wird. Die Wahrscheinlichkeit einer Wechselwirkung hängt dabei von den Eigenschaften des Strahls, des Objekts und von den betrachteten Prozessen ab. Die Teilchenstrahlen kommen dabei meist aus radioaktiven Substanzen oder aus Beschleunigern. In der Vorlesung wird in einem späteren Kapitel auf Beschleuniger eingegangen. Die Objekte, an denen gestreut wird, können entweder selber Teilchenstrahlen sein, oder sie sind feste oder gasförmige, praktisch ruhende Materie. Um die Streuwahrscheinlichkeit quantitativ zu beschreiben, führen wir jetzt einige *relevante Definitionen* ein.

1.5.1 Definition von Luminosität und Wirkungsquerschnitt

Betrachten wir zunächst die erste Möglichkeit, in dem ein Teilchenstrahl auf ein ruhendes *"Target"* fällt, wie es in Abb. 1.47 dargestellt ist. Der Strahl besteht aus Teilchen des Typs A der Geschwindigkeit v, die im Querschnitt S in einer mittleren Dichte n_A auftreten. Wir betrachten hier den Fall mit konstanter Dichte. Hat der Teilchenstrahl eine veränderliche Dichte, d.h. ein Profil, muß man die entsprechenden Integrale einsetzen. Die Anzahl der Teilchen pro Längenelement in Richtung der Geschwindigkeit ist damit $n_A \cdot S \cdot dx$. Der Fluß der Teilchen, d.h. die Zahl der pro Zeit auf das Target einfallenden Teilchen, ist ($v = dx/dt$)

$$\text{Fluß} = \Phi_A = n_a \cdot S \cdot v \,. \tag{1.133}$$

Was interessiert uns vom Target? Es enthalte die Teilchen B in einer gleichförmigen Dichte n_B . Im Einfallsgebiet des Teilchenstrahls habe es die Dicke l . Der Einfachheit halber betrachten wir die Situation, in der wiederholte Streuvorgänge vernachlässigt werden können. Das ist der Fall, wenn das Target ausreichend dünn ist. Relevant ist dann nur die Zahl der Teilchen pro Auftrefffläche des Strahls,

$$N_B = n_B \cdot l \ . \tag{1.134}$$

Nehmen wir jetzt für einen Augenblick die einfachste denkbare Situation an. Die Teilchen A seien punktförmig und die Teilchen B seien harte Kugeln mit der Querschnittsfläche σ_B. Die Zahl der Streuungen pro einfallendem Teilchen wäre dann proportional zu dem Anteil der Targetfläche, der durch die Querschnitte der B-Teilchen abgedeckt ist, d.h.

$$\frac{\text{Anzahl der Streuungen}}{\text{Anzahl der Einfallteilchen}} = N_B \cdot \sigma_B \ , \tag{1.135}$$

und die Reaktionsrate, d.h. die Zahl der Ereignisse pro Zeiteinheit, ergäbe sich damit als Produkt mit dem einfallenden Fluß als

$$\text{Reaktionsrate} = (\Phi_A \cdot N_B) \cdot \sigma_B \ . \tag{1.136}$$

Natürlich entspricht dieses einfache Bild nicht der Realität eines Streuvorgangs; es erlaubt jedoch, die Streubereitschaft des Teilchens A und des Teilchens B mit dem entsprechenden, gemessenen "σ_{AB}" zu parametrisieren. Dazu geht man in umgekehrter Weise vor; aus den Eigenschaften des Beschleunigers und des Targets berechnet man die *Luminosität*

$$L = \Phi_A \cdot N_B \tag{1.137}$$

und definiert dann aus der beobachteten Reaktionsrate den effektiven Querschnitt

$$\sigma_{AB} = \text{Reaktionsrate}/L \tag{1.138}$$

als Wirkungsquerschnitt.

Betrachten wir jetzt die Situation für eine *Strahl-Strahl-Wechselwirkung*, wie sie in Abb. 1.48 dargestellt ist. Die Teilchenpakete seien lang gegenüber der Wechselwirkungszeit. Der Einfachheit halber nehmen wir rechteckige Teilchenverteilungen der Seitenlänge h mit konstanten Flußgrößen $\Phi_A = \Phi_B$ an, die sich in einem kleinen Winkel ϑ schneiden. Die Teilchen B seien langsamer als die Teilchen A oder gleich schnell, so daß wir die Teilchen B als Target und die Teilchen A als einfallend betrachten können. Für den Fluß Φ_A des Teilchenstrahls A ändert sich damit nichts. Die Dichte der Teilchen B müssen wir jetzt rückwärts berechnen

$$n_B = \Phi_B/(h^2 \cdot v_B) \ . \tag{1.139}$$

Dies ergibt damit die Flächendichte

$$N_B = \frac{d(\text{Teilchen } B)}{d(\text{Fläche})} = \frac{h}{\sin \vartheta} \cdot \frac{\Phi_B}{h^2 \cdot v_B} \ . \tag{1.140}$$

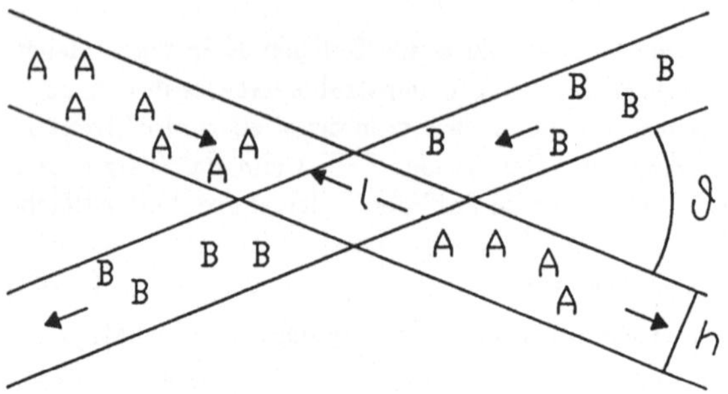

Abb. 1.48:   Die Strahl-Strahl-Wechselwirkung

Damit ist die Luminosität

$$L = \frac{\Phi_A \cdot \Phi_B}{\sin \vartheta \cdot h \cdot v_B} \qquad (1.141)$$

unseres Speicherrings mit rechteckigem Querschnitt. Typisch ist dabei das inverse Verhalten mit $h \cdot \sin \vartheta$.

Offensichtlich hängt die Luminosität oder das effektive h von der genauen Form des Strahlprofils ab. Für Speicherringe ist die *Bestimmung der Luminosität* damit nicht trivial. Es gibt zwei Methoden. In e^+e^--Speicherringen mit ihren kleinen Fokussierungsquerschnitten benutzt man die Reaktionsrate eines bekannten Prozesses, um den Speicherring zu eichen. Im $p\bar{p}$-Speicherring kann der Querschnitt experimentell bestimmt werden. Dazu wird eine von Van der Meer entwickelte Methode angewandt. Durch geeignete Magnete versetzt man die Strahlen und mißt die Reaktionsrate. Diese Messung ermöglicht es, das Profil des Teilchenflusses zu bestimmen, was bei bekannten Teilchenflüssen die Berechnung der Luminosität ermöglicht.

Bei Wirkungsquerschnitten ist man bezüglich der Dimension etwas inkonsequent und benutzt üblicherweise keine natürlichen Einheiten, sondern barns und millibarns, was "neudeutsche " Ausdrücke für Heuschober und Milliheuschober sind. Es ist

$$1 \text{ barn} = 1 \text{ b} = (10 \text{ fm})^2 = 10^{-24} \text{ cm}^2 = (1973 \text{ MeV})^{-2} \, ,$$

$$1 \text{ millibarn} = 1 \text{ mb} = 10^{-3} \text{ b} = 10^{-27} \text{cm}^2 \, ,$$

$$1 \text{ mikrobarn} = 1 \text{ } \mu\text{b} = 10^{-6} \text{ b} = 10^{-30} \text{cm}^2 \, .$$

Die barns entsprechen der Skala der Kernphysik, während man es bei hadronischen Prozessen mehr mit millibarns und bei partonischen Prozessen oft mit mikrobarns zu tun hat. Die Luminosität hat die Dimension von inversen barn-Sekunden. Sie gibt die Ereignisse pro barn pro Sekunde an.

Was man dabei unter einem Streuereignis verstehen möchte, kann man sich weitgehend beliebig aussuchen, und je nach Wahl erhält man dann die entsprechenden Wirkungsquerschnitte. Die Kunst ist dabei letztlich, Meßgrößen zu finden, die theoretisch signifikant sind, aber möglichst wenig von detaillierten, noch nicht fest etablierten theoretischen Vorstellungen abhängen.

Hat das Targetmaterial eine vorgegebene Dichte (Teilchenzahl pro Volumen), kann man den Wirkungsquerschnitt in eine *mittlere freie Weglänge* umrechnen:

$$\lambda = \frac{1}{(\sigma \cdot \text{Dichte})} \cdot \qquad (1.142)$$

Für die einfachsten Möglichkeiten der Streuung zweier Teilchen ist die folgende Terminologie üblich. Der *totale Wirkungsquerschnitt*

$$\sigma_{tot.} = \sigma_{A+B \to X} \qquad (1.143)$$

behandelt Prozesse, in denen irgendwelche ($=X$) Teilchen auslaufen, die nicht den ungestreuten Anfangsteilchen entsprechen müssen. Der "totale Wirkungsquerschnitt" hat zwei Beiträge, den "*elastischen Wirkungsquerschnitt*"

$$\sigma_{el.} = \sigma_{A+B \to A+B} \, , \qquad (1.144)$$

in dem die Anfangsteilchen nur abgelenkt werden, und den "*inelastischen Wirkungsquerschnitt*"

$$\sigma_{inel.} = \sigma_{A+B \to X \, (\neq A+B)} \cdot \qquad (1.145)$$

Ein kernphysikalisches Beispiel für einen elastischen Prozeß ist ein Neutron, das an einem Kern streut und dabei seine Richtung ändert. Wird der Kern dabei angeregt, d.h. ist die kinetische Energie nach der Streuung geringer als vorher, hat man einen Beitrag zum inelastischen Prozeß.

Oft betrachtet man den Wirkungsquerschnitt eines festgelegten "*Kanals*" oder, in der Sprache der Kernphysik, einer spezifischen "*Reaktion*":

$$\sigma_{\text{Reaktion}} = \sigma_{A+B \to C+D+\dots} \cdot \qquad (1.146)$$

Ein Beispiel aus der Kernphysik ist ein langsames Deuteron, das von einem Kern eingefangen wird und aus diesem ein angeregtes Isotop macht, das unter Abgabe eines Gammas einen stabilen Zustand erreicht.

In der Kernphysik spezifiziert man einen Prozeß oft durch bloße Angabe des in den Kern einfallenden Teilchens a und des aus dem Kern auslaufenden Teilchens b als "(a, b)". In dieser Notation wird das betrachtete Beispiel als (d, γ) beschrieben. Dabei wird ignoriert, was mit dem Kern passiert. Die ausführliche Notation ist z.B. $K^{39}(d, \gamma)Ca^{40}$. Um anzudeuten, daß es sich nicht um einen elastischen Prozeß (a, a) handelt, benutzt man einen Apostroph (a, a').

In der Hochenergiephysik ist es oft zu mühsam, einzelne Reaktionskanäle zu unterscheiden. Man betrachtet daher oft "*topologische Wirkungsquerschnitte*"

$$\sigma_n = \sigma_{A+B \to n \, \text{Teilchen}} \, , \qquad (1.147)$$

für die nur die Gesamtzahl der Teilchen festgelegt ist. Bei hochenergetischen Streuvorgängen werden oft viele Teilchen produziert.

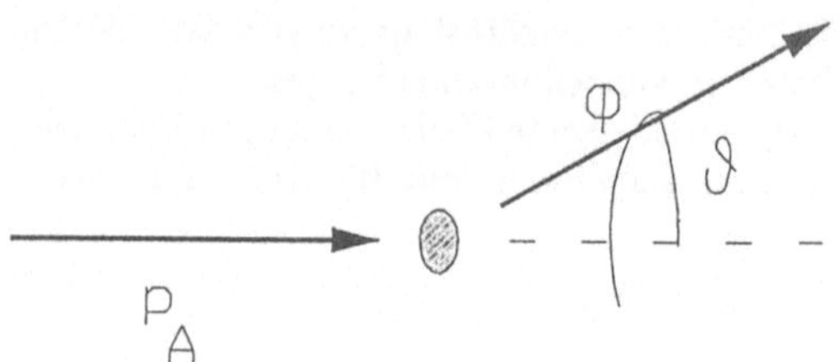

Abb. 1.49:   Die Polarkoordinaten des Streuvorgangs im Laborsystem

Besonders bei hoch inelastischen Prozessen der Hochenergiephysik ist es üblich, von *"inklusiven Wirkungsquerschnitten"*

$$\sigma_{A+B\to C+X} \tag{1.148}$$

zu sprechen, die angeben, mit welcher Wahrscheinlichkeit ein Teilchen C mit beliebigem Rest X gebildet wird, wobei die Kinematik des Teilchens C in geeigneter Weise spezifiziert wird.

Es gibt natürlich die Möglichkeit, die betrachteten Prozesse kinematisch einzuschränken. Der Wirkungsquerschnitt, ein Teilchen in einem bestimmten Winkelbereich oder in einem bestimmtem Segment eines anderen kinematischen Parameters zu produzieren, wird oft als *differentieller Wirkungsquerschnitt* bezeichnet. Betrachten wir dazu den differentiellen, *elastischen* Wirkungsquerschnitt. Der Endzustand enthält zwei Vierervektoren, p_A' und p_B'. Vier der acht Parameter werden durch die Viererimpulserhaltung festgelegt:

$$p_A' + p_B' = p_A + p_B \; ; \tag{1.149}$$

zwei weitere Parameter sind durch die feste Masse der Endzustände bestimmt. Es verbleiben damit zwei kinematische Parameter. Eine Möglichkeit ist es, dafür Winkel zu wählen; dies geschieht üblicherweise durch Polarkoordinaten um die Strahlachse, wie es in Abb. 1.49 dargestellt ist. Sieht man von Spineffekten (genauer: von Prozessen mit polarisierten Projektil- und Targetspins) ab, gibt es keine Abhängigkeit vom Winkel φ . Die folgenden Notationen sind damit äquivalent:

$$\frac{d^2\sigma_{el.}}{d\Omega} = \frac{d^2\sigma_{el.}}{d\varphi\, d\cos\vartheta} = \frac{1}{2\pi} \cdot \frac{d\sigma_{el.}}{d\cos\vartheta} = \sigma_{el.}(\cos\vartheta,\varphi) \; . \tag{1.150}$$

Eine völlig analoge Notation existiert für die Schwerpunkt-Winkel, wie sie in Abb. 1.50 skizziert sind. Wie üblich sind dabei die mit einem Stern gekennzeichneten Winkel und Impulse Schwerpunkt-Größen. Das oben betrachtete "Laborsystem" wird oft in analoger Weise durch den Index L gekennzeichnet. Die Beschreibungsmethode läßt sich natürlich leicht auf beliebige Zweiteilchenkanäle übertragen.

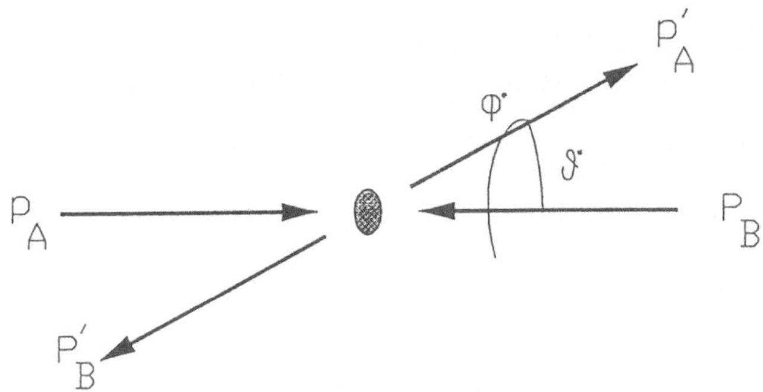

Abb. 1.50: Die Polarkoordinaten des Streuvorgangs im Massenmittelpunktssystem

Wie überträgt sich der Streuwinkel vom Schwerpunkt- in das Laborsystem? Da ein Impuls in transversaler Richtung von einer longitudinalen Lorentz-Transformation nicht beeinträchtigt wird, gilt offensichtlich

$$\cot \vartheta_L = \frac{(p_L)_z}{(p_L)_y} = \frac{E_L^{tot}}{M_L^{tot}c^2} \cdot \frac{(p^*)_z}{(p^*)_y} + \frac{P_L^{tot}}{M_L^{tot}c} \cdot \frac{(p^*)_0}{c(p^*)_y} \, . \qquad (1.151)$$

Der hochgestellte Index *tot* soll anzeigen, daß es sich um die Größen des gesamten Systems handelt. Ihre Quotienten $E_L^{tot}/M_L^{tot}c^2$ und $P_L^{tot}/M_L^{tot}c$ entsprechen dem Transformationswinkeln γ und $\gamma\beta$. Im Schwerpunkt-System gilt

$$\cot \vartheta^* = \frac{(p^*)_z}{(p^*)_y} \qquad (1.152)$$

und

$$\sqrt{1 + (\frac{mc}{(p^*)_y})^2 + \cot^2 \vartheta^*} = \frac{(p^*)_0}{c(p^*)_y} \, , \qquad (1.153)$$

wobei die Masse oft zu vernachlässigen ist.

1.5.2 Streuamplitude und Partialwellenanalyse

Eine Methode, die Winkelabhängigkeit eines elastischen Prozesses in einer theoretisch relevanten Weise zu beschreiben, bietet die Partialwellenzerlegung. Sie ist wichtig, da das Resonanzverhalten von Streuvorgängen in Kanälen mit speziellen Drehimpulsen auftritt. Für die Analyse von Resonanzen ist es daher vorteilhaft oder unumgänglich, einzelne Drehimpulskanäle isoliert zu betrachten.

Das ist in einem gewissen Bereich relativ leicht möglich; wegen der kurzen Reichweite der hadronischen Wechselwirkung kann bei niederen Energien nur eine handhabbare Anzahl von Drehimpulsen beitragen. Dasselbe gilt natürlich

für die Kernkräfte in der Kernphysik. Allerdings ist die Bestimmung der Partial-
wellen keine einfache Fourierzerlegung, da experimentell nicht die Wellenfunktionen, sondern nur deren Quadrate zu messen sind. Die einzelnen Beiträge werden
iterativ bestimmt, d.h. man variiert sie so lange, bis man das richtige Ergebnis
erhält. Eine andere Komplikation ist, daß die Partialwellenanalyse nicht in einer
idealisierten Welt ohne Spin durchgeführt werden kann. Da interne Drehimpulse
existieren, muß im Prinzip die Möglichkeit eines Drehimpulsaustausches berücksichtigt werden. Trotz dieser Komplikationen kann man aus der Messung des
differentiellen Wirkungsquerschnitts verläßliche Partialwellenamplituden erhalten.

Führen wir zunächst die Streuamplitude ein. Wir betrachten die Streuung im
Schwerpunkt-System, und zwar der Einfachheit halber für den Fall von spinlosen
Teilchen. Für große Betragswerte r der reduzierten Koordinate $\boldsymbol{r}$ (außerhalb des
Wechselwirkungsgebiets) hat die relevante Lösung der Schrödinger- oder Klein-
Gordon-Gleichung für feste Energien die Form

$$\psi(\boldsymbol{r}) = \underbrace{\exp(\mathrm{i}\boldsymbol{p}_A\boldsymbol{r}/\hbar)}_{=:\psi(\text{ungestreut})} + \underbrace{f(\vartheta^*)\frac{1}{r}\exp(\mathrm{i}|\boldsymbol{p}_A|\,r/\hbar)}_{=:\psi(\text{gestreut})} \; . \tag{1.154}$$

Gemäß ihres Stroms hat man eine ein- und auslaufende ebene Welle und eine
auslaufende Kugelwelle. Die Funktion $f(\vartheta)$ heißt *elastische Streuamplitude*.

Welche Beziehung besteht zwischen der elastischen Streuamplitude und dem
differentiellen Wirkungsquerschnitt? Die einfallende Welle hat eine konstante
Stromdichte pro Flächenelement: Ein im Raumwinkel $d\Omega$ beobachteter Fluß
muß daher aus einem Flächenelement $d\sigma$ hervorgegangen sein, in das der entsprechende Fluß eingefallen war. Betrachten wir dazu die benötigte Stromdichte
als Funktion der Wellenfunktion

$$\boldsymbol{j}(\boldsymbol{r}) = \frac{\hbar}{2\,\mathrm{i}\,m}(\psi^*\nabla\psi - \psi\nabla\psi^*) \; . \tag{1.155}$$

Die Stromdichte der ungestreuten Welle ist

$$\boldsymbol{j}_{\text{ungestreut}}(\boldsymbol{r}) = \boldsymbol{p}_A/m \; , \tag{1.156}$$

und für große r-Werte, d.h. für $1/r \to 0$, kann man für die Stromdichte der
gestreuten Welle schreiben

$$\boldsymbol{j}_{\text{gestreut}}(\boldsymbol{r}) = \hat{\boldsymbol{r}} \cdot \frac{p}{m}\frac{1}{r^2}\,|f(\vartheta^*)|^2 \; , \tag{1.157}$$

wobei $p = |\boldsymbol{p}_A|$. Die relative Größe des gestreuten Stroms ist damit gerade pro-
portional zum Absolutquadrat der Streuamplitude. Nach der obigen Überle-
gung entspricht das Verhältnis von dem in einen Winkelbereich gestreuten Teil-
chenstrom, d.h. von $r^2|\boldsymbol{j}_{\text{gestreut}}(\boldsymbol{r})|$, und der einfallenden Stromdichte gerade
dem differentiellen Wirkungsquerschnitt, d.h.

$$d\sigma/d\Omega = |f(\vartheta^*)|^2 \; . \tag{1.158}$$

Wir entwickeln jetzt die oben gegebene allgemeine Form der asymptotischen Wellenfunktion nach Kugelfunktionen. Um azimutale Symmetrie herzustellen (und nur $m = 0$-Beiträge berücksichtigen zu müssen), wählen wir die z-Achse in Richtung von p_A. Die ungestreute Welle ist dann einfach die entwickelte Exponentialfunktion

$$\psi_{\text{ungestreut}}(\boldsymbol{r}) = e^{i p_z \cdot z/\hbar} = \sum_{l=1}^{\infty} (2l+1) i^l P_l(\cos \vartheta^*) j_l(pr/\hbar) \,, \tag{1.159}$$

wobei P_l die Legendre-Polynome und $j_l(pr/\hbar)$ die sphärischen Besselfunktionen sind. Wir interessieren uns für das Verhalten der Wellenfunktion bei großen Abständen. Die asymptotische Form der sphärischen Besselfunktion ist:

$$j_l(pr/\hbar) \xrightarrow{pr/\hbar \gg 1} \frac{1}{pr/\hbar} \sin(pr/\hbar - \frac{l}{2}\pi) = \frac{1}{2ipr/\hbar}(i^{-l}e^{ipr/\hbar} - i^{+l}e^{-ipr/\hbar}) \,. \tag{1.160}$$

Die ungestreute Welle läßt sich daher in der folgenden Weise approximieren:

$$\psi_{\text{ungestreut}} \rightarrow \frac{1}{2ipr/\hbar} \sum_{l=0}^{\infty} (2l+1)\, P_l(\cos \vartheta^*) \left(e^{ipr/\hbar} - (-1)^l e^{-ipr/\hbar}\right) \,. \tag{1.161}$$

Für die gestreute Welle betrifft die Entwicklung nur die Winkelabhängigkeit. Wir bestimmen zunächst aus der Streuamplitude $f(\vartheta)$ die sogenannte Partialwellenamplituden t_l mittels der Relation

$$f(\vartheta^*) = \frac{1}{p/\hbar} \sum_{l=0}^{\infty} (2l+1)\, P_l(\cos \vartheta^*) \cdot t_l \tag{1.162}$$

und schreiben dann formal

$$\psi_{\text{gestreut}} \rightarrow \frac{1}{pr/\hbar}\, e^{ipr/\hbar} \sum_{l=0}^{\infty} (2l+1)\, P_l(\cos \vartheta^*)\, t_l \,. \tag{1.163}$$

Zusammenfassend erhalten wir also für die asymptotische Wellenfunktion

$$\psi(\boldsymbol{r}) \rightarrow \frac{1}{2ipr/\hbar} \sum_{l=0}^{\infty} (2l+1)\, P_l(\cos \vartheta^*) \left(\underbrace{(1+2it_l)}_{=:\, s_l}\, e^{ipr/\hbar} - (-1)^l\, e^{-ipr/\hbar}\right) \,, \tag{1.164}$$

wobei man, um die Relation von einlaufender zu auslaufender Welle zu beschreiben, oft $(1+2it_l)$ durch das Übergangsmatrixelement s_l ersetzt.

Welche Werte kommen für das Matrixelement s_l in Frage? Zunächst, wie man sich leicht überlegen kann, gibt es keinen gemischt ein- und auslaufenden Beitrag zum Strom (da wegen des Gradienten die beiden vorkommenden Terme jeweils mit umgekehrten Vorzeichen auftreten). Da der Drehimpuls erhalten ist, muß der einfallende Fluß dem auslaufenden Fluß für jeden Drehimpuls entsprechen, d.h. in der obigen Summe muß der ein- und auslaufende Teil jeweils denselben Strom ergeben. Abgesehen vom Vorzeichen unterscheidet sich der auslaufende

Beitrag von dem einlaufenden Beitrag nur durch seinen Koeffizienten s_l. Da der Faktor s_l im Strom als Absolutquadrat auftritt , folgt

$$|s_l|^2 = 1 \, , \tag{1.165}$$

d.h. die auslaufende Welle kann sich nur in ihrer Phase ändern, aber nicht in ihrer Amplitude.

Allerdings wird oft ein Teil des einlaufenden Stroms in nichtelastische Kanäle absorbiert, d.h. der in einem bestimmten Drehimpulszustand auslaufende Strom von elastisch gestreuten Teilchen ist kleiner als der einlaufende Strom, und es gibt eine oder mehrere auslaufende Wellen in anderen Kanälen:

$$\psi_j(r) \to \frac{1}{2ipr/\hbar} \sum_{l=0}^{\infty} (2l+1)P_l(\cos \vartheta^*)(s_{l,j} e^{ipr/\hbar}) \, . \tag{1.166}$$

Die Gleichheit von aus- und einlaufenden Strömen gilt natürlich nur für alle Kanäle zusammen, d.h.

$$|s_l|^2 + \sum |s_{l,j}|^2 = 1 \, . \tag{1.167}$$

Um Phasenverschiebung und Absorption zu trennen, definiert man

$$s_l = \alpha_l e^{i2\delta_l} \tag{1.168}$$

und bezeichnet δ_l als *Streuphase*.

Betrachten wir jetzt Beziehungen zwischen den Wirkungsquerschnitten und Partialwellenamplituden. Etwas umgeformt lautet die Definition der Amplituden

$$d\sigma/d\Omega^* = \frac{1}{p^2/\hbar^2} |\sum_{l=0}^{\infty} (2l+1)P_l(\cos \vartheta^*)t_l|^2 \, . \tag{1.169}$$

Um den gesamten elastischen Wirkungsquerschnitt zu erhalten, müssen wir diesen Ausdruck integrieren

$$\begin{aligned}
\sigma_{el} = \int \frac{d\sigma}{d\Omega^*} \, d\Omega^* &= \frac{4\pi}{p^2/\hbar^2} \sum_{l=0}^{\infty} (2l+1)|t_l|^2 \\
&= \frac{\pi}{p^2/\hbar^2} \sum_{l=0}^{\infty} (2l+1)|s_l - 1|^2 \, ,
\end{aligned} \tag{1.170}$$

wobei wir die Orthonormalität der Legendre-Polynome

$$\int d\Omega \, P_{l'}(\cos \vartheta) \cdot P_l(\cos \vartheta) = \frac{4\pi}{2l+1} \delta_{l'l} \tag{1.171}$$

benutzt haben.

Die inelastischen Wirkungsquerschnitte sind wiederum aus dem Verhältnis der auslaufenden und der einlaufenden Ströme zu bestimmen. Eine analoge Rechnung ergibt die Abhängigkeit von den Absolutquadraten der entsprechenden

Amplituden. Es existiert dabei natürlich kein ungestreuter auslaufender Anteil
(der in (1.170) mit dem -1 berücksichtigt wurde), und man erhält

$$
\begin{aligned}
\sigma_{inel} &= \frac{\pi}{p^2/\hbar^2} \sum_{l=0}^{\infty} (2l+1) \sum_{j} |s_{l,j}|^2 \\
&= \frac{\pi}{p^2/\hbar^2} \sum_{l=0}^{\infty} (2l+1) \cdot (1-|s_l|^2) \, .
\end{aligned}
\tag{1.172}
$$

Die Summe von inelastischem und elastischem Wirkungsquerschnitt ergibt den
totalen Wirkungsquerschnitt

$$
\sigma_{tot} = \sigma_{el} + \sigma_{inel} = \frac{2\pi}{p^2/\hbar^2} \sum_{l=0}^{\infty} (2l+1) \cdot (1 - \mathrm{Re}\, s_l) \, ,
\tag{1.173}
$$

wobei wir die folgende Identität

$$
|s_l - 1|^2 - (|s_l|^2 - 1) = 2 - s_l - s_l^*
$$

verwendet haben. Da sich die quadratischen Terme gegenseitig aufheben, gibt
es eine einfache Relation, die im nächsten Abschnitt behandelt wird.

1.5.3 Das Optische Theorem

Dazu vergleichen wir den obigen Ausdruck für den totalen Wirkungsquerschnitt
mit dem Ausdruck für die elastische Streuamplitude aus (1.162). Da

$$
P_l(\cos \vartheta^*)|_{\vartheta^*=0} = 1
$$

ist, entspricht der Imaginärteil der elastischen Streuamplitude in Vorwärtsrichtung, d.h.

$$
\mathrm{Im}\, f(\vartheta^*)|_{\vartheta^*=0} = \frac{1}{2p/\hbar} \sum_{l=0}^{\infty} (2l+1) \cdot \mathrm{Re}\,(1 - s_l) \, ,
$$

gerade dem totalen Wirkungsquerschnitt, wenn man von konstanten Faktoren
absieht. Mit Faktoren gilt

$$
\sigma_{total} = \frac{4\pi}{p/\hbar} \cdot \mathrm{Im}\, f(\vartheta^*)|_{\vartheta^*=0} \, .
\tag{1.174}
$$

Diese Beziehung heißt aus historischen Gründen *Optisches Theorem*.

Um das Zustandekommen dieser Identität besser zu verstehen, wählt man formal eine orthonormale Basis für die ein- und auslaufenden Zustände. Es besteht
eine lineare Beziehung zwischen den ein- und den auslaufenden Zuständen, die
durch eine Übergangsmatrix (S-Matrix) beschrieben werden kann, die ein- und
auslaufende Zustände in der folgenden Weise verbindet:

$$
|\psi_{\text{auslaufend}} >= S |\psi_{\text{einlaufend}} > \, .
\tag{1.175}
$$

Aus der Erhaltung der Wahrscheinlichkeit

$$| \, |\psi_{\text{auslaufend}} > |^2 = | \, |\psi_{\text{einlaufend}} > |^2 \qquad (1.176)$$

folgt die Unitaritätsrelation

$$S^+ S = 1 \, . \qquad (1.177)$$

Um den eigentlichen Streuprozeß zu isolieren, definieren wir jetzt eine Streumatrix T, so daß

$$S = 1 + 2\mathrm{i}T \, , \qquad (1.178)$$

wobei 1 die Identität ist, die die einlaufenden Zustände mit ungestreut auslaufenden Zuständen verbindet. Die Unitaritätsrelation

$$1 = (1 + 2iT)^+ (1 + 2iT) = 1 - 4T^+T + 2i(T - T^+) \qquad (1.179)$$

schreibt sich damit

$$\mathrm{i}(T - T^+) = 2T^+T \, . \qquad (1.180)$$

Multiplizieren wir den Ausdruck von beiden Seiten mit einem Zustand des Drehimpulses l, erhalten wir links den Imaginärteil der Partialwellenamplitude

$$2\mathrm{i} \, \mathrm{Im} \, t_l = <\psi_l | \mathrm{i}(T - T^+) | \psi_l > \, , \qquad (1.181)$$

wobei

$$t_l = <\psi_l | T | \psi_l >$$

war, während die rechte Seite

$$<\psi_l | T^+ T | \psi_l > = \sum_{j=1}^{\infty} <\psi_l | T^+ | \psi_{l,j} > < \psi_{l,j} | T | \psi_l > \qquad (1.182)$$

einen entsprechenden Beitrag zum totalen Wirkungsquerschnitt (zur Summe der Streuquerschnitte in beliebige Kanäle "j") beschreibt. Man sieht, wie inelastische Kanäle, die zum totalen Wirkungsquerschnitt beitragen, Eigenschaften der elastischen Streuamplitude bestimmen.

1.5.4 Die Struktur von Resonanzen

In (1.170) und (1.165) hatten wir gesehen, daß die elastische Streuung durch die Streuphase, die die Phasenänderung der gestreuten Welle beschreibt, bestimmt wird. Eine nähere Betrachtung (analog zu Abschnitt 1.4.6) zeigt, daß die Streuphase beim Durchlaufen einer Resonanz rapide um den Wert π ansteigt. Der typische Verlauf ist in Abb. 1.51 dargestellt. Trägt man die Partialwellenamplitude

$$t_l = \frac{e^{2\mathrm{i}\delta_l} - 1}{2 \cdot \mathrm{i}} \qquad (1.183)$$

in der komplexen Ebene als energieabhängige Kurve auf, durchläuft sie daher den Kreis der erlaubten Werte, wie es in Abb. 1.52 zu sehen ist. Die Darstellung heißt *Argand-Diagramm*.

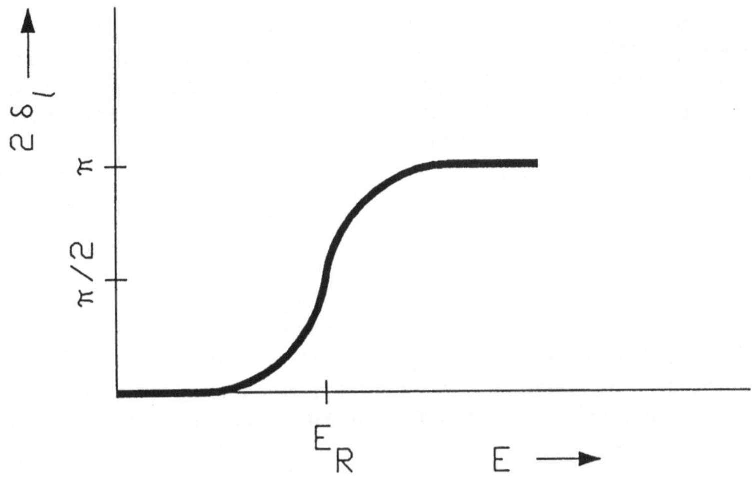

Abb. 1.51:   Die Streuphase beim Durchlaufen einer Resonanz

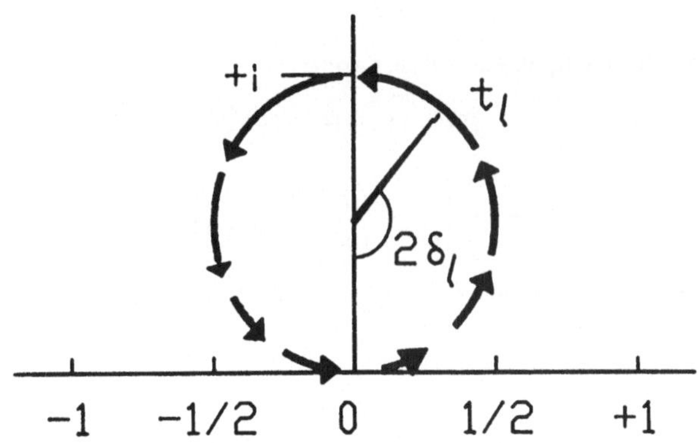

Abb. 1.52:   Das Argand-Diagramm

Treten im Streuvorgang inelastische Kanäle auf, wandert die Streuphase ins Innere des Kreises. Es verbleibt aber die typische zyklische Struktur beim Durchlaufen einer Resonanz. Argand-Diagramme sind daher wichtig bei der Entscheidung, ob eine kleine Spitze im Spektrum eine wirkliche Resonanz oder etwas anderes, wie zum Beispiel eine statistische Fluktuation, ist.

Die Beziehung zwischen Streuphase und Amplitude kann, wie leicht nachzurechnen ist, auch auf folgende Weise geschrieben werden:

$$t_l = \frac{1}{\cot \delta_l - \mathrm{i}} \, .$$

$$(1.184)$$

Durchläuft die Streuphase $\pi/2$, verschwindet der Kotangens. Die Partialwellenamplitude und damit auch die entsprechenden Anteile der Wirkungsquerschnitte erreichen ihre maximale Größe auf der Resonanzenergie. Um das Verhalten im Bereich einer Resonanz zu verstehen, betrachten wir die ersten beiden Terme der Taylor-Entwicklung

$$\cot \delta_l(E) = \underbrace{\cot \delta_l(E_R)}_{=0} + (E - E_R) \cdot \underbrace{[\frac{d}{dE} \cot \delta_l(E)]_{E=E_R}}_{=: \, -2/\Gamma} \, ,$$

$$(1.185)$$

wobei der erste Term verschwindet und der Faktor im zweiten Term als geeignete Konstante definiert werden kann. Die Amplitude erhält damit die folgende Form:

$$t_l = \frac{\Gamma/2}{-(E - E_R) - \mathrm{i}\,\Gamma/2} \, .$$

$$(1.186)$$

Der Beitrag zum elastischen Streuquerschnitt ist damit

$$\sigma_{el.} = \quad \cdots + \frac{4\pi}{p^2/\hbar^2} \cdot (2l + 1) \cdot |t_l|^2 \cdots$$

$$= \cdots + \frac{4\pi}{p^2/\hbar^2} \cdot (2l + 1) \cdot \left| \frac{(\Gamma/2)^2}{(E - E_R)^2 + (\Gamma/2)^2} \right| \, .$$

$$(1.187)$$

Die erhaltene Energieabhängigkeit heißt *Breit-Wignersche Resonanzkurve*.

1.6 Modelle für die Kernstreuung

Bis jetzt hatten wir uns mit der Kernstruktur beschäftigt. Für den Ablauf von Streuungen, d.h. für *Kernreaktionen* sind in gewisser Weise neue Modellvorstellungen nötig.

Bei hohen Energien (etwa im GeV-Bereich) haben die Streuvorgänge nur beschränkt mit der Struktur der Kerne zu tun. Man hat, wenn man zunächst alle Korrekturen ignoriert, folgende Situation: Der eigentliche Streuprozeß findet zwischen quasifreien Nukleonen (und bei noch höheren Energien Partonen) statt und hat damit wenig mit Kernphysik zu tun. Für die Kernphysik verbleibt nur zu beschreiben, wie die nicht "herausgeschlagenen" Nukleonen nach der eigentlichen Streuung wieder in Kerne gebunden werden. Das ist allerdings auch bei hohen Energien nur ein recht grobes Bild. Es gibt verschiedene Korrekturen, die z.B. darin ihre Ursache haben können, daß die Nukleonen im Anfangszustand nicht frei, sondern in Kernen gebunden sind. Auf solche kernphysikalischen Korrekturen von hadronischen Streuvorgängen werden wir später zurückkommen.

Wir beschränken uns hier zunächst auf Streuvorgänge bei "niedrigen" Energien (unterhalb einiger 10 MeV), bei denen die Kräfte, die für die Bindung der Nukleonen im Kern verantwortlich sind, noch eine entscheidende Rolle spielen. Wir ignorieren reine Coulomb-Wechselwirkungen. Für geladene Teilchen liegt die betrachtete Energie daher oberhalb von einigen MeV.

1.6.1 Compound-Kern-Reaktionen

Auf der Grundvorstellung des *Tröpfchenmodells* wurde von N. Bohr [48] das Compound-Kern-Bild eines Streuvorgangs entwickelt. Es betrachtet die streuenden Kerne als Flüssigkeitstropfen und ihre Streuung als Kollision von Flüssigkeitstropfen. Solche Tropfen können sich bei einem Streuvorgang vereinigen und einen großen, meist schnell vibrierenden und rotierenden Flüssigkeitstropfen bilden. Wegen der zugefügten kinetischen Energie ist er unstabil und zerfällt nach kurzer Zeit.

Dieser zweistufige Prozeß läßt sich leicht auf Kerne übertragen. Treffen zwei Kerne aufeinander, wird ein großer Zwischenkern (englisch compound nucleus) gebildet, der ein — meist hoher — Anregungszustand des gesamten Kerns ist. Dieser Zwischenkern wird dann nach kurzer Zeit zerfallen. Für den Zerfall des Kerns werden dann in der Regel viele Reaktionskanäle offenstehen.

Die zentrale Annahme ist dabei, daß die *Erinnerung* an die Identität der einfallenden Kerne (bzw. Teilchen) in der Zwischenkernphase völlig *verloren* geht. Der Einfangprozeß und der Zerfallsprozeß können als zwei unabhängige Faktoren in der Amplitude beschrieben werden:

$$\sigma_{\alpha \to \beta} = \sigma_{\alpha \to \text{Zwischenkern}} \cdot \frac{\Gamma_{\text{Zwischenkern} \to \beta}}{\sum_{X} \Gamma_{\text{Zwischenkern} \to X}}, \tag{1.188}$$

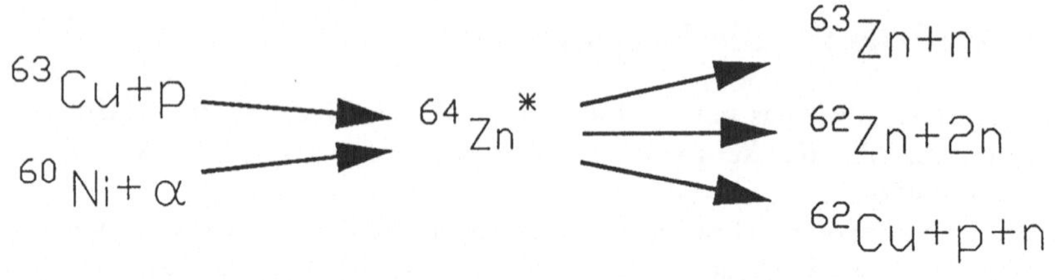

$$^{63}Cu+p \;\longrightarrow\; ^{64}Zn^* \;\longrightarrow\; \begin{cases} ^{63}Zn+n \\ ^{62}Zn+2n \\ ^{62}Cu+p+n \end{cases}$$
$$^{60}Ni+\alpha \;\longrightarrow$$

Abb. 1.53:   Der Beitrag einer Resonanz zu verschiedenen Prozessen

wobei die Summe der verschiedenen Zerfallswahrscheinlichkeiten (pro Kanal, jeweils $\sim \Gamma$) gerade gleich eins ist. Die einzelnen Faktoren sind dabei in entsprechenden Reaktionen identisch (Abb. 1.53).

Bei *niedrigen Energien* bei der Streuung mit leichten Projektilen wie Neutronen, Protonen oder α-Teilchen können identifizierbare Resonanzen auftreten.
In diesem Gebiet kann damit die Annahme des Zwei-Stufen-Prozesses direkt
experimentell beobachtet werden. Wie wir in unserer Betrachtung von Resonanzbeiträgen gesehen hatten, führt das jeweils zu einer Spitze im Wirkungsquerschnitt, die über den Hintergrund herausragt. Für eine genauere Betrachtung
kann man eine Partialwellenanalyse durchführen, wie sie oben beschrieben wurde,
und Quantenzahlen des Zwischenkerns herausfinden. Aus der Breite der Reso-
nanzbereiche ergeben sich dann die Lebenszeiten der Resonanz.

Resonanzzustände werden in der Kernphysik als *gebundene Niveaus* und als
virtuelle Niveaus klassifiziert. Gebundene Niveaus sind Zustände, die nicht unter Emission in Kernbestandteile wie Neutronen, Deuteronen, α-Teilchen oder
andere kleinere Kerne, zerfallen können, und für deren Instabilität damit nur
die γ-Emission, der β-Zerfall und ähnliche Prozesse übrigbleiben. Für virtuelle
Niveaus ist das Kernpotential selbst nicht stark genug, um eine Bindung zu
erreichen. Zwischenkerne, die durch Streuung von Kernen entstanden sind, sind
zunächst (Zeitumkehr) virtuell. Da die γ-Emission und der β-Zerfall vergleichsweise langsam ablaufen, werden sie bei virtuellen Niveaus in der Regel nicht
auftreten. Für virtuelle Niveaus ist daher ein Zerfall in Kernbestandteile typisch.

Viele Eigenschaften der Resonanzstreuung kann man aus einer einfachen Potentialtheorie verstehen. Für *geladene Streuteilchen* hat das Potential wegen
der starken Coulomb-Abstoßung unmittelbar außerhalb des Kerns eine hohe zu
durchtunnelnde Wand. Quantenmechanischen Überlegungen entsprechend kann
eine Vielzahl von deutlichen virtuellen Zuständen existieren, die bei niedrigen
Anregungsenergien im Wirkungsquerschnitt einzeln beobachtet werden können.
Bei etwas höheren Energien ändert sich die Situation. Die Dichte der Niveaus pro
Energieeinheit wird größer, und die einzelnen Resonanzstrukturen werden natürlich auch breiter. Daß die Niveaus mit zunehmender Energie dichter werden, hatten wir am Beispiel des dreidimensionalen Potentialkastens beobachtet[8]. Daß die

---

[8]Siehe Sektion 1.3.2 . Die kombinatorischen Möglichkeiten, Anregungen auf die drei Raum-

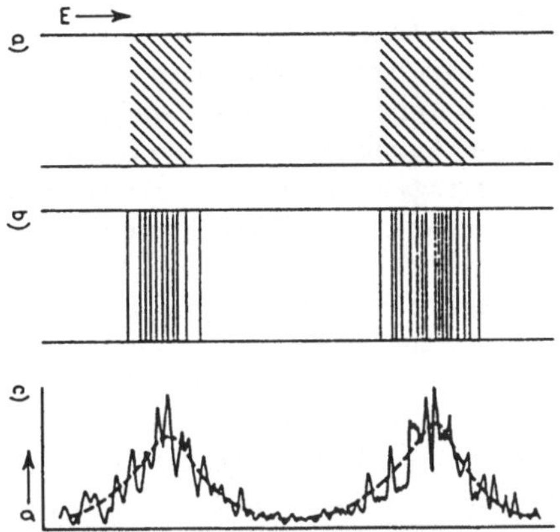

Abb. 1.54:   Resonanzstruktur bei Neutronenstreuung [aus T. Mayer-Kuckuk [38]]

Resonanzstrukturen breiter werden, liegt daran, daß die Höhe der Schwellen, die durchtunnelt werden müssen, mit wachsenden Anregungsenergien niedriger wird.

Für *neutrale Teilchen* gibt es keine Coulomb-Barriere, die durchtunnelt werden muß. Bei Energien, die dies erlauben, sollten die Neutronen daher relativ schnell dem Kernpotential entkommen können. Wegen der kurzen Lebenszeit des Bindungszustands erwartet man wenige vergleichsweise breite Resonanzstrukturen.

Das zentrale Problem dabei möchte ich an den in Abb. 1.54 dargestellten Daten erläutern [38,42,43]. Auf den ersten Blick ist die Vorhersage erfolgreich: Die Breite der Resonanzen in der Abbildung entspricht in der groben Struktur der erwarteten Breite. Bei näherem Hinsehen findet man allerdings feine Strukturen. Eine solche Unterstruktur muß eine fundamentale Ursache haben. Die Breite kommt letztlich aus der Unschärferelation, d.h. die Aufenthaltszeit der Neutronen in Kernen muß entsprechend länger sein, zumindest mit einer gewissen Wahrscheinlichkeit, die ausreicht, um die Unterstruktur zu erzeugen.

Die Erklärung beruht auf der Tatsache, daß Zwei-Teilchen-Wechselwirkungen hier nicht vernachlässigt werden können. Das Neutron ist dabei mit einer gewissen Wahrscheinlichkeit nicht in seiner "eigenen Schale", sondern in einem Deuteron, einem α-Teilchen oder sonst einem "Cluster". Ist der Kern bezüglich eines Zerfalls in einen Cluster stabil oder recht stabil, kann er zunächst nicht oder fast nicht zerfallen. Nach einer Zeit kann das Neutron natürlich wieder zurück in seine Schale gehen und mit der erwarteten, der Lebensdauer in der Schale entsprechenden Breite zerfallen. Das Bild mit dem Clusterzustand ist nur ein Beispiel für einen Prozeß, bei dem die Anregung zunächst vom einfallenden Neutron auf den gesamten Kern übertragen wird. Es gibt viele andere Möglichkeiten für solche Prozesse (d.h. Korrekturen zum Modell mit einem effek-

---

richtungen zu verteilen, steigen.

tiven Zentralpotential). Sie bewirken, daß die Lebensdauer damit neben dem erwarteten raschen Abfall eine kleine, viel länger lebende Komponente hat.

Quantenmechanisch ist für Messungen das Amplitudenquadrat wichtig. Ein kleiner Beitrag zu einer wesentlich größeren Amplitude ist daher quadratisch klein. Der dominante Effekt eines solchen Beitrags ist daher der Interferenzterm. Wie wir im nächsten Abschnitt sehen werden, kann ein solcher Interferenzterm die beobachtete feine Struktur erklären.

Wie sollte ein solcher Interferenzterm aussehen? Zur Ableitung der Breit-Wigner-Form hatten wir eine lineare Energieabhängigkeit der Streuphase δ_l angenommen. Nehmen wir für einen Augenblick an, daß diese Linearität über einen weiteren Bereich gilt. Aus der Unschärferelation wissen wir, daß Steigung (d.h. die inverse Breite) proportional zur Lebensdauer sein muß. Auf diese Weise erhält man einen langsam oszillierenden großen Beitrag und einen rasch oszillierenden kleinen Beitrag zur Amplitude. Der Interferenzterm (d.h. das Produkt dieses rasch oszillierenden Terms mit einem vergleichsweise energieunabhängigen Faktor) wird daher rasch zwischen einem positiven und einem negativen Wert oszillieren und damit im Mittel in etwa keinen Beitrag ergeben. Summiert man beide Terme, erhält man genau die beobachtete Situation. Der große Beitrag wird das mittlere Verhalten bestimmen und der Interferenzterm wird kleine Oszillationen um diese Struktur bewirken.

Um *höhere Streuenergien* zu beschreiben, kann man diese Beiträge in ein Gebiet extrapolieren, in dem keine einzelnen Resonanzen mehr identifiziert werden können [33]. Man muß versuchen, die typischen Eigenschaften der beitragenden Resonanzen global zu betrachten. Im *"statistischen Modell"* wird dazu der nicht mehr zu spezifizierende hochangeregte Zwischenkern mit dem Fermi-Modell beschrieben. Man nimmt an, daß die einfallende kinetische Energie den Kern "erwärmt" und daß man eine Temperatur definieren kann, die dann bestimmt, wie der Kern durch Abdampfen von leichten Kernbestandteilen langsam abkühlt. Bei hohen Temperaturen können sich kleine Bruchstücke mit hohen kinetischen Energien abtrennen, während bei niedrigen Temperaturen nur Zwei-Körper-Zerfälle relevant sind.

Im Vergleich zu Prozessen, die wir im nächsten Abschnitt kennenlernen werden, zerfallen Resonanzanregungen und Zwischenkerne recht *isotrop*. Die Erinnerung an die Einfallsrichtung geht verloren. In einem Gebiet, in dem ein einziger Kanal dominiert, erwartet man eine Streuamplitude, die dem Quadrat einer einzigen Partialwelle entspricht. Diese Quadrate sind im Zerfall bezüglich der Vorwärts-bzw. Rückwärtsrichtung symmetrisch. Im Zwischenkernmodell gibt es daher keinen Beitrag, bei dem das Teilchen, nur ein bißchen gestört, in Vorwärtsrichtung weiter läuft.

1.6.2 Das Optische Modell

Die Bildung eines Zwischenkerns ist offensichtlich nicht der einzige Streuprozeß. Es wird oft beobachtet, daß Projektil und Target in der Streuung erhalten bleiben und nur ein geringer Impulsübertrag auftritt. Ein solcher Steuvorgang liefert den dominanten Beitrag zur elastischen Streuung. Für solche Prozesse wurde von Feshbach, Porter und Weißkopf [44] das sogenannte Optische Modell vorgeschlagen.

Das Optische Modell extrapoliert das Konzept des Schalenmodells. Es beschreibt den Weg des einfallenden Projektils in einem kugelförmigen Potential, d.h. in etwa in Form eines Woods-Saxon Potentials innen und für geladene Teilchen mit einem Coulomb-Potential außen. Das Kernpotential wirkt als eine Art Linse für die durchlaufenden Teilchen, die die Richtung der Teilchen verändert. Bei bestimmten Energien unterdrücken die Phasen der verschieden oft reflektierten Wellen eine Abstrahlung, und es kommt zu Resonanzphänomenen.

Offensichtlich ist das Bild des Kerns als Linse unvollständig, da es nicht nur die globalen Wechselwirkungen gibt. Zwei- und Mehr-Teilchen-Wechselwirkungen zerstören die Natur der beiden streuenden Objekte und führen zumindest zunächst in einen nichtelastischen Kanal. Ein Beispiel für einen solchen Prozeß ist die Bildung eines Compound-Kerns. Treten nichtelastische Kanäle auf, wird die Norm der ursprünglichen Welle reduziert. Das kann man dadurch parametrisieren, daß man zum Potential in der Schrödinger-Gleichung einen komplexen Term einführt. Unsere Linse hat also nicht nur eine Änderung des Brechungsindex, sondern auch noch eine Absorption, die einen Teil der durchgehenden Strahlung zunächst vernichtet.

Mit der einfachen Annahme, daß der Imaginärteil des Potentials proportional zum Realteil ist,

$$V(r) = -\frac{V_0 - iW}{1 + \exp(\frac{r-R}{a})} \, , \tag{1.189}$$

und die üblichen Parameter hat, erhält man vernünftige Vorhersagen. Betrachten wir z.B. die Winkelverteilung in der Streuung von 22 MeV Protonen an Platin. Mit den Werten $R = 8,24$ f und $a = 0,49$ f erhält man bei einem Potential von $V_0 = 38$ MeV und einem absorptiven Anteil $W = 9$ MeV eine vernünftige Beschreibung der Daten, wie man in Abb. 1.55 sehen kann [33,35].

Für genauere Ergebnisse muß man einige Korrekturen anbringen:

- Der Imaginärteil ist nicht proportional zum Realteil. Er wirkt hauptsächlich an der Kernoberfläche.

- Zwischen der optimalen Parametrisierung der Streuung und dem von der Dichteverteilung gewonnenen Realteil des Potentials bestehen Abweichungen in der Größenordnung von 15% .

- Wie im Schalenmodell muß man bei einer präziseren Analyse eine Spin-Bahn-Kopplung berücksichtigen, die von der Ableitung des Potentials abhängt.

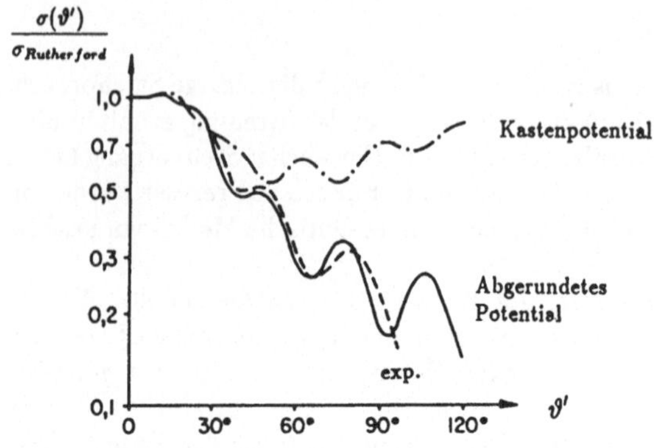

Abb. 1.55:   Der differentielle Wirkungsquerschnitt im Optischen Modell [aus P. Marmier [33]]

Für die Streuung von Kernen haben wir zwei Modelle kennengelernt, eines mit einer isotropen Verteilung und eines mit einer vorwärts gerichteten Verteilung. Das erste Modell galt für elastische und inelastische Prozesse. Obwohl es auf den ersten Blick plausibel erscheint, ist es nicht richtig, daß der zweite Beitrag nur für elastische Prozesse auftritt. Für beinahe elastische Prozesse gibt es sogenannte *"direkte Reaktionen"*, die die Vorwärtsrichtung bevorzugen. Beinahe elastisch bedeutet dabei, daß das auslaufende Teilchen Teile des einlaufenden Teilchens enthält. Ein Beispiel für einen solchen Prozeß ist ein Deuteron, das im Streuvorgang ein Neutron abgibt und als Proton weiterläuft (*"stripping-reaction"*), oder ein Deuteron, das sich im Streuvorgang ein weiteres Deuteron einfängt und als α-Teilchen die Reaktion verläßt (*"pick-up-reaction"*). Sie können ähnlich wie die elastischen Prozesse mit einer Art Optischen Modells beschrieben werden. Der absorptive Teil des Potentials enthält dann den Transfer-Reaktionsanteil. Dieser Anteil des Potentials ist dann jeweils Quelle für die neue auslaufende Welle.

1.7 Wichtige Beispiele kernphysikalischer Prozesse

Im folgenden werden einige wichtige kernphysikalische Prozesse behandelt, soweit das im Rahmen dieses Skripts natürlich möglich ist. Die Diskussion beschränkt sich dabei auf die technisch interessanten Prozesse, die Spaltung und die Fusion, und auf die "historisch" wichtige Entstehung der Elemente.

1.7.1 Das Konzept der Kernspaltung

Die *Kernspaltung* ist die wichtigste Anwendung von Kernreaktionen. Sie beruht auf der Tatsache, daß die mittelschweren Kerne stärker gebunden sind als die schwereren; diese Energiedifferenz kann bei der Spaltung letztlich als kinetische Energie freigesetzt werden.

Wie kann man Kernreaktionen technisch nutzen? Für eine energietechnische Anwendung ist die Zahl der in Beschleunigern produzierten Teilchen natürlich zu niedrig und die Energiekosten pro produziertem Teilchen im Strahl sind zu hoch. Beschleuniger sind, was die Energiebilanz betrifft, extrem ineffizient. Die einzige Möglichkeit ist daher, eine Art *Kettenreaktion* zu finden, in der die Teilchen, die für die Reaktion benötigt werden, in der Reaktion produziert werden.

Welche Möglichkeiten gibt es für solche Kettenreaktionen? In den meisten Kernreaktionen werden Photonen erzeugt. Gibt es die Möglichkeit eines Photonenreaktors? Langlebige Isotope können durch Photonen in Zustände angeregt werden, die schnell unter Emission von neuen Photonen in tiefergelegene Grundzustände zerfallen (oder zerspalten). Da dabei allerdings ein großer Teil der Photonenenergie sehr schnell von den Elektronen absorbiert und in Wärme umgesetzt wird, kann es zu keiner sich selbst unterhaltenden Kettenreaktion kommen.

Betrachten wir als nächstes Reaktionen mit geladenen Teilchen, wo die Streuung durch die Coulomb-Schwelle entscheidend beeinflußt wird. Fällt ein Teilchen auf einen Kern ein, wird es wegen der Ladung vom Kern weggelenkt und nur durch einen ganz oder fast zentralen Stoß kann es, wenn die Energie groß genug ist, in den Kern vordringen. In der Regel wird ein Teilchen daher seine Energie verlieren, d.h. in vielen nichtzentralen Streuvorgängen in Wärme umwandeln, bevor es zur Reaktion kommen kann. Die einzige Möglichkeit für solche Reaktionen ist eine Situation, bei der von der Umgebung gleich oft kinetische Energie abgegeben und aufgenommen wird, d.h. bei einer entsprechend hohen Temperatur. Da die Höhe der Coulomb-Schwelle durch das Produkt von Kernladung und inversem Kernradius (also $A^{2/3}$) gegeben ist, existiert diese Möglichkeit, die wir im nächsten Kapitel behandeln werden, nur für leichte Kerne.

Es verbleibt die Kettenreaktion mit Neutronen. Die meisten Kerne können Neutronen einfangen und in ein angeregtes Isotop übergehen, das dann unter γ-Emission zerfällt. Es gibt einige Kerne, die durch Neutronen zur Spaltung angeregt werden. Dabei wird — die Massenzahl der einzelnen Kerne erreicht das günstigere mittelschwere Gebiet — viel Energie frei. Neben den Spaltprodukten entstehen dabei oft freie Neutronen ("prompte" Neutronen). Da im Gegensatz zu den ursprünglichen Kernen bei niedrigeren Massenzahlen die Zahl der Neutronen etwa der Zahl der Protonen entsprechen muß, haben die leichteren Spaltprodukte oft trotz der schon emittierten prompten Neutronen noch einen Neutronenüberschuß. In den Zerfall der Spaltprodukte werden daher oft weitere Neutronen (verzögerte Neutronen) abgestrahlt.

Der einfachste Reaktor, in dem eine solche Kettenreaktion ablaufen kann, besteht aus einer Kugel aus spaltbarem ^{235}U. In einer solchen Kugel laufen zwei Reaktionen ab,

$$^{235}\text{U} + \text{Neutron} \rightarrow 2\,\text{Fragmente} + \nu\,\text{Neutronen}$$
$$+ \alpha\text{- und } \gamma\text{-Strahlung} , \tag{1.190}$$

wobei ν die mittlere Anzahl der produzierten Neutronen ist, und

$$^{235}\text{U} + \text{Neutron} \rightarrow {}^{236}\text{U} + \gamma - \text{Strahlung} . \tag{1.191}$$

Der erste Prozeß ist nutzbar für die Kettenreaktion, der zweite nicht. Das Verhältnis der beiden Prozesse, d.h. der Spaltreaktionen zu den Neutroneneinfangreaktionen wird oft mit a bezeichnet. Das Durchschnitts-Neutron erleidet damit das folgende Schicksal:

$$^{235}\text{U} + n \rightarrow \frac{a}{1+a} \cdot 2\,\text{Fragmente} + \frac{1}{1+a}\,{}^{236}\text{U} + \frac{\nu}{1+a}\,n$$
$$+ \alpha\text{- und } \gamma\text{-Strahlung} . \tag{1.192}$$

Die Regenerationskonstante

$$\eta = \frac{a}{1+a} \cdot \nu$$

ist damit der relevante Multiplikationsfaktor der Kettenreaktion. Er liegt für die spaltbaren Kerne zwischen 1,75 und 3 [45]. Ein Kettenreaktion ist aber im Prinzip möglich.

Ob der idealisierte Reaktor kritisch ist oder nicht, hängt auch davon ab, wieviele Neutronen entkommen, und man definiert einen entsprechenden Bleibefaktor P. Er hängt von der mittleren Weglänge der Neutronen sowie der Größe und Geometrie des Reaktors ab. Je nachdem, ob der kritische Faktor

$$C = \eta \cdot P$$

größer, gleich oder kleiner als eins ist, wächst die Zahl der Neutronen an, bleibt gleich oder nimmt ab. Man spricht von einem *überkritischen, kritischen* oder *unterkritischen Verhalten.*

In einem realistischen Reaktor [46] sind die spaltbaren Isotope nicht rein, und es ist klar, daß, schon um die Wärme abzuleiten, andere Stoffe im Reaktor sein müssen. Man braucht daher eine Regenerationskonstante, die deutlich über eins ist.

Tabelle 1.1:　Isotope des natürlichen Urans

	^{238}U	^{235}U	^{234}U
Vorkommen	99,3%	0,7%	0,0058%
Lebensdauer	$4,5 \cdot 10^9$a	$7,1 \cdot 10^8$a	$2,5 \cdot 10^5$a

Außerdem muß neben den Bedingungen $C > 1$ und $Q > 0$ auch die Bedingung
erfüllt sein, daß die Energie, die den emittierten Neutronen gegeben wird, größer
als die beim Neutroneneinfang benötigte Energie ist. Dies schließt den Prozeß

$$n + {}^9\text{B} \rightarrow 2\,{}^4\text{He} + 2n$$

aus.

Mit diesen Bedingungen bleiben drei, im größerem Umfang herstellbare Isotope, nämlich

$$^{233}\text{U}, \quad ^{235}\text{U und } ^{239}\text{Pu}$$

übrig. Typische Wirkungsquerschnitte sind in Abb. 1.56 dargestellt. Für spaltbare Isotope fallen sie von 1000 *barn* bei 10 MeV in einer Dekade auf Werte
von 100 *barn* ab. Die relative Größe des Spaltquerschnitts nimmt dabei langsam
ab. Bei sehr viel höheren Energien im MeV-Bereich erreicht der Spaltprozeß eine
relative Wahrscheinlichkeit von 10% und einen Wirkungsquerschnitt von 10 *barn*
. In diesem Bereich tritt Spaltung auch bei anderen Isotopen auf.

Von den drei genannten Isotopen kommt nur ^{235}U in der Natur vor. Das
natürliche Uran besteht im wesentlichen aus dem in der Tabelle 1.1 angegebenen
Isotopen. Es enthält etwas weniger als ein Prozent dieser Substanz. In verschiedenen, sehr aufwendigen Prozessen kann das spaltbare Uran angereichert
werden. Die anderen beiden Substanzen können durch Neutroneneinfang aus
anderen Isotopen erzeugt (erbrütet) werden. Die Prozesse sind

$$\begin{aligned}
^{238}\text{U} + n \quad &\longrightarrow \quad ^{239}\text{U} + \gamma\,, \\
^{239}\text{U} \quad &\xrightarrow{23\,min} \quad ^{239}\text{Np} + \beta^- + \bar{\nu}_e\,, \\
^{239}\text{Np} \quad &\xrightarrow{2,3\,Tage} \quad ^{239}\text{Pu} + \beta^- + \bar{\nu}_e
\end{aligned} \tag{1.193}$$

und

$$\begin{aligned}
^{232}\text{Th} + n \quad &\longrightarrow \quad ^{233}\text{Th} + \gamma\,, \\
^{233}\text{Th} \quad &\xrightarrow{23\,min} \quad ^{233}\text{Pa} + \beta^- + \bar{\nu}_e\,, \\
^{233}\text{Pa} \quad &\xrightarrow{27,4\,Tage} \quad ^{233}\text{U} + \beta^- + \bar{\nu}_e\,.
\end{aligned} \tag{1.194}$$

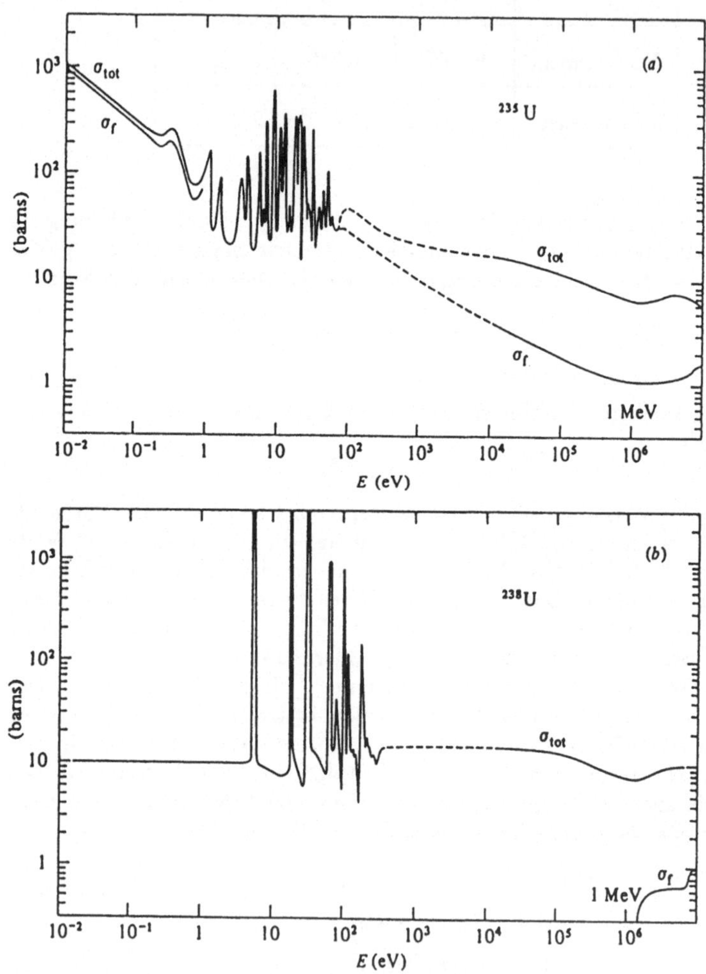

Abb. 1.56:   Spaltquerschnitte [nach W.N. Cottingham et al. [9]]

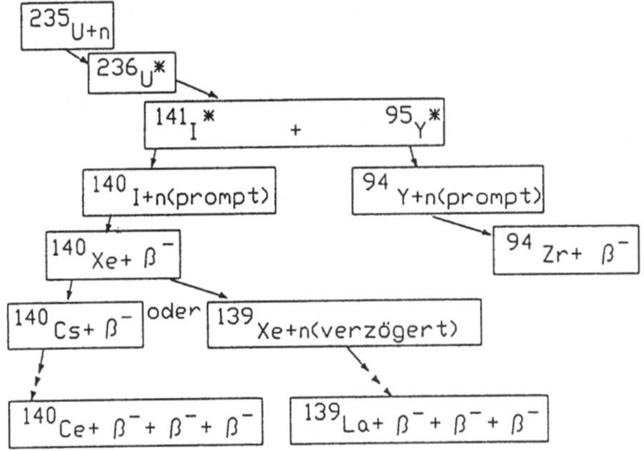

Abb. 1.57:   Ein Beispiel für eine komplette Zerfallskette

Wie bei spontanen Spaltungen entstehen Spaltprodukte mit einer breiten, meist unsymmetrischen Massenzahlverteilung, wie wir sie im Abschn. 1.4.7 kennengelernt hatten. Ein Beispiel für einen kompletten Zerfall ist in Abb. 1.57 gegeben.

Wegen des hohen ^{238}U-Anteils wird natürliches Uran selbst bei unendlicher Masse nicht kritisch. Technisch gibt es zwei Möglichkeiten, die Kettenreaktion in Gang zu setzen und kritische Werte zu erreichen. In einem sogenannten *thermischen Reaktor* werden die Neutronen durch Moderatoren gebremst. Besonders geeignet ist schweres Wasser, in das Uranstäbe eingetaucht werden. Bei geeigneter Anordnung arbeiten dann sogar Reaktoren mit natürlichem Uran. Für die meisten Reaktoren wird aber das spaltbare Uran auf 2% − 3% angereichert. Ein anderer Weg wird beim *schnellen ("fast") Reaktor* verfolgt. Man verzichtet hierbei auf große Moderatorvolumina und reichert das spaltbare Uran auf etwa 20% an.

In Reaktoren wird durch Ausfahren von Neutronen-absorbierenden Stäben der kritische Bereich erreicht. Die Änderung der Reaktionsrate muß durch Manipulation der Stäbe kontrolliert werden. Die Lebensdauer thermischer Neutronen ist nur etwa 10^{-3}s . Die Anforderung an die Steuerung eines Reaktors wird dadurch reduziert, daß in den Zerfällen neben den *prompten Neutronen* sogenannte *verzögerte Neutronen* in den obigen Zerfallsreihen auftreten. Man bleibt in dem Bereich, in dem ohne verzögerte Neutronen der kritische Wert nicht überschritten wird und hat damit eine entsprechend verlängerte Reaktionszeit. Der kritische Faktor hängt durch verschiedene Effekte von der Temperatur im Reaktor ab. Für die Reaktorsicherheit ist es wichtig, daß der kritische Faktor mit wachsender Temperatur abnimmt.

1.7.2 Das Konzept der Fusion

Nach den Überlegungen zu Anfang des Kapitels kommen geladene Objekte für Kettenreaktionen nur in Frage, wenn ein thermisches Gleichgewicht die Dissipation der Reaktionenergie verhindert. Dabei ist der Coulomb-Wall, der die benötigte Reaktionsenergie und Temperatur bestimmt, für leichte Kerne am niedrigsten. Eine quantitative Betrachtung zeigt, daß die *Kernverschmekung* für einige leichtere Kerne in der Tat die Möglichkeit einer Energiegewinnung eröffnet. Die dabei gewonnene Energie ist sogar größer als bei den Spaltprozessen. Zum einen steigt die Bindungsenergie in diesem Gebiet rascher an, zum anderen wird oft der besonders stabile, doppelt magische ^{4}He-Kern gebildet. Fusionsprozesse sind [47]

$$d + d \;\rightarrow\; ^3\mathrm{He} + n + 3,25\,\mathrm{MeV}\,,$$
$$d + d \;\rightarrow\; ^3t + p + 4,00\,\mathrm{MeV}\,,$$
$$d + t \;\rightarrow\; ^4\mathrm{He} + n + 17,6\,\mathrm{MeV}\,,$$
$$t + t \;\rightarrow\; ^4\mathrm{He} + 2n + 11,0\,\mathrm{MeV}\,,$$
$$^3\mathrm{He} + d \;\rightarrow\; ^4\mathrm{He} + p + 18,3\,\mathrm{MeV}\,,$$
$$^6\mathrm{Li} + d \;\rightarrow\; 2 \cdot {}^4\mathrm{He} + 22,4\,\mathrm{MeV}\,,$$
$$^6\mathrm{Li} + n \;\rightarrow\; ^3t + {}^4\mathrm{He} + 4,56\,\mathrm{MeV}\,,$$
$$^7\mathrm{Li} + p \;\rightarrow\; 2 \cdot {}^4\mathrm{He} + 17,2\,\mathrm{MeV}\,,$$
$$^7\mathrm{Li} + d \;\rightarrow\; 2 \cdot {}^4\mathrm{He} + n + 14,6\,\mathrm{MeV}\,.$$

Die Wirkungsquerschnitte dieser Reaktionen erfordern eine gewisse Minimalenergie, für die das Durchdringen der Coulomb-Barriere ausreichend wahrscheinlich wird. Der Anstieg von einigen dieser Querschnitte ist in Abb. 1.58 dargestellt.

Besonders aussichtsreich ist eine kombinierte Reaktion. Mit einer Fusion eines Tritium-Kerns mit Deuterium produziert man viel Energie und ein Neutron. Man läßt das freiwerdende Neutron dann von einem Lithium-Kern einfangen, so daß man wiederum mit etwas Energie einen Tritium-Kern erbrütet. Das Deuterium-Isotop ist mit etwa 0,015% im Wasserstoff enthalten.

Um die Fusion ablaufen zu lassen, braucht man nicht nur die nötige Energie [9] (die benötigte Temperatur ist etwa $20\,\mathrm{keV}/k_B$), sondern man muß auch lange genug genügend viele Teilchen zusammenhalten. Es gibt zwei Möglichkeiten, dies zu tun:

---

[9] Als Alternative besteht die Möglichkeit, das Kernfeld durch ein schweres, negatives Teilchen schon im Kernbereich abzuschirmen und auf diese Art die starke Abstoßung zwischen den Fusionskernen zu umgehen. In einem Reaktor darf das Abschirmteilchen dabei in der Reaktion nicht verbraucht werden. Als solches Katalysator-Teilchen kommt das Myon in Frage, das im dritten Teil eingeführt wird. Das Myon hat eine begrenzte Lebenszeit. Die Schwierigkeit bei einem solchen Reaktor besteht darin, innerhalb dieser Lebenszeit die relativ hohe Energie, die für die Produktion eines Myons erforderlich ist, aus den Fusionsprozessen wiederzugewinnen.

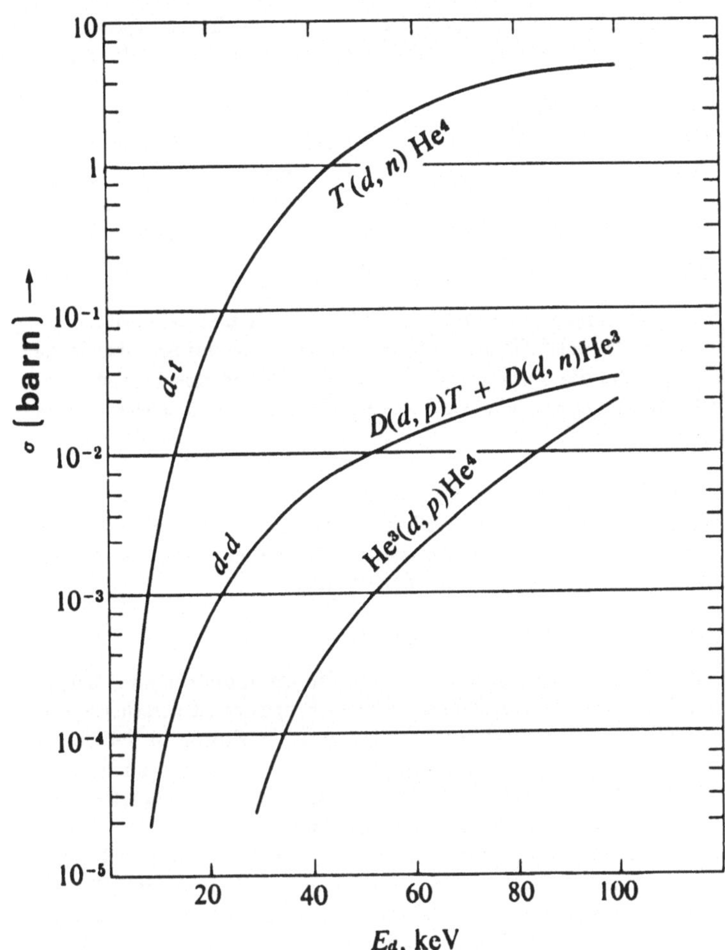

Abb. 1.58:   Fusionsquerschnitte [aus: E. Segrè [3]]

- den magnetischen Einschluß oder
- den Trägheitseinschluß ("inertial confinement").

Da mit einer technisch nutzbaren Fusion praktisch unendliche Energiereserven zur Verfügung ständen, werden beide Möglichkeiten mit großer Intensität untersucht.

Bei hohen Temperaturen besteht die Materie aus freien geladenen Teilchen, d.h. aus Ionen und Elektronen. Da sich geladene Teilchen im Magnetfeld auf Kreisbahnen bewegen, kann man verhindern, daß die Teilchen auseinanderdriften. Natürlich produzieren die Ionen auch Ströme, und man hat eine recht komplizierte Situation. Es besteht die Hoffnung, daß man bald den "breakeven"-Punkt erreicht, an dem rechnerisch gleich viel Energie produziert wie hineingesteckt wird.

Beim "inertial confinement" erzeugt man, mit starken Lasern (Fabriken, die Laserstrahlen erzeugen) oder Teilchenstrahlen, eine Explosion auf der Oberfläche einer kleinen Kugel, die das Fusionsmaterial zusammenpreßt und erhitzt. Für die Fusionsausbeute ist das Produkt von Dichte mal Einschlußzeit relevant. Man versucht hier, die relativ kurzen Einschlußzeiten durch die hohen Dichten zu kompensieren.

Fusionen sind wichtig für den Energiehaushalt der Sonne. Das Sonneninnere besteht im wesentlichen aus Wasserstoff (70% der Masse) und Helium (29% der Masse), und keiner der obigen Fusionsprozesse kann daher primär auftreten. Verantwortlich für die Fusion ist zunächst der Prozeß

$$p + p \rightarrow d + e^+ + \nu_e \, ,$$

der nur durch die schwache Wechselwirkung ablaufen kann, die wir im β-Zerfall kennengelernt haben. Der Wirkungsquerschnitt des Prozesses ist verschwindend gering (etwa 10^{-23} b). Dies hat die Konsequenz, daß ein Proton in der Sonne etwa 10^{10}-Jahre braucht, um in einem Fusionsprozeß in ein Deuteron überzugehen. Mit schnellen Fusions- und Zerfallsprozessen bedeutet dies letztlich die Umwandlung von Wasserstoff in Helium und Strahlung.

In diesem Bild gibt es allersdings eine Schwierigkeit. Bei der benötigten Temperatur werden mit geringen (stark temperaturabhängigen) Wahrscheinlichkeiten auch etwas schwerere Kerne erzeugt. Unter anderem wird ein Bor Isotop auftreten, das β-zerfällt und dabei ein Neutrino mit einer Energie von bis zu 14 MeV emittiert. In diesem Energiebereich können Neutrinos in geeigneten Detektoren nachgewiesen werden. Es hat sich herausgestellt, daß die auf der Erde beobachtete Rate viel zu niedrig ist. Für dieses sogenannte Sonnenneutrinoproblem gibt es noch keine allgemein akzeptierte Erklärung.

1.7.3 Die Entstehung der Elemente

Am Ende des letzten Abschnitts haben wir die Produktion von Helium in der Sonne kennengelernt. Welche Vorstellungen gibt es über die Entstehung der anderen Elemente [9,49]?

Man nimmt an, daß das Weltall sich seit etwa 10^{10} Jahren (seit dem Urknall) ausdehnt und abkühlt. Nach einer Elementarteilchen-Phase muß dabei einige hunderttausend Jahre nach dem Urknall eine Temperatur erreicht worden sein, bei der Gase aus Atomen existieren konnten. Die Kerne dieser Atome bestehen dabei aus den Teilchen der vorhergegangenen Phase. Die Gase enthalten daher hauptsächlich Wasserstoff, etwas Helium (25% der Masse) und ein wenig Lithium.

Die Produktion von schweren Kernen erfordert hohe Temperaturen, damit die Reaktionspartner ausreichend viel kinetische Energie haben, um die Coulombschwelle zu überwinden. Da in der Sonne (und im Sonnensystem) keine ausreichenden Temperaturen auftraten, müssen die schwereren Elemente von außen in das Sonnensystem gekommen sein. Sie müssen in sehr großen Sternen entstanden und dann in einer Explosion irgendwie wieder in den Weltraum emittiert worden sein.

Wie hat man sich die Evolution eines solchen großen Sterns, in dem schwerere Kerne erbrütet werden, vorzustellen? Ein Stern hat seinen Ursprung in einer Anhäufung von Gas im Weltraum. Die Gravitation, die eine solche Anhäufung verursacht und zusammenhält, muß dabei durch den thermischen Druck im Inneren der Gaswolke kompensiert werden. Durch die Gravitation werden die Gasmoleküle im Inneren eine etwas höhere Temperatur haben als im umgebenden Weltraum. Längerfristig wird damit durch die Abstrahlung von Photonen Energie an die Umgebung abgegeben. Hält man in einem Gedankenexperiment die räumliche Ausdehnung der Gaswolke konstant, bedeutet dies ein Abfallen der Temperatur. Wegen des damit verbundenen, geringeren Drucks wird die Gravitation nicht mehr kompensiert, und der Stern muß sich verdichten. Dabei wird potentielle Energie in Temperatur umgewandelt.

Daß die Gravitation mit kleiner werdendem Abstand rasch ansteigt, hat eine auf den ersten Blick ungewöhnliche Konsequenz: Ein Abnehmen der Energie bedeutet ein Ansteigen der Temperatur. Diese Beobachtung folgt aus dem Virialtheorem, das die mittlere kinetische Energie in einem sich nicht ändernden System durch den folgenden Mittelwert bestimmt:

$$T = \left\langle -\frac{1}{2} \sum_i \boldsymbol{r}_i \cdot \boldsymbol{F}_i \right\rangle ,$$

wobei die Gravitationskraft

$$\boldsymbol{F}_i = -\frac{m(r_i)}{r_i^2} \, \hat{\boldsymbol{r}}$$

eine Funktion der eingeschlossenen Masse $m(r)$ ist. In der betrachteten kugelsymmetrischen Verteilung hängt die kinetische Energie nur vom Betrag des Radius ab. Mit dem Inversen $r(m)$ der monotonen Funktion $m(r)$ läßt sich die obige

Summe durch das folgende Integral über infinitesimale Masseelemente ersetzen:

$$T \approx \frac{1}{2} \int_0^M dm \, \frac{m}{r(m)} \, ,$$

wobei M die Gesamtmasse ist. Da der Radius nur im Nenner auftritt, steigt die mittlere kinetische Energie bei einer Kontraktion

$$r(m) \to r'(m) = \frac{<r'>}{<r>} \cdot r(m)$$

invers zum mittleren Radius $<r>$. Ein Teil der potentiellen Energie, die durch Kontraktion gewonnen wird, muß in zusätzliche kinetische Energie übergeführt werden und für eine Temperaturerhöhung sorgen. Mit steigender Temperatur wird sich die Abstrahlung verstärken und der Kontraktionsprozeß mehr und mehr beschleunigt fortsetzen.

Die Verdichtung schreitet fort, bis neue Prozesse wichtig werden. Irgendwann wird die Temperatur groß genug werden, so daß im Inneren des Sterns, wie in der Sonne, Wasserstoff zu *Helium* verbrennen kann. Dabei wird (im Vergleich zu anderen Fusionsprozessen) sehr viel Energie frei. Die freiwerdende interne Energie kompensiert die abgestrahlte Energie. Die Kontraktion des Sterns ist damit zunächst gestoppt.

Nachdem der Wasserstoff verbraucht ist, wird sich der Kontraktionsprozeß fortsetzen und zu einem weiteren Anstieg der Temperatur führen. Für kleine Sterne kommt es irgendwann zu einer maximalen Komprimierung, bei der abstoßende Kräfte zwischen den Atomen eine weitere Komprimierung verhindern. Die Abstrahlung führt dann zu einer wirklichen Abkühlung.

Für ausreichend große Sterne (etwa $> 1,44$ Sonnenmassen [9]) können, bevor solche Kräfte wichtig werden, im Inneren Temperaturen von $10 - 20\,$keV und Dichten von $10^5 - 10^8$kg/m₃ erreicht werden, die für weitere Fusionsreaktionen

$$^4\text{He} + {}^4\text{He} \quad \to \quad {}^8\text{Be} \, ,$$
$$^4\text{He} + {}^8\text{Be} \quad \to \quad {}^{12}\text{C} + \gamma + 7,3\,\text{MeV} \, ,$$
$$^4\text{He} + {}^{12}\text{C} \quad \to \quad {}^{16}\text{O} + \gamma + 7,2\,\text{MeV} \tag{1.195}$$

benötigt werden. Bei diesen Prozessen ist der erste Prozeß nicht exotherm, und das gebildete ^{8}Be ist nicht stabil. Trotzdem werden im thermischen Gleichgewicht immer einige Berillium-Atome für den zweiten Prozeß zur Verfügung stehen. Ist die Heliumkonzentration gesunken, wird nach weiterer Kontraktion Silizium synthetisiert

$$^{16}\text{O} + {}^{16}\text{O} \quad \to \quad {}^{28}_{14}Si + {}^4\text{He} + 9,6\,\text{MeV} \, , \tag{1.196}$$

wenn bei ausreichender Größe eine Temperatur von $100 - 200\,$keV entstanden ist.

Stehen die Ausgangstoffe dieser Reaktion nicht mehr in ausreichendem Maße zu Verfügung, kommt es für sehr große Sterne zu einer weiteren Erhitzung in die

Gegend von 1 MeV. Die Energie ist jetzt hoch genug, den Kern wieder in Stücke zu schlagen. Es wird zu einem Gleichgwicht von Integration und Disintegration von Kernen kommen. Viele neue Kerne werden gebildet. Allmählich wird dabei eine Anreicherung um die besonders stabilen Eisen- und Nickelkerne entstehen.

Mit wachsender Dichte muß die kinetische Energie der Elektronen größer und größer werden. Ist die benötigte Elektronenenergie größer als die Massendifferenz zwischen Proton und Neutron, werden die Elektronen im Kern eingefangen. Es kommt zur Bildung von größeren und größeren im wesentlichen aus Neutronen bestehenden Kernen, die am Ende die Größe des gesamten Sterninneren erreichen (Neutronenstern). Da in diesem Prozeß die mögliche Packungsdichte der Nukleonen um Größenordnungen steigt, kommt es zu einem rapiden Abfall des Druckes, der zu einem drastisch beschleunigten Kontraktionsprozeß führt. Man nimmt an, daß es dabei meist zu einer Implosion kommt, bei der ein Teil des Hüllenmaterials aus dem Stern herausgeschleudert wird (*Supernova Explosion*). Es sind diese Bruchstücke, von denen man annimmt, daß sie letztlich Quelle aller schweren Kerne (außerhalb von Neutronensternen) sind.

Mittelschwere Kerne (etwa bis zum Eisen) stammen direkt aus der Oberfläche eines solchen explodierenden Sterns. Für die schwereren Kerne kommt nachträglich ein zusätzlicher Prozeß hinzu. Die schwereren Kerne werden aus mittleren Kernen durch mehrmaligen Neutroneneinfang gewonnen. Falls dabei die Proton-Neutron-Asymmetrie zu groß wird, kann anschließend ein β-Zerfall auftreten.

Die Theorie der Kernsynthese erklärt die Häufigkeit der natürlichen Isotope. Sie ist noch kein abgeschlossenes Gebiet. Ziel dieses Kapitels war es, in die grundlegenden Überlegungen dieser Anwendung der Kernphysik einzuführen.

2. Einführung in die Hadronenphysik

Thema des ersten Kapitels im zweiten Teil sind die hadronischen Teilchen und Resonanzen selber. Die Eigenschaften von hadronischen Streuvorgängen werden anschließend in einem zweiten Kapitel behandelt. Dieser Aufbau ist analog zu dem der Kernphysik; beginnend mit niederen Energien und größeren Ausdehnungen arbeiten wir uns langsam zu schneller ablaufenden, hochenergetischen Phänomenen vor.

Wir kommen in ein Gebiet, in dem relativistische Effekte eine zentrale Rolle spielen. Um die Struktur der relativistischen Gleichungen nicht unnötig zu komplizieren und um den Vergleich mit relativistischen Quantenmechanikbüchern [14,93] zu erleichtern, benutzen wir nun die in der Einleitung erwähnten natürliche Einheiten. Die Variablen m, p, x, t sind, wenn die Einheiten nicht explizit angegeben sind, durch die Ausdrücke $mc^2, pc, x/\hbar c, t/\hbar$ zu ersetzen.

2.1 "Zoologie" der Hadronen

Um festen Boden unter die Füße zu bekommen, überlegen wir uns zunächst, welche Hadronen schon bekannt sind. Die aus der Atomphysik bekannten Elektronen sind sogenannte *Leptonen*, d.h. nur elektromagnetisch und schwach wechselwirkende Teilchen. Da solche Teilchen auch bei sehr viel kleineren Längenskalen denselben Gesetzen unterliegen, verschieben wir für den Augenblick ihre Diskussion. *Hadronen*, d.h. stark wechselwirkende Teilchen, traten das erste Mal in der Kernphysik auf.

2.1.1 Die Hadronen der Kernphysik

Wie dort behandelt, bestehen Kerne aus Protonen und Neutronen, deren Masse 0.9383 GeV bzw. 0.9396 GeV ist [50]. Die kleine Massendifferenz kommt durch ihre unterschiedliche Ladung und die damit verbundene elektromagnetische Wechselwirkung zustande. Protonen und Neutronen haben den Spin 1/2, d.h., sie genügen der Dirac-Gleichung. Die *Protonen* sind als freie Teilchen stabil, natürlich wenigstens bis zu einer Lebensdauer von der Größenordnung des Weltalters. Die augenblickliche, experimentell gefundene Grenze liegt sogar bei 10^{32} Jahren. Freie *Neutronen* zerfallen in etwa 15 Minuten in Protonen und Leptonen. Die elektromagnetische Massendifferenz zwischen Proton und Neutron ist in vielen

Fällen kleiner als entsprechende von starken Wechselwirkungen herrührenden Differenzen, und der Zerfall von im Kern gebundenen Neutronen ist damit oft unmöglich.

Im Kernphysikteil wurde gesagt, daß sich die Nukleonen im Kern recht frei bewegen und daß die kräftige Coulomb-Abstoßung durch stark anziehende, kurzreichweitige Kernkräfte kompensiert wird. Es wurde argumentiert, daß es in der relativistischen Quantenmechanik keine Potentiale, sondern nur Wechselwirkungen mit Orts- und Zeitabhängigkeit gibt. Solche Wechselwirkungen können durch den Austausch virtueller Teilchen entstehen. Da aus der Kernphysik kein Teilchen mit ausreichend kräftiger Kopplung bekannt war, hat der japanische Physiker Hideki Yukawa [13] 1935 die Existenz eines solchen Teilchens, des *Pions* oder π-Mesons, gefordert. Aus der Reichweite der Wechselwirkung konnte dabei die Masse abgeschätzt werden.

Nachdem zunächst das in der kosmischen Strahlung beobachtete *Myon* als Yukawa-Teilchen fehlidentifiziert wurde, konnte 1947 das *Pion* in seiner geladenen Version nachgewiesen werden [51]. Das Experiment verwandte eine fotographische Emulsion, die kosmischer Strahlung ausgesetzt wurde. Fotographische Emulsionen bestehen aus Paketen von Cellulosefolien, die licht- und strahlungsempfindliches Material enthalten. Nach dem Entwickeln kann man einzelne Spuren unter dem Mikroskop dreidimensional verfolgen. Im Pion-Experiment wurde die in Abb. 2.1 dargestellte Konfiguration beobachtet. Ein Teilchen der kosmischen Strahlung streut mit einem Kern und erzeugt ein π^+-Meson, das in der Emulsion zur Ruhe kommt und dann, abgesehen von unsichtbaren Teilchen, in ein μ^+-Lepton zerfällt, das wiederum in ein Positron und in unsichtbare Teilchen zerfällt. Der Grad der Schwärzung und seine Zunahme als Funktion des Weges erlauben Rückschlüsse auf die Energie und die Masse der Teilchen, die die obige Identifikation ermöglichten.

Die genau gemessene Masse des Pions ist [50]

$$m_{\pi^\pm} = 139.57\,\text{MeV} \qquad \text{bzw.} \qquad m_{\pi^0} = 134.97\,\text{MeV}.$$

Pionen sind *Bosonen*. Aus historischen Gründen heißen fermionische Hadronen mit halbzahligem Spin (wie das Proton, das Neutron etc.) *Baryonen* und bosonische Hadronen mit ganzzahligem Spin (wie das Pion, etc.) *Mesonen*. Mesonen sind meist etwas leichter als Baryonen.

Die bosonische und fermionische Natur der Teilchen bestimmen die statistischen Eigenschaften identischer Teilchen. Die Wellenfunktion von identischen Fermionen ist antisymmetrisch, die identischer Bosonen ist symmetrisch, d.h., ihr Vorzeichen ändert sich bzw. ändert sich nicht bei Vertauschung zweier Teilchen. Wie wir aus der Atomphysik wissen, führt die Antisymmetriebedingung zu einer drastischen Reduzierung der für Fermionensysteme erlaubten Zustände (Pauli-Prinzip). Sie wird auch bei der Klassifikation der Hadronen und bei deren Zerfällen eine wichtige Rolle spielen. Zu jedem Fermion gibt es ein von ihm verschiedenes Antiteilchen, ein Boson kann sein eigenes Antiteilchen sein.

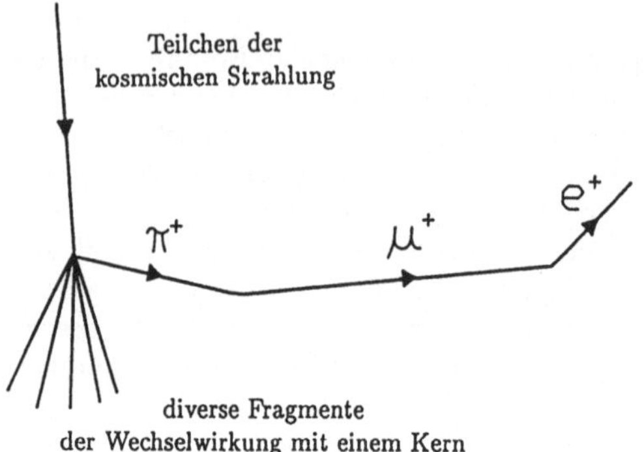

Abb. 2.1 :   Das Schema der Entdeckung des π-Mesons

Das relative Vorzeichen einer Wellenfunktion ist direkt beobachtbar in Prozessen, in denen zwei identische Teilchen mit identischen Impulsen produziert werden. Die Amplitude, die beiden Teilchen "so herum" und "anders herum" zu erzeugen, trägt im Wirkungsquerschnitt nicht nur als Quadrat bei, sondern es gibt auch einen gemischten Beitrag vom Produkt der "soherum"- mit der "andersherum"-Amplitude, der je nach Vorzeichen (positiv für Bosonen, negativ für Fermionen) die Wahrscheinlichkeit des Prozesses verstärkt oder reduziert.

Neben den Elementarteilchen der Kernphysik gibt es eine umfangreiche Liste weiterer Hadronen. Woher kommt die Evidenz für solche Teilchen? Vor allem am Anfang wurden Elementarteilchen wie das oben erwähnte Pion in der kosmischen Strahlung nachgewiesen, und viele Hinweise auf neue Effekte kamen immer wieder aus solchen Experimenten. Allerdings sind kosmische Teilchen mit inzwischen in Beschleunigern erreichbaren Energien sehr selten. Hochenergieexperimente werden daher heute fast ausschließlich an Beschleunigern durchgeführt.

2.1.2 Beschleuniger

Teilchenbeschleuniger sind meist größere "industrielle Anlagen", die verschiedenen Experimenten hochenergetische Strahlen liefern. Die Kosten für solche Maschinen erreichen den Umfang von einigen Milliarden Mark. Diese Anlagen sind nur durch eine weitgehende internationale Konzentration von Forschungsmitteln möglich. Einige Abbildungen dieses Abschnitts haben den Zweck, die Größenordnung dieser Anlagen zu illustrieren. Sie ist ein wichtiger Aspekt der Forschung in diesem Gebiet.

In Beschleunigern werden Teilchen mittels elektrischer Felder beschleunigt. Am einfachsten ist das Prinzip des *Linearbeschleunigers* Das Schema eines solchen Beschleunigers ist in Abb. 2.2 dargestellt. Durch Elektronen herausgeschlagene

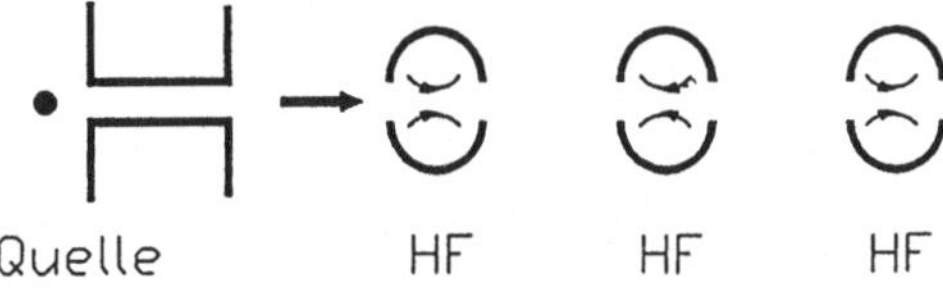

Abb. 2.2 :   Das Schema eines Linearbeschleunigers

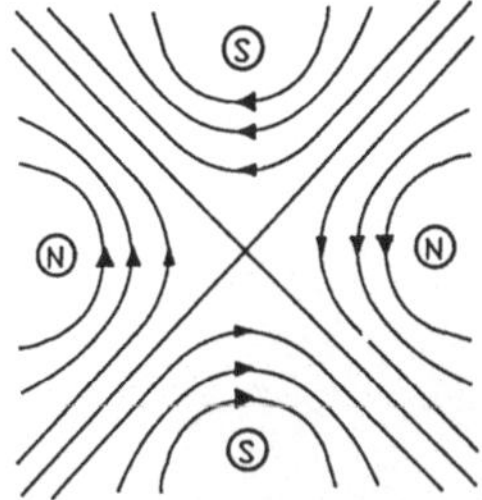

Abb. 2.3 :   Feldverlauf im Quadrupol-Magneten

Protonen werden mit einer geeigneten Spannung auf hochfrequente Hohlraumresonatoren gelenkt, die so abgestimmt sind, daß Teilchenpakete jeweils ein beschleunigendes Feld spüren. Passiert das Teilchenbündel die Resonatoren gerade bevor das maximale Feld erreicht ist, werden zurückbleibende Teilchen etwas stärker beschleunigt und ein Auseinanderlaufen damit verhindert.

Höhere Energien sind mit dem sogenannten *Synchrotron* [54] zu erreichen. In ihm werden die Teilchen durch Magnete auf einer Kreisbahn gehalten, so daß dieselben Resonatoren beliebig oft durchflogen werden können. Um den Strahl dabei im Strahlrohr zu halten, benötigt man neben reinen Ablenkmagneten Quadrupolmagnete, die die Teilchen abwechselnd bezüglich ihrer radialen und vertikalen Auslenkungen zurückfokussieren. Der Feldverlauf eines solchen Magneten ist in Abb. 2.3 skizziert.

Sind die eingeschlossenen Teilchen ausreichend dicht an der Lichtgeschwindigkeit, wird die Frequenz der Resonatoren im wesentlichen von der Geometrie der Anlage in Einheiten von $c/$Umfang bestimmt. Mit zunehmender Energie der Teilchenpakete muß nur die Größe der Magnetfelder entsprechend erhöht werden. Vom Beginn eines neuen Beschleunigungszyklus bis zum Zeitpunkt, zu dem die beschleunigten Wellenpakete herausgelenkt werden, müssen daher die Magnetfelder auf- und abgebaut werden.

Die Größe der benötigten Magnetfelder berechnet sich nach der Formel

$$\underbrace{\dot{\boldsymbol{p}}}_{\approx\, \boldsymbol{\omega}\,\times\,\boldsymbol{p}\,\approx\,-\hat{\boldsymbol{r}}(v/R)(E\cdot v)} = \underbrace{e\cdot\boldsymbol{v}\times\boldsymbol{B}}_{\approx\,-e\hat{\boldsymbol{r}}|\boldsymbol{B}|v}\ , \qquad (2.1)$$

wobei E die Energie der beschleunigten Teilchen und R der Radius des Ring-

Abb. 2.4 :   Luftaufnahme des Speicherrings SPS (= Super Proton Synchrotron) im CERN bei Genf [Photo CERN, Genf]

beschleunigers ist. Wir nehmen an, daß die Teilchen sich praktisch mit Lichtgeschwindigkeit bewegen, d.h. $v \rightarrow c = 1$. Für Protonenbeschleuniger bestimmt diese Gleichung die maximal erreichbare Teilchenenergie. Sie ergibt sich somit als das Produkt von Ringradius und maximalem Magnetfeld.

Als Beispiel wird der CERN SPS(= Super Proton Synchrotron)Beschleuniger vorgestellt. Eine in Abb. 2.4 dargestellte Luftaufnahme [52] gibt einen Eindruck von der Größenordnung. Wir beginnen mit dem *"fixed target"-Betrieb*, wie er in Abb. 2.5 skizziert ist [78,53,57] . Zunächst werden die Teilchen durch einen Linearbeschleuniger geschickt und dann in einem älteren Protonensynchrotron auf Impulse von 10 GeV (später 26 GeV) gebracht, mit denen sie dann in das SPS eintreten. Der SPS-Ring hat einen Radius von 2.2 km. Er enthält 744 Ablenk- und 216 Quadrupolmagnete. Es gibt 4 jeweils 20 m lange Beschleunigungsstrecken. Sie erlauben, $(1.0 - 3.0) \cdot 10^{13}$ Protonen in einem Zeitraum

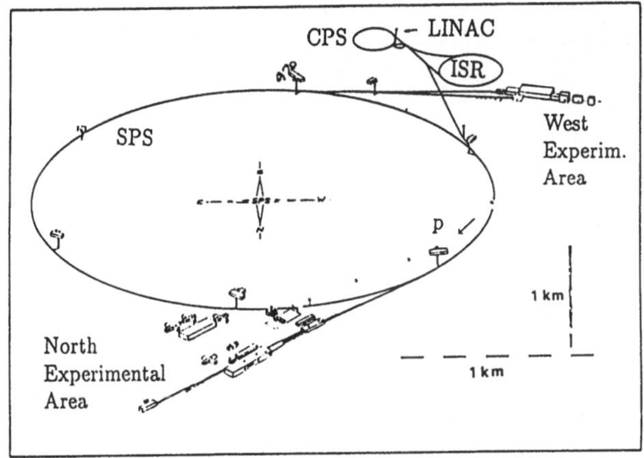

Abb. 2.5 :   Das Schema des SPS im "fixed Target"-Betrieb [Abbildung CERN, Genf]

von 8–12 Sekunden auf Teilchen-Endimpulse von $P_L = 450\,\text{GeV}$ zu bringen, die dann in einen der beiden experimentellen Komplexe gebracht werden, wo sie wiederum verschiedenen Experimenten zugeteilt werden können. Ein Komplex befindet sich in der "North Experimental Area" in Frankreich, ein anderer in der "West Experimental Area" in der Schweiz.

Die beschleunigten Protonen treffen dort auf Kerne eines geeignet gewählten Targetmaterials, die aus praktisch ruhenden und unabhängigen Protonen und Neutronen bestehen. Die Physik des Streuvorgangs hängt nicht vom Lorentz-System des Beobachters ab. Man möchte daher die verfügbare Streuenergie in einer Lorentz-invarianten Weise charakterisieren. Dazu betrachten wir die Vierervektoren des Strahl- und des Targetteilchens

$$
\begin{aligned}
P_{\text{Strahl}} &= (\sqrt{M_p^2 + P_L^2}, P_L, 0, 0)\\
P_{\text{Target}} &= (M_p, 0, 0, 0)
\end{aligned}
\tag{2.2}
$$

und bilden daraus ein Lorentz-invariantes Skalarprodukt[10].

$$
s = (P_{\text{Strahl}} + P_{\text{Target}})^2 = 2M_p \cdot \sqrt{M_p^2 + P_L^2} + 2 \cdot M_p^2 \ .
\tag{2.3}
$$

Die Variable s ist eine der sogenannten Mandelstam-Variablen. Für große Energien gilt

$$
s \to 2 \cdot E_L M_p \ .
\tag{2.4}
$$

Die Wurzel

$$
s^{1/2} = M_{\text{Ruhe}} = E_{\text{Schwerpunktsenergie}}
\tag{2.5}
$$

---

[10]Das Produkt zweier Vierervektoren ist $p \cdot q = p_0 q_0 - p_1 q_1 - p_2 q_2 - p_3 q_3$.

ist die im Schwerpunkt-System zur Verfügung stehende Energie oder die Ruhemasse des streuenden Systems. Bei dem betrachteten Beispiel des SPS ist etwa $s = 900\,\text{GeV}^2$. Da damit die Ruhemasse $M_{\text{Ruhe}} = 30\,\text{GeV}$ ist, können also maximal Objekte dieser Masse erzeugt werden. In der Praxis wird bei hadronischen Streuvorgängen allerdings immer nur ein Teil der kinetischen Energie der einfallenden Hadronen in die Produktion von Massen umgesetzt.

Eine Methode, höhere Schwerpunktsenergien zu erreichen, besteht darin, Teilchen im *"Collider"*-Betrieb aus zwei entgegengesetzt gerichteten Strahlen aneinander zu streuen. Lassen wir ein Proton des obigen Teilchenstrahls mit einem anderen Teilchen des Impulses

$$P_{\text{Strahl}\,2} = (\sqrt{M_p^2 + P_L^2}, -P_L, 0, 0) \tag{2.6}$$

wechselwirken, erhalten wir

$$s = (2\sqrt{M_p^2 + P_L^2})^2 \rightarrow (2\,E_L)^2 \,. \tag{2.7}$$

Das Laborsystem ist jetzt mit dem Schwerpunktsystem identisch. Die wesentlich größere Mandelstam-Variable s wächst jetzt quadratisch mit dem Strahlimpuls. Die gesamte kinetische Energie der Strahlen ist als Schwerpunktsenergie verfügbar.

Problematisch für Collider ist, daß die Teilchendichte in Strahlen natürlich viel geringer ist als in ruhenden Targets. Es ist daher nicht einfach, eine ausreichende *Luminosität* (definiert in Abschnitt 1.5.1) zu erhalten.

- Man braucht zunächst natürlich möglichst viele Teilchen in den sich streuenden Strahlen. Dazu benötigt man Teilchenquellen mit geeigneter Flußdichte; ferner muß man Verluste bei der Strahlenführung (Instabilitäten) vermeiden.

- Man kann die Wechselwirkungswahrscheinlichkeit pro Wechselwirkungszone durch eine enge Bündelung der Teilchen erhöhen. Der springende Punkt ist, daß sich die Wechselwirkungswahrscheinlichkeit aus einem Ortsintegral vom Quadrat der Teilchendichte ergibt, und daß bei konstanter Teilchenzahl (d.h. bei konstantem Ortsintegral über die Dichte) eine "Kollimation" den Wert eines solchen Integrals erhöht.

- Man kann die Teilchen in sogenannten *Speicherringen* immer wieder Wechselwirkungszonen zuführen. Die beiden Teilchenstrahlen werden dabei auf verschiedenen Kreisbahnen gehalten, die sich an Wechselwirkungspunkten schneiden. Auf diese Art können sie im Prinzip bis zu einer tatsächlichen Wechselwirkung gehalten werden. Das Speicherringprinzip eignet sich nur für stabile Teilchen.

Es läßt sich besonders kostengünstig verwirklichen, wenn die Teilchen in beiden Strahlen gleiche Massen und entgegengesetzte Ladungen haben, wie z.B. in Proton-Antiproton- oder Elektron-Positron-Ringen. Solche Teilchen haben identische Bahnen im Magnetfeld, wenn sie genau in entgegengesetzter

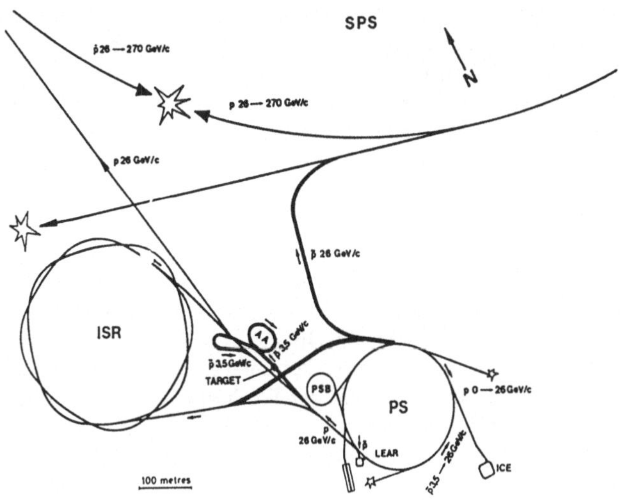

Abb. 2.6 :   Das Schema des SPS im 'Collider''-Betrieb [Abbildung CERN, Genf]

Richtung fliegen. Beide Strahlen können daher durch dieselben Magnete geleitet werden, wobei man, abgesehen von den Wechselwirkungszonen, die Strahlen leicht versetzt, um gegenseitige Beeinflussung zu vermeiden.

An unserem Beispiel, dem CERN SPS, war diese Betriebsart zunächst nicht geplant und wurde mit relativ geringen Mitteln erst 1982 eingerichtet. Da Protonen und Antiprotonen verwandt wurden, kam man mit den existierenden Magneten aus. Voraussetzung war, daß man gelernt hatte, genügend intensive und kollimierte Antiprotonenstrahlen zu erzeugen. Das Schema des umgerüsteten SPS [56] ist in Abb. 2.6 dargestellt. Man beschränkte sich zunächst auf eine Strahlenenergie von 270 GeV pro Teilchen. Die Ruhemasse des $p\bar{p}$-Systems, $s^{1/2} = 540$ GeV, ist damit etwa um einen Faktor 20 höher als zuvor. Da die Magnete im Collider-Modus im Dauerbetrieb (nicht im Auf- und Abbetrieb, wie er bei der Beschleunigung erforderlich ist) benötigt werden, war die Reduktion der Energie erforderlich, um eine zu starke Erwärmung der Magnete zu verhindern. Inzwischen hat man eine Möglichkeit gefunden, dieses Problem auf Kosten der Luminosität zu umgehen. Man beschleunigt und bremst die Strahlen kontinuierlich zwischen 100 GeV und 450 GeV, so daß die mittlere Belastung der Magnete in vorgegebenen Grenzen bleibt.

Nebenbei sei erwähnt, daß man oben in der Abb. 2.6 auch den ersten Speicherring, den CERN Intersecting Storage Ring (ISR), sehen kann. Er besteht aus zwei völlig unabhängigen Strahlrohrringen, in denen sich Protonenstrahlen von bis zu 31 GeV in acht Wechselwirkungszonen schneiden.

Die Anzahl der Beschleuniger bzw. Speicherringe ist begrenzt. Eine Liste der wichtigsten Anlagen ist in Abb. 2.7 zusammengestellt [57,58]. Die höchste Energie erreicht im Augenblick Tevatron am FNAL bei Chicago.

Neben den hadronischen Anlagen existieren viele Beschleuniger und Speicherringe mit Leptonen. Die Wechselwirkungen dieser Teilchen werden im dritten Teil des Skripts behandelt. Um spätere Wiederholungen zu vermeiden, werden die leptonischen Beschleuniger und Speicherringe hier kurz vorgestellt. Zur Beschleunigung oder zur Speicherung braucht man stabile, geladene Teilchen. Neben Elektron-Proton-Streuung ist die Wechselwirkung zwischen Elektron und Positron besonders interessant.

Für die Elektron-Proton-Streuung existieren einige ältere Maschinen, die im "fixed target"-Modus betrieben werden. Eine Maschine für den "Collider"-Betrieb ist bei DESY in Hamburg geplant (HERA).

Wegen der geringen Masse des Elektrons kommen für hochenergetische Elektron-Positron-Streuvorgänge nur Strahl-Strahl-Wechselwirkungen in Frage. Um dieselbe Schwerpunktsenergie zu erreichen wie in dem "19 GeV auf 19 GeV"-Speicherring PETRA, wäre eine Maschinenelektronenenergie von 1.2 Millionen GeV erforderlich.

Elektron-Synchrotrons und Elektron-Positron-Speicherringe sind recht begrenzt in der erreichbaren Energie. Wegen der geringen Masse des Elektrons ist die Strahlgeschwindigkeit so dicht an der Geschwindigkeit des Lichts, daß bei der Krümmung der Teilchenbahn in den Magneten ein signifikanter Teil der Energie als "abgeschüttelte" Photonen abgestrahlt wird. Der Energieverlust pro Umlauf im Ring durch Bremsstrahlung ergibt sich als

$$\text{Energieverlust} \approx \frac{\text{Energie}^4}{\text{Ringradius}} . \tag{2.8}$$

Da die maximale Energiezufuhr begrenzt ist, können höhere Energien daher nur durch sehr große Ringe erreicht werden, die mit relativ kleinen Magnetfeldern auskommen und weniger Energie abstrahlen. Der größte geplante Speicherring dieser Art ist das LEP am CERN, wie er in Abb. 2.8 abgebildet ist. Der Umfang des Tunnels beträgt etwa 22 km [56].

Offensichtlich sind damit die Grenzen der in Speicherringen möglichen Energien erreicht. Im SLAC-Laboratorium versucht man daher mit dem SLC (Stanford Linear Collider) ein anderes Prinzip. Man verzichtet auf die Wiederverwendung der beschleunigten Leptonen und versucht mit einer extremen Kollimation zu erreichen, daß genügend Wechselwirkungen in einer einzigen Zone passieren und eine ausreichende Luminosität erreicht wird. Man hofft, die Strahlen so stark zu kollimieren, daß sie sich wegen der entgegengesetzten Ladung gegenseitig weiter anziehen. Der angestrebte Effekt heißt Autofokussierung. Die Länge des Überlappungsgebiets muß so gewählt sein, daß beide Strahlen in seiner Mitte die maximale Fokussierung erreichen. Der Effekt ist nicht interessant für Speicherringe; die Strahl-Strahl-Wechselwirkung zerstört die Kohärenz des Strahls

maximale Energie (GeV)	Name Stadt Land	Jahr d. Fertig- stell.	Typ der Maschine
6,2	BEVATRON, Berkeley/USA	1952	p-Synchrotron
33	AGS, Brookhaven/USA	1960	p-Synchrotron
28	PS-CERN, Genf/Schweiz	1960	p-Synchrotron
7	Rutherford, Chilton/UK	1963	p-Synchrotron
12,5	ANL, Argonne/USA	1963	p-Synchrotron
76	PS, Serpukhov/USSR	1967	p-Synchrotron
400 − 500	FNAL, Batavia/USA	1972	p-Synchrotron
400 − 450	SPS-CERN, Genf/Schweiz	1976	$p\,(\mathrm{O,S})$-Synchr.
800 − 1000	FNAL, Batavia/USA	1984	p-Synchrotron
7,4	DESY, Hamburg/BRD	1964	e-Synchrotron
32	SLAC, Stanford/USA	1966	e-Linearbeschl.
12	ES, Cornell/USA	1967	e-Synchrotron
31 + 31	ISR,CERN, Genf/Schweiz	1971	$pp(\bar{p})$-Speicherringe
450 + 450	SPS-CERN, Genf/Schweiz	1981	$p\bar{p}$-Speicherring
900 + 900	FNAL, Batavia/USA	1987	$p\bar{p}$-Speicherring
1,5 + 1,5	INFN, Frascati/Italien	1969	e^+e^--Speicherring
4 + 4	SLAC, Stanford/USA	1972	e^+e^--Speicherring
8 + 8	CESR, Cornell/USA	1979	e^+e^--Speicherring
5,6 + 5,6	DORIS-DESY, Hamburg/BRD	1973	e^+e^--Speicherring
1,8 + 1,8	DCI, Orsay/Frankreich	1976	e^+e^--Speicherring
19 + 19	PETRA-DESY, Hamburg/BRD	1978	e^+e^--Speicherring
7 + 7	VEPP, Novosibirsk/USSR	1980	e^+e^--Speicherring
15 + 15	PEP-SLAC, Stanford/USA	1980	e^+e^--Speicherring
30 + 30	TRISTAN, Tokyo/Japan	1987	e^+e^--Speicherring
50 + 50	SLC-SLAC, Stanford/USA	1988	e^+e^--Linear Collider
2,8 + 2,8	BEPC, Beijing/China	1988	e^+e^--Speicherring

Abb. 2.7a: Liste der wichtigsten Beschleuniger bzw. Speicherringe der letzten Jahrzehnte

maximale Energie (GeV)	Name Stadt Land	Jahr d. Fertig- stell.	Typ der Maschine
$2 \times 60(100)$	LEP-CERN, Genf/Schweiz	1989	e^+e^--Speicherring
$26 + 820$	HERA-DESY, Hamburg/BRD	1990	ep-Speicherring
600	UNK, Serpukhov/USSR	1990	p-Synchrotron
3000	UNK, Serpukhov/USSR	1993	p-Synchrotron
$3000 + 3000$	UNK, Serpukhov/USSR	1995	p-Speicherring
$1000 + 1000$	CLIC-CERN, Genf/Schweiz	offen	e^+e^--Linear Collider
$8000 + 8000$	LHC-CERN, Genf/Schweiz	1995?	pp-Speicherringe
$100 + 8000$			mit ep Option
2×20000	SSC, offen/USA	1996?	pp-Speicherringe

Abb. 2.7b: Liste der in Vorbereitung befindlichen oder geplanten Beschleuniger und Speicherringe

und macht seine Weiterverwendung unmöglich. Durch dieses Prinzip konnte mit wesentlich geringerem Aufwand die LEP Energie erreicht werden. Allerdings ist die Luminosität vergleichsweise klein, so daß viele Effekte nur am LEP studiert werden können.

Zum Abschluß seien kurz längerfristige Pläne erwähnt [59]. In den Vereinigten Staaten konzentriert man sich weitgehend auf den Bau eines einzigen Superbeschleunigers, des SSC (Superconducting Supercollider) in Waxahachie bei Dallas/Ft.Worth in Texas. Er wird etwa 100 km Durchmesser haben und Protonen an Protonen mit einer Schwerpunktsenergie von 40 TeV streuen. Die Überlegung ist, daß wichtige offene Fragen der schwachen Wechselwirkung wahrscheinlich erst im angestrebten Energiebereich zu entscheiden sind.

Was sind die langfristigen Pläne in Europa [60]? Es gibt zum einen die Möglichkeit, in den LEP-Tunnel zusätzlich einen Proton Collider (large hadron collider, "LHC") zu bauen. Das Projekt wäre wohl vergleichsweise kostengünstig, aber man würde mit etwa 16 TeV die Energie des SSC nicht erreichen. Als alternatives Projekt wird diskutiert, einen riesigen e^+e^- Collider (CERN linear Collider, "CLIC") nach der in Stanford entwickelten Methode zu bauen. Mit einer langen Beschleunigungsstrecke ist dabei an eine Strahlenergie von 1 TeV gedacht.

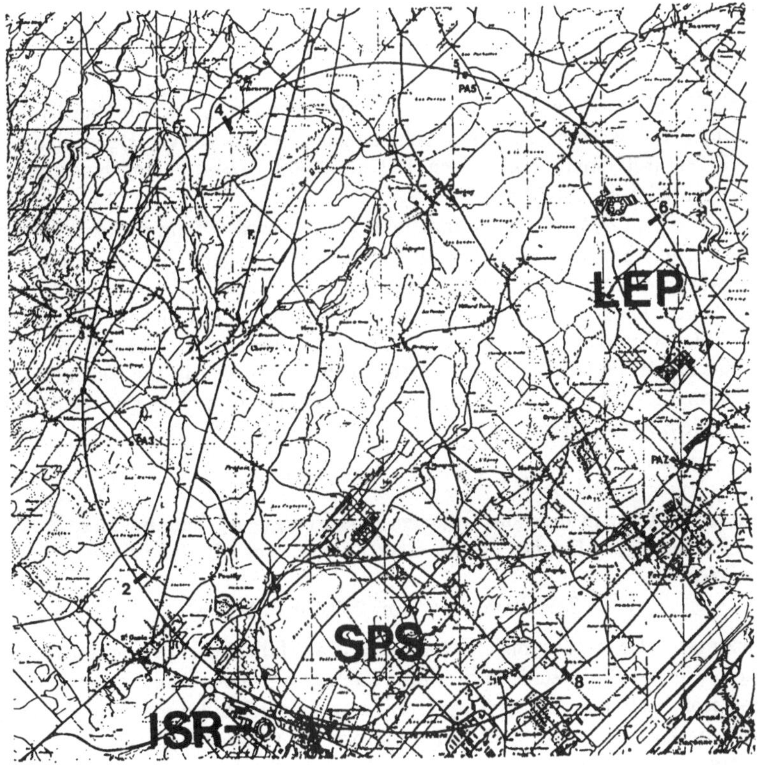

Abb. 2.8 :   Der Speicherring LEP (= Large Elektron Positron Collider) am CERN bei Genf
[Abbildung CERN, Genf]

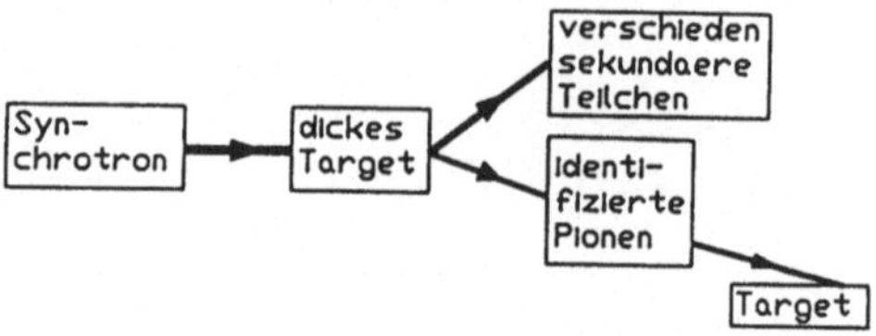

Abb. 2.9 :   Das Schema eines Experiments mit Sekundärstrahl

2.1.3 Pion-Nukleon-Streuung

Wichtig für die Entdeckung vieler hadronischer Resonanzen war die Pion-Nukleon-Streuung. Da es keine Pionen-Beschleuniger gibt, ist sie ein Beispiel für ein Experiment mit einem *sekundären* Teilchenstrahl. Das Schema eines solchen Experiments ist in Abb. 2.9 skizziert.

Ein aus einem Synchrotron kommendes Proton wird auf ein dickes Target gerichtet, in dem Streuvorgänge "Sekundärteilchen" erzeugen, die im wesentlichen in Vorwärtsrichtung fliegen. Sie bestehen zum größten Teil aus Protonen und Pionen und haben eine kleine Beimischung von anderen Teilchen. Hinter dem Target identifiziert oder separiert man die Teilchen dieses "Sekundärstrahls". Dies macht für Pionen im Prinzip keine Schwierigkeiten, da die Teilchen einen relativ langen Weg zurücklegen können. Die Lebensdauer eines geladenen Pions ist in seinem Ruhesystem

$$\tau_{\pi^\pm} = 2.6 \cdot 10^{-8}\,\text{s} = 7.8\,\text{m}/c\,. \tag{2.9}$$

In einem System, in dem das Teilchen eine Energie E_L hat, ist diese Zeit um einen Faktor E_L/m länger. Pionen einer Energie von z.B. 2 GeV können damit einen Weg von

$$\text{Zerfallsweg} = 7.8\,\text{m} \cdot 2/0.138 = 110\,\text{m} \tag{2.10}$$

zurücklegen. Der so identifizierte Sekundärstrahl fällt auf ein geeignetes zweites Target. Für die Pion-Nukleon-Streuung kann es aus einer Schicht aus flüssigem Wasserstoff bestehen. Dieses Target muß nun ausreichend dünn sein, damit der Anteil von komplizierten Mehrfachstreuprozessen vernachlässigbar bleibt. Nach der Streuung müssen die gestreuten Teilchen beobachtet werden. Die Unterscheidung von Protonen und Pionen ist — im Falle der Resonanzphysik — bei den benötigten, relativ kleinen Energien mit geeigneten Detektoren möglich, da das Proton mit seiner etwas kleineren Geschwindigkeit entlang seiner Spur etwas mehr Ionisation verursacht. Bei höheren Energien können Magnete zur Separation benutzt werden, falls ausreichend lange Wegstrecken zur Verfügung stehen.

Der mit einem solchen Experiment erhaltene totale Wirkungsquerschnitt ist in Abb. 2.10 für $p\pi^+$ und $p\pi^-$ zu sehen [50]. Bei niederen Energien bis zu 3 GeV gibt es eine Vielzahl von resonanzartigen Buckeln, die nach höheren Energien dann allmählich in eine glatte, leicht abfallende Kurve übergehen. In beiden Prozessen

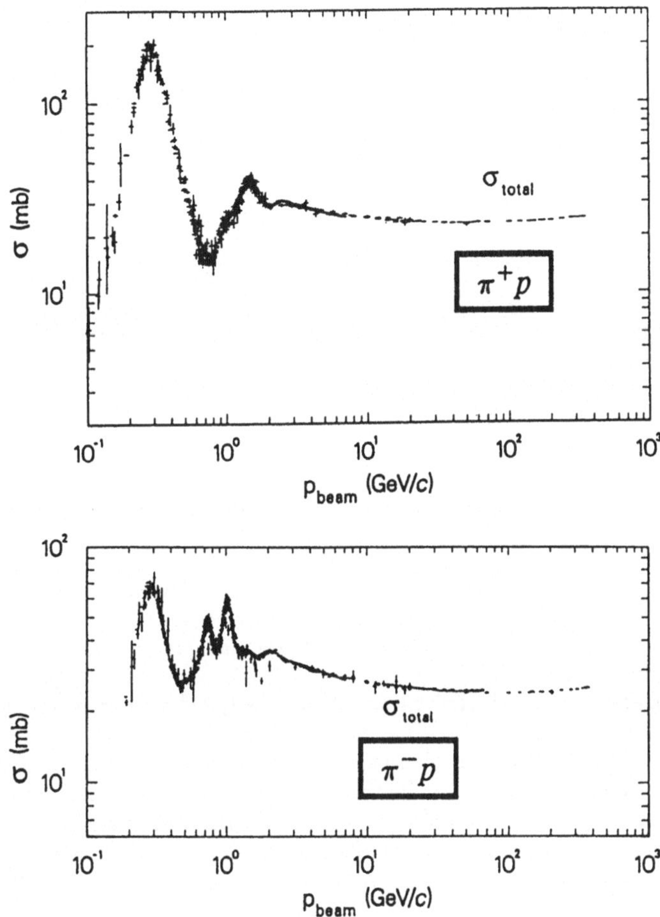

Abb. 2.10: Der totale Wirkungsquerschnitt für $p\pi^+$ und $p\pi^-$ [aus M. Aguilar-Benitez et al. [50]]

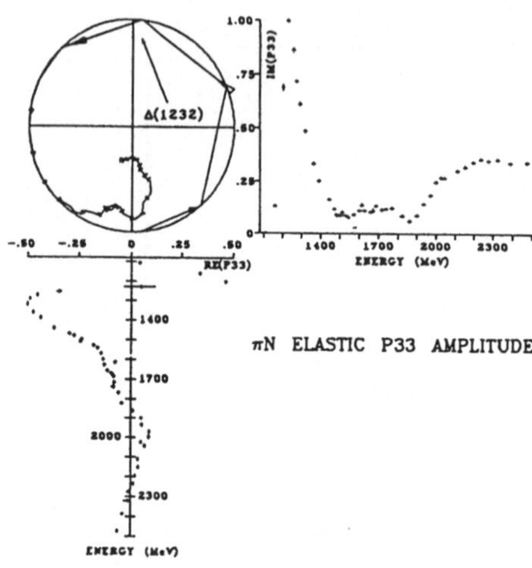

Abb. 2.11:   Die zum Drehimpuls 3/2 gehörende Partialwellenamplitude im Argand-Diagram
[aus M. Aguilar-Benitez et al. [50]]

findet man ein sehr ausgeprägtes Maximum bei einer Schwerpunktsenergie von
1.232 GeV, die auf die Existenz einer in beiden Prozessen auftretenden Resonanz
zurückzuführen ist. Es handelt sich um die Δ-Resonanz, die mit den Ladungen
-1 , 0 , +1 und +2 auftritt.

Von der Diskussion im Abschnitt 1.5.1 erwarten wir, daß die Resonanzstruktur
in den entsprechenden Partialwellenamplituden besonders deutlich ist. Als Beispiel zeigt Abb. 2.11 die zum Drehimpuls 3/2 gehörende Partialwellenamplitude
der π^+p-Streuung, und zwar den Beitrag mit positiver Parität. Die Rolle der
Parität für Hadronen wird später besprochen. In einem "elastischen" Energiebereich durchläuft die Partialwellenamplitude, wie erwartet, den Einheitskreis.
Die Streuphase $\delta_l=\pi/2$ wird bei einer Resonanzenergie von

$$E_R = 1.232\,\text{GeV}$$

erreicht, was die Masse der zugehörigen Resonanz ("Δ^{++}") festlegt. Unten links
wird der Kreis verlassen, es öffnen sich inelastische Kanäle, so daß ein Teil der
Amplitude absorbiert wird. Mit entsprechend reduziertem Radius gibt es jetzt
eine zweite Kreisstruktur, die bei einer Energie von

$$E_R = 2.2\,\text{GeV}$$

den Wert $\pi/2$ erreicht.

Natürlich kann eine solche Analyse nicht nur in elastischen (oder anderen Zwei-
Körper-) Prozessen durchgeführt werden. Man kann in inelastischen Prozessen

die Massenverteilung beliebiger Subsysteme von Endzustandsteilchen auf Resonanzverhalten untersuchen, und man hat daher Zugang zu vielen Kanälen, in denen man Resonanzen suchen kann.

2.1.4 Hadronische Resonanzen

Im letzten Abschnitt hatten wir gesehen, daß es im Prinzip meist relativ leicht ist, Resonanzen zu finden. Wie unterscheiden sich solche Resonanzen von Elementarteilchen? Da es sich bei Elementarteilchen nicht wirklich um elementare Teilchen handelt, kann diese Frage nicht aus grundsätzlichen Überlegungen beantwortet werden. Teilchen und Resonanzen sind beide Bindungszustände aus den Grundbausteinen der Hadronen, d.h. aus Quarks; die einzige Unterscheidungsmöglichkeit liegt in der verschiedenen Stabilität. Eine Forderung nach absoluter Stabilität macht wenig Sinn, da nach manchen theoretischen Vorstellungen sogar das Proton nicht stabil sein soll. Die Unterscheidung von Teilchen und Resonanzen ist daher etwas willkürlich; man muß sich entscheiden, welchen Grad an Stabilität man erfüllt haben möchte.

Auf dem Wege nach einer vernünftigen Einteilung klassifizieren wir die Zerfälle der Teilchen bzw. Resonanzen. Für eine Resonanz sollte der Zerfall direkt etwas mit einer zu geringen Bindung zu tun haben, was offensichtlich oft nicht der Fall ist. Betrachten wir dazu das Neutron. Das Neutron besteht aus zwei d-Quarks und einem u-Quark, die mit einer verallgemeinerten Ladung, der sogenannten "Farbladung" aneinander gebunden sind. Seine Bindung ist völlig identisch zur Bindung der Quarks in einem Proton. Seine Instabilität hat ihren Ursprung darin, daß eines seiner Quarks, ein d-Quark, nach vergleichsweise langer Zeit durch eine sogenannte schwache Wechselwirkung in das leichtere u-Quark und zwei leptonische Teilchen ($d \to u + e^- + \bar{\nu}_e$) zerfällt. Der Übergang hat nichts mit der Bindung zwischen Quarks zu tun.

Üblicherweise unterscheidet man zwischen drei Typen von Zerfällen, den *schwachen*, den *elektromagnetischen* und den *starken* Zerfällen, je nachdem, ob eine schwache, elektromagnetische oder starke (hadronische) Wechselwirkung involviert ist[11]. Da die Zerfallszeit dabei in der Regel jeweils recht unterschiedliche Werte von

$> 10^{-12}$ s	für die schwachen,
$10^{-12} - 10^{-20}$ s	für die elektromagnetischen und
$< 10^{-20}$ s	für die starken Wechselwirkungen

annimmt, gibt es in der Regel eine dominante Zerfallsart.

Da die ersten beiden Zerfallsarten nichts mit der Struktur der Bindung zu tun haben, klassifiziert man nur die dominant hadronisch zerfallenden Objekte

---

[11]Die Gravitationswechselwirkung spielt für Zerfälle von Elementarteilchen keine Rolle.

als Resonanzen. Diese Einteilung ist anders als in der Kernphysik; eine Unterscheidung zwischen "virtuellen Zuständen" und Resonanzen ist in der Teilchenphysik nicht üblich.

Hadronische Teilchen und Resonanzen haben eine sehr ähnliche Struktur, wie man es in etwa aus einer Potentialtheorie erwarten würde. Resonanzen treten immer parallel zu stabilen Teilchen auf, und die Teilchenmassen passen als "nullte" Anregung gut in die Systematik der Resonanzmassen.

Die Beziehung zwischen stabilen Zuständen und Resonanzen der Potentialtheorie ist allerdings logisch nicht ohne weiteres anwendbar, da die Teilchen-Bindungszustände aus dem *Potential zwischen Quarks* hervorgehen, während Streuamplituden mit ihren Resonanzen von der *Wechselwirkung zwischen Teilchen* bestimmt werden.

Die Lösung dieses "logischen" Problems hat mit einem neuen Phänomen zu tun. Wir sind zu einer neuen Energieskala vorgedrungen, und die Bindungsenergie ist jetzt vergleichbar mit der Masse der gebundenen Objekte, d.h. der Quarks. Dadurch werden neue Prozesse möglich. Ein Quark-Antiquark-Paar mit geringer Relativgeschwindigkeit kann sich vernichten und in zusätzliche Bindungsenergie verwandeln; umgekehrt kann ein Quark-Antiquark-Paar produziert werden, wenn dadurch ein Zustand mit niedriger Bindungsenergie erreicht wird.

Für das Auftreten einer Resonanz ist es nicht notwendig, daß die beiden streuenden Teilchen selbst einen Bindungszustand bilden. Erforderlich ist nur ein Übergang in einen resonanten Zustand. Eine Resonanz in der Teilchenstreuung wird daher wie folgt zustande kommen.

In erster Näherung bestehen Nukleonen aus drei Quarks und Pionen aus einem Quark und einem Antiquark. Die verschiedenen Ladungszustände des Nukleons und des Pions kommen durch eine verschiedene Mischung von positiv und negativ geladenen Quarks bzw. Antiquarks zustande. Vergleicht man die Wirkungsquerschnitte der verschiedenen Ladungszustände und analysiert man die Abhängigkeit von der Quarkart, findet man zwei Komponenten zur Streuamplitude. Ein Beitrag hängt fast nicht von der Quark-Komposition der streuenden Hadronen ab, ein anderer Beitrag hängt von der Zahl der Annihilationsmöglichkeiten eines Quarks des einen einfallenden Teilchens mit einem Antiquark des anderen Teilchens ab. Nur passende Quark-Antiquark-Paare können sich annihilieren. Für die ladungsunabhängige Komponente spricht man von einem nichtresonanten Hintergrund (*"non-resonant background"*) und für die ladungsabhängige Komponente vom *Resonanzbeitrag* zur Streuung. Für den Augenblick interessiert uns der Resonanzbeitrag. Der "non-resonant background" wird uns bei höheren Energien (im Abschnitt 2.2.2) als Pomeron-Beitrag wieder begegnen.

Der Ablauf der Resonanzstreuung muß etwa folgendermaßen (Abb. 2.12) aussehen: Beide einfallenden Teilchen haben eine Komponente, in der eines ihrer Quarks bzw. Antiquarks fast keinen Impuls trägt. Sobald sich die Streuteilchen näherkommen, kann sich dieses langsame [12] Quark-Antiquark-Paar annihilieren,

---

[12]Langsam heißt dabei, daß bei der Annihilation keine Impulsüberträge (auf Gluonen) auf-

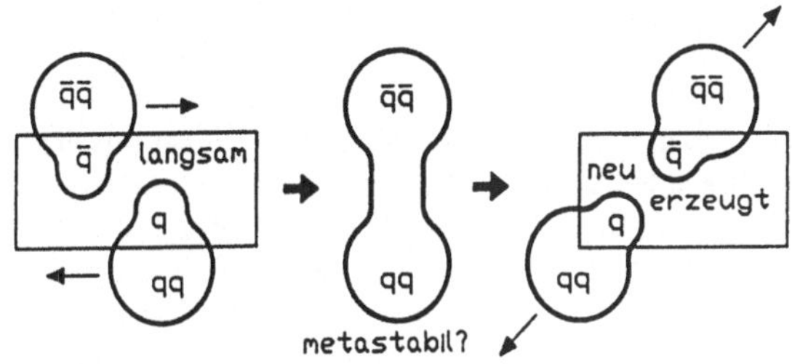

Abb. 2.12:   Partonresonanzen in hadronischen Streuvorgängen

ohne daß die übrigen Quarks, die die Impulse der beiden einlaufenden Teilchen tragen, beeinflußt werden. Die eigentliche Streuung erfolgt dann zwischen diesen restlichen Quarks in genau derselben Art von Farbladungspotential, das auch für die Bindungszustände zwischen Quarks verantwortlich ist. Man nimmt an, daß das wirkliche Potential zwischen Quarks mit wachsendem Abstand rasch und kontinuierlich ansteigt. Dabei könnte im Prinzip beliebig viel potentielle Energie angesammelt werden. Das tatsächlich beobachtete, effektive Potential wird nach einem gewissen Abstand abbrechen, da dann ein neues Quark-Antiquark-Paar erzeugt wird, das dafür sorgt, daß die beiden auseinanderlaufenden Quark-Gruppen nicht mehr zusammengehalten werden. Daß ein neu entstandenes Quark-Antiquark-Paar dies kann, hängt mit der besonderen Struktur der Wechselwirkung zwischen Quarks zusammen.

Vereinfachend kann das entstandene Bild in der folgenden Weise zusammengefaßt werden: Relativ impulslose Quark- oder Antiquark-Paare können je nach Bedarf vernichtet und erzeugt werden. Je nach Abstand und nach relevanter Längenskala handelt es sich bei den eigentlich streuenden Objekten um Teilchen oder Quarks.

Man beobachtet in Streuprozessen deutliche Resonanzstrukturen bis zu relativ hohen Anregungsenergien. In einer Potentialtheorie bräuchte man daher eine relativ hohe zu durchtunnelnde Schwelle. Wie erklärt sich der Schwelleneffekt, der für die relativ hohe Zahl von Resonanzen erforderlich ist? Das produzierte Quark-Antiquark-Paar ist nicht masselos. Es erfordert damit eine gewisse Mindestenergie, ein solches Quark-Antiquark-Paar zu erzeugen. Für das effektive Potential erwartet man daher eine Schwelle in der Größenordnung der Quarkmassen.

Die Dynamik der Quarks wird durch die QCD (Quantenchromodynamik) beschrieben, die wir später in der "Physik der Leptonen und Partonen" kennenlernen werden. Da die QCD in Prozessen hadronischer Längenskalen mit den bisher bekannten Methoden keine Berechnungen erlaubt, ist dies nicht sehr hilfreich. Man muß mit einfachen phänomenologischen Bildern Vorstellungen entwickeln,

---

treten, die zu einer besonderen dynamischen Struktur führen. Ein Beispiel für eine solche dynamische Struktur wird in Abschnitt 3.2.3 besprochen.

von denen man annimmt, daß sie die wesentlichen dynamischen Eigenschaften wiedergeben.

In einem Gummibandmodell [63], in dem die potentielle Energie linear mit dem Abstand eines jeweils wechselwirkenden Quark-Antiquark-Paares (oder entsprechenden Quark-Gruppen-Paares) wächst, kann man genauer betrachten, wie die Produktion eines neuen Quark-Antiquark-Paares das Feldlinienband "zerreißen" kann. Da am Produktionspunkt keine Energie für die Produktion des Quark-Antiquark-Paares zur Verfügung steht, ist der Quark-Antiquark-Zustand zunächst virtuell. Der Weg vom Erzeugungspunkt des Paares bis zu dem Abstand, an dem die aufgesammelte potentielle Energie der Masse des Quark-Antiquark-Paares entspricht und der Zustand wieder reell wird, muß durchtunnelt werden; der zugehörige Gamow-Faktor ergibt die effektive Größe der Schwelle.

Dieses einfache Modell bietet natürlich kein quantitativ verläßliches Bild des Streuvorgangs. Zumindest die leichten Quarks bewegen sich in Hadronen mit relativistischen Geschwindigkeiten. Das Gummibandmodell und jedwedes Modell der nichtrelativistischen Potentialtheorie ist damit nicht wirklich anwendbar, um z.B. die exakte Position von Resonanzen zu berechnen, erreicht wird lediglich ein qualitatives Verständnis.

2.1.5 Flavor-Quantenzahlen

Nachdem Methoden vorgestellt wurden, mit denen man Hadronen erzeugen kann und nachdem der Zusammenhang zwischen Teilchen und Resonanzen erläutert wurde, wenden wir uns jetzt der Klassifikation der Hadronen zu. Die beobachteten Hadronen werden durch ihre Quantenzahlen beschrieben. Diese Quantenzahlen können entweder den *Quark-Inhalt* oder die *Art des Bindungszustands* eines Hadrons spezifizieren. Beginnen wir mit der Diskussion der Quantenzahlen der ersten Art, der sogenannten Flavor-Quantenzahlen ("Quarkinhaltsquantenzahlen").

Offensichtlich müssen wir uns dazu zunächst mit einer Systematik der Quarks befassen. Die Quarks lassen sich wie in Tabelle 2.1 zusammenstellen. Es gibt sechs verschiedene Quarks und es existieren, da Quarks mit ihrem halbzahligen Spin Fermionen sind, die der Dirac-Gleichung genügen, jeweils die entsprechenden Antiquarks mit entgegengesetzten Ladungen. Jedes dieser Quarks kommt in drei identischen Versionen vor, die sich durch ihre Farbladung ("Farb-Quantenzahl") unterscheiden. Die grundlegende Struktur ist ein Dublett eines $(-1/3)$-zahlig geladenen d-Quarks und eines $(2/3)$-zahlig geladenen u-Quarks. Sie wiederholt sich in einer zweiten Generation als s- und c-Quark-Dublett und in einer dritten Generation als b- und, wenn es erwartungsgemäß entdeckt wird[13],

---

[13] Wegen seiner hohen Masse konnte das *top-Quark* noch nicht etabliert werden. Seine Existenz ist theoretisch aus Symmetrie- und Konsistenzgründen zu erwarten. Es existieren keine verläßlichen Vorhersagen über seine Masse, und man muß wahrscheinlich einfach noch etwas Geduld haben, bis neue Beschleuniger höhere Energien erreichen.

Tabelle 2.1: Liste der Quarks

	1. Generation	2. Generation	3. Generation
$Q = +\frac{2}{3}$	u (up)	c (charmed)	t (top / truth)
$Q = -\frac{1}{3}$	d (down)	s (strange)	b (bottom/beauty)
Spin $= \frac{1}{2} \to$ Quarks sind Fermionen $\to \, \exists$ Antiquarks analog			
Farbe $=$ blau, gelb *oder* rot			

t-Quark-Dublett. Wir werden später sehen, daß es in jeder Generation ein jeweils entsprechendes Leptonenpaar gibt und daß, wenn man von den unterschiedlichen Massen absieht, die Generationen unter allen bekannten Wechselwirkungen wie identische Kopien erscheinen. Die Quarks verschiedener Generationen unterscheiden sich nur durch ihre Massen. Von Generation zu Generation nimmt die Masse rasch zu.

Für die Klassifikation der Hadronen kommt es natürlich auch auf die Anordnung der unterschiedlichen Quarks an. Betrachten wir zunächst die ersten beiden Quarks und vernachlässigen deren Massenunterschied. Wir werden später sehen, daß dies eine vernünftige Approximation ist.

In der klassischen Physik hätte man dann die Möglichkeit, die u- und die d-Quarks beliebig auf die vorhandenen Zustände zu verteilen. Unter Umständen hat man einen symmetrischen Zustand unter einer Vertauschung zweier Besetzungsmöglichkeiten. Die Gruppenstruktur der Symmetrie einer solchen Vertauschung zwischen u und d heißt in der Mathematik die Symmetrische Gruppe S_2.

In der Quantenmechanik gibt es zwei neue Effekte. Zum einen gibt es, da man Wellenfunktionen betrachtet, die ihr Vorzeichen ändern können, natürlich die Möglichkeit einer Antisymmetrie, d.h. einer Symmetrie bis auf ein Vorzeichenwechsel der Wellenfunktion. Die zweite Neuerung besteht darin, daß verschiedene Anordnungen gleichzeitig, jeweils mit einer beliebigen Wahrscheinlichkeit auftreten können. Verschiedene Quarks können jetzt in verschiedenen Zuständen symmetrisch, antisymmetrisch oder, im Prinzip, sonstwie angeordnet sein. Aus der diskreten wird eine kontinuierliche Struktur.

Betrachten wir dies etwas ausführlicher. Vergißt man einen Augenblick die Normierung und erlaubt für jeden Anteil einen beliebigen Koeffizienten, sind die Transformationen der beiden Zustände komplexe (2×2)-Matrizen. Anstelle der diskreten S_2-Vertauschung hat man eine von der S_2 aufgespannte "komplexe

Algebra" dieser Matrizen. Die offensichtlich notwendige Normierung der Wellenfunktionen bringt uns zurück zu einer Gruppenstruktur und zwar zur U(2) [64], die die Transformationen von normierten Matrizen beschreibt. Bloße Phasenänderungen wie $e^{i\cdot\phi}$ waren schon vorher da (d.h. bei Einführung der Quantenmechanik), und sie haben daher offensichtlich nichts mit der Struktur unter Vertauschung von u- und d-Quarks zu tun. Neu sind daher nur die Übergänge, die durch eine Matrix mit der Determinante des Wertes +1 beschrieben werden können, die die Phase nicht ändern. Die Gruppe dieser Übergänge wird als SU(2) bezeichnet. Da die SU(2) durch verallgemeinerte Drehwinkel kontinuierlich zu parametrisieren ist, spricht man von einer Lie-Gruppe.

Die SU(2)-Gruppe ist, wenn man von der Spiegelungstransformation absieht, identisch mit der Drehgruppe, d.h. der sogenannten O(3)-Gruppe, und die Situation ist damit analog zum Spin. Dies hat zum Begriff des *Isospins* geführt. Anstatt die Symmetrie bei der Belegung der Zustände mit u- und d-Flavors zu spezifizieren, kann man den Isospin angeben. Ein Vorteil dieser Beschreibung mit Isospins ist, daß man dann die Übergänge von z.B. zwei Isospinzuständen in einen dritten wie beim Spin einfach mit tabellierten *Clebsch-Gordan*-Koeffizienten berechnen kann, ohne explizite Symmetriebetrachtungen durchzuführen.[14]

Das Proton und das Neutron haben, wie wir später sehen werden, einen gemischten Symmetriezustand, der einem Isospin 1/2 entspricht. Die dritte Komponente des Isospins, I_z, entspricht in Quark-Zuständen der Differenz der Zahl der u- und d-Quarks. Für das Proton und Neutron ist diese Komponente daher gerade $\pm 1/2$, d.h. sie haben bezüglich der Isospins dieselben Werte wie das u- und das d-Quark . Der Isospin der u- und d-Quark-Symmetrie aus der Teilchenphysik ist damit identisch zu dem Isospin der Kernphysik, der auf der Proton-Neutron-Vertauschungsstruktur aufgebaut war.

Die Erweiterung auf drei Flavors führt zu SU(3). Da das entsprechende dritte ("strange"-) Quark etwas schwerer als das u- und d-Quark ist, ist die Symmetrie nur noch approximativ gültig. Rechnungen in der SU(3) können analog zum Isospin mit erweiterten Clebsch-Gordan-Tabellen erfolgen.

Wir haben hier die Symmetriegruppe in den Vordergrund gestellt, da in hadronischen Bindungen und Streuungen das gerade oder ungerade Verhalten unter Permutation der fundamentale Effekt ist und die SU(2) bzw. SU(3) keine grundlegende Bedeutung hat. Eine dynamisch relevante SU(2), die jeweils besondere Spinzustände von Teilchen der einzelnen Generationen verbindet, wird später in der Physik der Schwachen Bosonen eine fundamentale Rolle spielen. Dieser sogenannte "schwache Isospin" hat mit dem hier betrachteten Isospin nichts zu tun.

Der Quark-Inhalt der Hadronen wird durch geeignetes Abzählen ihrer Quarks

---

[14] Wie wir in Abschnitt 1.2.4 gesehen hatten, kann man diese Analogie auch umgekehrt verwenden. Man kann einen Eigenzustand, der einen beliebigen Spin und eine beliebige z-Komponente des Spins hat, aus einer Kombination von Spin-$\frac{1}{2}$ Spinoren aufbauen, die mit geeigneter Symmetrie parallel oder antiparallel zur z-Achse gerichtet sind. Diese Methode ist für praktische Rechnungen mit höheren Spins nicht empfehlenswert.

Tabelle 2.2:   Liste der Flavor-Quantenzahlen (# = Anzahl)

"Down − ness"	= D	=	$\#(\bar{d}) - \#(d)$
"Up − ness"	= U	=	$\#(u) - \#(\bar{u})$
Strangeness	= S	=	$\#(\bar{s}) - \#(s)$
Charm	= C	=	$\#(c) - \#(\bar{c})$
Bottom− Quantenzahl (auch Beauty)	= B^*	=	$\#(\bar{b}) - \#(b)$
Top Quantenzahl (auch Truth)	= T	=	$\#(t) - \#(\bar{t})$

erhalten. Dabei gibt es allerdings eine Komplikation. Besonders für die leichten Quarks der ersten Generation sind die Quark-Massen mit Bindungsenergien vergleichbar. Als Konsequenz können in kurzzeitigen Fluktuationen Quark-Antiquark-Paare erzeugt und vernichtet werden. Solche kurzzeitig existierenden Quarks werden *See-Quarks* genannt, zum Unterschied zu den Valenz-Quarks, welche die Flavor-Quantenzahlen bestimmen. Die Zahl der Quarks in Hadronen ist damit nicht konstant. Offensichtlich können Teilchen nicht durch Quantenzahlen charakterisiert werden, die von solchen Fluktuationen abhängig sind. Für *erhaltene Quantenzahlen* müssen daher Quark und Antiquark ein entgegengesetztes Vorzeichen haben. Je nach betrachteter Quark-Art gibt es somit die Möglichkeiten der Tabelle 2.2. Da Baryonen drei Quarks enthalten, nennt man ein Drittel der Zahl der Quarks minus der Antiquarks Baryonenzahl:

$$\text{Baryonenzahl} = B = \tfrac{1}{3} \cdot [\,\#(\text{Quarks}) - \#(\text{Antiquarks})\,]$$

Baryonen haben damit die Baryonenzahl 1 bzw. −1, Mesonen haben $B = 0$. Die Vorzeichen der Quantenzahlen sind gemäß des Vorzeichens ihrer Ladung gewählt, so daß

$$Q = \frac{B}{2} + \frac{D + U + S + C + B^* + T}{2} \tag{2.11}$$

geschrieben werden kann. Diese Relation läßt sich für die einzelnen Quarks leicht nachrechnen. Man hat

$$Q(\text{Quark}) = \frac{1}{6} + \frac{1}{2} \cdot 1 \,(\text{bzw.} - 1) = \frac{2}{3} \,(\text{bzw.} - \frac{1}{3})\,. \tag{2.12}$$

Die in Anführungszeichen gesetzten Flavor-Quantenzahlen entsprechen nicht den üblichen Bezeichnungen. Die Summe der Quantenzahlen D und U, die den Überschuß der u- gegenüber den d-Quarks angibt, entspricht in der äquivalenten SU(2)-Beschreibung gerade der dritten Komponente des Isospins, d.h. dem "Gesamtisospin in u-Richtung"

$$I_3 = U - (-D) \, . \tag{2.13}$$

Die entsprechend geänderte Relation für die Ladung

$$Q = I_3 + (B + S + C + B^* + T)/2 \tag{2.14}$$

heißt *verallgemeinerte Gell-Mann-Nishijima*-Relation.

Betrachten wir die Massen der Quarks etwas genauer. Ein Problem dabei ist, daß Quarks nur in gebundenen Zuständen auftreten. Man nimmt an, daß, da das Bindungspotential von Quarks mit wachsendem Abstand beliebig groß wird, wirklich "freie" Quarks durch die potentielle Energie eine unendliche Masse haben würden und daß auch bei in Hadronen gebundenen Quarks ein signifikanter Anteil der Masse durch die Bindung zustande kommt. Die Feldquanten, d.h. die "Photonen" der QCD, sind die Gluonen. Die Bindungsmasse muß daher in einer umgebenden Gluonen- und See-Quark-Wolke stecken. Um zu einer sinnvollen Definition zu kommen, muß man genau festlegen, wieviel von dieser Wolke mitzuzählen ist.

Hadronen enthalten wenige minimal benötigte Quarks, die in den Flavor-Quantenzahl-Differenzen übrigbleiben. Diese für die Quantenzahlen relevanten Bestandteile heißen *Valenz-Quarks*. Eine Möglichkeit, zu einer brauchbaren Massendefinition für diese Valenz-Quarks zu kommen, ist, die Massen geeigneter, nicht angeregter Hadronen einfach auf ihre Valenz-Quarks aufzuteilen, d.h. z.B. zu schreiben

$$m_q^{\text{Constituent}} = \frac{1}{3} \, m_{\text{Proton}} \approx \frac{1}{2} \, m_\rho \, .$$

Die so erhaltenen Werte heißen dann *Constituent-Quark-Massen*. Sie sind mit einer gewissen Genauigkeit sinnvoll. Sie haben in etwa die folgenden Werte [50,55]:

$m_u = 0.35\,\text{GeV}$	$m_s = 0.55\,\text{GeV}$	$m_b = 4.50\,\text{GeV}$
$m_d = 0.35\,\text{GeV}$	$m_c = 1.80\,\text{GeV}$	$m_t > 35\,\text{GeV}$

Für die leichten Quarks kann man in guter Näherung die eigentlichen Quarkmassen vernachlässigen. Die Masse der Hadronen (wie des ρ-Mesons oder des Protons) und damit die Masse des Constituent-Quarks wird im wesentlichen durch die QCD-Bindung verursacht. In theoretischen Überlegungen zu fundamentalen Theorien spielen Massen, die zunächst nicht in der Theorie vorkommen und nur durch die Dynamik "erzeugt" werden, eine wichtige Rolle. Es besteht die Hypothese, daß, wenn in Theorien von masselosen Teilchen (wie in einer

QCD mit masselosen Quarks) irgendwie massive (Bindungs-) Zustände entstehen, gleichzeitig immer einige masselose Teilchen, die sogenannten *Goldstone-Teilchen*, auftreten müssen. Da die Massen der leichten Quarks klein sind, sollte sich das Bild in einer realistischen Theorie mit nicht verschwindenden Quarkmassen nicht drastisch ändern. Man nimmt an, daß in der QCD die Pionen die Rolle der masselosen Teilchen übernehmen. Die Pion-Masse wird keinen Beitrag aus der QCD-Bindung erhalten und mit unbekannten Korrekturen muß sie daher größenordnungsmäßig der Summe der "wirklichen" Quark-Massen, den sogenannten *Current-Quark-Massen*, entsprechen.

2.1.6 Quantenzahlen diskreter Symmetrien

Wenden wir uns jetzt den Quantenzahlen zu, die den Bindungszustand spezifizieren [66]. Wie Sie aus der Mechanik wissen, entsprechen Erhaltungsgrößen Symmetrien der zugrundeliegenden dynamischen Theorie. Dies gilt auch in der Quantenmechanik und der Quantenfeldtheorie. Kommutiert ein Operator mit dem Hamilton-Operator, entspricht sein Erwartungswert einer erhaltenen Quantenzahl. Durch die experimentelle Beobachtung, ob Quantenzahlen erhalten oder gebrochen sind, hat man umgekehrt Zugang zu Eigenschaften der zugrundeliegenden Theorie, ohne tatsächliche Rechnungen machen zu müssen. Beinahe erhaltene Quantenzahlen müssen beinahe exakten Symmetrien entsprechen.

Die Translationsinvarianz der Theorie (in Raum und Zeit) führt zur Energie-Impuls-Erhaltung und die Rotationsinvarianz zur Erhaltung des Drehimpulses. Nützlich für eine weitergehende Klassifikation von Teilchen sind die mit *diskreten Transformationen* verbundenen Quantenzahlen. Ein Beispiel für eine diskrete Transformation ist die Raumspiegelung.

Parität

Der Rauminversions- oder Paritäts-Operator spiegelt die Wellenfunktion am Ursprung:

$$\bar{P}\psi(\boldsymbol{r},t) := \psi(-\boldsymbol{r},t) \ . \tag{2.15}$$

Im allgemeinen haben die Wellenfunktionen zwei Anteile: Die symmetrischen Anteile der Wellenfunktion sind invariant unter der Transformation, die antisymmetrischen Anteile ändern ihr Vorzeichen. Entsprechend ihrem Symmetrieverhalten spricht man von positiver oder negativer Parität.

In starken und elektromagnetischen Wechselwirkungen ist die Parität eines Zustandes eine erhaltene Quantenzahl, was auf die entsprechenden Eigenschaften der Quantenchromodynamik bzw. der Quantenelektrodynamik zurückzuführen ist. Sie ist nicht erhalten für schwache Wechselwirkungen, die, abgesehen von Zerfällen, im betrachteten Energiebereich keine Rolle spielen. Es ist daher möglich, die Parität einzelner Teilchen festzulegen.

Hadronen sind in ihrem Schwerpunkt-System Eigenzustände des Paritätsoperators

$$\bar{P}\psi(\boldsymbol{r},t) = P \cdot \psi(\boldsymbol{r},t) \ , \tag{2.16}$$

mit den Eigenwerten $P = \pm 1$. Die Parität setzt sich aus einem Produkt der inneren Parität der Teilchen und aus der Parität der orbitalen Bewegung zusammen. Betrachten wir als Beispiel ein System aus einem Quark und einem Antiquark. Nach der Zurückführung auf ein Einkörperproblem im Schwerpunktsystem und nach einer Separation des Radialteils sind die Kugelfunktionen

$$Y_{L,M} = \exp(i\,M\,\phi)\,P_L^M(\cos\theta) \tag{2.17}$$

Eigenfunktionen der Paritätstransformation, die für die Polarkoordinaten

$$\phi \to \pi + \phi \quad \text{und} \quad \theta \to \pi - \theta$$

bedeutet. Der Paritätseigenwert $(-1)^M$ des ersten Faktors ist offensichtlich. Der zweite Faktor (ohne Beschränkung $M > 0$),

$$P_L^M(u) = (-1)^{L+M}\frac{(L+M)!}{(L-M)!} \cdot \frac{(1-u^2)^{-\frac{M}{2}}}{2^L \cdot L!} \cdot \frac{d^{L-M}}{du^{L-M}}(1-u^2)^L$$

mit $u = \cos(\theta)$, ist, abgesehen von den Ableitungen, gerade bezüglich der Parität. Die Ableitungen liefern einen Faktor $(-1)^{L-M}$, da $d/dx = -d/d(-x)$. Zusammen mit dem anderen Term verbleibt daher ein Faktor $(-1)^L$ der orbitalen Bewegung.

Was ist die interne Parität von Quarks? Da Quarks einen Spin besitzen, braucht man für sie in einer nichtrelativistischen Situation eine zweikomponentige Schrödinger-Gleichung, in der die Richtung des Teilchenspins durch zweikomponentige Pauli-Spinoren beschrieben wird. In einer relativistischen Theorie muß man Antiteilchen in der Bewegungsgleichung mit berücksichtigen, man braucht eine vier-komponentige Beschreibung. Eine solche Beschreibung liefert, wie gesagt, die Dirac-Gleichung. Die Dirac-Gleichung

$$(i\gamma_0 \frac{\partial}{\partial x_0} - i\gamma_1 \frac{\partial}{\partial x_1} - i\gamma_2 \frac{\partial}{\partial x_2} - i\gamma_3 \frac{\partial}{\partial x_3} - m)\psi = 0 \qquad (2.18)$$

mit ihren (4×4)-Matrizen "γ_μ" werden wir später genauer betrachten. Sie enthält eine Verknüpfung zwischen Raumstruktur und Viererkomponentenstruktur, die bei der Spiegelung berücksichtigt werden muß. Die Terme mit Ortsableitungen ändern ihr Vorzeichen, während die nullte Komponente unverändert bleibt. Wie kann man eine Transformation definieren, die im Lösungsraum der Dirac-Gleichung bleibt? Der Vorzeichenwechsel bei Ortsableitungen unter Spiegelung,

$$(\frac{\partial}{\partial x_0}, \frac{\partial}{\partial x_1}, \frac{\partial}{\partial x_2}, \frac{\partial}{\partial x_3}) \rightarrow (\frac{\partial}{\partial x_0}, -\frac{\partial}{\partial x_1}, -\frac{\partial}{\partial x_2}, -\frac{\partial}{\partial x_3}) ,$$

kann durch die folgende Definition der Paritätstransformation

$$\bar{P}\psi(r, t) := \gamma_0 \psi(-r, t) \qquad (2.19)$$

kompensiert werden. Da γ_0 mit sich selbst kommutiert und mit den anderen γ-Matrizen antikommutiert (d.h. $\gamma_0\gamma_k = -\gamma_k\gamma_0$ für k=1,2,3), entspricht die Dirac-Gleichung des transformierten Zustands gerade γ_0 mal der alten Gleichung, d.h. sie ist nach wie vor erfüllt.

Die Dirac-Matrix γ_0 ist in der folgenden Weise definiert:

$$\gamma_0 = \begin{pmatrix} 1 & 0 & 0 & 0 \\ 0 & 1 & 0 & 0 \\ 0 & 0 & -1 & 0 \\ 0 & 0 & 0 & -1 \end{pmatrix} .$$

Betrachten wir die Dirac-Gleichung im Ruhesystem. Der Operator $i \cdot \partial/\partial x_0$ ergibt den Energieeigenwert. Die Teilchen mit positiven Energien belegen daher je nach Spin die oberen beiden Komponenten, und die Antiteilchen mit formal negativen Energien die unteren beiden Komponenten. Der Eigenwert von γ^0 tritt jeweils als zusätzlicher Faktor in der Paritätstransformation auf und muß als *innere Parität* berücksichtigt werden. Die innere Parität ist *negativ* für Antifermionen und *positiv* für Fermionen.

Betrachten wir dazu den Quark-Antiquark-Bindungszustand der Mesonen. Mit allen Beiträgen zusammen erhalten wir

$$\bar{P}\Psi(\bar{q}q) = \underbrace{(+1) \cdot (-1) \cdot (-1)^L}_{=: P} \Psi(\bar{q}q) , \qquad (2.20)$$

wobei der Parameter L der Gesamtbahndrehimpuls ist. Eine Verallgemeinerung auf Baryonen oder Antibaryonen mit drei Valenz-Quarks ist einfach. Der letzte Faktor bleibt; vorne erhält man einen Faktor $+1$ bzw. -1.

Wie verhalten sich Photonen unter Paritätstransformationen? Betrachten wir zunächst eine besonders einfache Spiegelung quer zur Ausbreitungsrichtung einer quasi-ebenen Welle und verallgemeinern dann das Ergebnis auf eine beliebige Paritätstransformation

$$\bar{P}\left(\boldsymbol{E}\left(\boldsymbol{r},t\right),\boldsymbol{B}\left(\boldsymbol{r},t\right)\right) = \left(-\boldsymbol{E}\left(-\boldsymbol{r},t\right),\boldsymbol{B}\left(-\boldsymbol{r},t\right)\right) \ . \tag{2.21}$$

Aus der relativistischen Elektrodynamik [37] wissen wir, daß

$$E_k = \frac{\partial}{\partial x_k}A_0 - \frac{\partial}{\partial x_0}A_k \quad \text{und} \quad B_k = \sum_{j,i}\epsilon_{kji}\frac{\partial}{\partial x_j}A_i$$

ist.

Wir betrachten die Coulomb-Eichung $A_0 = 0$ und stellen fest, daß das Photonfeld A_k sein Vorzeichen unter Paritätstransformation ändert. Das *Photon* hat damit eine *negative interne Parität*. Das Ergebnis gilt auch für Gluonen und schwache Vektorbosonen, die wir später behandeln werden.

C-Parität

Die zweite Symmetrie, die besprochen werden sollte, ist die C-Parität. Führen wir zunächst den Ladungskonjugationsoperator

$$\bar{C}\Psi(u, d, ...\bar{b}\,\text{oder}\,\bar{t}) = \Psi(\bar{u}, \bar{d}, ...b\,\text{oder}\,t) \tag{2.22}$$

ein, der alle Quarks bzw. Teilchen durch die entsprechenden Antiteilchen ersetzt. Natürlich können nur die ladungsneutralen Teilchen Eigenzustände der C-Parität

$$\bar{C}\Psi = C \cdot \Psi \tag{2.23}$$

sein und einen Eigenwert von $C = \pm 1$ haben.

Für hadronische und elektromagnetische Wechselwirkungen kommutiert der Ladungskonjugationsoperator mit dem Hamiltonoperator, und die C-Parität eines Zustands ist damit wiederum erhalten, wenn schwache Wechselwirkungen vernachlässigt werden können.

Unter Ladungskonjugation kehrt sich das Vorzeichen von elektrischen und magnetischen Feldern um:

$$\bar{C}(\boldsymbol{E},\boldsymbol{B}) = -(\boldsymbol{E},\boldsymbol{B}) \ . \tag{2.24}$$

Dasselbe gilt damit auch für das von solchen Ladungen erzeugte Vektorfeld; die Ladungsparität des Photons ist damit $C_\gamma = -1$. Da die Ladungsparität jeweils als Faktor auftritt, haben Teilchen, die in eine gerade oder ungerade Zahl von Photonen zerfallen, eine gerade oder ungerade Parität.

Für das Beispiel des Quark-Antiquark-Systems verdreht sich die Quark-Antiquark-Natur der beiden Quarks. Man hat also gerade den Zustand, der entstanden wäre, wenn man das Quark und das Antiquark vertauscht hätte. Um zum ursprünglichen Zustand zurückzukommen, müssen wir eine Vertauschung in der Spinwellenfunktion und der Ortswellenfunktion (d.h. das Vorzeichen der reduzierten Koordinate) vornehmen. Dies führt zu folgender C-Parität:

$$\bar{C}\Psi(q\bar{q}) = (-1)^{L+S} \cdot \Psi(q\bar{q}) \, . \qquad (2.25)$$

Der Faktor $(-1)^{L+1}$ von der Parität der Winkelabhängigkeit der Wellenfunktion wurde oben erklärt. Da die C-Parität nicht aus dem Lösungsraum der Dirac-Gleichung führen kann, muß bei der Rücktransformation die innere Parität mit berücksichtigt werden. Der Parameter S beschreibt den Gesamtspin der beiden Quarks, und die Rücktransformation im Spinraum ergibt wie beim Bahndrehimpuls einen Faktor $(-1)^{S+1}$ (d.h. $S = 1$ ist symmetrisch und $S = 0$ ist antisymmetrisch). In Abschnitt 1.2.4 wurde diese Relation für die auftretenden Zustände gezeigt.

Für obige Relationen ist es entscheidend, ob die Quantenzahlen L und S gerade oder ungerade Werte annehmen. Da der Gesamtspin und die Quantenzahlen P und C festliegen, müssen der Bahndrehimpuls und der Spin in besonders einfachen Fällen feste und separat bestimmbare Werte einnehmen.

G-Parität

Die C-Parität ist nur für neutrale Teilchen definiert. Um die Definition auf die anderen, durch Drehungen im Isospin-Raum erreichbaren Mesonen auszudehnen, führt man die G-Parität ein und betrachtet das Verhalten unter Ladungskonjugation und einer entsprechenden Drehung im Isospin-Raum, die die Ladungsänderung kompensiert. Um die Ladung, die der dritten Komponente des Isospins entspricht, umzukehren, kann man z.B. eine halbe Drehung um die y-Achse durchführen. Für die Quarks hat eine solche Rotation die folgende Wirkung:

$$\bar{R}\Psi(u,d,\bar{u},\bar{d}) = \Psi(-d,u,-\bar{d},\bar{u}) \, , \qquad (2.26)$$

wobei das Vorzeichen jeweils für die Wellenfunktionen der einzelnen Quarks gilt. Die Relation kann durch Hinschreiben der entsprechenden Pauli-Spinoren und Matrizen gezeigt werden. Mit der Definition

$$\bar{G} = \bar{C}\bar{R} \qquad (2.27)$$

erhält man dabei die folgende Vertauschungsregel für Quarks:

$$\bar{G}\Psi(u,d,\bar{u},\bar{d}) = \Psi(-\bar{d},\bar{u},-d,u). \qquad (2.28)$$

Betrachten wir zunächst Mesonen ohne Spin und Drehimpuls. Da die Vertauschung von Quarks keine Rolle spielt, handelt es sich um Zustände mit positiver C-Parität. Beginnend mit dem $I = 1$ und $I_z = 1$ Zustand $u\bar{d}$, erhält man durch geeignete Drehungen im Isospin-Raum (jeweils um 90^0) das Triplett der π-Mesonen

$$d\bar{u}, \quad \sqrt{\frac{1}{2}} \cdot (u\bar{u} - d\bar{d}), \quad -u\bar{d} \, . \qquad (2.29)$$

Für den $I = 0$-Zustand verbleibt das dazu orthogonale η -Meson

$$\sqrt{\frac{1}{2}} \cdot (u\bar{u} + d\bar{d})\,, \qquad (2.30)$$

für das eine Rotation im Isospin-Raum ohne Wirkung bleibt.

Wenden wir jetzt unsere G-Paritäts-Transformation an. Einfaches Einsetzen der Permutationsvorschrift ergibt ein negatives Vorzeichen für die π-Mesonen und ein positives Vorzeichen für das η-Meson.

Da bei der Transformation natürlich auch die Position der beiden Quarks vertauscht wird, kommt analog zu der Überlegung bei der C-Parität ein Faktor $(-1)^{L+S}$ hinzu, um diese Vertauschung zu berücksichtigen.

Die G-Parität erlaubt es, da sie als einfacher Faktor auftritt, sehr schnell bestimmte Prozesse auszuschließen. Da Pionen negative G-Parität besitzen, gilt, daß Resonanzen, die in eine gerade bzw. ungerade Zahl von Pionen zerfallen, eine gerade bzw. ungerade G-Parität besitzen.

Zeitumkehr

Um das Kapitel abzuschließen, sei noch die Zeitumkehr T erwähnt. Die starken und die elektromagnetischen Wechselwirkungen sind symmetrisch unter Zeitumkehr. Aus allgemeinen Prinzipien folgt, daß das Produkt CPT für alle Wechselwirkungen eine exakte Symmetrie sein muß. In der Physik der schwachen Vektorbosonen, die bei der betrachteten Resonanz-Physik nur in ganz langsamen, schwachen Prozessen in Erscheinung tritt, sind C und P deutlich (maximal) verletzt, während das Produkt CP und damit T eine beinahe (aber nicht vollständig) eine exakte Symmetrie beschreibt.

2.1.7 Farbstruktur der Hadronen

Für die Frage, welche Teilchen es gibt, ist natürlich die Fermi-Statistik entscheidend. Die Tatsache, daß es im Δ^{++}-Teilchen drei u-Quarks ohne Drehimpuls mit identischen Spins gibt, war dabei zunächst ein offensichtliches Problem. Zu seiner Lösung führte man drei Quark-Farben ein. Da ein Austausch zweier Teilchen eine Vertauschung aller ihrer Eigenschaften bedeutet, ist das Vorzeichen einer solchen Permutation das Produkt der Vorzeichen, die bei der Vertauschung im Ortsraum, im Spinraum und Farbraum auftreten. Eine Asymmetrie im neu eingeführten Farbraum erlaubte daher trotz Symmetrie im Orts- und Spinraum die von der Fermi-Statistik geforderte Antisymmetrie. Für die obigen Betrachtungen zur C- und G-Parität von Mesonen spielte die Farbe keine Rolle, da solche Zustände im Farbraum symmetrisch sind.

Die drei Farben der Quarks sind eine Repräsentation einer SU(3)-Symmetrie, die für die Dynamik der Quark-Bindung eine Rolle spielt. Die Wechselwirkung zwischen Quarks und Gluonen wird durch eine Eichtheorie beschrieben, die in einer definierten Weise auf dieser SU(3)$_{\text{Farbe}}$-Symmetrie aufbaut. Sie heißt Quantenchromodynamik oder QCD; "chromo" steht dabei für Farbe (griechisch:

$\chi\rho\tilde{\omega}\mu\alpha$). Sie hat eine ähnliche Struktur wie die Quantenelektrodynamik (QED). Beide Theorien werden zusammen im Rahmen der Physik der Leptonen und Partonen behandelt.

Es wird allgemein angenommen, daß die QCD zu "Confinement" führt. Confinement oder "Gefangenhaltung" besagt, daß freie Teilchen keine Farbladung tragen können. Zwei farblose Bindungen sind dabei wichtig. Einmal kann in einer "schwarzen" Bindung die Farbe eines Quarks durch die Farbe eines Antiquarks kompensiert werden, d.h.

$$\text{Meson} = \sqrt{\tfrac{1}{3}} \sum_{i=\text{rot, blau, gelb}} q_i \cdot \bar{q}_i \, . \qquad (2.31)$$

Die bekannten Mesonen sind, wenn man von Komplikationen absieht, Bindungszustände dieser Art.

Zum anderen kann es in einer "weißen" Bindung zu einer völlig antisymmetrischen Mischung der Farben kommen, d.h.

$$\text{Baryon} = \sqrt{\tfrac{1}{6}} \cdot \sum_{i,j,k=\text{rot, blau, gelb}} \epsilon_{ijk}\, q_i \cdot q_j \cdot q_k \, , \qquad (2.32)$$

wobei

$$\epsilon_{ijk} = \begin{cases} +1 & \text{für (i,j,k) gerade Permutation von (1,2,3)} \\ -1 & \text{für (i,j,k) ungerade Permutation} \\ 0 & \text{sonst .} \end{cases} \qquad (2.33)$$

Solche Bindungen haben die Baryonenzahl 1 (bzw. -1 für die Antiteilchen). Die bekannten Baryonen sind, wieder abgesehen von Komplikationen, in dieser Weise gebunden.

Es ist wichtig, sich klarzumachen, daß freie Teilchen nicht bloß "farblos" (d.h. keine nicht kompensierte Farbe haben, wie es z.B. für einen einfachen $q_{\text{rot}}\,\bar{q}_{\text{rot}}$-Zustand der Fall wäre) sein müssen, sondern daß sie notwendigerweise bezüglich der SU(3)$_{Farbe}$-Gruppe Singulett-Zustände sind, d.h. Zustände, die sich bei einer Drehung im Farbraum nicht ändern.

Dafür existieren nicht sehr viele Möglichkeiten. Die obigen Möglichkeiten entsprechen den einzigen sicher beobachteten Bindungszuständen. Im Prinzip gibt es noch weitere Möglichkeiten bei höheren Valenz-Quark-Zahlen

$$\text{Baryonium} = \sqrt{\tfrac{1}{12}} \sum_{i,j,k,l,m} q_i \cdot q_j\, \epsilon_{ijk}\, \epsilon_{klm}\, \bar{q}_l \cdot \bar{q}_m \, . \qquad (2.34)$$

Solche Zustände wurden intensiv gesucht und nicht sicher nachgewiesen. Sie sollten eigentlich existieren, aber das Problem scheint zu sein, daß sie sehr schnell in Quark-Antiquark-Mesonen übergehen. Ähnliches gilt für Strukturen ohne Valenz-Quarks, die man manchmal in Fortführung der obigen Notation in der folgenden Weise schreibt:

$$\text{Gluonium} = \sqrt{\tfrac{1}{6}} \sum_{i,j,k} \epsilon_{ijk} \cdot \epsilon_{ijk} \, , \qquad (2.35)$$

und die durch die Produktion von geeigneten Quark-Antiquark-Paaren in Baryonen oder Mesonen zerfallen können. Die allgemeine Bezeichnung für solche Zustände, die nur die Felder enthalten, die für die Bindung verantwortlich sind, ist "glue balls" (Klebstoffkugeln).

Die Situation ist allerdings nicht ganz so einfach, wie es in diesen einfachen Formeln erscheint. Das Problem ist, daß die Feldquanten, die Gluonen selber, Farbladungen tragen, und daß deswegen viel kompliziertere Strukturen möglich sind. Man nimmt an, daß in geeigneten Gruppierungen von Quarks und Gluonen jeweils nur eine Farbe übrigbleibt und daß diese mit Gluonen umhüllten Quarks als eine Art von Constituent-Quark dann in den obigen Relationen in Erscheinung treten.

2.1.8 Mesonen

Wir betrachten zunächst die niedrigsten Anregungen und beginnen mit den Mesonen *ohne Bahndrehimpuls*. Je nachdem, ob die Spins parallel oder antiparallel sind, hat man, wie wir oben gesehen hatten [15], den folgenden *Gesamtdrehimpuls, Parität* und *C-Parität*:

$$J^{PC} = 0^{-+} \text{ bzw. } 1^{--} \,. \tag{2.36}$$

Man spricht von *pseudoskalaren Mesonen* oder von *Vektormesonen.* Das "Pseudo" steht dabei für die "unnatürliche" Parität, wobei die mit spinlosen Konstituenten erreichbare Parität, $P = (-1)^J$ als *"natürlich"* definiert wird.

Die Namen der auf diese Art erhaltenen Mesonen sind in Tabelle 2.3 angegeben [16]. Dabei sind in der ersten Zeile die Vektormesonen und in der zweiten Zeile jeweils die pseudoskalaren Teilchen aufgeführt.

Die Buchstaben ergeben sich aus dem Quark-Inhalt und dem Spin. Zustände, die nur verschwindende Flavor-Quantenzahlen (ohne Up-ness und Down-ness) tragen, sind durch griechische Buchstaben gekennzeichnet. Für Zustände mit nicht verschwindenden Flavor-Quantenzahlen werden große lateinische Buchstaben benutzt, und zwar zählt das schwerere Quark jeweils als namensgebend. Die Ladung, die als Index angegeben wird, spezifiziert, ob das leichtere Quark ein *u*- oder *d*-Quark bzw. Antiquark ist. Ist das leichtere Quark auch ein schweres Quark, wird dies durch einen Index angezeigt. Ist die Quark-Antiquark-Natur nicht durch den Ladungsindex festgelegt, wird das Teilchen mit einer negativen Flavor-Quantenzahl (bezüglich des schwersten Quarks) mit einem Überstrich als Antiteilchen gekennzeichnet.

Eine Ausnahme von dieser Beschreibung durch Quark-Inhalte bilden die neutralen Mesonen, die nur aus leichten Quarks bestehen. Die Klammern bedeuten,

---

[15]Unter Berücksichtigung der Parität des Antiteilchens hatten wir $P = (-1)^{L+1}$ und $C = (-1)^{L+S}$.

[16]Ich folge dabei der von der PARTICLE DATA GROUP [50] Herbst 1984 vorgeschlagenen und 1986 angenommenen Nomenklatur. Sie ist noch nicht allgemein üblich, jedoch sind die Änderungen nicht sehr gravierend.

Tabelle 2.3:   Bezeichnungen der Mesonen ($L = 0$)

	$\bar{d}$	$\bar{u}$	$\bar{s}$	$\bar{c}$	$\bar{b}$	$\bar{t}$
d	(ρ^0,ω) (π^0,η)	ρ^- π^-	K^{*0} K^0	D^{*-} D^-	B^{*0} B^0	T^{*-} T^-
u	ρ^+ π^+	(ρ^0,ω) (π^0,η)	K^{*+} K^+	$\bar{D}^{*0}$ $\bar{D}^0$	B^{*+} B^+	$\bar{T}^{*0}$ $\bar{T}^0$
s	$\bar{K}^{*0}$ $\bar{K}^0$	K^{*-} K^-	ϕ $\eta\prime$	D_s^{*-} D_s^-	B_s^{*0} B_s^0	T_s^{*-} T_s^-
c	D^{*+} D^+	D^{*0} D^0	D_s^{*+} D_s^+	J/ψ η_c	B_c^{*+} B_c^+	$\bar{T}_c^{*0}$ $\bar{T}_c^0$
b	$\bar{B}^{*0}$ $\bar{B}^0$	B^{*-} B^-	$\bar{B}_s^{*0}$ $\bar{B}_s^0$	B_c^{*-} B_c^-	Υ η_b	T_b^{*-} T_b^-
t	T^{*+} T^+	T^{*0} T^0	T_s^{*+} T_s^+	T_c^{*0} T_c^0	T_b^{*+} T_b^+	θ η_t

daß diese Zustände in anderen Kombinationen auftreten. Wegen der praktisch entarteten Masse hat man

$$\pi^0 = \sqrt{\tfrac{1}{2}} \cdot (u\bar{u} - d\bar{d}) \tag{2.37}$$

und

$$\eta = \sqrt{\tfrac{1}{2}} \cdot (u\bar{u} + d\bar{d}) \tag{2.38}$$

als Eigenzustände der dynamisch erzeugten Masse. Wir hatten erwähnt, daß in einer relativistischen Theorie die Bindung von Austauschprozessen und von Übergangsprozessen bestimmt wird. Die Massendifferenz zwischen den so ausgewählten Grundzuständen hat ihren Ursprung in dem Übergang, der die Quark-Art vergißt. Er beruht auf den folgenden beiden Prozessen:

$$u\bar{u} \;\to\; \text{Gluonen} \to\; d\bar{d}, \qquad d\bar{d} \;\to\; \text{Gluonen} \to\; u\bar{u},$$

und

$$u\bar{u} \;\to\; \text{Gluonen} \to\; u\bar{u}, \qquad d\bar{d} \;\to\; \text{Gluonen} \to\; d\bar{d}.$$

Sie werden im Falle des η-Mesons beitragen und Massenkorrekturen bringen. Im Falle des π^0 treten die gleich großen Beiträge beider Zeilen mit unterschiedlichen Vorzeichen auf. Die Summe über beide Beiträge verschwindet und die betrachteten Prozesse sind wirkungslos und führen nicht zu Massekorrekturen. In diesem Fall ist die Situation daher analog zum π^+ und zum π^-, wo wegen der unterschiedlichen Flavorquantenzahlen der Übergang in Gluonen sowieso unterbunden ist. Diese Überlegung erklärt, warum Teilchen, die durch Drehungen im Isospinraum auseinander hervorgehen, abgesehen von rein elektromagnetischen Ladungseffekten, gleiche Massen haben, warum, in anderen Worten, die Teilchen des $SU(2)_{\text{Flavor}}$-Tripletts andere Massen haben als die Teilchen des Singuletts. Sie ist nicht nur für pseudoskalare Teilchen anwendbar. Für die Vektormesonen ist die Situation völlig analog.

In geringerem Umfang gibt es eine solche Mischung auch zwischen η und η' und in noch geringerem Umfang zwischen ϕ und ω.

Für *neutrale Kaonen* gibt es eine ähnliche Komplikation durch schwache Wechselwirkungen, die einen Übergang von $s\bar{d} \to d\bar{s}$ und damit von

$$\bar{K}^0 \to K^0 \tag{2.39}$$

erlaubt. Da Teilchen und Antiteilchen exakt dieselben Massen haben, reicht ein sehr kleiner Beitrag, um zu neuen Eigenzuständen zu kommen, in denen Teilchen und Antiteilchen vertauscht auftreten.

Da die Mischung nur sehr langsam vor sich geht, ist die Situation recht komplex.

- In hadronischen Streuungen spielt die schwache Wechselwirkung, die für die Mischung verantwortlich ist, zunächst keine Rolle, und es werden die Teilchen mit positiver oder negativer "strangeness", d.h. die K^0's oder $\bar{K}^0$'s erzeugt, je nachdem, ob $\bar{s}$- oder s-Quarks vorhanden sind.

Tabelle 2.4: Bezeichnungen der Mesonen (L beliebig)

J^{PC}	$(0,2\cdots)^{-+}$	$(1,3\cdots)^{+-}$	$(1,2\cdots)^{--}$	$(1,2\cdots)^{++}$
$u\bar{u}-d\bar{d}$	π	b	ρ	a
$u\bar{u}+d\bar{d}$	η	h	ω	f
$s\bar{s}$	$\eta\prime$	$h\prime$	ϕ	$f\prime$
$c\bar{c}$	η_c	h_c	J/ψ	χ_c
$b\bar{b}$	η_b	h_b	Υ	χ_b
$t\bar{t}$	η_t	h_t	θ	χ_t

- Die Mischung unterscheidet zwischen den Zuständen mit unterschiedlicher CP-Parität. Die Teilchen mit gerader und ungerader CP-Parität, das K^0_{short} und das K^0_{long}, haben daher etwas verschiedene Massen.

- Da die CP-Parität bei Zerfällen in Hadronen erhalten ist, sind für beide Zustände auch unterschiedliche Zerfallskanäle offen (in zwei oder drei Pionen). Die damit verbundene längere oder beträchtlich kürzere Zerfallszeit erklärt ihre Namen.

Neben den Zerfällen in Hadronen gibt es, wie wir in Abschn. 4.1.3 sehen werden, auch Zerfälle in Leptonen. Eine genaue Analyse zeigt, daß es sogar eine winzige CP-verletzende Korrektur gibt.

Für Zustände mit einem *nicht verschwindenden Bahndrehimpuls* wird die Situation komplizierter. Ist der Gesamtspin Null, gibt es jeweils für die geraden und ungeraden Drehimpulse Teilchenketten mit identischen diskreten Quantenzahlen, d.h. mit $J^{PC} = 0^{-+}, 2^{-+}\cdots$ und mit $1^{+-}3^{+-}\cdots$. Für Spin $S = 1$ Zustände kann je nach Ausrichtung der Spins der Gesamtdrehimpuls $L-1$, L oder $L+1$ betragen und für gerade Bahndrehimpulse einen $(L-1)^{++}$, L^{++} oder $(L+1)^{++}$-Zustand ergeben. Mit der Möglichkeit von doppelten Einträgen, die keine eindeutige Festlegung des Bahndrehimpulses aus erhaltenen Quantenzahlen festlegen, treten zwei neue Ketten mit $0^{++}, 1^{++}, \cdots$ und mit $1^{--}, 2^{--}, \cdots$ auf.

Für die Bezeichnung [50] verwendet man den Gesamtspin als Zusatz, falls er nicht den minimalen Wert annimmt. Außerdem gibt man für hadronisch zerfallende Resonanzzustände die Masse an. Man schreibt z.B. $\rho_3(1690)$. Für die Zustände der Mesonen mit verschwindenden Flavor-Quantenzahlen benutzt man dabei die Bezeichnungen der Tabelle 2.4 . In Tabelle 2.4 wurde eine kleine wechselseitige Beimischung von Zuständen der zweiten Zeile und Zuständen der dritten Zeile ignoriert. $J > 1$ Anregungen des J/ψ werden nur durch ψ bezeichnet.

Tabelle 2.5:   Massen wichtiger Mesonen

0^-	MeV	1^-	MeV	2^+	MeV
$\pi^\pm$	140	$\rho^\pm$	770	$a_2^\pm$	1320
π^0	135	ρ^0	770	a_2^0	1320
$K^\pm$	494	$K^{*\pm}$	892	$K_2^\pm$	1430
η	549	ω	783	f^2	1270
$\eta\prime$	958	ϕ	1020	$f\prime_2$	1525
$D^\pm$	1869	$D^{*\pm}$	2010		
η_c	2980	J/ψ	3097	χ_{c2}	3556
$B^\pm$	5271	$B^{*\pm}$	5330		
		Υ	9460		

Für die Flavor-Quantenzahlen tragenden Mesonen ist die G-Parität nicht definiert. Die Zustände mit "natürlicher" Parität $P = (-1)^J$ werden durch einen Stern indiziert.

Bevor wir die Betrachtung der Mesonen abschließen, sei noch eine kurze Liste der Massen besonders wichtiger Mesonen angeführt (Tabelle 2.5). Eine vollständige Liste, die regelmäßig auf den neuesten Stand gebracht wird, wird von der PARTICLE DATA GROUP [50] herausgegeben.

2.1.9 Baryonen

Wenden wir uns jetzt den baryonischen Zuständen zu. Die leichtesten Zustände besitzen wiederum den Bahndrehimpuls Null. Je nachdem, ob die Spins ausgerichtet sind oder nicht, gibt es damit einen Spin und Gesamtdrehimpuls von 1/2 und 3/2. Die davon jeweils existierenden Zustände sind in der Tabelle 2.6 aufgeführt.

Betrachten wir jetzt nicht verschwindende Bahndrehimpulse. Zu jedem Bahndrehimpuls gibt es die Gesamtdrehimpulse

$$J = L \pm 3/2 \text{ oder } L \pm 1/2 \,, \tag{2.40}$$

wobei die letzteren aus $S = 1/2$ oder $3/2$ resultieren können. Zu unterscheiden sind jeweils nur die Zustände mit *gerader* und *ungerader* Parität bzw. geradem oder ungeradem Drehimpuls. Für Baryonen gibt es natürlich keine C-Parität, und die resultierende Möglichkeit, den Spin einzuschränken, entfällt. Dafür gibt es eine andere Restriktion.

Da Quarks Fermionen sind, müssen diese Zustände antisymmetrisch unter Vertauschung zweier identischer Quarks sein. Je nach Spin sind damit andere

Tabelle 2.6: Bezeichnungen der Baryonen ($L = 0$)

Baryonen	$\frac{1}{2}^+$	MeV	$\frac{3}{2}^+$	MeV
uuu, ddd			Δ^{++}, Δ^-	
uud, udd	p, n	939	Δ^+, Δ^0	1232
uus, uds, dds	$\Sigma^+, \Sigma^0, \Sigma^-$	1193	$\Sigma^+, \Sigma^0, \Sigma^-$	1383
uds	Λ	1116		
uss, dss	Ξ^0, Ξ^-	1318	Ξ^0, Ξ^-	1534
sss			Ω^-	1672
uuc, udc, ddc	$\Sigma_c^{++}, \Sigma_c^+, \Sigma_c^0$	2453	$\Sigma_c^{++}, \Sigma_c^+, \Sigma_c^0$	?
udc	Λ_c^+	2285		
usc, dsc	Ξ_c^+, Ξ_c^0	2460	Ξ_c^+, Ξ_c^0	?
ssc	Ω_c^0	?	Ω_c^0	?

Zustände möglich. Betrachten wir zunächst wieder das Δ^{++} als Beispiel. Es ist antisymmetrisch im Farbraum (als Baryon), symmetrisch im Flavor-Raum ("uuu"), und es hat den Bahndrehimpuls $L = 0$. Um die Antisymmetrie der Farbstruktur zu erhalten, braucht man daher einen völlig *symmetrischen Spinzustand* d.h. $J = 3/2$. Dasselbe gilt offensichtlich auch für die gedrehten Zustände, und der symmetrische Flavorzustand ($I = 3/2$) kommt daher generell nur in einem Drehimpuls $J = 3/2$ vor. Bezüglich der $\mathrm{SU(2)}_{\mathrm{Flavor}}$ gibt es also vier ($I_z = -3/2, -1/2 \cdots$) solcher Zustände unterschiedlicher Flavors mit jeweils vier Spinrichtungen ($J_z = -3/2, -1/2 \cdots$). Vernachlässigt man kleine Massenunterschiede, kann man die von den u, d, s-Quarks aufgespannten SU(3)-Gruppe betrachten. Anstelle von vier gibt es dann 10 symmetrische u, d, s-Zustände. Man spricht von einem SU(3)-*Dekuplett* von Teilchen mit Spin 3/2.

Die andere Möglichkeit für Baryonen ist der ($J = 1/2$)-Zustand. Ein Beispiel für diese Möglichkeit ist das Proton. Es ist in einem *gemischten* Symmetriezustand, der den Isospin $I = 1/2$ ergibt. Um die gesamte Symmetrie zu erhalten, muß der Spin wiederum dieselbe Symmetrie haben und den Wert 1/2 einnehmen. Es gibt acht solcher Symmetriezustände für u-, d- und s-Quarks. Man spricht von einem SU(3)-*Oktett* von Teilchen mit dem Spin 1/2.

Ähnlich wie bei den Mesonen werden auch hier Anregungszustände wie die ($L = 0$)-Zustände bezeichnet. Zur Spezifizierung werden die Massen hinzugesetzt. Schwerere Quarks werden in der Nomenklatur zunächst wie "strange" Quarks behandelt, durch einen oder mehrere Indizes wird dann angezeigt, daß "strange" Quarks durch andere schwere Quarks zu ersetzen sind. Zum Beispiel besteht das Σ_c^+ aus einem u-, einem c- und einem d-Quark.

2.1.10 Eigenschaften der Quark-Bindung

Wir hatten uns im letzten Abschnitt mit der Systematik der Zustände beschäftigt. Was weiß man über die bei Anregungen auftretenden Massendifferenzen? Das Verhalten solcher Anregungen ist eng mit der Struktur der Quark-Bindung verknüpft. Es ist damit weitgehend ein ungelöstes Problem, da sich Quarks typischerweise relativistisch bewegen und eine befriedigende Beschreibung relativistischer Bindungszustände bis heute noch nicht gelungen ist.

Schwere Quarks

Eine Ausnahme bilden dabei die *Bindungszustände schwerer Quarks*. Für Bindungszustände aus Charm-, Bottom-, Top-Quarks und -Antiquarks ist die reduzierte Masse

$$M = \frac{m_1 \cdot m_2}{m_1 + m_2} \tag{2.41}$$

groß gegenüber der kinetischen Energie der Quarks, so daß eine nichtrelativistische Betrachtung mit Potentialen möglich wird. Da die relativistischen Korrekturen nur quadratisch auftreten, ist eine Bindungsenergie von beispielsweise 0.35 GeV klein gegenüber den schweren Quark-Massen von 1.8 GeV bzw. 4.5 GeV. Man kann daher erwarten, daß man Teilchenmassen aus einem geeigneten Potential mit einer entsprechenden Genauigkeit ausrechnen kann.

Bei sehr großen Quark-Massen gibt es eine weitergehende Hoffnung. Mit zunehmender Masse der Quarks sollten dabei quantenmechanisch immer kleinere Abstände involviert sein. Es ist möglich, daß dabei für das Top-Quark Abstände erreicht werden, die eine störungstheoretische Berechnung des Potentials in niedrigster Ordnung QCD zulassen. In niedrigster Ordnung ist die Quantenchromodynamik völlig analog zur Quantenelektrodynamik und wie dort hat man daher in dem betrachteten Grenzfall das Coulomb-Potential, das in Abb. 2.13a skizziert ist.

Für die beobachteten Bindungszustände der Charm- und Bottom-Quarks ist das Coulomb-Gebiet nicht erreicht. Bei der räumlichen Ausdehnung dieser Bindungszustände scheint eine komplizierte Wechselwirkung der Farbfelder mit sich selbst eine signifikante Rolle zu spielen, was bis jetzt eine verläßliche Berechnung der Potentiale verhindert hat. Man muß sich daher darauf beschränken, die Form des Potentials zu fitten und auf diese Art die Konsistenz der Daten und der theoretischen Vorstellung zu prüfen. Gute Ergebnisse wurden dabei mit logarithmischen Potentialen erzielt. Der Verlauf eines solchen Potentials ist in Abb. 2.13b skizziert.

Eine charakteristische Eigenschaft von logarithmischen Potentialen [65] ist, daß die relativen Anregungsenergien unabhängig von der Masse der gebundenen Quarks sein sollen, was die Ähnlichkeit des Bottom- und Charm-Spektrums,

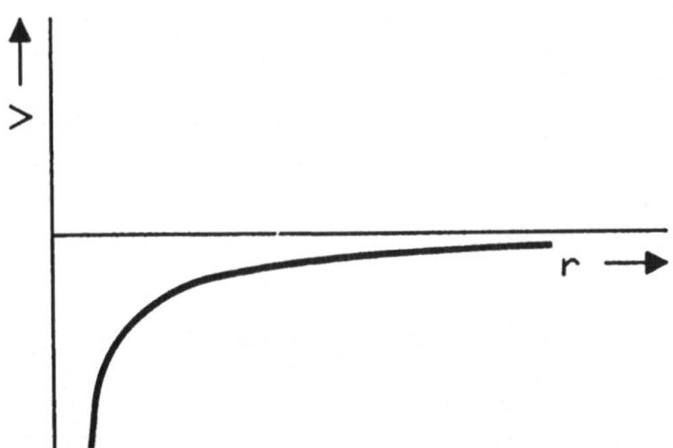

Abb. 2.13a: Skizze des Coulomb-Potentials ($V \propto 1/r$)

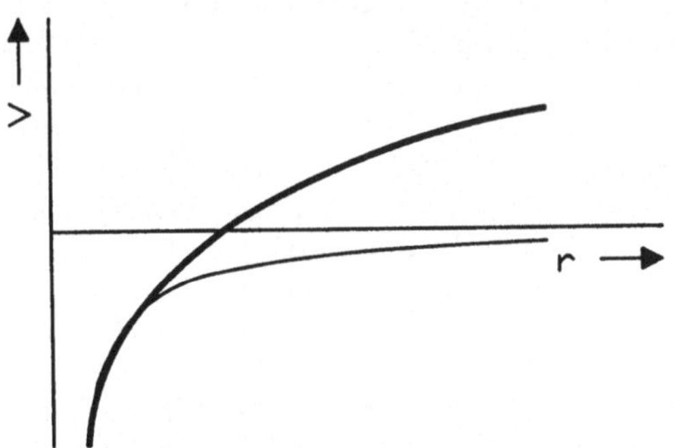

Abb. 2.13:b   Skizze des logarithmischen Potentials

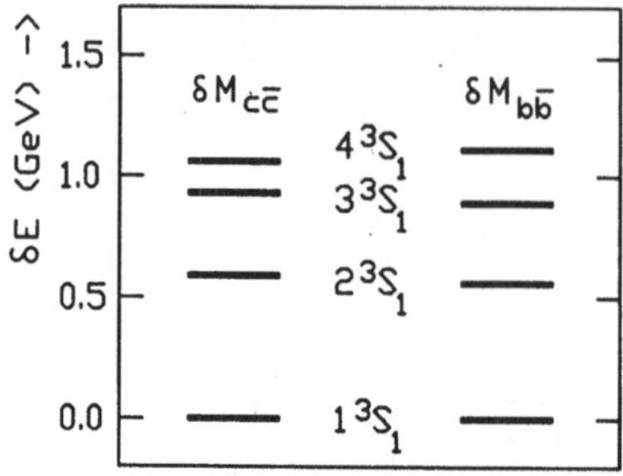

Abb. 2.14:   Ähnlichkeit des Bottomonium und Charmonium Spektrums [50]

die in der Abb. 2.14 zu sehen ist, erklärt.

Eine genauere Betrachtung zeigt, daß die Bindungsenergien entscheidend nur von einem Gebiet um die klassischen Umkehrpunkte abhängen und daß viele Ansätze mit einem Übergang von einem steilen Coulomb-Gebiet in eine flachere, beinahe lineare Abhängigkeit zu zufriedenstellenden Ergebnissen führen. Als Beispiel für eine solche Betrachtung ist daher in Abb. 2.15 ein konzeptuell angenehmeres Potential mit einem realistischen QCD-Coulomb-Anteil und einem gefitteten linear ansteigenden Term gewählt. Das Potential und die dazu berechneten Resonanzenergien sind auf der linken Seite geplottet. Auf der rechten Seite sieht man das gemessene Spektrum der S- und D-Zustände, wie sie in der e^+e^--Vernichtung als Spitzen im Wirkungsquerschnitt beobachtet werden. Linienbreiten unterhalb der Zeichengenauigkeit sind als Striche gezeichnet. Das Photon hat $P = -1$ und $J = 1$, und ein erzeugtes Quark-Antiquark-System kann daher nur einen Bahndrehimpuls 0 oder 2 haben.

Die Breite von Resonanzen wird durch die Zerfallsmöglichkeiten bestimmt. Unterhalb einer gewissen Schwellenenergie, die für die S- und D-Zustände etwas verschieden ist, werden die Resonanzen ungewöhnlich eng. Zum Beispiel ist die Breite des J/ψ nur etwa 60 keV. Sie liegt 5 Dekaden unter typischen hadronischen Zerfallsbreiten und beruht darauf, daß der gewöhnliche Zerfallsprozeß, wie er in Abb. 2.16 skizziert ist, nicht auftreten kann, da ein mit zusätzlichen leichten Quarks zu produzierendes Paar von zwei "gecharmten" D-Mesonen eine größere Masse als das ursprünglich gebildete J/ψ-Teilchen hätte. Im Prinzip kann sich natürlich das $c\bar{c}$-Paar annihilieren, und ein entsprechendes leichtes Quark-Paar kann die Drehimpulse und Spins übernehmen. Eine empirische Beobachtung, die *Zweig-Regel* genannt wird, besagt, daß solche Prozesse, in denen Valenz- und See-Quarks ihre Rolle vertauschen, nur mit winzigen Amplituden beitragen, und daß sie mit wachsender Masse des Quark-Antiquark-Paares mehr und mehr vollständig verboten sind.

Mit zunehmender Masse scheint der verbleibende Anteil mehr und mehr störungstheoretisch (d.h. mit der niedrigsten Ordnung QCD) behandelbar zu werden. Man erwartet, daß die Vernichtung der schweren Quarks dann so stark

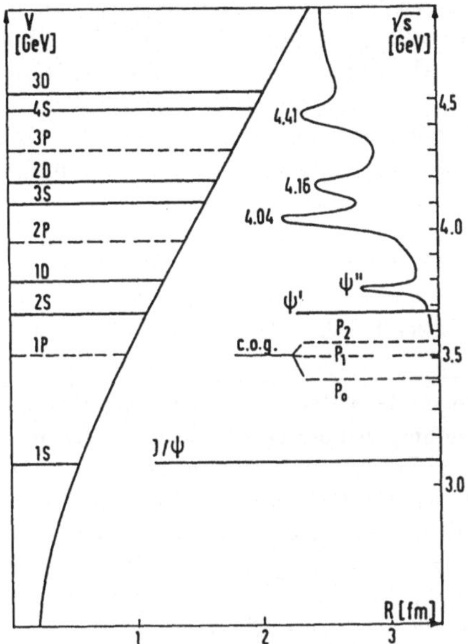

Abb. 2.15:   Die Charmonium-Linien [aus M. Kramer et al. [77]]

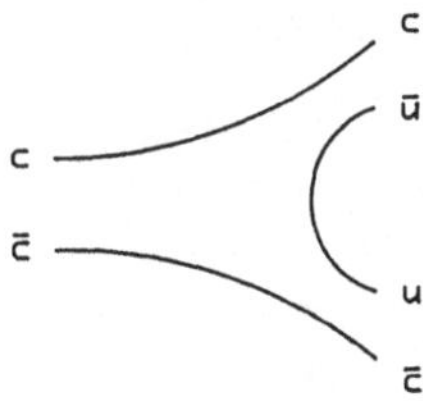

Abb. 2.16:   Der nach der Zweig-Regel erlaubte Zerfallsprozeß

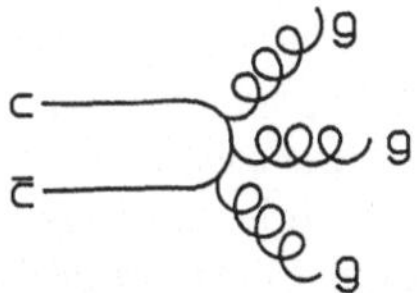

Abb. 2.17:   Die Annihilation des Charmonius in drei Gluonen

lokalisiert ist, daß die Ausdehnung für die im nächsten Kapitel behandelten Wechselwirkungen einzelner Partonen typisch ist. Die beiden schweren Quarks annihilieren sich dann unter Abstrahlung von 2 oder 3 Gluonen, den Feldquanten des Farbfelds, wie es in Abb. 2.17 dargestellt ist. Da die Gluonenkopplung bei der relevanten Lokalisierung ausreichend klein ist, bleibt dieser die Zweig-Regel verletzende Beitrag winzig. Beim Verlassen des lokalisierten Parton-Wechselwirkungsbereichs sammelt jedes dieser Gluonen eine geeignete Zahl von See-Quarks aus dem Vakuum auf, ohne nennenswert Impuls zu verlieren und bildet mit diesen Quarks in einer zweiten Phase der Wechselwirkung geeignete hadronische Zustände, die etwa in dieselbe Richtung fliegen. Dies hat die Konsequenz, daß auch umgekehrt der Impuls der am Ende in der entsprechenden Richtung produzierten Teilchen in etwa dem der ursprünglichen Gluonen entspricht. Indirekt hat man also die Möglichkeit, mit beschränkter Genauigkeit die Impulse der Partonen zu bestimmen.

Das quantenelektrodynamische Analogon dazu stellt das sogenannte *Positronium* dar; dieser Elektron-Positron-Bindungszustand kommt je nach Orientierung der beiden Spins (Para- oder Ortho-Positronium) mit negativer oder positiver C-Parität, $C = (-1)^{l+s}$, vor. Je nach C-Parität kann es in eine gerade oder ungerade Zahl von Photonen zerfallen. Ein Zerfall in ein einzelnes Photon kommt wegen der Viererimpulserhaltung nicht in Frage, da das Photon masselos ist. Die elektromagnetische Kopplung ist klein, und die Amplitude fällt daher mit wachsender Photonenzahl rapide ab; in guter Näherung bedeutet gerade daher 2 und ungerade 3 Photonen. In Anlehnung an dieses lange bekannte quantenelektrodynamische Phänomen bezeichnet man die $q\bar{q}$-Bindungszustände der schweren Quarks heute allgemein als *Quarkonia*.

Leichte Quarks

Über die Bindungsdynamik der Hadronen, die leichte Quarks enthalten, gibt es keine verläßlichen theoretischen Vorstellungen. Phänomenologisch scheint sich die Situation weniger drastisch zu ändern, als man vielleicht annehmen sollte, und viele Modellrechnungen führen zu vernünftigen Ergebnissen, wenn sie in dieses Gebiet extrapoliert werden. Es gibt Versuche von im Prinzip exakten numerischen Berechnungen, bei denen der Raum durch ein Punktgitter approximiert wird. Sie sind jedoch noch nicht ausreichend verläßlich.

Wichtig ist eine empirische Regelmäßigkeit, die die orbitale Anregung von sonst identischen Teilchen betrifft. "Sonst identisch" schließt dabei die Quantenzahlen, wie die Parität, die proportional $(-1)^l$ ist, ein. Dies ist notwendig, da im effektiven Potential ein (kleiner) sogenannter Austauschterm auftritt, der die örtliche Position von Quark und Antiquark vertauscht, und da das Vorzeichen eines solchen Beitrags von der Parität abhängt. Trägt man nun eine Serie von solchen sonst identischen, orbitalen Anregungen in einen sogenannten *Chew-Frautschi-Plot* ein, und zwar als Funktion ihres Drehimpulses und des Quadrats ihrer Massen, so ergibt sich etwas idealisiert die in Abb. 2.18 dargestellte Situation. In der

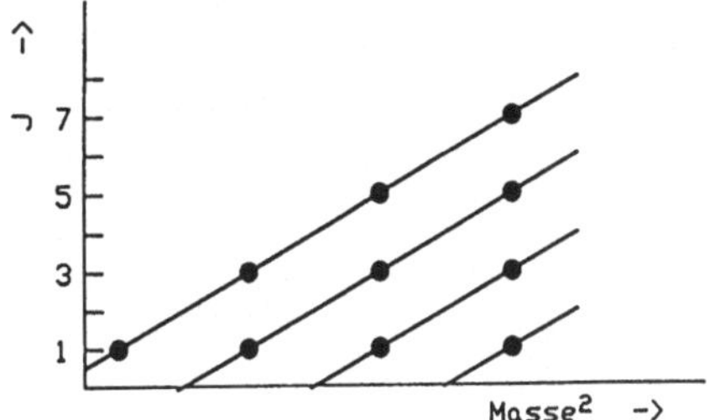

Abb. 2.18:   Das Chew-Frautschi-Plott

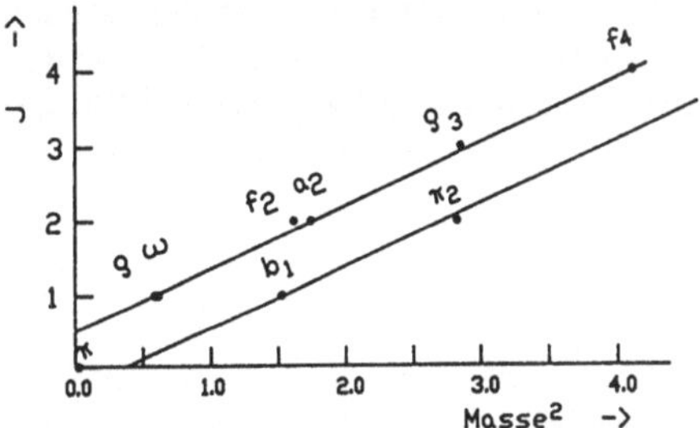

Abb. 2.19:   Die Flavor-Quantenzahl-losen Mesonen [50]

Abbildung sind die Anregungen mit ungeraden Drehimpulsen dargestellt.

Abgesehen von einer kleinen Korrektur durch einen Austauschbeitrag bei kleinen Massen, liegen die Resonanzen auf für beide Paritätszustände jeweils entarteten parallelen Geraden. Die oberste Gerade, die verschiedene orbitale Anregungen verbindet, heißt *Regge-Trajektorie*; sie wird uns noch im nächsten Kapitel beschäftigen. Die darunterliegenden Geraden, die auf radiale Anregung zurückzuführen sind, heißen Tochter- oder "daughter"-Trajektorien (d.h. Anregungen des Radialteils der Wellenfunktion).

Als Beispiele für die Chew-Frautschi-Darstellung habe ich in Abb. 2.19 die Flavor-Quantenzahl-losen Mesonen gezeichnet. Ähnliche Trajektorien existieren für Baryonen [53,121].

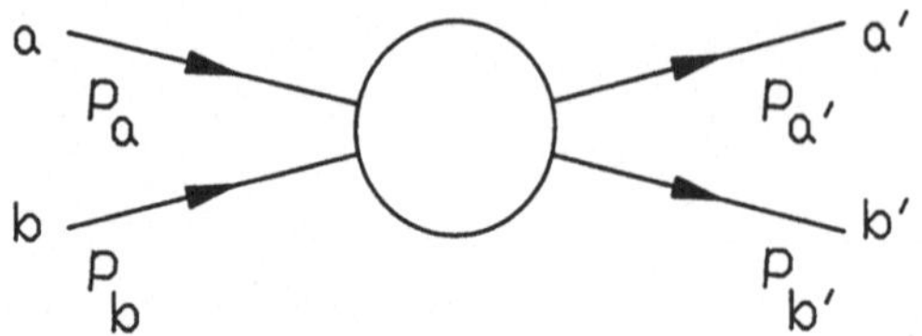

Abb. 2.20:   Die Impulse in der Zwei-Teilchen-Streuung

2.2 Hadronische Streuvorgänge

Wir wollen jetzt Vorgänge bei etwas höheren Energien betrachten. Erinnern wir
uns zunächst an die Energieabhängigkeit des totalen Wirkungsquerschnitts. Auf
eine Region unterhalb von Schwerpunktsenergien von etwa 3GeV, in der einzelne
Resonanzen sichtbar werden, folgt ein Gebiet mit einem glatten, abfallenden
Verhalten des Wirkungsquerschnitts. Dies ist das Gebiet der Regge-Pol-Physik,
die in den 60er Jahren entwickelt wurde und deren grundlegende Züge hier kurz
beschrieben werden.

2.2.1 Regge-Pol-Physik

Das Regge-Pol-Modell erlaubt eine einfache, quantitativ korrekte Parametrisierung der relevanten Daten in diesem Energiebereich. Es ist der einzige Zugang
zu diesen Daten. Es hat zu vielen Vorhersagen geführt, die bis zu den höchsten
heute verfügbaren Energien ihre Gültigkeit haben. Viele Techniken der Daten-
analyse sind am Regge-Pol-Modell entwickelt worden. [53,71,87,121]

Ein Problem mit der Regge-Pol-Physik (und den auf ihr aufbauenden Gebieten) ist, daß bis heute keine Verbindung zu einer einfachen fundamentalen Theorie hergestellt wurde, die über etwas vage Vorstellungen hinausgeht. Das ist
unbefriedigend im Vergleich zur Physik der Partonen und Leptonen, wie sie im
nächsten Kapitel beschrieben wird. Die Regge-Pol-Physik ist vergleichbar mit
Gebieten der Kernphysik, in denen mikroskopische Theorien nicht anwendbar
sind.

Mandelstam-Variablen

In dem betrachteten Energiebereich dominieren Zwei-Teilchen-Streuungen. Befassen wir uns daher zunächst etwas näher mit der Kinematik des elastischen
oder inelastischen Zwei-Teilchen-Prozesses. In Abb. 2.20 wird die Definition der
auftretenden Viererimpulse festgelegt. Wir hatten in Abschnitt 1.6.1 gesehen,
daß die relevante, kinematische Situation vollständig durch die Einfallsenergie
und die Streuwinkel beschrieben werden kann, wobei der azimutale Anteil üblicherweise keine Rolle spielt. Betrachtungen über die zur Verfügung stehende
Gesamtenergie hatten uns gezeigt, daß es vorteilhaft ist, Lorentz-invariante Parameter einzuführen, und wir wollen mit dieser Forderung jetzt auch die systemab-

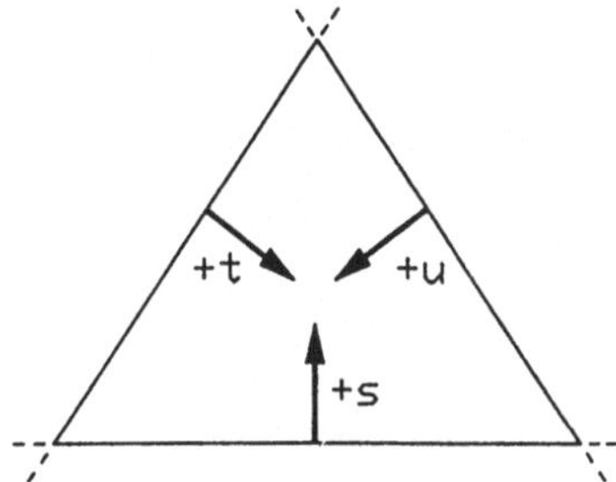

Abb. 2.21: Die Mandelstam-Variablen

hängigen Winkel eliminieren. Dazu definieren wir die sogenannten *Mandelstam-Variablen*

$$
\begin{aligned}
s &= (p_a + p_b)^2 &&= (p_{a'} + p_{b'})^2 \, , \\
t &= (p_a - p_{a'})^2 &&= (p_b - p_{b'})^2 \, , \\
u &= (p_a - p_{b'})^2 &&= (p_{a'} - p_b)^2 \, ,
\end{aligned}
\tag{2.42}
$$

als geeignete Viererimpulsquadrate.

In den Produkten sind die nichtgemischten Terme gerade Teilchenmassen

$$
p_a^2 = m_a^2 \, , \quad p_b^2 = m_b^2 \, , \quad p_{a'}^2 = m_{a'}^2 \quad \text{und} \quad p_{b'}^2 = m_{b'}^2 \, ,
\tag{2.43}
$$

so daß für die Beschreibung der Kinematik nur die gemischten Terme interessant sind. Von den sechs möglichen gemischten Termen sind drei durch die Identitäten auf der rechten Seite von (2.42) festgelegt. Die drei verbleibenden gemischten Terme entsprechen in etwa gerade den Mandelstam-Variablen. Da es bekanntlich nur zwei unabhängige Variablen gibt, wurde eine der Mandelstam-Variablen nur aus Symmetriegründen beibehalten. Das ist akzeptabel, da die *gegenseitige Abhängigkeit der Mandelstam-Variablen* sich durch eine einfache Relation beschreiben läßt

$$
s + t + u = \sum_{i=a,b,a',a'} m_i^2 \, .
\tag{2.44}
$$

Diese Relation kann leicht durch explizites Ausmultiplizieren gezeigt werden[17]. Mit drei zueinander um 60^0 geneigten Koordinatenachsen ist es möglich, diese Beziehung in einem Dreiecksgraphen direkt zu implementieren, wie es in Abb. 2.21 gezeigt ist. Daß die Summe in einem solchen Dreiecksgraphen konstant ist, ist geometrisch durch geeignete Spiegelungen zu sehen.

---

[17]Betrachten wir identische Massen. Die nicht gemischten Terme sind: $6m^2$. Die gemischten Terme sind

$$
2p_a \cdot p_b - 2p_a \cdot p_{a'} - 2p_a \cdot p_{b'} = -2m^2,
$$

wobei die Relation $p_a + p_b = p_{a'} + p_{b'}$ benutzt wurde.

Aus der Energie-Impuls-Erhaltung und den bekannten Massen folgt der *kinematisch zulässige Bereich* der Variablen. Falls keine Massenunterschiede auftreten, ist er[18]

$$s > (m_a + m_b)^2$$
$$t < 0 \qquad\qquad (2.45)$$
$$u < 0 .$$

Zu diesen Relationen gibt es kleine Korrekturen, und zwar für t, falls Massendifferenzen zwischen ein- und auslaufenden Teilchen auftreten, und für u , wenn die Streuung zwischen Teilchen mit verschiedenen Massen erfolgt.

Wie gesagt entspricht die Variable s dem Quadrat der Schwerpunktsenergie. In analoger Weise bezeichnet die Variable t (bzw u) das *Quadrat des ausgetauschten Viererimpulses*. Im Lorentz-System, in dem die Energien eines ein- und auslaufenden Teilchens identisch sind (wie es im nichtrelativistischen Bereich für elastische Streuung immer der Fall wäre), entspricht t (bzw. u) gerade dem Negativen des ausgetauschten Dreierimpulsquadrats. Ein Streuwinkel Null bedeutet daher ein minimales $-t$ und maximales $-u$. Eine Rückwärtsstreuung erfordert umgekehrt ein maximales $-t$ und ein minimales $-u$.

Wie hängen die experimentellen Daten von diesen Variablen ab? Die s-Abhängigkeit (Abb. 2.10) ist besprochen. Wenden wir uns jetzt der t -*Abhängigkeit* zu. Im Resonanzgebiet war die Winkelabhängigkeit durch den Drehimpuls und durch die Parität der Resonanzen bestimmt. Wir hatten dazu die Partialwellenanalyse kennengelernt. Die Winkelabhängigkeit in diesem Gebiet war vergleichsweise isotrop (ohne exponentielle Abhängigkeiten). Eine t -abhängige Parametrisierung wird interessant, wenn man Energien erreicht hat, die oberhalb des typischen Resonanzgebietes liegen.

Für eine solche Energie von $E_L = 5\,\text{GeV}$ ist die experimentelle t -Abhängigkeit elastischer Prozesse in Abb. 2.22 dargestellt [67]. Sehen wir von lokalen Strukturen ab und konzentrieren uns auf das globale Verhalten. Alle Prozesse haben einen sehr *steilen Anstieg* in Vorwärtsrichtung bei $t = 0$. Man beachte dabei, daß die Skala logarithmisch ist und daß die Spitze tatsächlich viele Zehnerpotenzen beträgt. Der dominante Beitrag zum Wirkungsquerschnitt kommt also von Prozessen, in denen das Teilchen a als Teilchen a' mehr oder weniger ungestreut mit seinem alten Impuls weiterfliegt.

Zusätzlich zu dieser Vorwärtsspitze gibt es für einige dieser Prozesse eine meist kleinere *Rückwärtsspitze*. In solchen Prozessen kommt es also zu einer Art Austausch, bei dem der Impuls des einen Teilchens a auf das andere Teilchen b' übertragen wird. Dieser Prozeß hängt sehr stark von den Quantenzahlen der

---

[18]Für identische Massen der Streuteilchen gilt im Schwerpunktssystem

$$s = +4 \cdot E_a^{*2},$$
$$t = -2 \cdot p_a^{*2}(1 - \cos \vartheta^*),$$
$$u = -2 \cdot p_a^{*2}(1 + \cos \vartheta^*) .$$

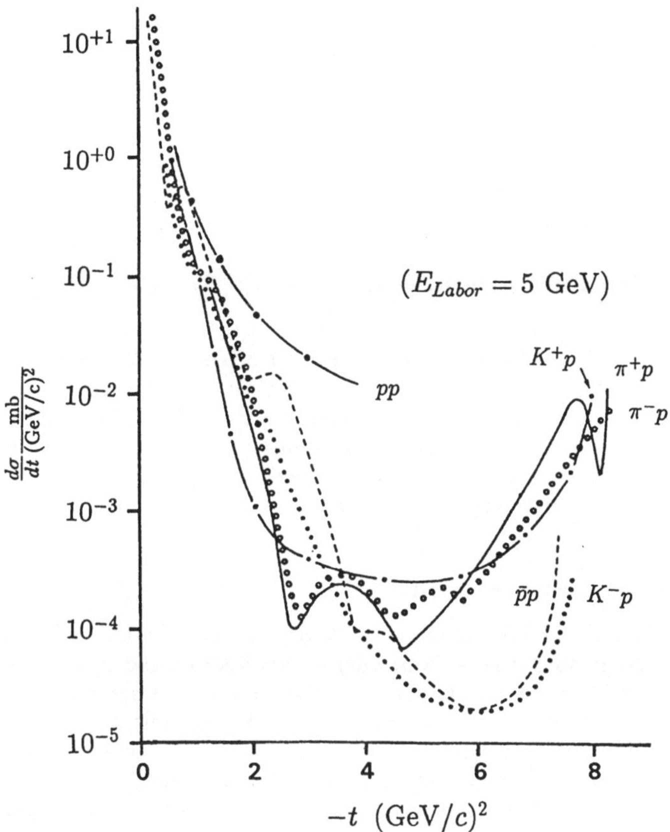

Abb. 2.22:   Die t-Abhängigkeit des differentiellen Wirkungsquerschnitts [aus R.C. Johnson [67]]

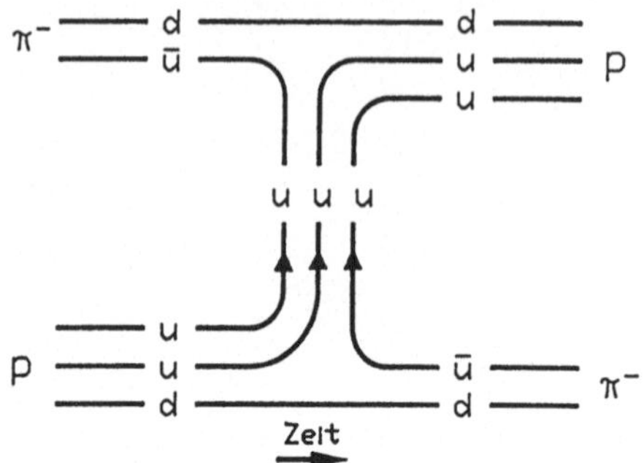

Abb. 2.23:   Das Quark-Flußdiagramm der $\pi^- p$-Streuung

Teilchen ab. Die Rückwärtsspitze ist natürlich trivial für die Streuung zweier gleicher Teilchen, bei denen zwischen a' und b' nicht unterschieden werden kann. Der Rückwärtsbeitrag ist aber auch für einige nicht-triviale Reaktionen deutlich stärker als für andere. So ist z.B. der Wirkungsquerschnitt für $K^+ p$ anderthalb Zehnerpotenzen über dem von $K^- p$. Der zugrundeliegende dynamische Effekt kann in einem einfachen Modell verstanden werden, das im nächsten Abschnitt besprochen wird.

Ein-Teilchen-Austausch-Modell

Von der Kernphysik kennen wir eine Wechselwirkung, die kleine Impulsüberträge bevorzugt. In *Yukawas Theorie* der Kernkräfte entstand eine solche Wechselwirkung zwischen zwei Hadronen durch den *Austausch eines Pions*. Extrapoliert man das Modell zu den hier betrachteten Streuenergien, sollten die typischen Impulsüberträge anwachsen, so daß die Massen der ausgetauschten Teilchen unwichtiger werden, und auch schwerere Austauschteilchen eine Rolle spielen. Diese Extrapolation ist die grundlegende Idee des Ein-Teilchen-Austauschmodells [70].

Ein Erfolg des Ein-Teilchen-Austausch-Modells ist, daß es richtig vorhersagt, für welche Prozesse Spitzen in einer Rückwärtsstreuung auftreten und für welche nicht. Betrachten wir die Prozesse $\pi^- p \rightarrow p\pi^-$ und $K^- p \rightarrow pK^-$ als Beispiel. Hierbei ist die Notation so gewählt, daß das vorwärtsfliegende Teilchen jeweils zuerst aufgeführt wird, so daß es sich in beiden Fällen um eine Rückwärtsstreuung handelt.

Um uns zurechtzufinden, zeichnen wir in Abb. 2.23 zunächst ein Diagramm, in dem die Bewegung der Valenz-Quarks (Quark-Flußdiagramm) während der $\pi^- p$-Streuung dargestellt wird. Für die Rückwärtsstreuung, bei der der Impuls des Protons im wesentlichen in den Impuls des Pions übergeht, benötigt man einen Austausch von drei u-Quarks. Da ein solcher Zustand, das Δ^{++}, existiert,

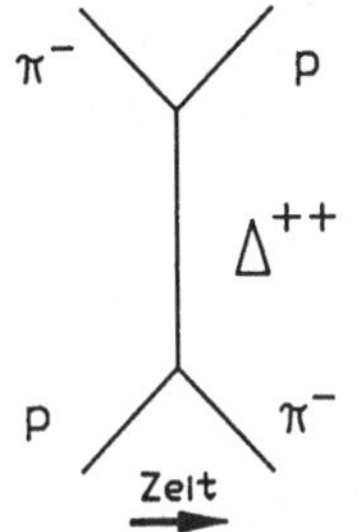

Abb. 2.24:   Der Ein-Teilchen-Austausch-Beitrag zur $\pi^- p$-Streuung ("t-Kanal")

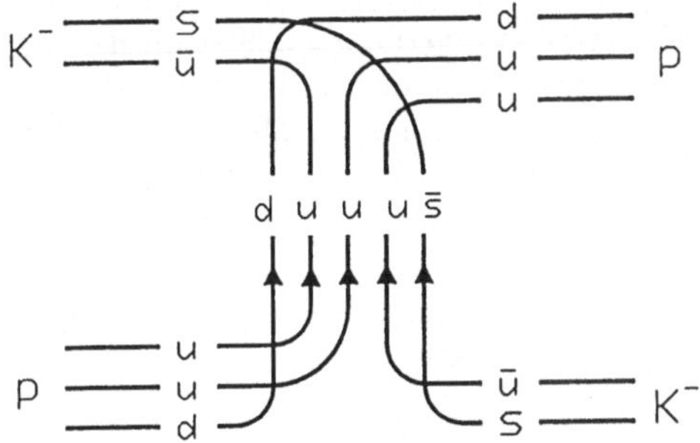

Abb. 2.25:   Das Quark-Flußdiagramm der $K^- p$-Streuung

erwartet man im Ein-Teilchen-Austausch-Modell einen Beitrag zur Rückwärts-streuung, wie er in Abb. 2.24 skizziert ist.

Betrachten wir nun das Quark-Flußdiagramm in der $K^- p$-Rückwärtsstreuung. Das Quark-Flußdiagramm ist in Abb. 2.25 dargestellt. Ein Austausch von fünf Quarks ist notwendig. Da Zustände mit fünf Valenz-Quarks keinen Resonanzen entsprechen, kann es in diesem sogenannten *"exotischen"* (d.h. nicht bekannten Teilchen entsprechenden) Prozeß auch keinen Ein-Teilchen-Austausch in der Rückwärtsstreuung geben. Das Ein-Teilchen-Austausch-Modell erklärt somit qualitativ das Verhalten der Daten, wie es in der Abb. 2.22 zu sehen war.

Ermutigt durch diesen Erfolg, versuchen wir jetzt mit unserer Vorstellung

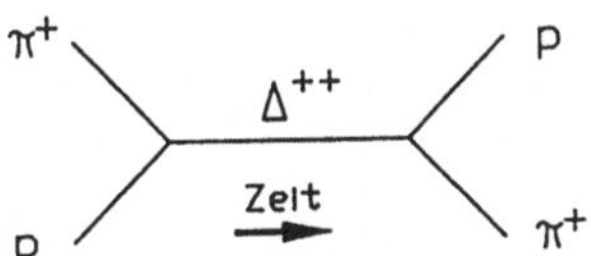

Abb. 2.26:   Der zur Abb. 2.24: "gekreuzte Prozeß" ("s-Kanal")

über einen solchen Teilchenaustausch präziser zu werden. Dazu betrachten wir
zunächst den "gekreuzten Prozeß", wie er in Abb. 2.26 dargestellt ist. In der
nichtrelativistischen Resonanzphysik hatte dieser Prozeß mit einer Resonanz eine
Amplitude der Form

$$f(s,t,u) = \frac{1}{p} \cdot T(s,t,u) = \frac{1}{p}(2l+1) \cdot \frac{\Gamma_l/2}{-(E - E_{\Delta^{++}}) + i\Gamma_l/2} \cdot P_l(\cos\vartheta^*) , \quad (2.46)$$

wobei der Bruch gerade der Resonanzbeitrag zur Partialwellenamplitude t_l war.
In der Formel ist der rein elastische Fall betrachtet, in dem der Zähler durch die
Normierung festgelegt ist. Für den inelastischen Fall gibt es zusätzliche Faktoren, die sich der Formation und dem speziellen Zerfall der Resonanz zuordnen
lassen. Spineffekte sind vernachlässigt. Wir nehmen an, daß sich dieser Ausdruck mit geeigneter Energieabhängigkeit der Zerfallsbreite Γ auch außerhalb
des Resonanzgebietes fortsetzen läßt. Für das Verhalten außerhalb des unmittelbaren Resonanzgebietes kann man den relativ kleinen Imaginärteil $-i\Gamma/2$
im Nenner vernachlässigen, seinen Realteil kann man nach Multiplikation mit
$E + E_{\Delta^{++}}$ durch die Mandelstam-Variable ausdrücken. Definitionsgemäß ist
$E^2 - E^2_{\Delta^{++}} = s - M^2_{\Delta^{++}}$. Man erhält einen Ausdruck der Form

$$T(s,t,u) = (2l+1) \cdot \frac{\tilde{\Gamma}_l(s)}{s - M^2_{\Delta^{++}}} \cdot P_l\left(\frac{2|u|}{s - 4m^2} - 1\right) , \quad (2.47)$$

wobei $\tilde{\Gamma}_l$ geeignet definiert ist und wir in der Relation[19]

$$\cos\vartheta^* = \frac{2|u|}{(s - 4m^2)} - 1 , \quad (2.48)$$

der Einfachheit halber, die Massenunterschiede in Relation zur Variablen s vernachlässigt haben. Der Winkel ϑ^* beschreibt die Richtung des Pions.

Aus dem betrachteten "Resonanzbeitrag" zu einer Amplitude versuchen wir,
den in Abb. 2.24 gezeichneten Austauschbeitrag zu berechnen. Der Übergang
vom obigen Prozeß $\pi^+ p \to \pi^+ p$ in die Rückwärtsstreuung $\pi^- p \to p\pi^-$ beinhaltet dabei einfach eine Vertauschung eines einlaufenden und eines auslaufenden
Mesons. Da in einer relativistischen Beschreibung "einlaufende" Teilchen mit negativer Energie als auslaufende Antiteilchen mit positiver Energie zu interpretie-
ren sind und umgekehrt, entspricht der Übergang vom Teichen-Resonanzprozeß
zum ursprünglichen Teilchen-Austauschprozeß einer *analytischen Fortsetzung zu
Impulswerten mit negativer Energie*. Die zentrale Annahme ist dabei, daß die zu

---

[19]Beweisskizze:

$$u = m^2 + m^2 - 2(E^2 + |p|^2 \cos\vartheta^*) = -2|p|^2(1 + \cos\vartheta^*) ,$$

wobei

$$s = (2E)^2 = 4|p|^2 + 4m^2$$

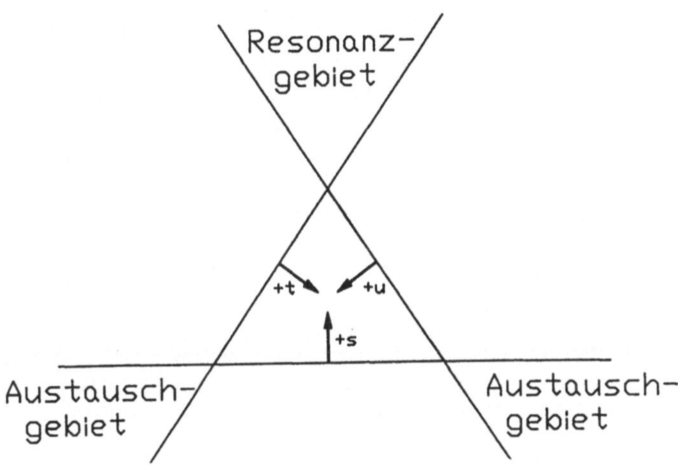

Abb. 2.27:　Das Gebiet des Austausch- und Resonanzbeitrags in Mandelstam-Variablen

einem solchen Beitrag gehörende Amplitude sich in ihrer analytischen Abhängigkeit von den Viererimpulsen nicht ändert, wenn ein wechselndes Vorzeichen der Energie ein auslaufendes Teilchen in ein einhen in ein einlaufendes Antiteilchen transformiert.

Für den obigen Ausdruck bedeutet der Übergang eine Vertauschung der Impulse der beiden Mesonen $p_a \leftrightarrow -p_{a'}$. Bei der Durchführung der Vertauschung wird uns die symmetrische Definition der Mandelstam-Variablen zu Hilfe kommen. Für die Mandelstam-Variablen entspricht die Vertauschung einem Austausch von

$$
\begin{aligned}
s\ \text{Austauschprozeß} &= u\ \text{Resonanzprozeß}\,, \\
t\ \text{Austauschprozeß} &= t\ \text{Resonanzprozeß}\,, \\
u\ \text{Austauschprozeß} &= s\ \text{Resonanzprozeß}\,.
\end{aligned}
\tag{2.49}
$$

Der physikalische Bereich der Mandelstam-Variablen ist damit erweitert. Je nach Vorzeichen der ursprünglichen Variablen beschreibt man verschiedene Reaktionskanäle (d.h. hier $s \gg 0$ und $t, u < 0$ für den Resonanzprozeß und $u \gg 0$ und $s, t < 0$ für den Austauschprozeß), wie es in der in Abb. 2.27 dargestellten Skizze zu sehen ist. Je nachdem, in welcher Variablen ein Resonanzpol auftritt, spricht man von s-Kanal- oder u-Kanal-Prozessen.

Der oben betrachtete "Resonanzbeitrag" trägt daher mit der folgenden Amplitude zur Rückwärtsstreuung bei:

$$T_{p\pi^- \to \pi^- p}(s,t,u) = T(u,t,s) = (2l+1) \cdot \frac{\tilde{\Gamma}_l(u)}{u - M^2_{\Delta^{++}}} \cdot P_l\left(\frac{2|s|}{u - 4m^2} - 1\right) . \quad (2.50)$$

Man beachte, daß $u \leq 0$, so daß der Resonanzpol nicht mehr im physikalischen Gebiet auftritt. Die Amplitude wird mit der Entfernung von dem Pol in u abfallen, leichte Austauschteilchen werden dabei mehr beitragen als schwere.

Quantitativ war das reine Ein-Teilchen-Austausch-Modell allerdings *nicht sehr erfolgreich.* Dazu kommt ein ernstes theoretisches Problem. Die führende Potenz des Polynoms $P_l(x)$ ist x^l , und für große s-Werte hat man damit das folgende Verhalten:

$$\cdot P_l\left(1 - \frac{2s}{u - 4m}\right) \xrightarrow{s \to \infty} \propto (s)^l. \quad (2.51)$$

Für $l \geq 2$ verletzt ein solcher Beitrag mit wachsendem s früher oder später die Unitaritätsrelation $|1 + 2iT| < 1$ (siehe Abschnitt 1.5.3). Man nimmt an, daß dies kein prinzipielles Problem ist, sondern daß unterschiedliche Vorzeichen, die in der Summation über Beiträge mit verschiedenen Drehimpulsen auftreten, die störenden Terme beseitigen. Um zu einer brauchbaren Beschreibung der Amplituden ausgetauschter Teilchen zu gelangen, muß man daher zunächst geeignete Teilsummen über Resonanzbeiträge ausführen, um so zu Termen zu gelangen, die sich auch bei Fortsetzung in den u-Kanal vernünftig verhalten. Da Austauschteilchen mit unterschiedlichen Quantenzahlen in diversen Prozessen mit verschiedenen Gewichten beitragen, muß die Kürzung zwischen Amplituden von Resonanzen verschiedener Bahndrehimpulse mit sonst identischen Quantenzahlen stattfinden. Es wird sich herausstellen, daß dazu die Summation über die Teilchen einer Regge-Trajektorie ausreicht.

Der untersuchte Beitrag zur Rückwärtsstreuung liefert meist nur einen winzigen Beitrag zum gesamten Wirkungsquerschnitt. Wir betrachten daher im folgenden den meist weitaus wichtigeren Meson-Austauschbeitrag zur Vorwärtsstreuung. Für Vorwärtsstreuung tritt der Pol im Quadrat des ausgetauschten Impulses $p'_a - p_a$ d.h. in t auf. In unseren Betrachtungen müssen wir daher die u-Variable durch die t-Variable ersetzen. Außerdem ist das Vorzeichen im Argument des Legendre-Polynoms ($\cos\vartheta \to \cos\pi - \vartheta$) zu ändern.

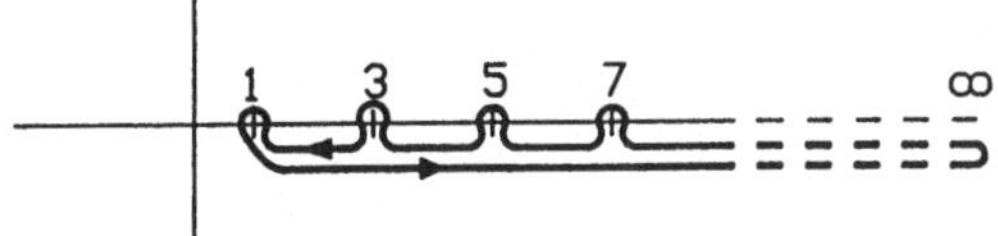

Abb. 2.28: Pfad des Cauchi-Integrals, das die Summe über Austauschteilchen ersetzt

Mit der Sommerfeld-Watson-Transformation zum Regge-Pol

Um dabei unabhängig von der speziellen Form der Trajektorie zu bleiben, ist ein gewisser mathematischer Aufwand erforderlich. Die auszuführende Summe über die Beiträge einer Regge-Trajektorie von Teilchen mit geraden bzw. ungeraden Drehimpulsen hat im s-Kanal die Form

$$T_{\text{Austausch}}(s,t,u) \;=\; \sum_{l=0,2,\cdots \text{ bzw. } l=1,3,\cdots} (2l+1)\cdot t_l \cdot P_l\left(1 - \frac{2|s|}{t-4m^2}\right), \quad (2.52)$$

wobei die Amplitude t_l eines Resonanzbeitrages die folgende Form hat:

$$t_l = \frac{\tilde{\Gamma}_l(t)}{(t-m_l^2)}\,. \tag{2.53}$$

Wegen der Paritätsabhängigkeit der leichteren Resonanzen auf der Trajektorie ist es dabei notwendig, die geraden und ungeraden Drehimpulse separat zu behandeln. Wir betrachten im folgenden den Beitrag der ungeraden Pole.

Für geeignete Potentiale in der nichtrelativistischen Potentialtheorie ist der Summand, abgesehen von einzelnen Polen, analytisch in $l \geq +1/2$. Wir nehmen jetzt an, daß dies auch in der relativistischen Theorie der Fall ist. Dies ermöglicht, die *Summe durch ein Cauchy-Integral* darzustellen[20]. Da ein Wegintegral gerade die Summe der Residuen der umfahrenen Pole "aufpickt", kann man in der folgenden Weise vorgehen:

$$T_{\text{Austausch}}(s,t,u) = \frac{1}{2i}\cdot\int_{\text{Weg}} dl\,\left\{\frac{\exp(i\pi l)-1}{2\cdot\sin\pi l}\right\}\cdot(2l+1)\cdot t_l\cdot P_l\left(1 - \frac{2|s|}{t-4m^2}\right)\,.$$

Dabei führt das Wegintegral in der in Abb. 2.28 dargestellten Weise gerade um die Pole des Faktors in der geschweiften Klammer.

Das Quadrat der Resonanzmasse m_l^2 ist nun eine Funktion von komplexen l-Werten. Die im Chew-Frautschi-Plot beobachteten geraden Teilchen-Trajektorien legen die Annahme nahe, daß es einen invertierbaren Zusammenhang zwischen l und m_l^2 gibt. Wir definieren jetzt das Inverse dieser Funktion

$$\alpha(m_l^2) := l\,.$$

---

[20]Nach dem Satz von Cauchy ist ein Integral über einen geschlossenen Weg gerade proportional zur Summe der Residuen der eingeschlossenen Pole.

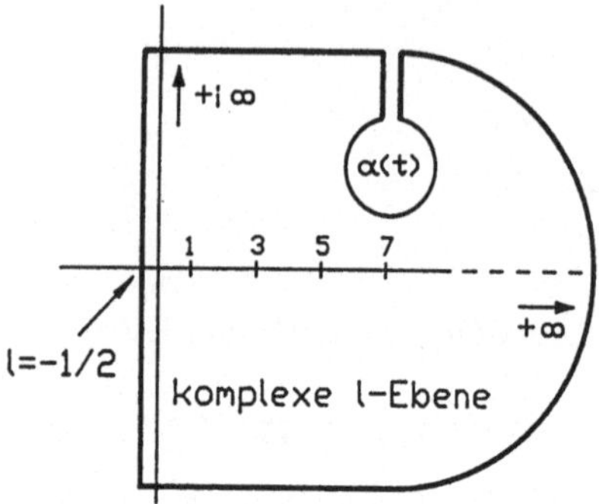

Abb. 2.29:   Pfad des Cauchi-Integrals, das den Beitrag eines Regge-Pols enthält

Im für die Pole relevanten Gebiet um die Resonanzen gilt daher

$$t_l = \frac{\tilde{\Gamma}_l(t)}{t - \alpha^{-1}(l)} = \frac{\tilde{\Gamma}_l(t) \cdot d\alpha(t)/dt}{\alpha(t) - l} \,. \tag{2.54}$$

Die Amplitude der betrachteten Trajektorie enthält also (wenn keine Probleme im Zähler auftreten) nur einen einzigen Pol bei $l = \alpha(t)$. Um dies zu nutzen, verschiebt man das Wegintegral (ohne den Wert des Integrals zu ändern), bis der in Abb. 2.29 dargestellte Weg erreicht wird. Abgesehen von einem rückwärts und einem vorwärts durchlaufenen Stück, hat man zwei Beiträge zum Wegintegral. Man nimmt an, daß der Integrand bei $|l| = -\infty$ und $l = -0.5$ verschwindet. Mit etwas Optimismus ignoriert man daher den Beitrag über den äußeren Teil des Weges und integriert nur den Beitrag um den Pol wieder mit dem Satz von Cauchy, diesmal mit einem umgedrehten Drehsinn. Anstelle der Summe über die Resonanzen der Trajektorie haben wir jetzt einen einzelnen Term. Die Amplitude der Trajektorie ist

$$T_{\text{Austausch}}(s, t, u) = \tag{2.55}$$
$$-\pi \cdot \left\{ \frac{\exp(i\pi\alpha(t)) - 1}{2 \cdot \sin(\pi\alpha(t))} \right\} \cdot (2\alpha(t) + 1) \cdot \tilde{\Gamma}_{\alpha(t)} \cdot \frac{d\alpha(t)}{dt} \cdot P_{\alpha(t)} \left(1 - \frac{2|s|}{t - 4m^2} \right) \,.$$

Im s-Kanal besteht die Funktion $\tilde{\Gamma}_{\alpha(s)}(s)$ aus einem Produkt eines Produktionsfaktors und eines Zerfallsfaktors (vergleiche Abschnitt 1.6.1). Die Funktion läßt sich daher als Produkt zweier Faktoren schreiben, die nur von den Teilchen am jeweiligen Vertex abhängen. Da die Größe dieser Faktoren unbekannt ist, schreiben wir mit einer für später geeignet gewählten Definition der Funktionen $\beta_1(t)$ und $\beta_2(t)$

$$T_{\text{Austausch}}(s, t, u) = \beta_1(t) \cdot \beta_2(t) \cdot \exp(i\pi\alpha(t)) \cdot P_{\alpha(t)}(1 - \frac{2|s|}{t - 4m^2}) \,.$$

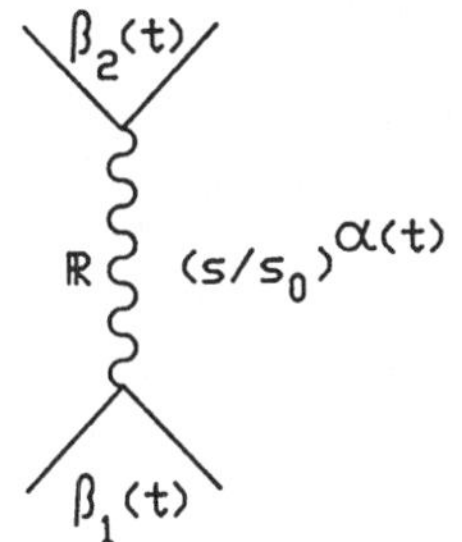

Abb. 2.30: Graphische Darstellung eines Regge-Pol-Austauschs

Vom ursprünglichen Ausdruck mit im t-Kanal ausgetauschten Resonanzen wissen wir, daß im t-Kanal keine großen t-Werte auftreten. Für große s-Werte gilt daher

$$P_{\alpha(t)}\left(1 - \frac{2s}{t - 4m^2}\right) \approx \exp(-i\pi\alpha(t)) \cdot \left(\frac{s}{s_0}\right)^{\alpha(t)}.$$

Die Amplitude hat damit die folgende endgültige Form:

$$T_{\text{Austausch}}(s, t, u) = \beta(t) \cdot \beta_1(t) \cdot \left(\frac{s}{s_0}\right)^{\alpha(t)}. \tag{2.56}$$

Man hat also eine kompakte Schreibweise für die Summe der Beiträge aller Resonanzen der Trajektorie. Wegen der Struktur in der komplexen l-Ebene spricht man dabei von der *"Regge-Pol"*-Austauschamplitude (Abb. 2.30). Die s-Abhängigkeit genügt einer Potenz, die von t abhängt. Da die Werte der α-Funktion für negative t-Werte kleiner als eins sind, fällt der Wirkungsquerschnitt mit wachsender Energie, und die Unitarität ist daher kein Problem mehr. Bei großen Energien wird die t-Abhängigkeit vom letzten Faktor dominiert. Bei einer in etwa linearen Funktion α erwartet man einen exponentiellen Abfall in t.

Regge-Pole im Experiment

Betrachten wir zunächst den *differentiellen Wirkungsquerschnitt*

$$\frac{d\sigma}{d\varphi \cdot d\cos\vartheta^*} = |f(\vartheta^*)|^2 \,. \tag{2.57}$$

Aus $dt \approx s \cdot d\cos\vartheta^*$ und $f(\vartheta^*) \approx T_{\text{Austausch}}(s,t,u)/\sqrt{s}$ gilt für große s-Werte

$$\frac{d\sigma}{dt} \approx s^{-2} |T_{\text{Austausch}}|^2 \approx |\beta(t)|^2 \cdot |\beta_1(t)|^2 \cdot \left(\frac{s}{s_0}\right)^{2\alpha(t)-2} \,. \tag{2.58}$$

Das ist eine sehr kompakte Form, die man mehr oder weniger losgelöst von der Herleitung für "Fits" zu experimentellen Daten verwendet hat.

Hätte man eine Reaktion, in der die beitragende Austauschtrajektorie eindeutig festliegt, könnten aus der s- und t-Abhängigkeit der Daten die Funktionen $\alpha(t)$ und $\beta_1(t) \cdot \beta_2(t)$ — abgesehen von einer Phase — direkt bestimmt werden. Tatsächlich gibt es dabei aber die Komplikation, daß die Regge-Pole nur einer der Beiträge zur Streuamplitude sind. Es gibt eine Komponente zur Streuung, die nicht von den Quark-Flavors abhängt und die offensichtlich nicht auf Meson-Regge-Pol-Austausch zurückzuführen ist.

Um den Beitrag von Regge-Polen zu isolieren, hat man zwei Möglichkeiten. Man muß entweder Prozesse mit Flavor-Austausch (wie er z.B. in der Rückwärtsstreuung auftrat) messen, in der nur die Regge-Amplituden beitragen, oder man muß sich die Flavor-Abhängigkeit vornehmen und geeignete Differenzen von Wirkungsquerschnitten mit verschiedenen Flavor-Zuständen betrachten, so daß der Flavor-abhängige Regge-Pol-Beitrag zur Amplitude übrig bleibt.

Die Energieabhängigkeit des differentiellen Streuquerschnitts eines Regge-Pol-Austauschprozesses erlaubt es, mit Hilfe von (2.58) seine Trajektorienfunktion $\alpha(t)$ im Bereich negativer t-Werte direkt (d.h. ohne Kenntnis der Residuenfunktion $\beta(t)$) experimentell zu bestimmen. Das Ergebnis einer solchen Analyse ist in Abb. 2.31 für die ρ-Trajektorie dargestellt [68]. Die erhaltenen Datenpunkte folgen der von der Resonanzproduktion bekannten Gerade. Eine ähnliche Situation existiert für die anderen Trajektorien. Diese Übereinstimmung wäre völlig unverständlich, wenn die grundlegenden Annahmen über den Zusammenhang zwischen ausgetauschten Resonanzen und Regge-Polen nicht korrekt wären.

Bei hohen Energien wird früher oder später natürlich immer die größte Trajektorie eine dominante Rolle spielen. Die Parametrisierung der höchst gelegenen Meson-Trajektorien ist in etwa

$$\alpha(t) = 0.5 + 0.8 \cdot t \,. \tag{2.59}$$

Tatsächlich handelt es sich dabei um vier Trajektorien mit den Quantenzahlen der Tabelle 2.7 .

Die "höchste" Trajektorie beschreibt den Abfall eines Querschnitts mit der Energie. Betrachten wir dazu das Verhalten der *totalen Wirkungsquerschnitte*. Da nach dem optischen Theorem der Wirkungsquerschnitt proportional zum

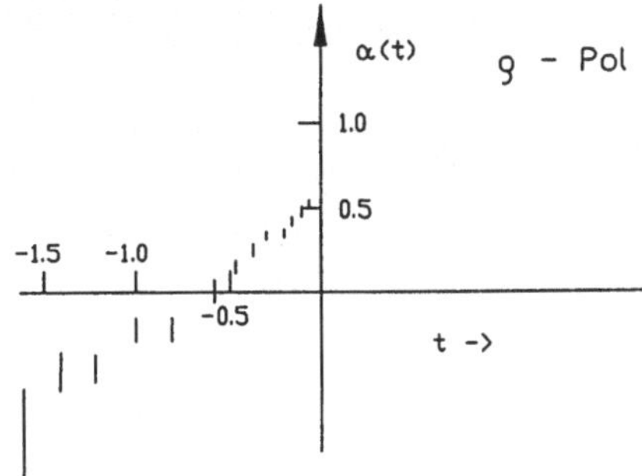

Abb. 2.31:   Die t-Abhängigkeit der wichtigsten Regge-Trajektorien [aus J.K. Storrow [68]]

Tabelle 2.7:   Wichtige Meson-Trajektorien

	Parität $= +1$	Parität $= -1$
Isospin-Singulett	f_0	ω
Isospin-Triplett	a_2	ρ

Imaginärteil der Vorwärtsstreuamplitude ist, kommt es bei hohen Energien zu der folgenden Energieabhängigkeit:

$$\sigma_{\text{total}} \approx s^{\alpha(t=0)-1} \approx s^{-1/2} \,. \tag{2.60}$$

Die Energieabhängigkeit der experimentellen Wirkungsquerschnitte ist hierzu in Abb. 2.32 [75] dargestellt. Der Regge-Beitrag ist der mit der Energie abnehmende Anteil. Um ihn zu isolieren, wurden in Abb. 2.33 geeignete Differenzen dargestellt. Sein Beitrag fällt genau in der erwarteten Weise mit wachsender Energie ab.

Bei höheren Energien wird der Pomeron-Beitrag, den wir im nächsten Abschnitt im Detail besprechen werden, mehr und mehr dominant. Er ist für den fast konstanten Beitrag verantwortlich, der für Teilchen und Antiteilchen identisch ist. In grober Näherung hängt die Größe des Pomeron-Beitrags zum totalen Wirkungsquerschnitt vom Produkt der Valenzquark-Zahlen der beiden einlaufenden Teilchen ab. Der Meson-Baryon Wirkungsquerschnitt ist daher etwa 2/3 des Baryon-Baryon-Querschnitts.

Eine ähnliche, zunächst empirische Beobachtung existiert für die Größe des Regge-Beitrags zum totalen Wirkungsquerschnitt. Seine Größe wird von der Zahl der passenden Valenz-Quark-Antiquark-Paare, die sich in einer Streuung gegenseitig annihilieren können, bestimmt.

Betrachten wir zur Illustration zunächst die Kp-Streuung. Da es zwei Mög-

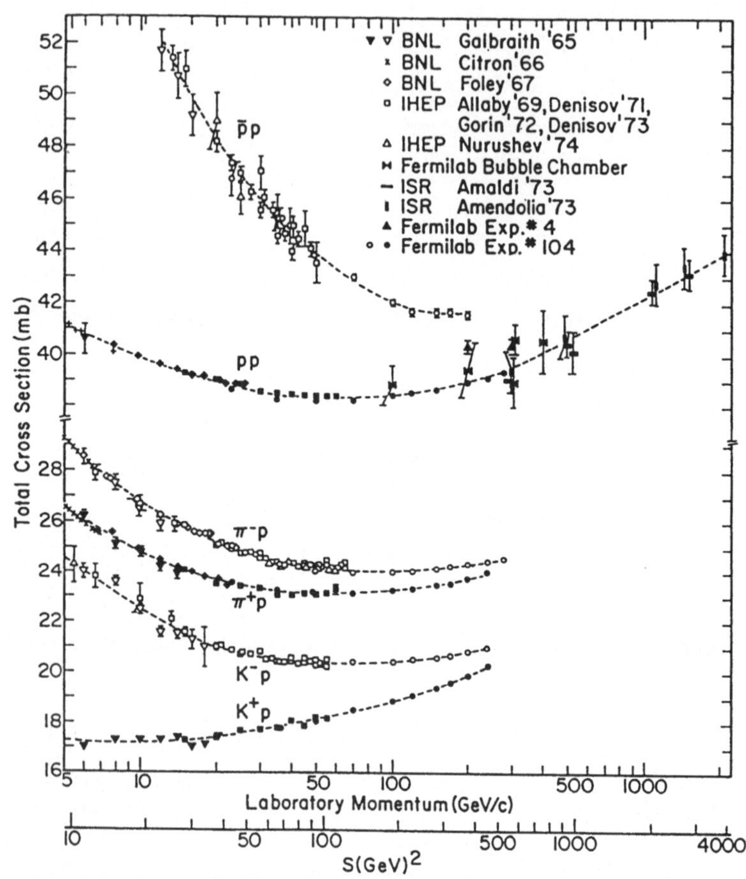

Abb. 2.32:   Die s-Abhängigkeit des totalen Wirkungsquerschnitts im Regge-Gebiet [aus G. Giacomelli [75]]

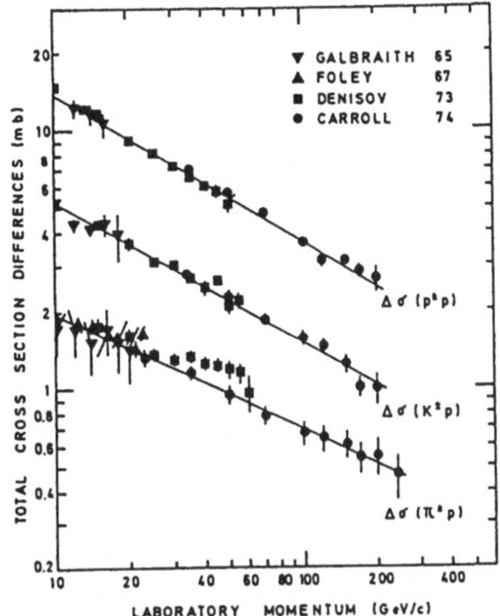

Abb. 2.33:   Die *s*-Abhängigkeit des Regge-Beitrags zum totalen Wirkungsquerschnitt [aus G. Giacomelli [75]]

lichkeiten für ein $u\bar{u}$-Paar in der K^-p-Streuung gibt, hat man für die K^-p-Streuung im totalen Wirkungsquerschnitt einen Regge-Beitrag mit dem Gewicht zwei. Da es keine für eine Annihilation passenden Paare in der K^+p-Streuung (siehe Abb. 2.25) gibt, kann es hier keinen solchen Beitrag geben.

Für die in Abb. 2.33 dargestellten Differenzen erwartet man daher Regge-Beiträge mit den folgenden Gewichten:

$$\Delta\sigma \approx \begin{cases} 5 = 1 + 2 \times 2 - 0 & \text{für } pp^\pm \\ 2 = 2 \times 1 - 0 & \text{für } pK^\pm \\ 1 = 2 \times 1 - 1 \times 1 & \text{für } p\pi^\pm \,, \end{cases} \tag{2.61}$$

die sich in etwa in den Daten wiederfinden.

Eine solche Abhängigkeit erscheint auf den ersten Blick etwas seltsam für eine Regge-Pol-Austauschreaktion. Der Betrag der Vertexfunktion $\beta(t)$ kann sich nicht bei einer Vertauschung des ein- und auslaufenden Teilchens a und a' ändern. Das heißt in unserem Beispiel, daß die Größe des Beitrags zu der K^-p-Streuung abgesehen von einem möglichen (meist unwichtigen) Vorzeichenwechsel der Größe des Beitrags in der K^+p-Streuung entsprechen sollte. Dieses Ergebnis ist nicht zu umgehen, da unsere Überlegungen auf der Fortsetzbarkeit in gekreuzte Kanäle basierten.

Das beobachtete Ausbleiben eines Regge-Beitrags zur K^+p-Streuung wird durch die Existenz einer zweiten Regge-Trajektorie erklärt, die, abgesehen von der entgegengesetzten C-Parität, identische Eigenschaften hat. Beide Beiträge haben dann im Falle der elastischen K^+p-Streuung gerade ein entgegengesetztes

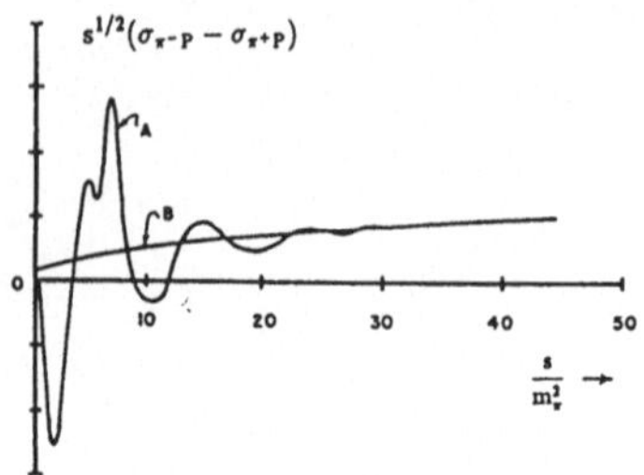

Abb. 2.34:   Der Regge-Beitrag extrapoliert zu niedrigen Energien (B) im Vergleich zu niederenergetischen experimentellen Daten (A) . In diesem Zusammenhang unwichtige Massenkorrekturen an den Skalen sind vernachlässigt. [aus K. Igi et al. [76]]

Vorzeichen und ergeben zusammen einen verschwindenden Beitrag. Daß beide Terme betragsgleich sind, ist dabei zunächst eine unbefriedigende Zufälligkeit, für die eine Erklärung erforderlich ist.

2.2.2 Topologische Betrachtungen und Pomeranchuk-Pol

Die bisher behandelte Resonanz- und Regge-Pol-Physik basierte weitgehend auf Konzepten, die aus der nichtrelativistischen Potentialtheorie entnommen wurden, d.h. auf der Hoffnung, daß relativistische Effekte auf einer qualitativen Ebene, bei der man nur ein grobes Verständnis anstrebt, keine große Rolle spielen. Im folgenden werden wir nun einige Phänomene kennenlernen, die enger mit relativistischen Effekten verknüpft sind.

Das Konzept der Dualität

Am Ende des letzten Abschnitts hatten wir eine konzeptuelle Schwierigkeit kennengelernt. Die Analyse von Wirkungsquerschnitten führte zu Regge-Amplituden, die auftreten, wenn das im "t-Kanal" ausgetauschte System die Quantenzahlen eines Teilchens hat. Beim *totalen Wirkungsquerschnitt* hing (vergleiche 2.61) der Regge-Beitrag direkt von den Quantenzahlen des einlaufenden Systems ab, als ob zwischenzeitlich ("s-Kanal"-) Resonanzen gebildet werden müßten.

Betrachten wir dazu noch einmal die totalen Wirkungsquerschnitte der π^-p und π^+p-Streuung. Um zu einem übersichtlicheren Bild zu gelangen, haben wir in Abb. 2.34 die mit $s^{1/2}$ multiplizierte Differenz der beiden Wirkungsquerschnitte als Funktion von $\sqrt{s}$ dargestellt [76]. Die durchgezogene Linie extrapoliert den in etwa konstanten Regge-Beitrag in das Resonanzgebiet. Betrachtet man ein geeignetes Intervall um eine Resonanz, so entspricht der gemittelte Beitrag der Resonanz gerade dem extrapolierten Regge-Beitrag. Man hat also nicht eine Summe von zwei Termen, sondern eine Art von kontinuierlichem Übergang von einer Resonanz- zu einer Regge-Amplitude. Diese empirische Beobachtung wird *semilokale Dualität* genannt.

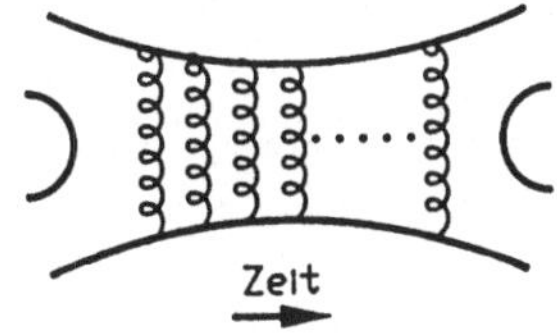

Abb. 2.35a: Die s-Kanal-Resonanz Amplitude ohne Selbstwechselwirkung der Gluonen

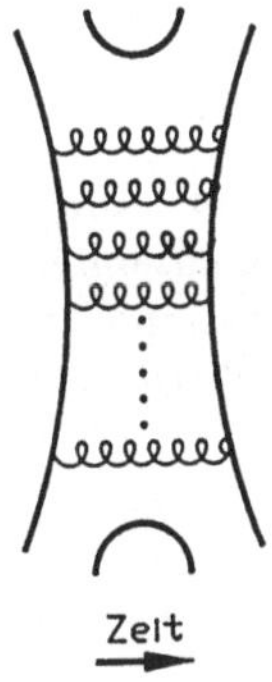

Abb. 2.35b: Die t-Kanal-Resonanz Amplitude ohne Selbstwechselwirkung der Gluonen

Ist unser Bild von Regge-Polen als t-Kanal-Austausch damit falsch und sind Regge-Pole vielleicht in Wirklichkeit aus s-Kanal-Resonanzen herzuleiten? Die Antwort ist, daß beide Konzepte für das Zustandekommen eines Regge-Pol-Austauschs nicht wirklich verschieden sind, wenn man die Situation genauer betrachtet.

Ein Resonanzbeitrag kam durch eine Art Potential zwischen den nicht annihilierten Quarks zustande. Ein solches effektives Potential hat seinen Ursprung in einem Austausch von Gluonen (den Farbfeldquanten der Quantenchromodynamik). Folgt man dabei der Analogie zur Elektrodynamik, hätte man dabei ein Bild, wie es in Abb. 2.35a und Abb. 2.35b für eine Resonanz im s-Kanal und im gekreuzten t-Kanal angedeutet ist.

Der Punkt ist nun, daß das obige Bild des Potentials in der QCD zu einfach ist. Da wir selbst bei schweren Quarks kein Coulomb-artiges Potential gefunden hatten, wissen wir, daß die Selbstwechselwirkung der Gluonen wichtig sein muß. Der Gluonen-Austausch muß damit (eher) aussehen, wie er in Abb. 2.36 dargestellt ist.

Wegen der *Selbstwechselwirkung der Gluonen* ist eine Klassifikation der Beiträge in der obigen Weise nicht mehr möglich. Die Summe über diese komplizierten Terme kann nicht mehr in Resonanz- und Austauschbeiträge separiert werden. Man hat eine einzige Amplitude, die je nach kinematischer Situation

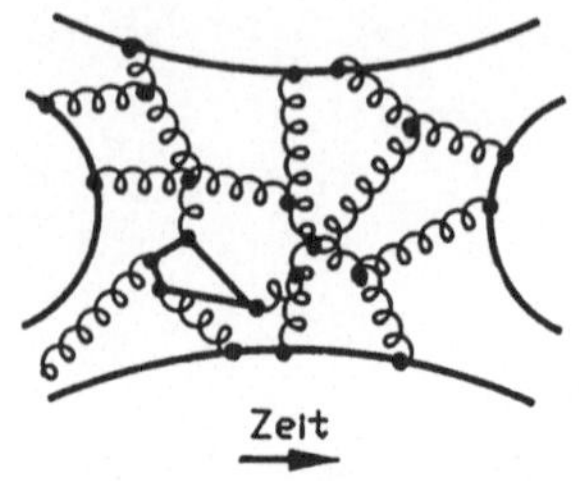

Abb. 2.36:   Die duale Amplitude unter Berücksichtigung der Selbstwechselwirkung der Gluonen

als ein Resonanz- oder Austauschverhalten interpretiert werden kann. Diese wirkliche Amplitude kann (mit etwas Optimismus) sowohl aus Resonanzamplitudensummen im s-Kanal als auch aus solche im t-Kanal (analytisch) extrapoliert werden. Diese Identität von Austausch- und Resonanzbeiträgen wird als *Dualität* bezeichnet.

Praktisch bedeutet diese Hypothese, daß man in einer phänomenologischen Parametrisierung entweder den Regge-Austausch oder die entsprechenden Resonanzen berücksichtigen muß. Abgesehen von dem Gebiet, in dem einzelne Resonanzbeiträge dominieren, ist die Parametrisierung mit Regge-Polen effektiver.

Die Abb. 2.36 mit den (endlich vielen) Schlangenlinien sollte dabei keine störungstheoretische Berechenbarkeit andeuten. Man muß eine geeignete Beschreibung der Wechselwirkung der vier Valenzquarks im eingeschlossenen Gebiet finden, welche in den entsprechenden kinematischen Bereichen zu dem benötigten Verhalten der Amplitude führt.

Natürlich gibt es nicht "nur" die gezeichneten Meson-Meson-Streuvorgänge. Meist bleiben allerdings zwei der Quarks aus dem Baryon zusammen, d.h. sie treten im Streuvorgang als Diquark auf. Auf diese Weise ist die Quark-Diquark-Bindung des Baryons analog zur Quark-Antiquark-Bindung des Mesons.

Die Idee der Topologischen Entwicklung

Die Regge-Pol-Amplitude kann man als Baustein für kompliziertere Amplituden betrachten [72,73]. Die Existenz solcher zusammengesetzter Amplitudenbeiträge kann aus der Unitaritätsrelation gefolgert werden. Die Unitaritätsrelation

$$< \psi_l |i(T^+ - T)|\psi_l > = 2 \sum_{i=1}^{\infty} < \psi_l |T^+|\psi_{l,i} > < \psi_{l,i}|T|\psi_l >$$

verbindet den Imaginärteil einer elastischen Amplitude mit dem Produkt von Amplituden mit beliebigen Endzuständen $\psi_{l,i}$. Ein Beitrag wird dabei von Zwei-Teilchen-Endzuständen kommen, d.h. von einer Iteration von zwei Zwei-Teilchen-Amplituden. Dabei gibt es verschiedene Möglichkeiten, wie in Abb. 2.37a und b dargestellt.

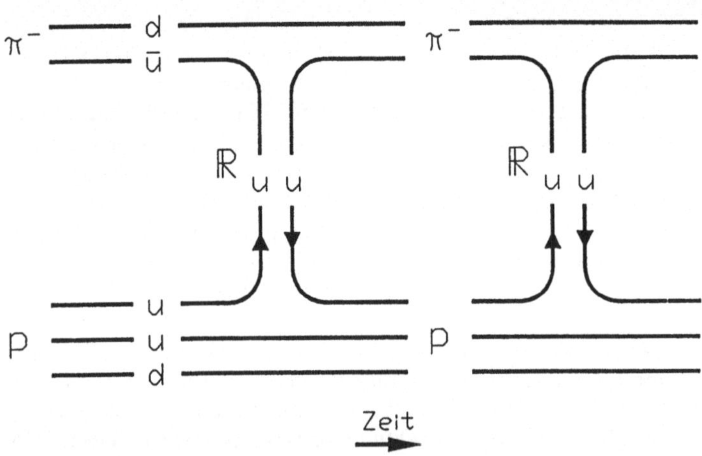

Abb. 2.37a: Die planare Iteration elementarer dualer Amplituden

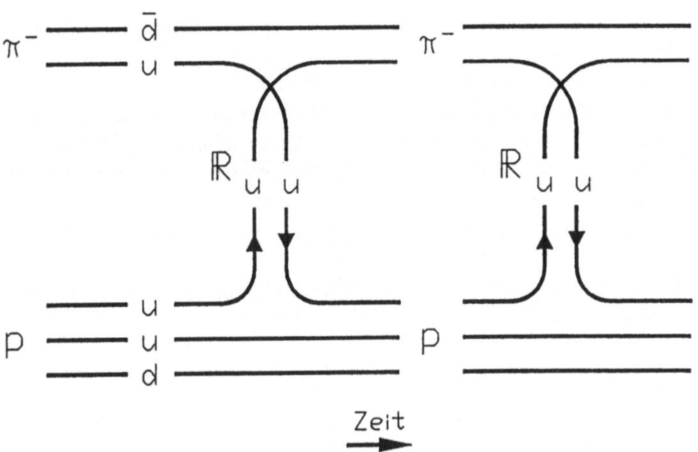

Abb. 2.37b: Eine nichtplanare Iterationsmöglichkeit elementarer dualer Amplituden

Im ersten Fall gibt es keine Änderung bezüglich der äußeren Flavor-Quantenzahlen. Der Beitrag kann dadurch definitorisch eliminiert werden. Die innere Quarklinie wird als Seequark-Schleife aufgefaßt. Die duale Ein-Regge-Austauschamplitude schließt dann solche Iterationen ein, so daß der iterierte Beitrag schon gezählt ist und nicht noch einmal explizit berücksichtigt werden muß[21]. "Solche Iterationen" umfassen alle Iterationen, die in einer Ebene ohne sich kreuzende Quark-Linien gezeichnet werden können. Man spricht daher von *"planaren Amplituden"*. Für die Planarität einer Amplitude spielt es keine Rolle, ob ein Teilchen (in Abbildung 2.37a ein π^-) einläuft oder ein Antiteilchen (in Abbildung 2.37b ein π^+) ausläuft.

Die Iteration zweier planarer Amplituden kann daher, wie in Abb. 2.37b dargestellt, auch zu nichtplanaren Strukturen führen. Beginnend mit einer geeignet parametrisierten planaren Amplitude, hofft man, durch Iteration und analytische Fortsetzung beliebige nichtplanaren Strukturen parametrisieren zu können. Mit mehr und mehr Iterationen können dabei nach und nach kompliziertere Strukturen erreicht werden.

Eine wichtige Beobachtung ist, daß Beiträge von Amplituden mit zunehmender Komplexität (der Flächen, auf die sie gezeichnet werden können) meist rapide an Bedeutung verlieren. Diese empirische Beobachtung macht eine Klassifikation der Beiträge nach ihrer Komplexität sinnvoll. Man spricht von einer *topologischen Entwicklung*. Eine solche Entwicklung ermöglicht es (zu einem gewissen Grad), Amplituden durch eine meist rasch konvergierende Summe von Beiträgen (mit wachsender Komplexität) zu berechnen. Für die gewünschte Genauigkeit scheinen dabei meist ein oder zwei Terme zu genügen[22].

Es gibt verschiedene Versuche, die empirisch gefundene Bevorzugung planarer Strukturen zu erklären. Ein Versuch ist das erwähnte sogenannte Bindfadenmodell (engl. string model). In einer rein statistischen Betrachtung postuliert man, daß sich die Farbfeldlinien wegen einer Selbstwechselwirkung zu dünnen Linien (Bindfäden) zusammenschnüren. Die von den Valenz-Quark-Linien eingeschlossene Raum-Zeit-Fläche entspricht dann der von einem solchen Bindfaden überstrichenen Raum-Zeit-Fläche. Die Planarität folgt in diesem Bild aus einfachen Vorstellungen über die Dynamik solcher Fäden:

- Wegen ihres geometrischen Abstandes bewegen sich die Fäden voneinander unabhängig, und

---

[21] Diese Forderung beinhaltet eine restriktive Bedingung an die Amplitude. Für eine Zeit bestand die Hoffnung, daß, wenn man es fertig bringen würde, alle Bedingungen voll auszuschöpfen, nur eine konsistente Amplitude übrig bleiben könnte und daß die Erforschung der Phänomene mit kleineren und kleineren Skalen in einer solchen Selbstkonsistenzbedingung ihr Ende finden könnte ("bootstrap"-Konzept).

[22] Wegen der Stärke der Wechselwirkung hat man in der hadronischen Physik keine Möglichkeit, störungstheoretische Entwicklungen durchzuführen. Hätte man eines Tages mit neuen Methoden aus der QCD Zugang zu den planaren Amplituden (und hätte man die Faktorisierung in planare Subamplituden gezeigt), könnte man mit der topologischen Entwicklung die wirklichen Amplituden dann in einer Art topologischer Störungstheorie berechnen.

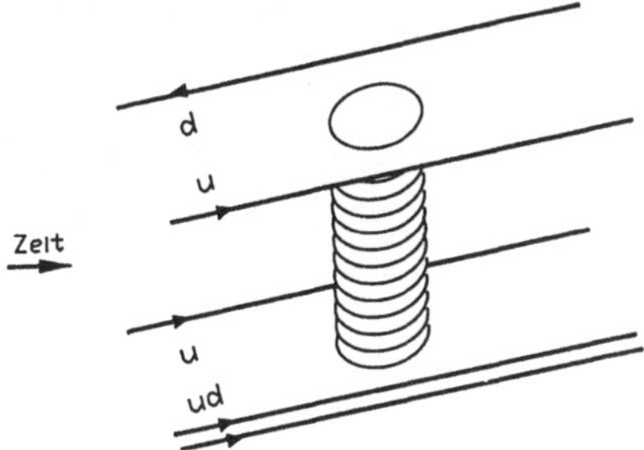

Abb. 2.38:   Der Pomeron als Zylinder

- durch die Fäden werden keine großen Impulse übertragen.

Der Auf- und Abbau von stark verschlungenen Fadenstrukturen ist daher wegen der dazu benötigten Impulsüberträge unterdrückt, so daß nur einfache Konfigurationen übrigbleiben.

Pomeranchuk-Pol

Wir betrachten jetzt die einfachste topologische Komplikation (Abb. 2.37b). Für die topologische Klassifikation ist nur die Struktur wichtig, die die Valenz-Quark-Linien durch Flächen, in denen Wechselwirkungen der Gluonen und See-Quarks stattfinden, verbindet. Die Raum-Zeit-Struktur der Amplitude kann daher schematisch als Zylinder dargestellt werden (Abb. 2.38). Diese Identität ist ersichtlich, wenn man sich die Quarklinien des Mesons in Abb.2.37b einige Zentimeter oberhalb der Papierebene vorstellt. Für die Topologie ist es dabei ohne Bedeutung, daß die Valenz-Quarks nicht auf dem Zylinder, sondern auf zwei Ebenen oberhalb und unterhalb des Zylinders gezeichnet sind. Man spricht daher vom Zylinder-Beitrag zur Amplitude [72].

Die erhaltene Zylinder-Amplitude heißt *Pomeranchuk-Pol- oder Pomeron-Beitrag.* Es wird meist angenommen, daß ein solcher Beitrag für den nicht-resonanten Hintergrund im Resonanzgebiet verantwortlich ist und daß er bei hohen Energien eine dominierende Rolle spielt und einen in etwa konstanten Beitrag liefert.

In diesem Gebiet kann man ihn wie einen Regge-Pol parametrisieren:

$$A_{\text{Pomeron}} \approx \beta_1 \cdot \beta_2 \cdot \left(\frac{s}{s_0} \right)^{\alpha_{\text{Pomeron}}} . \tag{2.62}$$

Seine Trajektorie hat dabei in etwa die Form, wie sie in Abb. 2.39 dargestellt ist. Sie schneidet die $t = 0$-Achse mit einem Wert, der in etwa bei eins (und wahrscheinlich etwas darüber) liegt. Die Trajektorie hat dabei eine vergleichsweise flache Steigung.

Als Konsequenz hat der totale Wirkungsquerschnitt gerade einen fast energieunabhängigen Wert

$$\sigma_T \approx s^{\alpha_{\text{Pomeron}}(t = 0) - 1} \approx \text{const} , \tag{2.63}$$

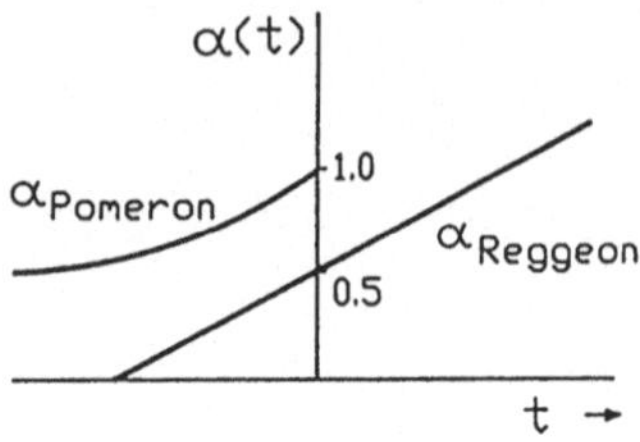

Abb. 2.39:   Die Trajektorie des Pomerons

wie es in Abb. 2.32 zu sehen war. Wegen seines deutlich höher liegenden Koordinaten-Schnittpunkts $\alpha(t = 0)$ (seines "intercepts") spielt der *Pomeron-Austausch* bei steigenden Energien eine zunehmend *dominante* Rolle. Bei einer Energie von 100GeV ist sein Beitrag selbst für $p\bar{p}$-Streuung bereits über 95%.

Bei sehr hohen Energien (Abb. 2.40) [61] zeigt sich, daß der Flavor-unabhängige Beitrag langsam ansteigt. In einer Theorie ("Superkritisches Pomeron" [62]) hat der Anstieg seine Ursache in der Tatsache, daß der Wert der Pomeron-Trajektorie bei $t = 0$ in Wirklichkeit etwas größer als eins ist. Die Behandlung eines solchen wachsenden Pomeron-Beitrags ist nicht ganz einfach. Um Probleme mit der Unitaritätsrelation zu vermeiden, braucht man eine Theorie mit mehrfachem Pomeron-Austausch, auf die ich hier nicht eingehen will. Als Ergebnis einer solchen Theorie erhält man logarithmische Korrekturen zum totalen Wirkungsquerschnitt. Die durchgezogene Linie in Abb. 2.40 benutzt die folgende Parametrisierung:

$$\sigma_{\text{total}} = \text{const} \cdot ln(s)^2 + \text{const} \cdot ln(s) + \text{const} . \tag{2.64}$$

Eine exaktere Implementation der Pomeron-Austausch-Iteration führt zu der mit Strichpunkten gezeichneten Linie. Die gestrichelte Linie entspricht einem Modell, in dem der Wirkungsquerschnitt asymptotisch konstant wird.

2.2.3 Hochenergetische Teilchenproduktion

Wir haben jetzt eine Vorstellung vom Verhalten totaler Wirkungsquerschnitte bei hohen Energien. Was geschieht nun in solchen Streuprozessen? Typischerweise wird dabei ein großer Teil der ursprünglichen kinetischen Energie in die Produktion von Teilchen umgesetzt.

Die Vielteilchenendzustände enthalten im Prinzip (zumindest formal, nach der Dimension des Raums der meßbaren Parameter) viel detaillierte Information über den Streuprozeß. Unglücklicherweise ist es nicht leicht, diese Information zu nutzen. Es gibt recht verschiedenartige Modelle und wenig allgemein akzeptierte "Tatsachen"[23], wenn man von Teilgebieten absieht, die einen Zugang mit

---

[23]Das gilt in gewissem Umfang auch für die hier präsentierten Konzepte. Die Betrachtung

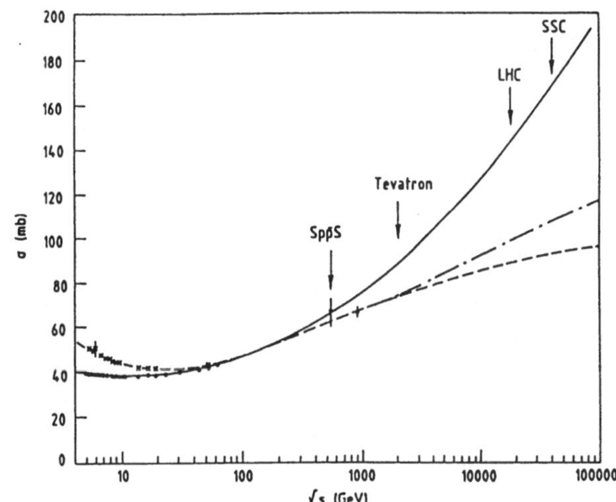

Abb. 2.40: Der totale Wirkungsquerschnitt bei hohen Energien [61]

störungstheoretischen Methoden der Quantenchromodynamik gestatten.

Diffraktive Teilchenproduktion

Wie wir von der Pomeron-Physik wissen, spielt der elastische Beitrag

$$\sigma_{\text{elastisch}} \propto s^{2\alpha_{\text{Pomeron}} - 2} \approx \text{const} \tag{2.65}$$

auch bei hohen Energien eine nicht verschwindende Rolle. Die einfachste Möglichkeit, Teilchen zu produzieren, involviert eine kleine Abwandlung dieses bekannten Prozesses, die sogenannte *"diffraktive Streuung"*.

In einem diffraktiven Prozeß werden die beiden Streuteilchen im wesentlichen wie in einem elastischen Prozeß weiterlaufen und nur, zumindest im Falle eines der beiden Teilchen, eine gewisse, meist relativ kleine Anregung erfahren. Der angeregte Zustand wird im Anschluß an den eigentlichen Streuvorgang zerfallen. Da die Teilchenproduktion nicht direkt im eigentlichen Streuprozeß stattfindet, steht dabei typischerweise nur ein sehr kleiner Teil der Energie zur Teilchenproduktion zur Verfügung. Die Diffraktion trägt daher vor allem zu Streuprozessen, in denen vergleichsweise wenig Teilchen produziert werden, bei.

Die diffraktive Teilchenproduktion kann formal auf eine inelastische Streuung zwischen Teilchen und Pomeron reduziert werden. Die grundlegende Idee ist

---

folgt Grundkonzepten von "dual-topologischen Modellen", in denen sich eine Vielzahl von Fakten konsistent zusammenfassen lassen.

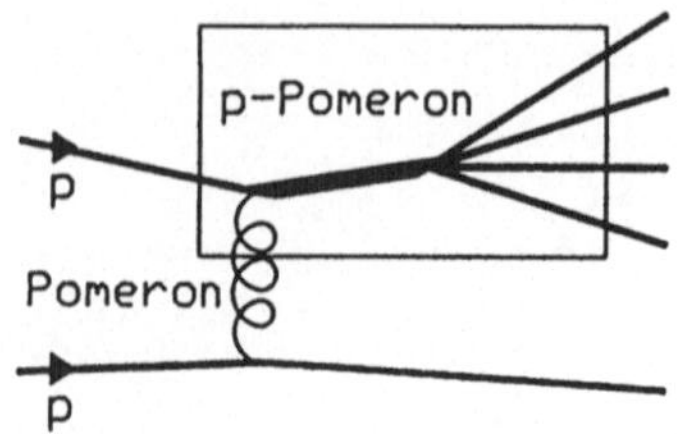

Abb. 2.41:   Die Pomeron-Proton-Streuung im diffraktiven Streuprozeß

dabei in Abb. 2.41 angedeutet. Die untere Linie beschreibt ein Teilchen, das ein Pomeron emittiert und sonst keine Rolle spielt. Die ”eigentliche Streuung” findet zwischen dem Pomeron und den oberen Teilchen statt. Die effektive Masse des Pomerons $\sqrt{t}$ ist dabei imaginär (d.h. $t < 0$). Da sie vergleichsweise kleine Werte einnimmt, spielt sie für die Teilchenproduktion keine Rolle. Das Pomeron verhält sich wie ein Vektormeson ohne Flavor-Quantenzahl.

Die am oberen Vertex zur Verfügung stehende Ruheenergie, d.h. die Masse des angeregten Zustands, ist natürlich viel geringer als die Gesamtenergie des Prozesses. Im Vergleich mit Prozessen mit entsprechend drastisch reduzierter Gesamtenergie zeigt sich, daß die Teilchenproduktion in diesem “Pomeron-Teilchen Streuprozeß” analog zu den üblichen nichtdiffraktiven, inelastischen Prozessen verläuft, die im nächsten Paragraphen besprochen werden.

Nichtdiffraktive Teilchenproduktion (Regge-Beitrag)

Betrachten wir nun die nichtdiffraktive Teilchenproduktion und beginnen dabei mit einem etwas idealisierten, nicht separat meßbaren Prozeß, dessen Beitrag zum totalen Wirkungsquerschnitt vom Regge-Pol-Beitrag und nicht vom Pomeron-Beitrag kommt. Da der totale Wirkungsquerschnitt linear von der Amplitude abhängt, kann der Beitrag der planaren Amplitude

$$\sigma_{\text{total}} = \sigma^{\text{Pomeron}} + \sigma^{\text{Regge}} \propto \text{Im}\{\, T_{\text{Pomeron-Beitrag}} \,\} + \text{Im}\{\, T_{\text{planar}} \,\} \quad (2.66)$$

wenigstens formal separat vom nichtplanaren (Pomeron-) Beitrag betrachtet werden. Da bei hohen Energien, bei denen größere Teilchenzahlen produziert werden, das Pomeron dominiert, ist die reine Regge-Austausch-Streuung eine Art Gedankenexperiment, das eine nützliche Grundlage für die spätere Diskussion sein wird.

Bei niederen Energien verhält sich die planare Amplitude wie eine Summe über s-Kanal-Resonanzamplituden. Betrachten wir das Optische Theorem für eine solche s-Kanal-Resonanzamplitude. Ignorieren wir zunächst inelastische Beiträge. Der Imaginärteil

$$\text{Im}\left\{ \frac{\Gamma/2}{s - M^2 + \mathrm{i}\Gamma/2} \right\} = \frac{(\Gamma/2)}{s - M^2 + \mathrm{i}\Gamma/2} \cdot \left(\frac{(\Gamma/2)}{s - M^2 + \mathrm{i}\Gamma/2} \right)^* \quad (2.67)$$

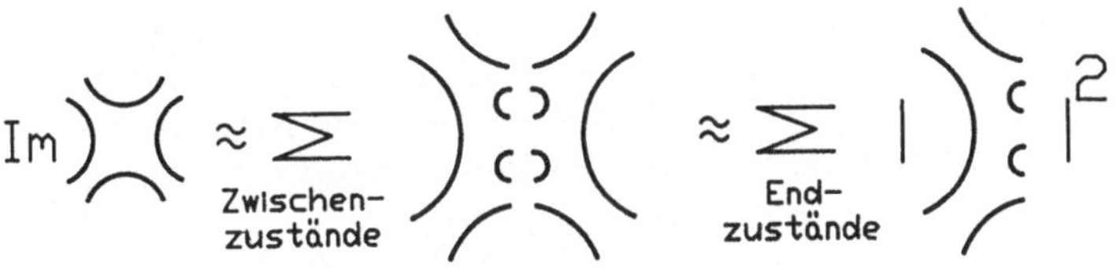

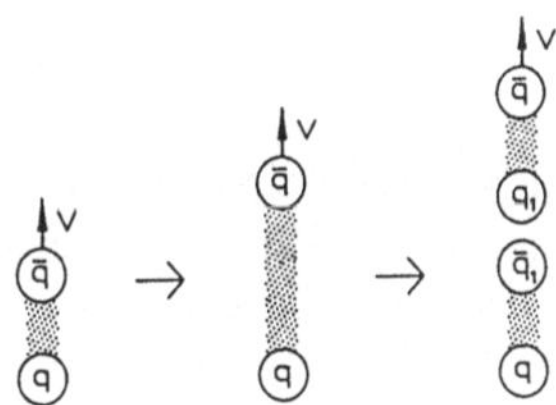

Abb. 2.42:   Der Beitrag der planaren Amplitude zum Wirkungsquerschnitt

Abb. 2.43:   Teilchenproduktion aus dem Farbfeld auseinanderfliegender Quarks

läßt sich offensichtlich in der erwarteten Weise als Absolutquadrat einer Amplitude schreiben. Der Stern bedeutet komplexe Konjugation.

Um inelastische Prozesse zu berücksichtigen, muß man die Γ's durch Matrizen analog zur (1.182) ersetzen. Dabei werden alle möglichen Zwischenzustände einen Beitrag leisten. Man erhält eine Situation, wie sie in Abb. 2.42 skizziert ist. Der Imaginärteil erhält seinen Beitrag von allen möglichen Aufteilungen der planaren Amplitude in zwei Subamplituden. Der erste Teil entspricht dann der reellen Vielteilchen-Produktions-Amplitude und der zweite Teil dem komplex konjugierten Anteil. Daß als Zwischenzustände Teilchen auftreten müssen, ist dabei kein Problem, da die planare Amplitude alle möglichen kurzzeitig produzierten (See-) Quark- und Antiquark-Paare enthält.

Welche Verteilung wird für die Teilchen in einem solchen planaren Endzustand erwartet? Diese Frage hängt mit dem Produktionsmechanismus zusammen, der theoretisch nicht vollständig geklärt ist. Unabhängig von der tatsächlichen Dynamik eines solchen Prozesses sollten die üblichen Vorstellungen, die im folgenden dargestellt werden, in etwa dem tatsächlichen Ablauf entsprechen.

Gehen wir zunächst ins Ruhesystem des unteren Quarks q , in dem sich das obere Antiquark $\bar{q}$ nach oben wegbewegt, wie es in Abb. 2.43 links zu sehen ist. Nach kurzer Zeit wird das Quark q einen Abstand erreicht haben, der die Produktion eines weiteren Quark-Antiquark-Paares $\bar{q}_1, q_1$ verursacht (Abb. 2.43 rechts). Gehen wir jetzt ins Ruhesystem des Quarks q_1. Nach kurzer Zeit ist das Antiquark $\bar{q}$ wiederum so weit entfernt, daß ein neues Quark-Antiquark-Paar erzeugt wird, und der Vorgang wiederholt sich, bis der gesamte kinematische

Bereich zwischen den Impulsen des ursprünglichen Quarks und Antiquarks mit Quark- und Antiquark-Paaren aufgefüllt ist. In einem bestimmten Bereich hat man in jedem longitudinalen Lorentz-System, das mit dem Ruhesystem eines Quarks zusammenfällt, dieselbe Situation: Ein Parton bewegt sich weg, und aus der Feldenergie entsteht ein neues Quark-Antiquark-Paar.

Dieses Konzept der Produktion einer solchen Teilchenkette hat zwei Konsequenzen. Zum einen erwartet man in jedem oben beschriebenen Lorentz-System, in das man "nachgerückt" ist, *dieselbe Teilchenverteilung* für langsame Teilchen. Die Erzeugung neuer Quarks wird nur von der Geschwindigkeit des weglaufenden Antiquarks abhängen. Da diese Geschwindigkeit zunächst praktisch der Lichtgeschwindigkeit entspricht, kann es in diesem Bild keine Abhängigkeit von der ursprünglichen Energie und auch keine Abhängigkeit davon geben, wieviele Teilchen schon produziert wurden.

Zum anderen sollte es *keine Korrelationen* in der Teilchenproduktion zwischen kinematisch verschiedenen Gebieten geben. Zum Zeitpunkt der Produktion eines zweiten Teilchens ist die Verbindung zum ersten Teilchen, die eine solche Korrelation verursachen könnte, bereits durch viele neu entstandene Quark-Antiquark-Paare unterbrochen. Das gilt natürlich nur, wenn der Abstand groß genug ist. Korrelationen zwischen Teilchen aus benachbarten Lorentz-Systemen können verschiedene Ursachen haben. Positive Korrelationen entstehen, da die zunächst entstandenden, zusammenhängenden Quark-Antiquark-Paare oft Resonanzen sein werden, die dann in kinematisch benachbarte[24] Teilchen zerfallen.

Betrachten wir die Situation etwas genauer. Die einfachste Meßgröße ist dabei eine *Dichteverteilung* im Impulsraum. Abgesehen von der Normierung entspricht eine solche Verteilung gerade dem differentiellen inklusiven Wirkungsquerschnitt

$$\rho \approx \frac{1}{\sigma_{\text{total}}} \cdot \frac{d\sigma_{a+b\rightarrow c+X}}{dp_c} , \qquad (2.68)$$

wobei, wie gesagt, inklusiv heißt, daß wir uns auf die Beobachtung eines Teilchens bei beliebigem Rest konzentrieren. In der normierten Form spricht man von dem inklusiven *Einteilchen-Spektrum.*

Diese Invarianz bezüglich der Lorentz-Transformation in longitudinaler Richtung legt die Parametrisierung der Dichteverteilung durch transversale Impulse und Rapiditäten nahe. Die *Rapidität eines Teilchens* ist der "Winkel" y, der in der Lorentz-Transformation aus einem festgelegten Lorentz-System (z.B. aus dem Schwerpunkt-System) in das longitudinale System, in dem das Teilchen keinen longitudinalen Impuls hat, benötigt wird. Es ist also der Winkel der folgenden Transformation:

$$\begin{pmatrix} p_0' \\ 0 \\ p_{\perp,1} \\ p_{\perp,2} \end{pmatrix} = \begin{pmatrix} \cosh y & \sinh y & 0 & 0 \\ -\sinh y & \cosh y & 0 & 0 \\ 0 & 0 & +1 & 0 \\ 0 & 0 & 0 & +1 \end{pmatrix} \begin{pmatrix} p_0 \\ p_{\parallel} \\ p_{\perp,1} \\ p_{\perp,2} \end{pmatrix} . \qquad (2.69)$$

---

[24]Die Relativgeschwindigkeit der Zerfallsprodukte ist meist klein.

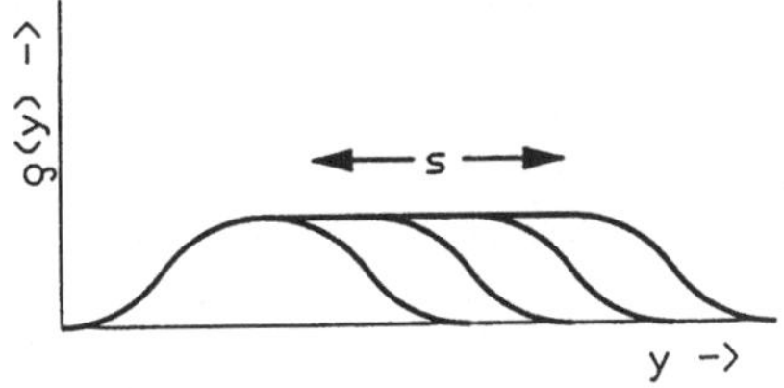

Abb. 2.44: Das erwartete Rapiditätsspektrum für unterschiedliche Energien

Ein Wechsel des ursprünglich festgelegten Lorentz-Systems bewirkt eine einfache Verschiebung in der Rapiditätsvariablen

$$y \to y' = y + \text{Konstante} , \qquad (2.70)$$

ohne den Impuls in transversaler Richtung zu beeinflussen. Die Teilchendichte pro Rapiditäts-Intervall ändert sich nicht unter einer longitudinalen Lorentz-Transformation. Die Jacobi-Determinante einer longitudinalen Lorentz-Transformation ist eins.

In Abhängigkeit von der Rapidität sollte die Dichte, abgesehen von kinematischen Effekten am Rande (wo u.a. $v_{\bar{q}} < 1$), wegen des jeweils gleichen Produktionsmechanismus konstant sein. Man erwartet etwa ein Verhalten wie in Abb. 2.44. Mit steigender Energie wird das Plateau in der Mitte länger. Der Abfall an den Seiten sollte ähnlich sein und nur von der Natur des schnellsten bzw. langsamsten Quarks bzw. Diquarks (für Baryon-Streuungen) abhängen. Empirisch stellt man fest, daß die Dichte dabei ungefähr einem positiven, einem negativen und einem neutralen Teilchen pro Rapiditätseinheit ($\Delta = 1$) entspricht.

Bei der Erzeugung der Quarks wird eine gewisse Fluktuation in transversaler Richtung auftreten. Da die Transversalimpulse, d.h. die $p_\perp$'s, nicht von den longitudinalen Lorentz-Transformationen berührt werden, erwartet man eine universelle Verteilung der produzierten Hadronen, die — abgesehen von Resonanzzerfallseffekten — dieser ursprünglichen Fluktuation entspricht. Die übliche Vorstellung ist, daß sie etwa in der folgenden Weise abfällt:

$$\rho(y, p_\perp) = f(y) \cdot \exp\left(\frac{-m_\perp}{6\,\text{GeV}}\right) , \qquad (2.71)$$

wobei

$$m_\perp = \sqrt{m^2 + p_\perp^2} \qquad (2.72)$$

die transversale Masse ist. Bei niederen $p_\perp$-Werten verhält sich ρ wie eine Gauß-Funktion, um dann bei etwas größeren Werten exponentiell abzufallen. Der quadratische Mittelwert von $p_\perp$ ist etwas über $0.3\,\text{GeV}$.

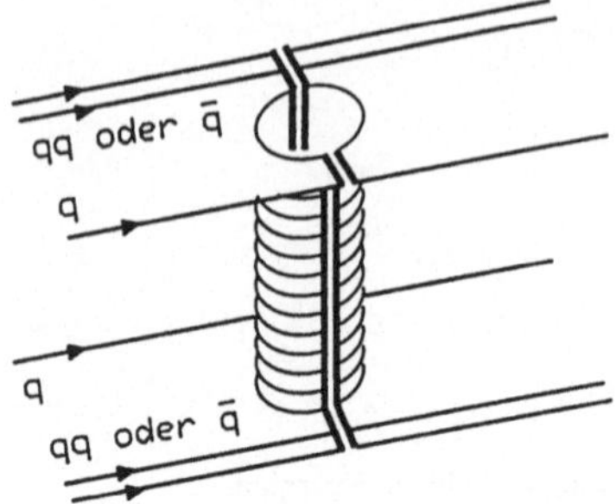

Abb. 2.45:   Die Teilchenproduktionsflächen im Pomeron-Zylinder

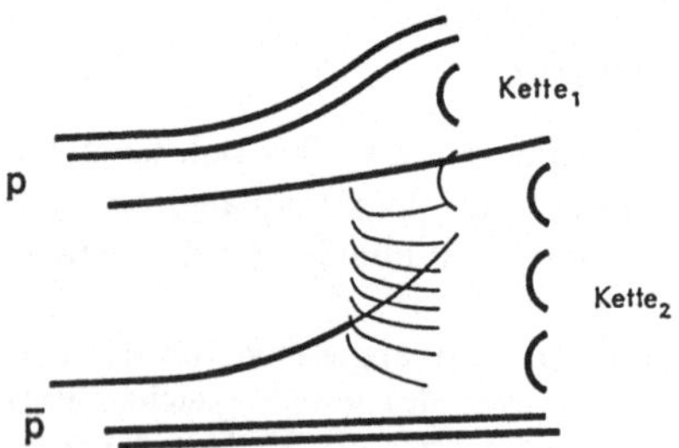

Abb. 2.46:   Das Quark-Linienbild der Teilchenproduktion des Pomeron-Beitrags

Nichtdiffraktive Teilchenproduktion (Pomeron-Beitrag)

Gemäß der Betrachtung im letzten Abschnitt kommt ein Pomeron-Beitrag durch den Austausch einer zylindrischen Struktur von Gluonen und See-Quarks zustande. Um den Beitrag zum totalen Wirkungsquerschnitt zu erhalten, muß man jetzt analog zur Abb. 2.42 die Flächen auf beiden Seiten des Zylinders auf alle möglichen Arten durchtrennen wie in Abb. 2.45 angedeutet. Man erhält damit zwei Teilchenproduktionsketten (Abb. 2.46). In beiden Ketten entspricht die Teilchenproduktion dem Regge-Fall.

Was ist die Konsequenz? Planare Strukturen waren bevorzugt, da zwischen Quark-Linien meist nur geringe Impulsüberträge auftreten. Man erwartet daher, daß auch hier keine großen Impulsüberträge auftreten und die Impulse an den Enden der Teilchenproduktionsketten im wesentlichen dem Impulsanteil entsprechen, der ursprünglich mit den entsprechenden Quarks verbunden war.

Da die Transversalimpulse in Hadronen klein sein sollten, erwartet man in etwa dasselbe Verhalten wie für den Regge-Beitrag. Betrachten wir dazu in Abb. 2.47 die Verteilung der Transversalimpulse im zentralen (um $y^* = 0$) Gebiet [74]. Der Abfall entspricht dieser Vorstellung. Zu sehen ist die Unabhängigkeit von der Energie. Dies ist nicht mehr der Fall für SPS (oder S$p\bar{p}$S)-Energien. Man nimmt an, daß in diesem Energiebereich Impulsüberträge nicht mehr

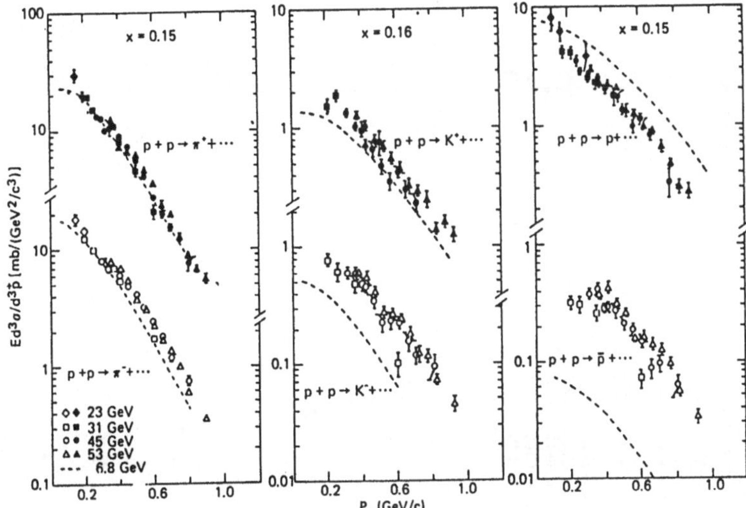

Abb. 2.47: Typische Transversalimpuls-Spektren im zentralen Rapiditätsgebiet [aus R. Slansky [74]]. Es gilt $x = p_\parallel / E$.

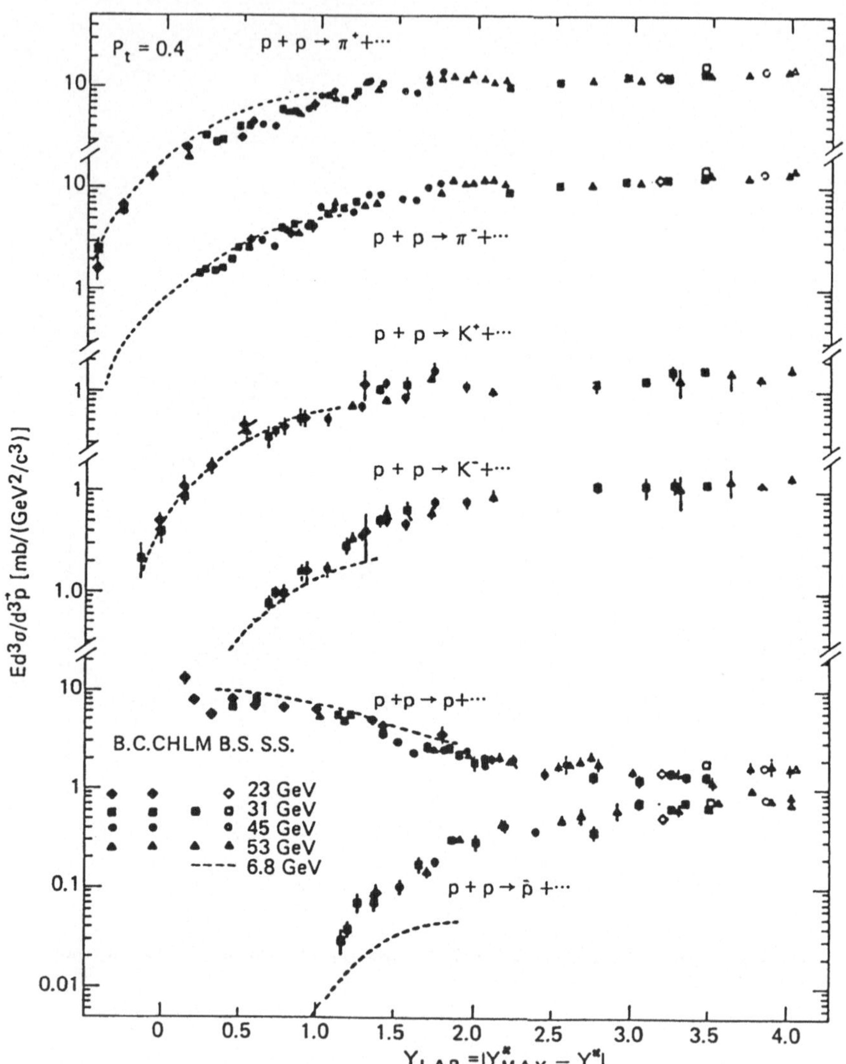

Abb. 2.48:   Typische Rapiditäts-Spektren [aus R. Slansky [74]]

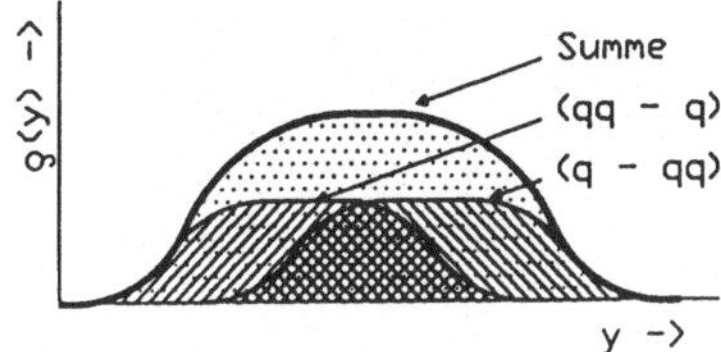

Abb. 2.49:   Erwartete Beiträge zur Rapiditätsverteilung

vernachlässigt werden können.

Abgesehen von Randeffekten, die die mittleren Transversalimpulse für große Longitudinalimpulse etwas reduzieren, ist die transversale Verteilung auch unabhängig von dem betrachteten Rapiditätsbereich. Dadurch, daß sich die ursprüngliche Energie auf zwei planare Strukturen aufteilen muß, erstrecken sich Randeffekte weiter, als aus rein kinematischen Überlegungen folgen würde.

Für die longitudinale Verteilung ist es wichtig, wie die Impulse der Teilchen auf die beiden planaren Strukturen aufgeteilt werden. Über alle möglichen Rapiditätspositionen der beiden planaren Strukturen muß gemittelt werden. Aus einer Analyse des Proton- und Pion-Spektrums schließt man, daß die Impulse meist sehr unsymmetrisch aufgeteilt werden, das Diquark erhält typischerweise mehr Energie als das Quark. An den Enden des Rapiditätsspektrums gibt es daher jeweils ein größeres Gebiet, das von Teilchen eines einzigen planaren Endzustandes bevölkert wird. Wie im Regge-Fall erwartet man in diesem Gebiet ein energieunabhängiges Ansteigen ("Feynman scaling"). Die Daten sind für verschiedene Energien jeweils bis zur Schwerpunktsrapidität in Abb. 2.48 zu sehen. Bis zu einer gewissen Genauigkeit zeigen die Daten diesen energieunabhängigen Anstieg im Energiebereich von 23 bis 53 GeV.

Bei genauer Betrachtung findet man, daß das Spektrum im jeweiligen zentralen Bereich mit zunehmender Energie ansteigt. Dieser Effekt kann dadurch erklärt werden, daß der Überlapp beider planarer Strukturen, der in Abb. 2.49 angedeutet ist, mit wachsender Energie zunimmt. Man kann zeigen, daß durch diese Überlappung das "Feynman scaling" selbst nicht verletzt wird.

Das Integral über das Teilchenspektrum ergibt die Teilchenmultiplizität. Wegen

$$y_{LAB}^{maximal} \approx \sinh^{-1} p_L^{maximal}/m \to \ln s/2m^2$$

steigt damit bei ungefähr konstantem Rapiditäts-Spektrum die Multiplizität ungefähr logarithmisch an, wie in Abb. 2.50 zu sehen ist. Produziert werden vor allem die leichten Hadronen, insbesondere die Pionen. Teilchen mit hohen Massen sind selten. Die Unterdrückung der Produktion schwerer Teilchen entspricht etwa der Unterdrückung von Teilchen mit entsprechend großen Transversalimpulsen. Die aus dem Tunneleffekt im Bindfadenmodell gewonnene Parametrisierung (2.71) läßt sich universell anwenden.

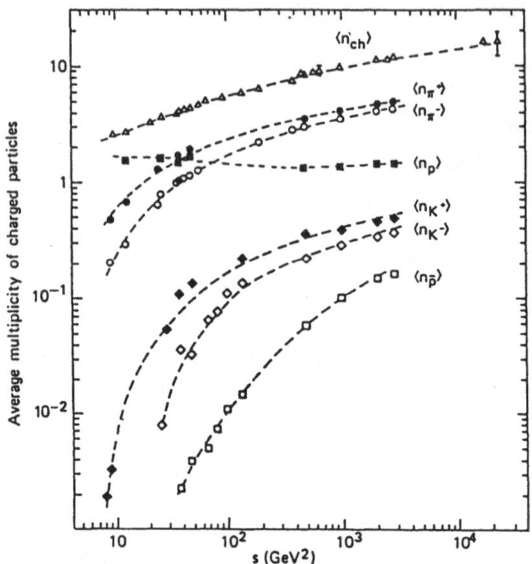

Abb. 2.50:   Energieabhängigkeit der mittleren Multiplizität [aus R. Slansky [74]]

Das Zwei-Planare-Endzustandsmodell hat einen beschränkten Gültigkeitsbereich. Bei hohen Energien, wie sie am Collider erreicht werden, werden Multi-Pomeron-Effekte die Situation komplizieren, und es wird Beiträge mit komplexeren topologischen Strukturen geben, in denen mehr als zwei Teilchenketten produziert werden. Außerdem spielen mit wachsender Energie harte Streuvorgänge, wie sie im nächsten Abschnitt besprochen werden, eine wachsende Rolle. Es gibt Anzeichen dafür, daß solche Prozesse bei den am Collider erreichten Energien schon einen signifikanten Beitrag liefern.

Teilchenproduktion nach harten Streuvorgängen

Um das Kapitel über die inelastische Teilchenproduktion abzuschließen, soll kurz auf die Hadronenproduktion in anderen Streuvorgängen eingegangen werden. Die eigentliche Teilchenproduktion selbst ist in jedem Falle ein weicher Prozeß, dessen Skala durch die Hadronenmassen gegeben ist. In harten Wechselwirkungen gibt es zumindest an einer Stelle einen großen Impulsaustausch. Wie wir im nächsten Kapitel sehen werden, ist ein solcher Impulsübertrag zwischen einzelnen Quarks oder Leptonen sowohl in der QCD als auch in der QED möglich.

In QED-Prozessen dominiert meist die niedrigste Ordnung in der Störungstheorie. Die Härte der Streuung ist dabei mehr oder weniger durch die äußeren Teilchenimpulse festgelegt. Wie wir mehrfach gesehen haben, sind in hadronischen Streuungen "weiche" Wechselwirkungen mit geringen Impulsüberträgen

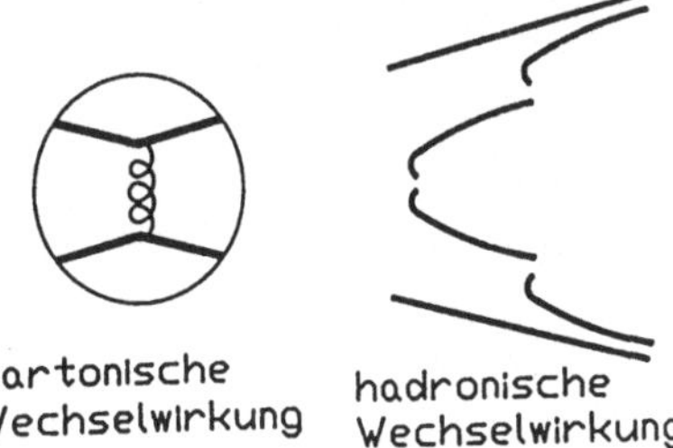

Abb. 2.51: Die beiden Phasen in harten Streuprozessen

dominant. Es gibt allerdings auch einen zunächst winzigen Beitrag von "harten" Wechselwirkungen mit größeren Impulsüberträgen, der mit wachsender Energie zunimmt und bei SPS-Energien schon zu einem leichten Anwachsen des mittleren Transversalimpulses $< p_\perp >$ führt.

In harten hadronischen Streuprozessen gibt es zwei Phasen, wie in Abb. 2.51 angedeutet. Zunächst gibt es einen *lokalisierten harten Streuprozeß*, in dem harte Quarks oder Gluonen wechselwirken. Mit dieser Wechselwirkung werden wir uns im nächsten Kapitel genauer beschäftigen. Anschließend, wenn die Partonen genügend weit auseinandergelaufen sind und typische hadronische Abstände erreicht werden, folgt ein *hadronischer Prozeß*. In ihm werden sich diese Partonen in Bündel von Hadronen ("Jets") verwandeln, die den Impuls der ursprünglichen Partonen tragen.

Typisch für die Teilchenproduktion in harten Prozessen ist die e^+e^--*Annihilation* $(e^+e^- \rightarrow$ Hadronen); wir werden unsere Diskussion hier auf diesen Prozeß beschränken. Zunächst annihiliert sich das e^+e^--Paar in ein virtuelles Photon, das in ein Quark-Antiquark-Paar zerfällt. Bei niedrigen Energien gibt es ein Resonanzgebiet, in dem sich das Photon wie ein einzelnes Vektormeson (das Photon hat Spin 1) verhält und nahezu isotrop zerfällt. Man sagt, das Photon hat eine hadronische Komponente, die einem Vektormeson entspricht und in seinen hadronischen Streuvorgängen eine dominante Rolle spielt (*"Vektormesondominanz"*).

Bei höheren, aber nicht zu hohen Energien entspricht die Entwicklung dieses Quark-Antiquark-Paares der im letzten Paragraphen diskutierten *planaren Struktur* bei vergleichbarer Energie und ist damit völlig konsistent mit den üblichen hadronischen Konzepten. Abgesehen von der anderen ursprünglichen Produktion entspricht sie (Abb. 2.52a) dem Regge-Beitrag in der Meson-Meson-Streuung (Abb. 2.52b). Mit den begrenzten Transversalimpulsen ($p_\perp \approx 3.3\,\mathrm{GeV}$) und den relativ großen Longitudinalimpulsen ($p_\parallel \approx \sqrt{s}$) wird die Teilchenkette als zwei "Jets" (Teilchenbündel) gesehen, mit einem Jet in Vorwärtsrichtung und einem Jet in Rückwärtsrichtung.

Da die Endrapiditäten der planaren Struktur festliegen — die ursprüngliche Energie muß nicht auf mehrere planare Strukturen verteilt werden — hat man

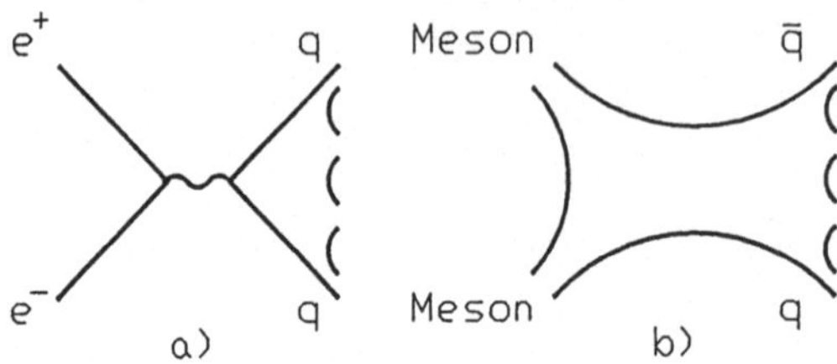

Abb. 2.52:   Die "planare" Teilchenproduktion in harten (a) und weichen (b) Wechselwirkungen

in etwa die idealisierte Situation unseres Gedankenexperiments: Man findet eine sehr flache Rapiditätsverteilung und keine deutlichen langreichweitigen Korrelationen zwischen Teilchen, die in verschiedenen Rapiditätsgebieten produziert werden.

Es gibt allerdings zwei Probleme. Zum einen ist die Richtung der ursprünglichen Quark-Antiquark-Achse nicht bekannt. Zum anderen gilt diese einfache Situation nur bei relativ niedrigen Energien. Bei höheren Energien ist der betrachtete harte Prozeß $e^+e^- \rightarrow q\bar{q}$ nicht mehr dominant.

Um die ursprüngliche Quarkachse experimentell zu bestimmen, definiert man zunächst Größen, die (bei großer Teilchenmultiplizität) ihr Minimum oder ihr Maximum um diese Achse haben und bei verfügbaren Energien ungefähr in diese Richtung zeigen. Ein Beispiel ist die *Sphärizität*

$$S = \underbrace{\max}_{n} \frac{\sum_i (n \cdot p_i)^2}{\sum_i p_i^2} \, . \tag{2.73}$$

Mit dieser Sphärizitätsachse kann man Rapiditäten definieren und die zugehörigen Spektren berechnen, wie in Abb. 2.53 [106] gezeigt. Da die Energie nicht auf verschiedene Quarks aufgeteilt wird, hat das Spektrum eine vergleichsweise rechteckige Form.

Bei höheren Energien wird der *harte Prozeß selber mehr als zwei Partonen* involvieren. Die Lokalisierung des Photons ist invers proportional zur Schwerpunktsenergie. Genauere Rechnungen zeigen, daß auch die virtuelle Masse der zunächst in diesem lokalisierten Gebiet produzierten Partonen invers proportional zur Lokalisierung und damit, wenn auch mit einem kleinen Koeffizienten, proportional zur Schwerpunktsenergie ist. Ist diese hoch genug, werden diese ursprünglichen Partonen noch innerhalb der "harten" Phase zerfallen.

Anstelle von zwei Jets erwartet man deshalb zunächst zwei *Quark-Jets* und einen *Gluon-Jet*, wie sie in Abb. 2.54 dargestellt sind. Solche Streuereignisse wurden am DESY-Laboratorium in Hamburg entdeckt. Es gibt verschiedene Methoden der Analyse, ich halte mich wiederum an die Sphärizität. Man bemerkt, daß die Impulse senkrecht zur Sphärizitätsachse ab einer gewissen Energie nicht mehr so stark abfallen. Dies wird besonders deutlich, wenn man zunächst eine Achse "zweitgrößter" Sphärizität findet, die per Definition senkrecht auf der

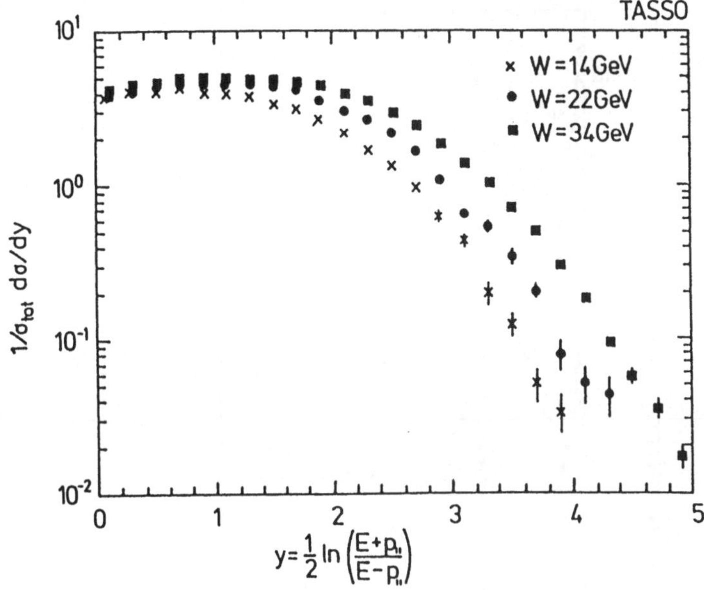

Abb. 2.53:   Die Rapiditätsverteilung in e^+e^--Streuung bei niederer Energie [aus S.L. Wu [80]]

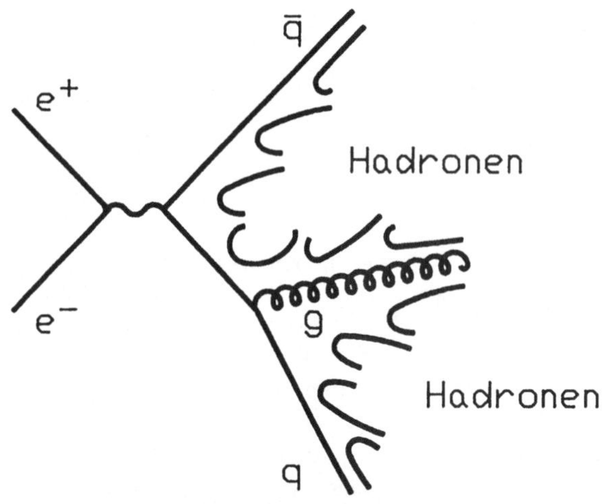

Abb. 2.54:   Der zusätzliche Gluon-Jet

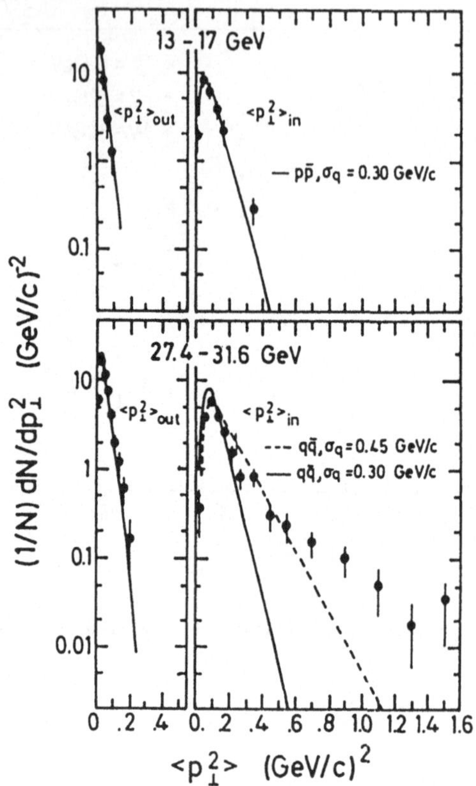

Abb. 2.55:   Der Gluonen-Jet bewirkt zunächst eine Aufweitung der Transversalimpulsverteilung [aus G. Mikenberg [81]]

Achse maximaler Sphärizität steht und dort einen maximalen Wert erreicht. Mit kleinen Korrekturen sollten die ursprünglichen drei Partonenimpulse in der von diesen Achsen aufgespannten Ebene liegen. Man erwartet daher den Anstieg für die Transversalimpulse in der Ebene ($p_{\perp in}$), aber nicht für die Transversalimpulse senkrecht zu der Ebene ($p_{\perp out}$), wie es in den Daten in Abb. 2.55 zu sehen ist [106].

Bei höheren Energien werden mehr und mehr zusätzliche Partonen in der harten Wechselwirkungsphase gebildet. Die bei einer Verzweigung entstandenen Partonen sind ausreichend virtuell, um noch innerhalb der "harten Phase" zu zerfallen. Man erwartet eine Art Baumstruktur, bei der die feinen Zweige schwach virtuellen Partonen entsprechen, die aus weniger dünnen Zweigen, die stärker virtuellen Partonen entsprechen, hervorgegangen sind (Abb. 2.56). Da die Verzweigung, abgesehen von der Skala, immer denselben Gesetzen unterliegt, hat

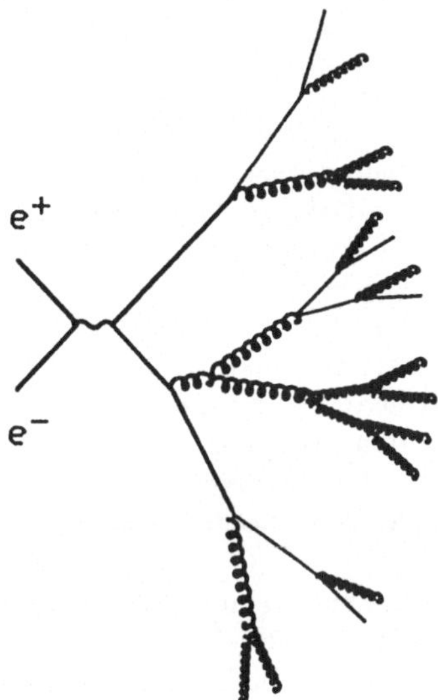

Abb. 2.56: Das asymptotische Verhalten der e^+e^--Streuung

man es mathematisch mit einem Fraktal zu tun. Das gilt allerdings nur in einem gewissen Bereich, da in den Verzweigungen die virtuelle Masse schnell abnimmt; unterschreitet die virtuelle Masse der Partonen einige GeV, kann man die Korrekturen zu diesem einfachen Bild nicht mehr vernachlässigen. Man hat dann eine ähnliche Situation, wie in weichen hadronischen Wechselwirkungen.

Teilchenproduktion in der hochenergetischen Streuung schwerer Ionen

Ein anderer Aspekt der Teilchenproduktion betrifft den Streuvorgang schwerer Kerne. Dieser Prozeß ist aus "kosmologischen" Gründen interessant. Bei der Behandlung der Entstehung der Elemente hatten wir mit der Hadronenphase des Weltalls (Hadronenzeitalter 10^{-3} s – 100 s nach dem Urknall) begonnen. In dieser Phase war die elektromagnetische Bindung nicht stark genug, um Hadronen und Elektronen zu binden. Etwas früher (Quarkzeitalter 10^{-33} s – 10^{-6} s nach dem Urknall) und bei den entsprechend höheren Energiedichten muß es für die QCD unmöglich gewesen sein, die Quarks in Hadronen zusammenzuhalten. Entscheidend für den Zusammenbruch des Confinements (d.h. von $\lim_{r\to\infty} V(r) = \infty$) ist dabei insbesondere die hohe Dichte. Ein Quark mit einer vorgegebenen Farbe kann sich von seinem Partner entfernen, da es immer in geringem Abstand neue Partner gibt, die seine Farbe neutralisieren können.

In vielen Modellen handelt es sich dabei nicht um einen allmählichen Übergang, sondern um einen unstetigen Phasenübergang [88,89]. Um dies besser zu verstehen, wäre es hilfreich, über mehr experimentelle Information zu verfügen. Eine solche Information könnte aus der Schwerionenstreuung kommen. Bei einem solchen Streuvorgang mit ausreichend schweren Ionen bei ausreichend hohen Energien könnten für einen kurzen Augenblick ausreichend hohe Dichten erreicht werden, um das Confinement zu zerbrechen und ein sogenanntes *Quark-Gluon-Plasma* zu bilden. Man hofft dabei, im Endzustand Spuren des Quark-Gluon-Plasmas finden zu können.

Bis jetzt konnten keine eindeutigen Anzeichen von Quark-Gluon-Plasma nachgewiesen werden. Am CERN SPS wurden im Targetbetrieb Sauerstoff- und Schwefel-Atome mit bis zu 200 GeV pro Nukleon an verschiedenen Targets gestreut [90]. Welche Erwartungen hat man für die Endzustände im Quark-Gluon-Plasma? Man nimmt an, daß in einem solchen Prozeß viele Quarks direkt aus dem Quark-Gluon-Plasma stammen, die dann an der Oberfläche ohne lange Teilchenketten hadronisieren. Man erwartet daher eine andere Teilchenzusammensetzung (mehr Teilchen mit seltsamen Quarks) und eine andere Impulsverteilung (keine begrenzten Transversalimpulse).

Wie verhalten sich schwere Kerne bei Energien unterhalb des Quark-Gluon-Plasma-Gebiets? Eine wichtige Beobachtung betrifft den Zeitablauf des Streuvorgangs. Nach einer Hadron-Hadron-Streuung wird es eine gewisse Zeit erfordern, bis die gestreuten Konstituenten ihre Ketten gebildet haben und neue Hadronen produziert werden. Je nachdem, ob dies noch innerhalb oder erst außerhalb des Kerns geschieht, wird die Wahrscheinlichkeit einer zusätzlichen Streuung von der Zahl der ursprünglichen Konstituenten oder von der Zahl aller Konstituenten des ursprünglichen Hadrons und aller neu gebildeten Hadronen abhängen. Entscheidend ist dabei der Weg, der vor der Hadronisierung zurückgelegt wird,

$$\Delta r = \gamma \cdot v \cdot \Delta t \,, \tag{2.74}$$

der natürlich auch von der Geschwindigkeit der produzierten Teilchen abhängt. Genauere Untersuchungen (siehe z.B. [91]) deuten darauf hin, daß, abgesehen von Teilchen, die beinahe im Ruhesystem des Kerns produziert werden, die Hadronisierung in typischen hadronischen Ereignissen außerhalb des Kerns erfolgt.

Es ist daher nicht einfach sehr hohe Energiedichten zu erzeugen. Für die Bildung eines Quark-Gluon-Plasmas verbleiben damit zwei Möglichkeiten:

- Außerhalb des ursprünglichen Kerns kann eine ausreichend hohe Energiedichte entstehen, so daß sich die "produzierten Teilchenketten stören" und letztlich ein Quark-Gluon-Plasma erreicht wird.

- Wie im nächsten Kapitel beschrieben, gibt es neben dem "weichen" einen "harten" lokalisierten Beitrag zur Wechselwirkung, der mit wachsender Energie zunimmt. Da mit diesem Beitrag die Energie unmittelbar in dem Kern selbst deponiert wird, müssen bei entsprechenden Energien ausreichend hohe Dichten erzeugt werden.

Die zweite Überlegung ist nicht in Frage zu stellen [92]. Bei ausreichend hohen Energien besteht die Möglichkeit, im Labor einen neuen Zustand der Materie, das Quark-Gluon-Plasma, zu erzeugen.

3. Einführung in die
Leptonen- und Partonenphysik

Wir gehen jetzt einen Schritt weiter auf unserem Weg zu kürzeren Skalen und kommen zu einem Gebiet, in dem die Physik durch die Wechselwirkungen zwischen einzelnen fundamentalen[25] Teilchen mit *masselosen Eichfeldern* bestimmt wird. Es ist ein zentrales Gebiet der Physik. Das primäre Interesse gilt zunächst immer Gebieten, die fundamentale Gesetzmäßigkeiten direkt widerspiegeln, wie es hier der Fall ist. Mit mehr oder weniger befriedigender Genauigkeit kann man die Phänomene dieser Physik exakt aus theoretischen Vorstellungen berechnen.

Die zugrundeliegenden Theorien heißen *Quantenchromodynamik* und *Quantenelektrodynamik*. Quarks und Leptonen spielen dabei eine analoge Rolle. Es ist daher notwendig, zunächst unsere Teilchenliste um die Leptonen zu erweitern. Zu jeder Generation gibt es ein geladenes Lepton. Ähnlich wie die Quarks nehmen die Massen der geladenen Leptonen von Generation zu Generation zu. Die Massenwerte sind [50]

$$
\begin{aligned}
\text{Masse}(e^-) &\doteq 0.511\,\text{MeV}\,, \\
\text{Masse}(\mu^-) &\doteq 105.658\,\text{MeV}\,, \\
\text{Masse}(\tau^-) &\doteq 1.784\,\text{GeV}\,.
\end{aligned}
\tag{3.1}
$$

$$\tag{3.2}$$

In *Eichtheorien* basieren die Wechselwirkungen auf Symmetrieeigenschaften der Teilchen. Die *Quantenelektrodynamik* (QED) wird mit der in der Quantenmechanik frei zu wählenden Phase der Teilchen in Verbindung gebracht. Wie bereits erwähnt, können Gluonen, d.h. die Feldquanten der *Quantenchromodynamik* (QCD), Übergänge zwischen Zuständen mit verschiedenen Farben vermitteln, und es ist die Symmetrie unter Farbaustausch, die dieser Theorie zugrunde liegt. Eine Vertauschungssymmetrie zwischen bestimmten Quark- und Leptonpaaren wird (mit einigen Komplikationen, die wir uns für das nächste Kapitel aufheben) die Grundlage für die Theorie der schwachen Wechselwirkungen, d.h. der *Quantenflavordynamik* (QFD), bilden.

---

[25] Der Begriff "fundamental" bezieht sich dabei auf die in dem betrachteten Bereich, soweit bekannt, exakt gültige, selbstkonsistente Theorie. Was bei kürzeren Skalen passiert, ist nicht bekannt.

3.1 Kurze Einführung in die Quantenelektrodynamik

Abgesehen von einigen speziellen Problemen haben QCD und (mit einigen zusätzlichen Komplikationen) QFD dieselbe Struktur wie die QED, mit der wir jetzt beginnen. Um weiterzukommen, müssen wir uns daher zunächst etwas mit Grundtatsachen der relativistischen Quantenmechanik beschäftigen. Eine wirkliche Einführung in die Quantenfeldtheorie [14,15,93,94,95] geht über den Rahmen dieser Vorlesung hinaus. Nach einigen grundlegenden Bemerkungen ist es hier das Ziel, Ergebnisse und Methoden vorzustellen.

3.1.1 Die Klein-Gordon-Gleichung

Die einfachste Möglichkeit einer relativistischen Gleichung besteht für spinlose, wechselwirkungsfreie Teilchen, die mit einer einkomponentigen Wellenfunktion beschrieben werden können. Wie in der Schrödinger-Gleichung muß der Viererimpuls aus der Invarianz unter infinitesimalen Transformationen folgen. Aus der Relation mit dem quadratischen Viererimpuls ($c = 1$ und $\hbar = 1$)

$$p^2 = E^2 - \boldsymbol{p}^2 = m^2$$

ergibt sich damit die Gleichung

$$\left(-\frac{\partial}{\partial x_\mu} \cdot \frac{\partial}{\partial x^\mu} - m^2\right)\varphi = 0 \, , \tag{3.3}$$

die Klein-Gordon-Gleichung genannt wird. Sie läßt sich formal auch in der folgenden Weise schreiben:

$$\left(\sqrt{-\frac{\partial}{\partial x_\mu} \cdot \frac{\partial}{\partial x^\mu}} - m\right)\left(\sqrt{-\frac{\partial}{\partial x_\mu} \cdot \frac{\partial}{\partial x^\mu}} + m\right)\varphi = 0 \, . \tag{3.4}$$

Um ihre Struktur zu verstehen, betrachten wir den nichtrelativistischen Grenzfall. Mit der Definition der kinetischen Energie $E_{\text{kin}} = E - m$, die im nichtrelativistischen Grenzfall proportional zum Quadrat des Impulses ist, approximieren wir den ersten Faktor bis zu Ordnung p^2

$$\sqrt{-\frac{\partial}{\partial x_\mu} \cdot \frac{\partial}{\partial x^\mu}} - m = \overline{E}_{\text{kin}} + \frac{1}{2}\frac{\overline{\boldsymbol{p}}^2}{m} \tag{3.5}$$

und schreiben

$$\left(\overline{E}_{\text{kin}} + \frac{1}{2}\frac{\overline{\boldsymbol{p}}^2}{m} + 2m\right) \cdot \left(\overline{E}_{\text{kin}} + \frac{1}{2}\frac{\overline{\boldsymbol{p}}^2}{m}\right)\varphi = 0 \, . \tag{3.6}$$

Offensichtlich hat diese faktorisierte Gleichung zwei Lösungen (die erste oder die zweite Klammer muß verschwinden), eine Lösung entspricht der Schrödinger-Gleichung, eine Lösung führt mit einer Masse $-m$ (und einer entsprechenden

Definition von E_{kin}) zu einer analogen Gleichung. Die zweite Lösung wird als Lösung der Wellenfunktion des Antiteilchens interpretiert. Wie es in einer relativistischen Theorie erforderlich ist, beschreibt damit eine Gleichung Teilchen und Antiteilchenzustände.

Versuchen wir jetzt, die Verbindung zu Meßgrößen herzustellen. Um unabhängig vom Lorentz-System zu sein, muß man in einer relativistischen Theorie anstelle der üblichen Dichte eine vierkomponentige Stromdichte definieren,

$$j = (\rho, -j_x, -j_y, -j_z) \, . \tag{3.7}$$

Die nullte Komponente entspricht der üblichen Dichte, die allerdings wegen der Lorentz-Kontraktion nicht mehr unabhängig vom Lorentz-System ist. Die Dreier-Komponente entspricht der Flußdichte. Da die Teilchenzahl erhalten sein muß, gilt die Viererstromerhaltung[26]

$$\frac{\partial}{\partial x_\mu} j_\mu = 0 \, . \tag{3.8}$$

Mit der entsprechenden Ladung oder sonstigen Flavor-Quantenzahl multipliziert, ergibt sie die entsprechende elektrische oder Flavor-Stromdichte. Stromdichten werden bei den Wechselwirkungen eine wichtige Rolle spielen.

Die Stromerhaltung muß dabei der Gleichung folgen, die für das dynamische Verhalten verantwortlich ist. Dies ist für die Klein-Gordon-Gleichung mit der folgenden Definition des Teilchenstroms der Fall[27]:

$$j_\mu = \{\varphi^* \, \mathrm{i} \frac{\partial}{\partial x^\mu} \varphi + (\mathrm{i} \frac{\partial}{\partial x^\mu} \varphi)^* \, \varphi\}. \tag{3.9}$$

---

[26]In der Gleichung wird die heute weit verbreitete Einstein-Konvention benutzt. Dabei wird über gleiche Indizes summiert, und zwar von 1 bis 3 für römische und von 0 bis 3 für griechische Indizes. Bei den Viererprodukten tritt dabei ein negatives Vorzeichen für die Ortskomponenten auf. Um dies anzuzeigen, wird einer der beiden Indizes hoch- und der andere tiefgestellt. Hoch und tief vertauscht sich für Ableitungen; eine Ableitung nach einem tiefgestellten Index entfernt letztlich einen tiefgestellten Index, so daß ein hochgestellter Index übrig bleibt.

[27]Nach der Produktregel wirkt die Ableitung der Stromerhaltungs-Gleichung jeweils einmal auf den ersten und einmal auf den zweiten Faktor. In der Differenz bleiben dabei nur Produkte von nicht und doppelt abgeleiteten Wellenfunktionen übrig. Da die doppelte Ableitung hermitisch ist, kann sie unter die Konjugation gezogen werden. Eine Anwendung der Klein-Gordon-Gleichung ergibt jeweils einen Faktor m^2 und damit eine verschwindende Differenz ($\approx \mathrm{i} + \mathrm{i}^*$).

3.1.2 Die Dirac-Gleichung

Wie schon bei der Besprechung der Parität erwähnt, läßt sich ein freies Fermion durch die Dirac-Gleichung beschreiben,

$$(\mathrm{i}\gamma_\mu \frac{\partial}{\partial x_\mu} - m)\psi = 0 \ . \tag{3.10}$$

Wie kommt man zu dieser Gleichung? Der Drehimpuls hängt mit dem Verhalten unter Rotation zusammen. Aus der Bedingung, nach einer Umdrehung wieder zur ursprünglichen Wellenfunktion zurückzukommen, folgt ein ganzzahliger Drehimpuls. In mehrkomponentigen Theorien kann man einen halbzahligen Drehimpuls dadurch erhalten, daß die interne Komponentenstruktur und die Raumstruktur gekoppelt auftreten, und zwar gerade so, daß nach einer Umdrehung eine orthogonale Komponente erreicht wird und die Identität mit dem ursprünglichen Zustand erst nach zwei Umdrehungen wiederhergestellt wird. Dies ist die einzige Möglichkeit. Zur Beschreibung eines Teilchens mit halbzahligem Spin braucht man eine *mehrkomponentige* Beschreibung.

Mehrkomponentige lineare Differentialgleichungen kann man immer als Differentialgleichungen *erster Ordnung* schreiben, z.B. kann man Ableitungen jeweils als neue Komponenten einführen und auf diese Weise Ableitungen höherer Ordnung eliminieren. Ohne Festlegung der Matrizen und deren Dimension handelt es sich also bei der obigen Gleichung unter bestimmten Bedingungen um die allgemeinste mögliche Form.

Die Dirac-Gleichung benutzt *vier Komponenten*. Das ist eine notwendige Minimalzahl. Der halbzahlige Spin erfordert zwei Komponenten; daß man in einer relativistischen Theorie Teilchen und Antiteilchen zusammen beschreiben muß, erfordert eine Verdopplung der Komponenten der nichtrelativistischen Theorie.

Aus der Relation $p^2 = m^2$ folgt, wie bei der Klein-Gordon-Gleichung,

$$\left(-\frac{\partial}{\partial x_\mu} \cdot \frac{\partial}{\partial x^\mu} - m^2\right)\psi = 0 \ . \tag{3.11}$$

Diese kinematische Gleichung ist erfüllt, wenn die γ-Matrizen der folgenden Bedingung genügen [28]:

$$\gamma_\mu\gamma_\nu + \gamma_\nu\gamma_\mu = 2g_{\mu,\nu} = \begin{cases} +2 & \text{für } \mu = \nu = 0 \\ -2 & \text{für } \mu = \nu \neq 0 \\ 0 & \text{sonst .} \end{cases} \tag{3.12}$$

Eine Repräsentation von γ-Matrizen, die diese Bedingung erfüllt, ist

$$\gamma_k = \begin{pmatrix} 0 & \sigma_k \\ -\sigma_k & 0 \end{pmatrix}, \tag{3.13}$$

---

[28] Um dies zu sehen, multipliziert man die Dirac-Gleichung von rechts mit dem Operator der Dirac-Gleichung, wobei man das Vorzeichen bei der Masse umkehrt. Mit der obigen Relation fallen die gemischten Terme beim Ausmultiplizieren weg, und für die nicht gemischten Terme erhält man jeweils die Einheitsmatrix, so daß die Bedingung für jede Komponente gilt.

für Ortsindizes $k = 1, 2, 3$ und

$$\gamma_0 = \begin{pmatrix} 1 & 0 & 0 & 0 \\ 0 & 1 & 0 & 0 \\ 0 & 0 & -1 & 0 \\ 0 & 0 & 0 & -1 \end{pmatrix} \qquad (3.14)$$

für die Zeitkomponente. Die Untermatrizen σ_k sind die Pauli-Spin-Matrizen

$$\sigma_1 = \begin{pmatrix} 0 & 1 \\ 1 & 0 \end{pmatrix}, \ \sigma_2 = \begin{pmatrix} 0 & -i \\ i & 0 \end{pmatrix}, \ \sigma_3 = \begin{pmatrix} 1 & 0 \\ 0 & -1 \end{pmatrix}. \qquad (3.15)$$

Die gewählte Definition der Dirac-Spinoren erlaubt die folgende Schreibweise der Dirac-Gleichung:

$$\left\{ \begin{pmatrix} p_0 & 0 & 0 & 0 \\ 0 & p_0 & 0 & 0 \\ 0 & 0 & -p_0 & 0 \\ 0 & 0 & 0 & -p_0 \end{pmatrix} - \begin{pmatrix} 0 & \sigma_k \cdot p_k \\ -\sigma_k \cdot p_k & 0 \end{pmatrix} - m \right\} \psi = 0. \qquad (3.16)$$

Die wechselwirkungsfreie Dirac-Gleichung ist eine lineare Gleichung, die mit dem folgenden Exponentialansatz gelöst werden kann:

$$\psi = u(p) \, \exp(i p_\mu x^\mu), \qquad (3.17)$$

wobei

$$u(p) = \begin{pmatrix} u_1(p) \\ u_2(p) \\ u_3(p) \\ u_4(p) \end{pmatrix}$$

nur von p und nicht von x abhängt.

Um die Struktur der Lösung zu verstehen, ist es nützlich, sich Grenzfälle anzuschauen. Betrachten wir zunächst ein Teilchen in seinem *Schwerpunktsystem* mit verschwindendem Dreierimpuls. Der nicht-diagonale Term verschwindet, und wir haben daher die Lösungen

$$\psi = u(p) \exp(\pm i m t), \qquad (3.18)$$

wobei

$$u(p) = \begin{pmatrix} 1 \\ 0 \\ 0 \\ 0 \end{pmatrix}, \begin{pmatrix} 0 \\ 1 \\ 0 \\ 0 \end{pmatrix},$$

für Teilchen mit positiver Energie $p_0 = +m$, und

$$u(p) = \begin{pmatrix} 0 \\ 0 \\ 1 \\ 0 \end{pmatrix}, \begin{pmatrix} 0 \\ 0 \\ 0 \\ 1 \end{pmatrix},$$

für Antiteilchen mit negativer Energie $p_0 = -m$.

Der nicht-diagonale Beitrag vermischt Teilchen- und Antiteilchenbeiträge. Bei langsam bewegten Teilchen tritt neben den "Schrödinger-Gleichungs"-Termen ein kleiner Beitrag von der Größenordnung $|p|/(E+m)$ auf, der für eine Mischung mit dem Antiteilchenbereich sorgt.

Betrachten wir nun als anderes Extrem den relativistischen Grenzfall, in dem die Masse des Teilchens Null oder vernachlässigbar ist. Um die Gleichung in diesem Falle zu diagonalisieren, definieren wir zweikomponentige Spinoren

$$u(p) = \begin{pmatrix} u_I \\ u_{II} \end{pmatrix} .$$

Betrachten wir die Summe und die Differenz der so erhaltenen gemischten Gleichungen, bekommt man zwei separate Gleichungen für die jeweils zweikomponentigen Felder

$$p_0(u_I - u_{II}) = \sigma_k p_k (u_I - u_{II}) \tag{3.19}$$

und

$$p_0(u_I + u_{II}) = -\sigma_k p_k (u_I + u_{II}) . \tag{3.20}$$

Die beiden Gleichungen enthalten etwas ungewöhnliche Objekte. Ein Spin $1/2$-Teilchen kann seinen Spin in Richtung oder entgegen der Richtung des Teilchenimpulses ausgerichtet haben[29]. Beginnen wir mit der Lösung der ersten Gleichung. Je nachdem, ob der Spin parallel oder antiparallel zu p ist, handelt es sich um ein Antiteilchen ($p_0 < 0$) bzw. ein Teilchen ($p_0 > 0$). Im Falle einer Lösung der zweiten Gleichung ist die Identifikation genau umgekehrt. Da Massen nicht als fundamental betrachtet werden, benutzen fundamentale Theorien oft zunächst zwei solcher zweikomponentigen "Weyl-Spinor-Gleichungen" anstelle der vierkomponentigen Dirac-Gleichung. In dem Energiebereich, in dem die Massen der Fermionen keine Rolle spielen, haben ein rechtshändiges und ein linkshändiges Fermion im Prinzip nichts miteinander zu tun.

Um zu physikalischen Größen zu kommen, brauchen wir wiederum die Definition des Viererstroms. Die Stromerhaltung muß diesmal aus der Dirac-Gleichung folgen, die für das dynamische Verhalten verantwortlich ist. Dies ist für

---

[29] Man spricht dann von einem Teilchen mit positiver bzw. negativer *Helizität*. Es handelt sich um eine mögliche Beschreibung. Betrachtet man den Spin in einer anderen Richtung, benutzt man andere Basisvektoren.

die folgende Definition des Stroms der Fall[30]:

$$j_\mu = \psi^+ \gamma_0 \gamma_\mu \psi. \tag{3.22}$$

3.1.3 Einige Fakten der relativistischen Störungsrechnung

In der Quantenmechanik hat man Methoden entwickelt, wie man "kleine" Potentiale als Störung, die in einer geeigneten Entwicklung ein, zwei oder mehrmals auftritt, berücksichtigen kann. In der "zeitabhängigen Störungstheorie" ist die Übergangsamplitude von einem Zustand a zum Zeitpunkt t_1 in einen Zustand b zum Zeitpunkt t_2 in niedrigster Ordnung

$$< \varphi_b|S(t_2 - t_1)|\varphi_a >=$$

$$< \varphi_b|\varphi_a > + \int_{t_1}^{t_2} dt < \varphi_b|V(t,\mathbf{r})|\varphi_a > \exp(it(E_a - E_b)) . \tag{3.23}$$

Rechts steht eine Summe über zwei Terme. Der erste Term berücksichtigt den Fall, daß das Potential keine Wirkung zeigt, der zweite Term enthält die eigentliche Wechselwirkung. In analoger Weise lassen sich natürlich auch mehrfache Wechselwirkungen berücksichtigen.

Betrachten wir zunächst das elektromagnetische Potential. Die Hamilton-Funktion (Energie) eines geladenen Teilchens in einem elektrischen Feld kann für kleine Impulse und kleine Felder geschrieben werden als

$$H = \frac{1}{2m}(\mathbf{p} - e\mathbf{A})^2 ,$$

wenn für das Vektorpotential $\mathbf{A}$ die Coulomb-Eichung benutzt und die Wirkung eines elektrostatischen Potentials vernachlässigt wird. Die elektrodynamische Wechselwirkung eines Teilchens mit solchem Feld ist damit

$$V = \frac{e}{m}\mathbf{p} \cdot \mathbf{A} = \mathbf{j} \cdot \mathbf{A} , \tag{3.24}$$

wobei in der letzten Gleichung die Definition des Stroms in der Schrödinger-Gleichung verwandt wurde. Ein einfacher Übergang zum Lorentz-invarianten Vierervektorprodukt

$$\mathbf{j} \cdot \mathbf{A} \rightarrow j_\mu A^\mu$$

---

[30] Nach der Produktregel wirkt die Ableitung einmal auf den ersten und einmal auf den zweiten Faktor. Die Ableitungen auf den zweiten Faktor entsprechen denen auf der rechten Seite der Dirac-Gleichung, die es erlaubt, die Ableitung und die Matrix durch den Faktor m/i zu ersetzen. Mit der Identität

$$(\gamma_0\gamma_\mu)^+ = \gamma_\mu^+ \gamma_0 = \gamma_0\gamma_\mu , \tag{3.21}$$

die aus $\sigma_k^+ = \sigma_k$ folgt, wenn man die Gleichung mit 2×2-Untermatrizen ausschreibt, kann für den anderen Faktor wiederum die Dirac-Gleichung verwendet werden. Es verbleibt der Faktor $(m/i)^*$, und die Summe verschwindet.

erlaubt, die elektrostatische Wechselwirkung mit zu berücksichtigen.

Mit diesem Wechselwirkungsterm läßt sich der Integralanteil der obigen Gleichung in der folgenden Weise ausschreiben:

$$\int_{t_1 < r_0 < t_2} d^4r \, \{\varphi_b(r)e^{itE_b}\}^* \, j_\mu A^\mu(t,r) \, \{\varphi_a(r)e^{itE_a}\} \, . \tag{3.25}$$

Betrachtet man die Gleichung, stellt man fest, daß sie viel näher an einer relativistischen Formulierung ist, als es von der Herleitung zu erwarten ist. Die folgenden Punkte fallen dabei ins Auge:

1. Die Integration erstreckt sich über ein vierdimensionales Raum-Zeit-Gebiet.

2. Die Exponenten der Wellenfunktionen der Teilchen enthalten volle Viererprodukte.

Offensichtlich muß man, wenn man zu einer relativistischen Theorie übergehen möchte, die *Wellenfunktionen* der Schrödinger-Gleichung durch die der *Klein-Gordon*-Gleichung oder *Dirac-Gleichung* ersetzen. Wir hatten gesehen, wie sich der Strom aus der Klein-Gordon-Gleichung und aus der Dirac-Gleichung von dem der Schrödinger-Gleichung unterscheidet. Durch Auswechseln der Ströme erhält man

$$Q_{\text{Teilchen}}\{\varphi^* \, \mathrm{i}\frac{\partial}{\partial x_\mu}\varphi + (\mathrm{i}\frac{\partial}{\partial x_\mu}\varphi)^* \, \varphi\}A^\mu \tag{3.26}$$

für den Wechselwirkungsterm der *Klein-Gordon-Gleichung* und

$$Q_{\text{Teilchen}}\bar{\psi}\gamma_\mu\psi A^\mu \tag{3.27}$$

für den Wechselwirkungsterm der *Dirac-Gleichung.*

Abgesehen von dem statischen Fall des Coulomb-Feldes, sind die Photonen Teil der relativistischen Beschreibung. Das Vektorpotential oder das Feld eines ungestörten Photons ist

$$A_\mu(t,r) = \epsilon_\mu e^{\mp \mathrm{i}(k_0 \cdot t - k \cdot r)} \, . \tag{3.28}$$

Die Photonen treten dabei, wie es quantenmechanisch erforderlich ist, als Teilchen auf. Der Strom $j_\mu(x)$ ist eine Quelle für die Produktion eines einzelnen (emittierten) neuen Photons oder eine Senke für die Absorption eines einzelnen (absorbierten) vorhandenen Photons. Der Viererimpuls des Photons wird vom Teilchen aufgenommen.

Die betrachtete Ordnung der Störungstheorie bestimmt die Photonenzahlen. Ein Beispiel dazu, ein Beitrag zu der zweiten Ordnung in Q, ist in Abb. 3.1 dargestellt. Ein einlaufendes Photon wird absorbiert, und ein virtuelles Teilchen ($p^2 \neq m^2$) entsteht, das dann anschließend wieder ein auslaufendes Photon emittiert.

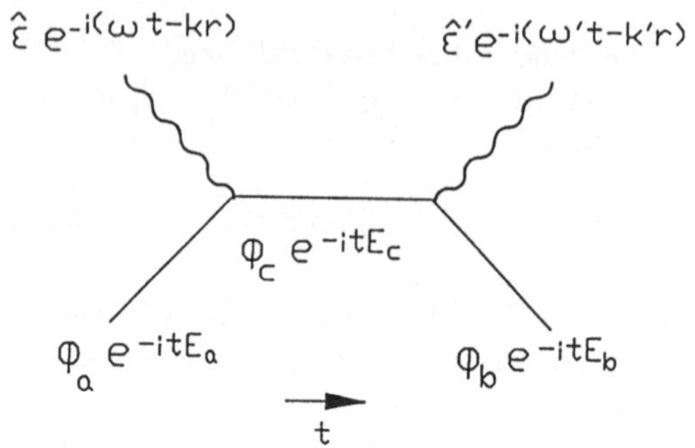

Abb. 3.1:   Die Absorption und Emission eines Photons

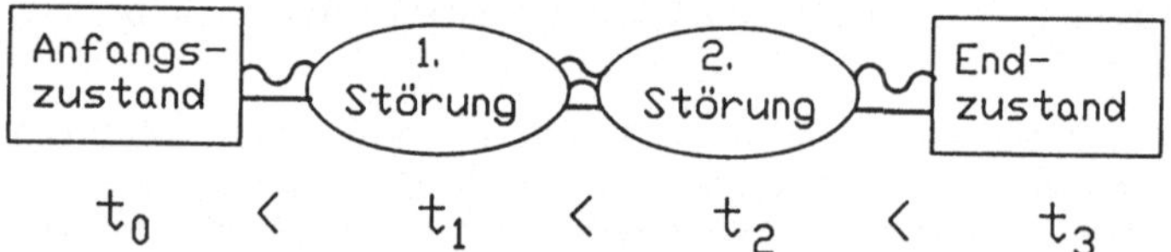

Abb. 3.2:   Die Emission und Absorption in zeitgeordneter Störungstheorie

3.1.4 Über die Methode des Pfadintegrals

Ein wichtiger Schritt, der die Situation in der relativistischen Theorie drastisch vereinfacht, ist der Übergang von der *zeitgeordneten* zu einer *Teilchenbahn-orientierten Störungsrechnung*. Um die Motivation für diesen Übergang verständlich zu machen, möchte ich einen "gekreuzten Kanal" des in Abb. 3.1 dargestellten Prozesses betrachten (Abb. 3.2).

In der zweiten Ordnung einer zeitgeordneten Potentialtheorie geht der Anfangszustand zum ersten Zeitpunkt in einen Zwischenzustand über, aus dem am zweiten Zeitpunkt der Endzustand entsteht. Im Falle der betrachteten Wechselwirkung mit der Erzeugung und Vernichtung eines Photons, treten dabei im gekreuzten Kanal die in Abb. 3.2 gezeichneten Zwischenzustände auf. Zum ersten Störzeitpunkt gibt es einen Übergang von einem Teilchen-Photon-Zustand in einen Teilchen-Photon-Photon-Zustand. Die Amplituden des gekreuzten und des ungekreuzten Prozesses werden unterschiedlich behandelt.

In einer Teilchenbahn-orientierten Beschreibung treten nur Ein-Teilchen-Zwischenzustände auf. Ein einlaufendes Teilchen wird in derselben Weise wie ein auslaufendes Antiteilchen beschrieben. Da das Photon sein eigenes Antiteilchen ist, ist die "gekreuzte" Amplitude, wie es in Abb. 3.3 skizziert ist, abgesehen von den anderen Impulswerten, identisch zur ungekreuzten Amplitude (Abb. 3.1). Da man in einer solchen Berechnung nicht mehr dem zeitlichen Ablauf folgt, ist die Definition von Anfangs- und Endzustand nicht mehr trivial; eine eingehendere Behandlung erfordert mehr formalen Aufwand, der über den Rahmen dieser Vorlesung hinausführen würde.

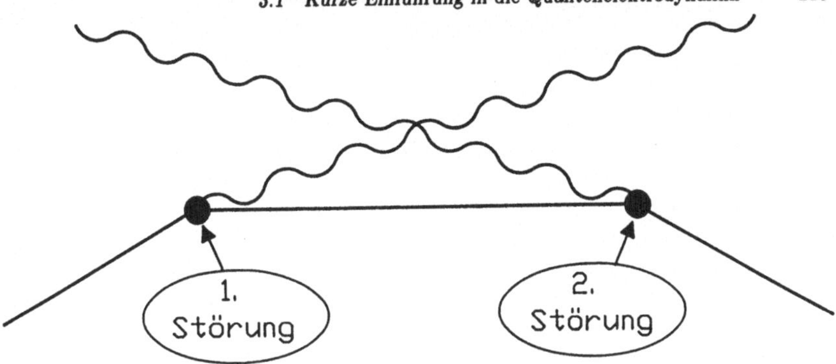

Abb. 3.3:   Die Emission und Absorption in Feynmanscher Störungstheorie

3.1.5 Feynman-Regeln

Wechselwirkungsgraphen, wie sie oben gezeichnet waren, lassen sich direkt in Formeln für die entsprechenden Beiträge umsetzen. Fouriertransformiert man vom Zeit-Ort-Raum in den Viererimpulsraum, kann man die Exponentialfunktionen durch die entsprechenden δ-Funktionen ersetzen, die jeweils an den Verzweigungspunkten die Viererimpulserhaltung garantieren. Die Klein-Gordon- oder Dirac-Gleichung erzwingt die Bedingung $p^2 = m^2$ für einlaufende oder auslaufende Teilchen. Für Teilchen, die im Inneren bleiben, führen die dynamischen Gleichungen Brüche ein, deren Zähler und Nenner von den auftretenden Massen und Impulsen abhängen. Für Bosonen hat der Nenner dabei dieselbe Form wie der Nenner der Breit-Wigner-Amplitude. Da außerhalb von Wechselwirkungen keine Zerfälle auftreten, verschwindet dabei die Breite. Um sicherzustellen, daß über den Pol in der richtigen Weise (entsprechend dem Grenzwert der Breit-Wigner-Amplitude) integriert wird, behält man im Nenner einen kleinen Imaginärteil bei,

$$\text{Nenner} = s - m^2 + i\epsilon ,$$

und man betrachtet dann erst am Ende den Grenzwert $\epsilon \to 0$. Auf diese Art legt man fest, in welcher Weise man um die Pole im Impulsraum integriert. Dies bestimmt die Randbedingungen im Ortsraum. Der obige Nenner eines "Feynman-Propagators" unterscheidet sich vom Nenner des entsprechenden Terms in einer zeitgeordneten Störungstheorie.

Die Umsetzung folgt einem festen "Rezept". Ziel der Rechnung sind Lebensdauern und Wirkungsquerschnitte. Um dabei die Normierung festzulegen, betrachten wir zunächst die allgemeine *Relation zwischen Matrixelement und Wirkungsquerschnitt*. Für die n-Boson-Streuung mit den Viererimpulsen

$$p^{[a]} + p^{[b]} \to p^{[1]} + \cdots p^{[n]}$$

gilt

$$d\sigma = \frac{1}{|v^{[a]} - v^{[b]}|} \left(\frac{1}{2p_0^{[a]}}\right) \left(\frac{1}{2p_0^{[b]}}\right) \cdot |\mathcal{M}|^2 \cdot$$

$$\cdot \frac{d^3 p^{[1]}}{2p_0^{[1]}(2\pi)^3} \cdots \frac{d^3 p^{[n]}}{2p_0^{[n]}(2\pi)^3} (2\pi)^4 \, \delta^4 \left(p^{[a]} + p^{[b]} - \sum_{i=1}^{n} p^{[i]}\right) S \,. \quad (3.29)$$

Die Formel besteht aus drei Termen, und zwar aus einem Flußfaktor, dem Absolutquadrat des Matrixelements und einem Phasenraumfaktor. Jeder der drei Faktoren ist ein Lorentz-Skalar. Er kann in einem beliebigen kollinearen System unabhängig vom Rest berechnet werden. In dem Flußfaktor sind $v^{[a]}$ und $v^{[b]}$ die Geschwindigkeiten der einfallenden Teilchen und $p_0^{[a]}$ und $p_0^{[b]}$ deren Energien. Mit dem Matrixelement werden wir uns später beschäftigen. Hinter dem Matrixelement steht das Phasenraumelement. Typischerweise muß man bei der Berechnung von gemessenen Prozessen über alle oder einen Teil der Impulse $p^{[i]}$ integrieren. Um die Faktoren 2π übersichtlich zu schreiben, sind diese Faktoren jeweils unter den Impulsintegralen bzw. neben "weggenommenen" Impulsintegralen (d.h. vor der δ-Funktion) stehengelassen. Treten n identische Teilchen auf, gibt es formal $(n!)^2$ Möglichkeiten, sie zu erhalten, da die Amplitude quadratisch auftritt. Da identische Teilchen nicht unterscheidbar sind, können physikalisch nur $n!$ dieser Möglichkeiten zählen. Um dies zu errei-chen, wird der Statistikfaktor

$$S = \prod_i \frac{1}{n_i!} \qquad (3.30)$$

hinzugefügt.

Die obige Gleichung galt für Bosonen. Für Dirac-Teilchen gilt praktisch derselbe Ausdruck. In der hier beschriebenen Konvention [14,15] ist die Wellenfunktion allerdings etwas anders normiert. Für Dirac-Teilchen muß man in der obigen Gleichung die folgende Ersetzung durchführen:

$$\left(\frac{1}{2p_0^{[i]}}\right) \; \rightarrow \; \left(\frac{m^{[i]}}{p_0^{[i]}}\right) \,. \qquad (3.31)$$

Die berechneten Matrixelemente werden auch dazu benötigt, die *mittleren Lebensdauern* instabiler Teilchen auszurechnen. Für solche n-Teilchen-Prozesse mit den Viererimpulsen

$$p \rightarrow p^{[1]} + \cdots p^{[n]}$$

gilt der völlig analoge Ausdruck

$$d\left(\frac{1}{\tau}\right) = \left(\frac{1}{2m}\right) \cdot |\mathcal{M}|^2 \cdot$$

$$\frac{d^3 p^{[1]}}{2p_0^{[1]}(2\pi)^3} \cdots \frac{d^3 p^{[n]}}{2p_0^{[n]}(2\pi)^3} (2\pi)^4 \, \delta^4 \left(p - \sum_{i=1}^{n} p^{[i]}\right) S \,, \qquad (3.32)$$

wobei τ die mittlere Lebensdauer des zerfallenden Teilchens ist.

Wenden wir uns jetzt dem eigentlichen Problem zu, und zwar der Berechnung des Absolutquadrats des Matrixelements. Unser Ziel ist es, die Beiträge in niedrigster Ordnung zu verstehen; wir vernachlässigen alle Komplikationen, die mit Renormierung [31] verbunden sind.

Man beginnt damit, alle möglichen beitragenden Graphen (Feynman-Graphen) zu zeichnen, die dem Ablauf der Wechselwirkung entsprechen könnten. Diese Graphen können beliebig viele ausgetauschte Zwischenteilchenbahnen (Propagatoren) und Wechselwirkungen enthalten. Sie dürfen allerdings keine nicht verbundenen Teile enthalten. Anschließend berechnen wir das Matrixelement oder dessen Absolutquadrat durch Aufsummation der in Formeln umgesetzten beitragenden Graphen. Interne Impulse müssen dann am Ende integriert werden, und zwar mit der Normierung $\int d^4p/(2\pi)^4$.

Die *Feynman-Regeln* spezifizieren, wie die Graphen in Formeln umgesetzt werden. Für externe (ein- oder auslaufende) Teilchen gibt es dabei die folgenden Beiträge:

- Ein Faktor 1 berücksichtigt jede den Graphen verlassende und jede in den Graphen eintretende spinlose Bosonenlinie.
- Ein Faktor $u(p,s)$ bzw. $v(p,s)$ berücksichtigt jede in den Graphen eintretende Fermionlinie. Fermionlinien werden immer in Richtung der Fermionenbewegung betrachtet. u entspricht einem eintretenden, vorwärtslaufenden Fermion und v einem rückwärtslaufenden, eintretenden Fermion, d.h. einem physikalisch austretenden Antifermion.
- Ein Faktor $\bar{u}(p,s)$ bzw. $\bar{v}(p,s)$ berücksichtigt jede aus den Graphen austretende Fermionlinie. $\bar{v}$ entspricht einem physikalisch eintretenden, vorwärtslaufenden Antifermion und $\bar{u}$ einem austretenden Fermion.
- Ein Faktor ϵ_μ berücksichtigt jede den Graphen verlassende und jede in den Graphen eintretende Photonlinie.

Für den Vertex eines Photons

- an einer Fermionlinie schreibt man den Faktor

$$-\mathrm{i} \cdot Q_{\text{Fermion}} \cdot \gamma_\mu$$

- und an einer Bosonlinie den Faktor

$$-\mathrm{i} \cdot Q_{\text{Bosen}} \cdot (p_{\text{einlaufend}} - p'_{\text{auslaufend}})_\mu \cdot$$

Für interne Teilchen verwendet man

- für Fermionen die Propagatoren

$$\frac{\mathrm{i}}{\gamma^\mu p_\mu - m + \mathrm{i}\epsilon},$$

---

[31] Betrachtet man höhere Ordnungen, gibt es eine Komplikation, die zum Auftreten unendlich großer Terme führt, die erst durch umfangreiche Überlegungen verstanden und kontrolliert werden können. Wir werden im Rahmen der "Wichtigsten Fakten der QCD" auf dieses Problem zurückkommen, da sie dort eine zentrale Rolle spielen.

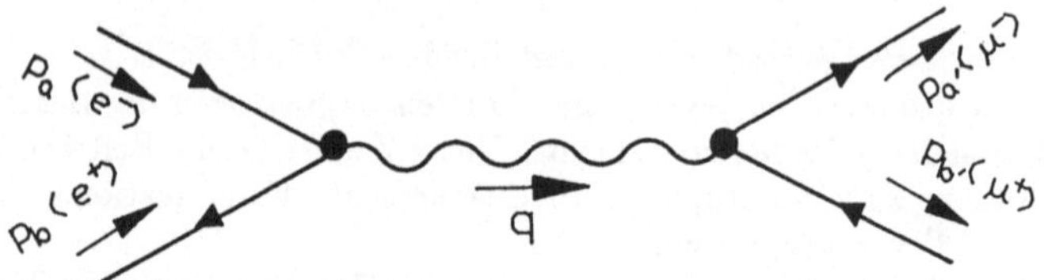

Abb. 3.4:   Die e^+e^--Vernichtung in Myonen in niedrigster Ordnung

- für Bosonen die Propagatoren

$$\frac{i}{q^2 - \mu^2 + i\epsilon} \, ,$$

- und für Photonen die Propagatoren

$$-\frac{i\, g^{\mu\nu}}{q^2 + i\epsilon} \, .$$

Terme, die sich nur durch den Austausch zweier externer Fermionlinien unterscheiden, erhalten ein wechselseitig umgedrehtes Vorzeichen, Graphen mit einer zusätzlichen inneren Fermionenschleife einen Faktor -1.

3.1.6 Elektron-Positron-Vernichtung in Myonen in niedrigster Ordnung

Die Technik, Querschnitte in der Feynmanschen Störungsrechnung zu berechnen, wird jetzt an einem besonders einfachen Beispiel vorgestellt. Das recht triviale Beispiel wird nicht ausreichen, die Technik, Feynman-Graphen zu berechnen, wirklich zu vermitteln. Die Absicht ist, Ihnen eine Vorstellung davon zu geben, wie solche Rechnungen, die die elektromagnetischen Wechselwirkungen beschreiben, durchzuführen sind.

Wir betrachten den *differentiellen Wirkungsquerschnitt* des Prozesses

$$e^+e^- \to \mu^+\mu^- \, .$$

Es gibt keinen Übergang zwischen Leptonen verschiedener Generationen, und ein Elektron kann sich daher nicht in ein Myon verwandeln. Die einzige Möglichkeit bei diesem Prozeß ist die Vernichtung des Elektron-Positron-Paares und einer anschließenden Produktion eines Myonenpaares. In niedrigster Ordnung QED kommt daher nur der in Abb. 3.4 abgebildete *Feynman*-Graph mit einem zwischenzeitlich gebildeten Photon in Frage.

Setzen wir den Graphen nun nach den obigen Regeln in eine Amplitude um. Es gibt zwei Fermionenlinien. Beginnen wir mit dem Elektron und dem Positron. Das Elektron entspricht einer einlaufenden Fermionlinie im Anfangszustand und wird daher von dem Dirac-Spinor $u(p_a, s_a)$ repräsentiert. Das Positron entspricht als Antiteilchen einer aus dem Graphen herauslaufenden Linie. Da es wiederum im Anfangszustand auftritt, trägt es mit dem Faktor $\bar{v}(p_b, s_b)$ zur Amplitude bei. Der Vertex eines Fermions mit einem Photon ist $-\mathrm{i}Q_{\text{Elektron}}\gamma_\mu$. Da es keine internen Fermionlinien gibt, brauchen wir keinen Fermionpropagator, und der elektronische Anfangszustand führt damit zu dem folgenden Produkt von Dirac-Spinoren:

$$\bar{v}(p_b, s_b)\,(-\mathrm{i}Q_{\text{Elektron}}\gamma_\mu)\,u(p_a, s_a)\,. \qquad (3.33)$$

Einen analogen Term gibt es für die Myonen

$$\bar{u}(p_{a'}, s_{a'})\,(-\mathrm{i}Q_{\text{Myon}}\gamma_\nu)\,v(p_{b'}, s_{b'})\,, \qquad (3.34)$$

wobei wegen des Auftretens im Endzustand die u's durch die v's ersetzt wurden.

Das einzige interne Teilchen in unserem Graphen ist das Photon, und wir müssen daher nur den folgenden Propagator berücksichtigen:

$$-\mathrm{i}g^{\mu\nu}/(q^2 + \mathrm{i}\epsilon)\,. \qquad (3.35)$$

In der implizierten Summe tragen vier diagonale Terme von $g^{\mu\nu}$ bei. Da einer der Terme ein negatives Vorzeichen besitzt, hat man in Wirklichkeit nur zwei Beiträge, wie es den beiden Polarisationszuständen des Photons entspricht.[32]

Da der Impuls des Photons q durch die Impulserhaltung im ersten Vertex festgelegt ist, tritt keine zusätzliche Integration über interne Impulse auf. Das Produkt der obigen Terme ist damit die gesuchte Amplitude.

Für die Berechnung des Wirkungsquerschnitts brauchen wir das Absolutquadrat der Amplitude

$$|\mathcal{M}|^2 = \qquad (3.36)$$

$$\bar{v}(p_b, s_b)(+\mathrm{i}e\gamma_\kappa)u(p_a, s_a)\cdot(-\mathrm{i}g^{\kappa\lambda}/(q^2 + \mathrm{i}\epsilon))\cdot\bar{u}(p_{a'}, s_{a'})(+\mathrm{i}e\gamma_\lambda)v(p_{b'}, s_{b'})\cdot$$

$$\cdot\bar{u}(p_a, s_a)(-\mathrm{i}e\gamma_\mu)v(p_b, s_b)\cdot(-\mathrm{i}g^{\mu\nu}/(q^2 + \mathrm{i}\epsilon))^*\cdot\bar{v}(p_{b'}, s_{b'})(-\mathrm{i}e\gamma_\nu)u(p_{a'}, s_{a'})\,,$$

wobei wir die komplexe Konjugation durch eine Umordnung und hermitische Konjugation der vierkomponentigen Terme berücksichtigt haben. Da die Ladung jeweils quadratisch auftritt, ist in der betrachteten Ordnung das Vorzeichen $Q = -e$ irrelevant.

Wir nehmen an, daß der Spin der einlaufenden Teilchen, wie es meist der Fall ist, nicht festgelegt ist, und daß der Spin der auslaufenden Teilchen nicht gemessen werden soll. Über den Spin der einlaufenden Teilchen muß daher gemittelt, über den Spin der auslaufenden Teilchen summiert werden. Da es jeweils zwei Spinrichtungen für jedes der beiden einlaufenden Teilchen gibt, muß man über alle Spins summieren und durch $4 = 2 \cdot 2$ teilen.

Die auftretenden Summen erlauben es, die folgenden Relationen zu benutzen, die den Rechenaufwand drastisch vereinfachen:

$$\sum_{\pm} u_\alpha(p, s)\bar{u}_\beta(p, s) = \left(\frac{\not{p} + m}{2m}\right)_{\alpha\beta}$$

---

[32]Es ist manchmal praktischer, nur positive Beiträge zu zählen; dies kann man tun, indem man dem Photonpropagator sogenannte Eichterme zufügt, die eine "physikalische" Eichung festlegen.

$$-\sum_{\pm} v_\alpha(p,s)\bar{v}_\beta(p,s) \;=\; \left(\frac{-\not{p}+m}{2m}\right)_{\alpha\beta}, \tag{3.37}$$

wobei zur Schreibvereinfachung die Definition

$$\not{p} = p_\mu\gamma^\mu \tag{3.38}$$

benutzt wurde. Die Relation (3.37) kann man jeweils für beide bei den Elektronen und bei den Myonen auftretenden Summen anwenden. Das Problem mit der Summation über Anfang und Ende kann mit der Notation

$$(a_1, a_2 \cdots) \cdot \begin{pmatrix} b_1 \\ b_2 \\ \vdots \end{pmatrix} = \mathrm{Spur}\left\{ \begin{pmatrix} b_1 \\ b_2 \\ \vdots \end{pmatrix} (a_1, a_2 \cdots) \right\} \tag{3.39}$$

vermieden werden, wobei die Spur (engl. trace, abgekürzt Tr) eine Summe über die Diagonalelemente der Matrix bedeutet. Für ein Produkt von Matrizen bedeutet dies, daß über die äußeren Indizes völlig analog zu den inneren Indizes summiert wird.

Die Relation (3.37) erlaubt es, eine explizite Repräsentation der Dirac-Spinoren zu umgehen und das über die Spins gemittelte bzw. summierte Absolutquadrat der Amplitude in der folgenden Weise zu schreiben:

$$\begin{aligned}
\frac{1}{4}\sum |\mathcal{M}|^2 = \frac{1}{4}\cdot \\
\mathrm{Spur}\{-(-\not{p}_b + m)/2m \cdot (+ie\gamma_\kappa) \cdot (\not{p}_a + m)/2m \cdot (-ie\gamma_\mu)\}\cdot \\
(-ig^{\kappa\lambda}/q^2 + i\epsilon) \cdot (-ig^{\mu\nu}/q^2 + i\epsilon)^*\cdot \\
\mathrm{Spur}\{(\not{p}_{a'} + m)/2m \cdot (+ie\gamma_\lambda) \cdot -(-\not{p}_{b'} + m)/2m \cdot (-ie\gamma_\nu)\}
\end{aligned}$$

oder

$$\begin{aligned}
\frac{1}{4}\sum |\mathcal{M}|^2 = \left(\frac{e^4}{4(2m)^4 q^4}\right) \;\cdot\; \mathrm{Spur}\{(-\not{p}_b + m)\,\gamma_\kappa\,(\not{p}_a + m)\,\gamma_\mu\} \;\cdot \\
\mathrm{Spur}\{(\not{p}_{a'} + m)\,\gamma^\kappa\,(-\not{p}_{b'} + m)\,\gamma^\mu\}\;.
\end{aligned}$$

Man hat das Problem darauf zurückgeführt, Spuren von Produkten von γ-Matrizen auszurechnen[33], was bei längeren Ausdrücken immer noch recht kompliziert

---

[33] Das geht übrigens auch, wenn nicht über Spins summiert wird. Man muß dann die folgende Gleichung benutzen:

$$u_\alpha(p,s)\bar{u}_\beta(p,s) \;=\; \left(\frac{\not{p}+m}{2m} \cdot \frac{1+\gamma_5\not{s}}{2}\right)_{\alpha\beta}$$

$$-v_\alpha(p,s)\bar{v}_\beta(p,s) \;=\; \left(\frac{-\not{p}+m}{2m} \cdot \frac{1+\gamma_5\not{s}}{2}\right)_{\alpha\beta}, \tag{3.40}$$

wobei

$$\gamma_5 = \gamma_0\gamma_1\gamma_2\gamma_3\;. \tag{3.41}$$

sein kann. Für die dabei auftretenden algebraischen Manipulationen existieren Computerprogramme.

In unserem Beispiel ist die Berechnung der Spuren einfach. Da die Spur über drei γ-Matrizen verschwindet, brauchen wir nur die Terme mit zwei oder vier γ-Matrizen zu betrachten. Mit den folgenden beiden Relationen

$$\text{Spur } \rlap{/}{a}\,\rlap{/}{b} = 4\,(a \cdot b) = 4\,a_\mu\,b^\mu \,, \tag{3.42}$$

$$\text{Spur } \rlap{/}{a}\,\rlap{/}{b}\,\rlap{/}{c}\,\rlap{/}{d} = 4\,\{\,(a \cdot b)\,(c \cdot d) + (a \cdot d)\,(c \cdot b) - (a \cdot c)\,(b \cdot d)\,\}$$

erhalten wir

$$\frac{1}{4}\sum |\mathcal{M}|^2 = \left(\frac{e^4}{4(2m)^4 q^4}\right)\cdot \tag{3.43}$$

$$4\,\{m^2 \cdot g_{\kappa\mu} + (-p_{b\kappa}) \cdot p_{a\mu} + (-p_{b\mu}) \cdot p_{a\kappa} - p_a \cdot (-p_b) \cdot g_{\kappa\mu}\}\times$$

$$\cdot 4\,\{m^2 \cdot g^{\kappa\mu} + p^\kappa_{a'} \cdot (-p^\mu_{b'}) + p^\mu_{a'} \cdot (-p^\kappa_{b'}) - p_{a'} \cdot (-p_{b'}) \cdot g^{\kappa\mu}\} \,.$$

Die Potenzen von 2 kürzen sich. Der Ausdruck $(p_a \cdot p_b)(p_{a'} \cdot p_{b'})$ tritt viermal positiv beim Produkt der beiden letzten Terme auf und viermal negativ in gemischten Produkten. Die Leptonmassen sind klein gegen typische Streuenergien. Unter Vernachlässigung der Massen erhalten wir

$$\frac{e^4}{4 \cdot q^4 \cdot m^4}\{2\,(p_a \cdot p_{b'})(p_{a'} \cdot p_b) + 2\,(p_a \cdot p_{a'})(p_b \cdot p_{b'})\} \,. \tag{3.44}$$

Die Vierervektorprodukte lassen sich in der folgenden Weise durch Schwerpunktsgrößen (siehe Abb.1.50) ausdrücken:

$$\begin{aligned}
(p_a \cdot p_b) &= (p'_a \cdot p_{b'}) &= 2E_a^2 &= 2q^2/4 \,, \\
(p_a \cdot p'_a) &= (p_b \cdot p_{b'}) &= E_a^2\,(1 - \cos\vartheta^*) \,, \\
(p_a \cdot p_{b'}) &= (p_{a'} \cdot p_b) &= E_a^2\,(1 + \cos\vartheta^*) \,.
\end{aligned} \tag{3.45}$$

Wir erhalten

$$\frac{e^4}{4q^4 m^4}\,\{2E_a^4(1 - \cos\vartheta^*)^2 + 2E_a^4(1 + \cos\vartheta^*)^2\} = \frac{e^4}{32m^4}\,(1 + \cos\vartheta^{*2}) \,. \tag{3.46}$$

Wir müssen nun das berechnete Matrixelement in den Ausdruck für den totalen Wirkungsquerschnitt (3.29 mit Modifikation für Fermionen) einsetzen. Integriert man über die δ-Funktionen (für $m \to 0$ entsprechen die Dreierimpulsbeträge den Energien), erhält man

$$\frac{d}{d\Omega}\sigma(e^+e^- \to \mu^+\mu^-) = \frac{e^4/(4\pi)^2}{4q^2}\,(1 + \cos\vartheta^{*2}) \tag{3.47}$$

für den gesuchten differentiellen Wirkungsquerschnitt.

3.1.7 Wichtige Querschnitte der QED

Nachdem die Methode, wie man quantenelektrodynamische Prozesse berechnet, vorgestellt ist, werden nun die wichtigsten QED-Prozesse besprochen [57,98]. Beginnen wir mit Streuvorgängen zwischen Elektronen und Positronen. Für feste Winkel fallen solche Streuvorgänge mit wachsender Energie ab ($\approx 1/s$). Die Winkelabhängigkeit der wichtigsten Prozesse dieser Art ist in Abb. 3.5 dargestellt und wird jetzt im einzelnen besprochen.

Betrachten wir zunächst die Myonenproduktion durch $e^+e^- \to \mu^+\mu^-$ (*Annihilation in Myonen*). Die exakte Formel für unpolarisierte Elektronen mit Massenkorrekturen für die Myonen ist

$$\frac{d\sigma(e^+e^- \to \mu^+\mu^-)}{d\Omega} = \frac{r_0^2}{16} \cdot \frac{m_e^2}{E^{*2}} \cdot \frac{p_\mu^*}{E^*} \left(1 + \cos^2\vartheta^* + \frac{m_\mu}{E^*} \sin\vartheta^{*2}\right). \tag{3.48}$$

Da der Wirkungsquerschnitt üblicherweise in einem Flächenmaß (barn) und nicht in $1/\text{GeV}^2$ angegeben wird, ist es sinnvoll, die Ladung durch den klassischen Elektronenradius auszudrücken. Es ist der klassische Elektronenradius

$$r_0 = \frac{\alpha}{m_e} = 0.2818\,\text{barn}^{1/2}, \tag{3.49}$$

wobei die Feinstrukturkonstante

$$\alpha = \frac{e^2}{4\pi} = \frac{e^2}{4\pi\epsilon_0 \cdot \hbar c} = \frac{1}{137}. \tag{3.50}$$

Da zur niedrigsten Ordnung nur ein Feynman-Graph beiträgt, ist es ein besonders einfacher Prozeß. In der logarithmischen Darstellung (Abb. 3.5) ist die Winkelabhängigkeit relativ gering. Wegen der nicht ganz zu vernachlässigenden Myonmasse gibt es einen kleinen $\sin^2\vartheta$-Beitrag zur Winkelverteilung. Bei den höchsten PETRA- und TRISTAN-Energien kommt ein kleiner asymmetrischer Anteil dazu, der auf einem Beitrag der schwachen Wechselwirkungen beruht. Für LEP-Energien erwartet man einen dominanten Beitrag der schwachen Wechselwirkung, bei der ein massives Vektorboson die Rolle des Photons übernimmt.

Für die Streuung von Elektronen an Positronen ist der Übergang in ein Elektron-Positron-Paar (*Bhabha-Streuung*) dominant. Es gibt jetzt zwei beitragende Feynman-Graphen (Abb. 3.6). Neben dem oben behandelten Beitrag gibt es einen zweiten, zusätzlichen Beitrag, in dem ein Photon ausgetauscht wird. Die Summation der Amplituden führt zu folgendem Streuquerschnitt:

$$\frac{d\sigma(e^+e^- \to e^+e^-)}{d\Omega} = \tag{3.51}$$

$$\frac{r_0^2}{2} \cdot \frac{m_e^2}{p_e^{*2}} \cdot \left[\frac{1}{4} \frac{1 + \cos^4(\vartheta^*/2)}{\sin^4(\vartheta^*/2)} + \frac{1}{8}(1 + \cos^2\vartheta^*) - \frac{1}{2} \frac{\cos^4(\vartheta^*/2)}{\sin^2(\vartheta^*/2)}\right].$$

Der erste Beitrag entspricht dem Quadrat der Amplitude des zweiten Graphen. Es ist eine sehr stark nach vorne gerichtete Verteilung (siehe Abb. 3.5), die in etwa

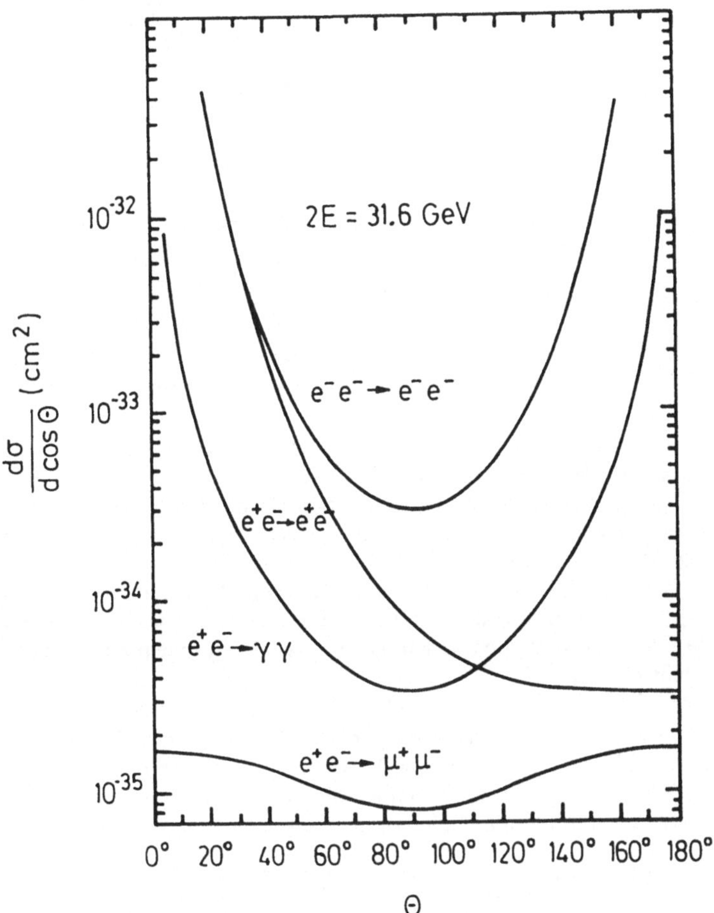

Abb. 3.5: Die Winkelabhängigkeit der wichtigsten Prozesse der Elektronenstreuung [aus K.H. Mess [82]]

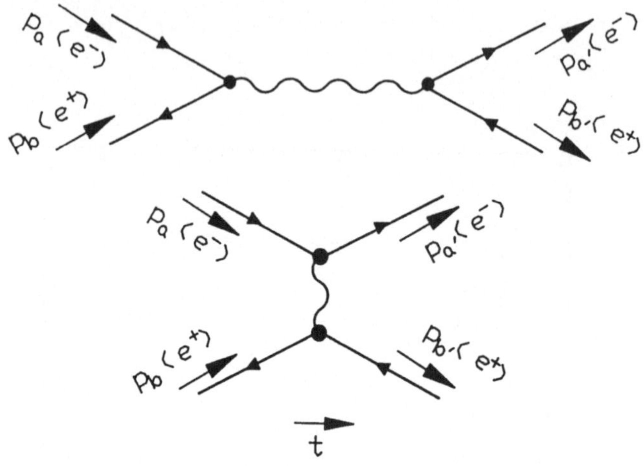

Abb. 3.6:   Die bei der elastischen e^+e^--Streuung beitragenden Graphen

der klassischen Rutherford-Streuung entspricht. Der zweite Beitrag entspricht dem Quadrat der Amplitude des ersten Graphen, den wir im Abschnitt 3.1.7 berechnet hatten, und der letzte Beitrag entspricht der Interferenz der Amplituden beider Graphen. Wie in Abb. 3.5 zu sehen ist, spielen diese Beiträge nur eine geringe Rolle. Das ist im Prinzip leicht verständlich. In Amplituden, in denen ein virtuelles Photon die Gesamtenergie trägt, tritt ein Propagator der Größe $|1/q^2|$ auf, der in Vorwärtsrichtung wesentlich kleiner als der Propagator der Größe $1/|q^2(1 - \cos\vartheta^*)|$ ist, der in einem Prozeß mit einem ausgetauschten Photon benötigt wird.

Ein anderer Elektron-Positron-Prozeß mit einem Teilchenaustausch ist die Annihilation in Photonen (*Photonenproduktion*). Die beitragenden Feynman-Graphen sind in Abb. 3.7 gezeichnet. Da die Photonen nicht unterscheidbar sind, kann jedes der beobachteten Photonen sowohl am oberen als auch am unteren Vertex produziert werden. Sie führen zu dem folgenden Querschnitt (Abb. 3.5):

$$\frac{d\sigma(e^+e^- \to \gamma\gamma)}{d\Omega} = \frac{r_0^2}{2} \cdot \frac{m_e^2}{p_e^{*2}} \cdot \frac{[\cos^4(\vartheta^*/2) + \sin^4(\vartheta^*/2)]}{\sin^2\vartheta^* + (m_e/|p_e^*|)\cos^2\vartheta^*} , \tag{3.52}$$

Da der Propagator eine andere Struktur hat, sind Prozesse mit Fermionenaustausch in der Regel weniger stark als Prozesse mit Bosonenaustausch.

Eine Annihilation in Photonen bestimmt den Zerfall des Elektron-Positron-Bindungszustands, des *Positroniums*, das bei der Diskussion der Quarkonia erwähnt wurde. Positronia entstehen, wenn Positronen beim Materiedurchgang durch die Streuung an Elektronen abgebremst werden und durch Photonenabstrahlung in Gegenwart von Elektronen zur "Ruhe" kommen. Aus der bekannten wasserstoffartigen Wellenfunktion und dem obigen Wirkungsquerschnitt kann die

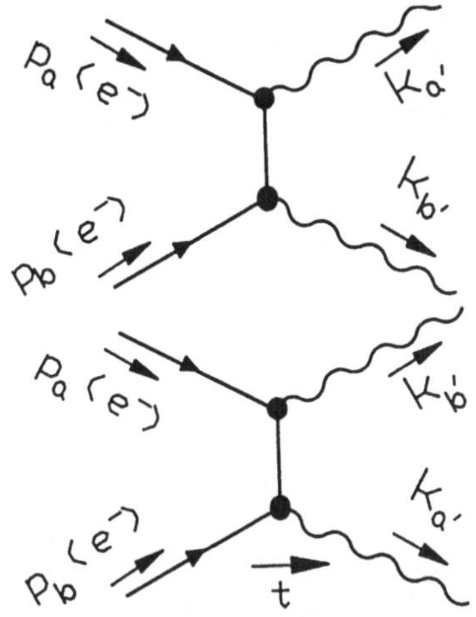

Abb. 3.7: Die bei der Streuung eines e^+e^--Paares in Photonen beitragenden Graphen

mittlere Lebenszeit genau berechnet werden. Der obige Prozeß kommt allerdings nur für Zustände der Ladungsparität $(-1)^{L+S} = +1$ in Frage, da das Photon ein Eigenzustand der Ladungsparität mit negativem Eigenwert ist. Der $S = 0$-Zustand, der in zwei Photonen zerfallen kann, heißt Parapositronium. Seine Zerfallszeit ist $1.25 \cdot 10^{-10}$s. Die Zerfallszeit des Orthopositroniums, des $S = 1$-Zustands, der in drei Photonen zerfallen muß, ist $1.39 \cdot 10^{-7}$s.

Bezüglich des dominanten Beitrags hat die elastische Elektron-Elektron-Streuung, die *Møller-Streuung* genannt wird, eine ähnliche Struktur wie die Elektron-Positron-Streuung. Für sie treten die in Abb. 3.8 dargestellten Beiträge auf, die zu dem folgenden Querschnitt führen:

$$\frac{d\sigma(e^-e^- \to e^-e^-)}{d\Omega} = \frac{r_0^2}{4} \cdot \frac{m_e^2}{p_e^{*2}} \cdot \frac{[3 + \cos^2(\vartheta^*)]^2}{\sin^4 \vartheta^*} \ . \tag{3.53}$$

Da man die Elektronen nicht unterscheiden kann, ist der Prozeß symmetrisch.

Ein anderer wichtiger elastischer Prozeß ist die Photon-Elektron-Streuung (die *Compton-Streuung*). Es gibt zwei in Abb. 3.9 skizzierte Feynman-Beiträge, die zu dem folgenden Querschnitt führen:

$$\frac{d\sigma(\gamma e \to \gamma e)}{d\Omega} = \frac{r_0^2}{2} \cdot \left(\frac{p_0^{[\gamma']}}{p_0^{[\gamma]}}\right)^2 \cdot \left(\frac{p_0^{[\gamma]}}{p_0^{[\gamma']}} + \frac{p_0^{[\gamma']}}{p_0^{[\gamma]}} - \sin^2 \vartheta_L\right) \ . \tag{3.54}$$

Der Ausdruck heißt *Klein-Nishina-Formel*. Der Winkel und die Energien beziehen sich dabei auf das Laborsystem, in dem das einlaufende Elektron ruhte. Im nichtrelativistischen Grenzfall ($p_{0,L}^{[\gamma]} < m_e$) wird sich die Energie des Photons

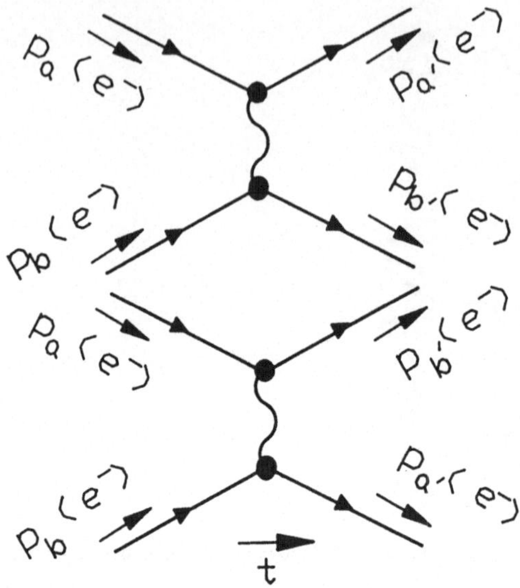

Abb. 3.8:   Die bei der elastischen e^-e^--Streuung beitragenden Graphen

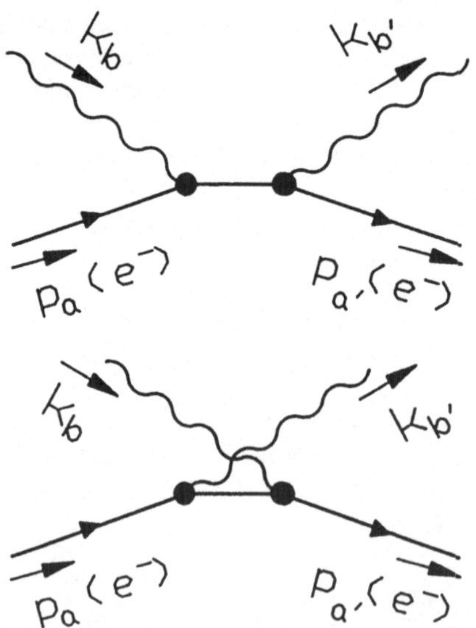

Abb. 3.9:   Die bei der elastischen $e^-\gamma$-Streuung beitragenden Graphen

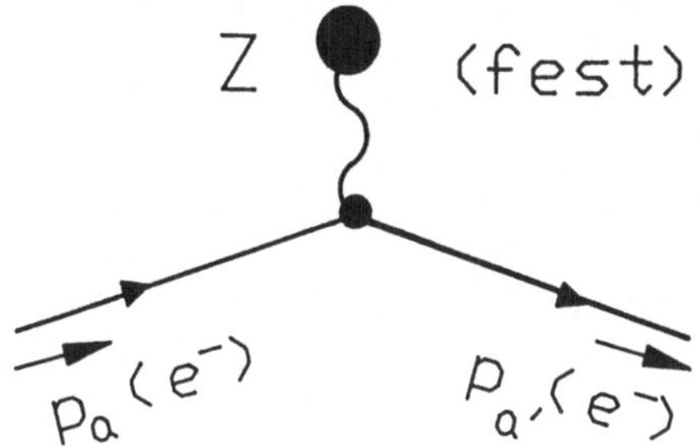

Abb. 3.10: Der bei der Streuung eines Elektrons an einem schweren Kern beitragende Graph

nicht ändern, und man erhält den sogenannten *Thomson*schen Streuquerschnitt

$$\frac{d\sigma(\gamma e \to \gamma e)_{\text{nichtrelativistisch}}}{d\Omega} = \frac{r_0^2}{2} \cdot (2 - \sin^2 \vartheta_L) \,. \qquad (3.55)$$

Bei der Wechselwirkung von Photonen mit Materie dominiert bei niedrigen Energien der Photoeffekt, bei dem die Energie des einfallenden Photons von einem Elektron, das sich im Feld eines Kerns befindet, absorbiert wird. Es folgt ein Bereich der Compton-Streuung. Für Photonen sehr hoher Energien dominiert dann eine Wechselwirkung mit dem Kernfeld, die zur Produktion eines neuen Elektron-Positron-Paares führt.

Betrachten wir als nächstes die *Streuung eines Elektrons an einem Kern.* Denselben Querschnitt erwartet man natürlich auch für beliebige andere geladene Fermionen, solange ihre Masse klein gegenüber der Kernmasse ist und elektromagnetische Wechselwirkungen dominieren. Der Prozeß kann zum Beispiel auftreten, wenn ein Myon der kosmischen Strahlung in die Erdatmosphäre gelangt.

Bei ganz niedrigen Energien wird die Energie an die Hüllenelektronen abgegeben. Bei etwas höheren Energien kommt es zur Coulomb-Streuung, d.h. zur Wechselwirkung mit dem Kernfeld. Bei der Berechnung der Amplitude benutzt man das bekannte Coloumb-Feld, wie es im Feynman-Graph in Abb. 3.10 skizziert ist. Er führt zu folgendem Wirkungsquerschnitt:

$$\frac{d\sigma_{e\,\text{Kern} \to e\,\text{Kern}}}{d\Omega} = \frac{Z^2 r_0^2}{4} \cdot \frac{m_e^2}{p_{e,L}^2} \cdot \frac{1}{\beta^2 \cdot \sin^4 \vartheta/2} \cdot \qquad (3.56)$$

$$\left[1 - \beta^2 \cdot \sin^2(\vartheta/2) + Z\alpha\beta\pi \cdot \sin(\vartheta/2) \cdot (1 - \sin(\vartheta/2)) \right] \,,$$

wobei $\beta = p_{e,L}/E_{e,L}$. Erwartungsgemäß ist (wie für die nichtrelativistische Rutherford-Streuung) der Querschnitt sehr stark nach vorne gerichtet.

Wichtig ist die inverse Abhängigkeit vom Teilchenimpuls. Für hochenergetische Leptonen wird daher eine Streuung mit größeren Impulsüberträgen erst auftreten, wenn sie ausreichend langsam geworden sind und der größte Teil ihrer Geschwindigkeit bereits verloren ist. Für das Elektron wird dann wegen des Massenverhältnisses trotz Richtungsänderung zunächst fast keine Energie in den

Kern übergehen. Dies führt zu "zittrigen" Teilchenbahnen, die typisch für das Elektron sind.

Für die Reduktion des Impulses hochenergetischer Leptonen steht der Bremsstrahlungsprozeß zur Verfügung. Die *Bremsstrahlung* ist ein Compton-artiger Prozeß, bei dem das "einlaufende" Photon virtuell ist und aus einem statischen elektromagnetischen Feld stammt. Ein solches Feld steht in der Nähe der Kerne zur Verfügung. Bremsstrahlungsprozesse wurden im Abschnitt über Beschleuniger bereits erwähnt.

Bei sehr hohen Energien werden oft große Impulsüberträge auftreten und der Prozeß wird in einer sehr kurzen Zeitskala ablaufen. Wegen einer Art von Unschärferelation werden die produzierten Photonen dabei typischerweise ein nicht verschwindendes Viererimpulsquadrat tragen (dessen mittlere Größe in erster Näherung umgekehrt proportional zur Zeitskala ist) und in einem Paarproduktionsprozeß ihre Ruheenergie einem Elektron-Positron-Paar geben. Bei noch höheren Energien wird die Zeit wiederum nicht ausreichen, stabile Leptonenimpulse zu finden, und die "virtuellen" Leptonen werden wiederum zerfallen und Photonen emittieren. Dies kann sich fortsetzen, und es kann zu einem Kaskadenprozeß kommen. Da die Größe der Kaskade von der ursprünglichen Energie abhängt, kann das Ausmaß des am Ende beobachteten Teilchen-"Schauers" in einem "elektromagnetischen Kalorimeter" zur Energiebestimmung von Elektronen und Photonen verwendet werden.

Die Wechselwirkungen von Myonen in Materie sind formal analog zur Wechselwirkung der Elektronen. Wegen ihrer größeren Masse ändert sich die kinematische Situation. Das hat recht drastische Konsequenzen. Während für Elektronen die Reichweite sogar geringer als für stark wechselwirkende Hadronen ist, können Myonen einige Meter Eisen durchdringen.

Die Prozesse der Quantenelektrodynamik sind beinahe "langweilig", da sie exakt der bekannten Theorie entsprechen. Für das *anomale magnetische Moment* des Elektrons und des Myons erreicht die Übereinstimmung ein spektakuläres Ausmaß. Das magnetische Moment ist für Bindungszustände mit spinlosen Teilchen

$$M = e/m_e \cdot L \; . \tag{3.57}$$

Für Dirac-Teilchen kennen wir die elektromagnetische Wechselwirkung in niedrigster Ordnung. Man kann diese Wechselwirkung in einen elektrischen und einen magnetischen Anteil aufspalten. Für das magnetische Moment erhält man dabei die Relation

$$M = \mu_0 \cdot S = e/2m_e \cdot S \; . \tag{3.58}$$

Die Konstante μ_0 ist das Bohrsche Magneton.

Betrachtet man in der QED auch höhere Ordnungen und berücksichtigt Terme, wie sie in Abb. 3.11 gezeichnet sind, und zwar einschließlich der 8. Ordnung (!), erhält man einen Korrekturfaktor $a_\text{Theorie} = \mu_\text{Theorie}/\mu_0 - 1$, der für das Elektron den folgenden Wert hat:

$$a_\text{Theorie} = 1\,159\,652\,459 \pm 43 \cdot 10^{-12}, \tag{3.59}$$

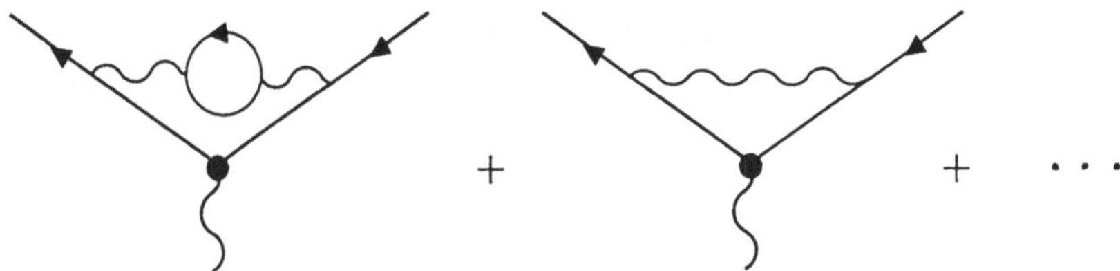

Abb. 3.11: Korrekturen eines Photons mit einem Elektron

dem der experimentell bestimmte Wert

$$a_{\text{Experiment}} = 1\,159\,652\,193 \pm 10 \cdot 10^{-12} \qquad (3.60)$$

mit phantastischer Genauigkeit entspricht [96,97,50].

Wie kann man magnetische Momente experimentell so genau bestimmen? Geladene Teilchen bewegen sich im Magnetfeld auf einem Kreis, und ihr Impuls ändert sich daher mit der entsprechenden Kreisfrequenz. Dasselbe gilt für die magnetischen Momente. Der glückliche Umstand ist jetzt, daß — ohne Berücksichtigung von Beiträgen höherer Ordnung — beide Frequenzen gleich sind und sich der Spin bezüglich der Teilchenbahn deswegen nicht ändern wird. Um den Einfluß der Korrekturen höherer Ordnung zu bestimmen, muß man sehen, wie sich der Spin pro Umlauf tatsächlich ändert. In das Verhältnis von normalem zu anomalem magnetischem Moment geht also nur das Verhältnis der beiden beinahe gleichen Drehgeschwindigkeiten ein, und man ist damit von der tatsächlichen Teilchenbahnlänge und von der präzisen Größe des Magnetfelds unabhängig. Die Genauigkeit wird dadurch erreicht, daß sehr viele Zyklen beobachtet werden. Einzelne Elektronen können für Tage in einer geeigneten magnetischen Falle eingeschlossen und beobachtet werden.

Eine analoge Messung existiert für Myonen: Ein Beschleuniger produziert einen sekundären, geladenen Pionenstrahl. Nach einer gewissen Weglänge ist der Strahl in Myonen zerfallen. Die schnellen Myonen in diesem Strahl werden dabei bevorzugt entgegengesetzt ihrer Flugrichtung polarisiert sein. Der so entstandene Myonenstrahl wird durch ein geeignetes Magnetfeld in eine Kreisbahn gelenkt und dort nach einiger Zeit schwach zerfallen. Im schwachen Zerfall eines Myons kann jeweils der mittlere Spin des Myons aus der Winkelverteilung der Zerfallselektronen rekonstruiert werden, und der kleine Unterschied der Kreisfrequenzen kann daher ohne zusätzliche Streuvorgänge beobachtet werden. Wegen der Zeitdilatation leben die Myonen lange genug, um die Durchführung einer solchen Messung zu gestatten und viele Perioden ausmessen zu können. Man erhält den Korrekturfaktor

$$a_{\text{Experiment}} = 1\,165\,923 \pm 9 \cdot 10^{-9} \,, \qquad (3.61)$$

der dem berechneten Wert

$$a_{\text{Theorie}} = 1\,165\,920 \pm 2 \cdot 10^{-9} \qquad\qquad (3.62)$$

immer noch mit phantastischer Genauigkeit entspricht [95,57,50].

3.2 Einführung in die Quantenchromodynamik

Wenden wir uns jetzt der anderen Eichtheorie mit massenlosen Eichteilchen zu und beginnen mit einer kurzen Einführung in die Physik "ausreichend lokalisierter" quantenchromodynamischer Prozesse [99,102,103,100,101,49] . "Ausreichend lokalisiert" bedeutet dabei zugänglich mit perturbativen Methoden, wie wir sie im letzten Kapitel kennengelernt haben. Diese einschränkende Definition ist notwendig, da die Quantenchromodynamik letztlich indirekt die Grundlage für alle Phänomene der Hadronen- und sogar der (weniger "ausreichend lokalisierten") Kernphysik bildet. Wie ein Wechsel der Lokalisierung, d.h. der relevanten Impulsüberträge, die Struktur der Wechselwirkung verändert, ist ein entscheidender, aber recht komplizierter Punkt bei der QCD.

QED und QCD sind keine endlichen, sondern nur *renormalisierbare* Theorien. In renormalisierbaren Theorien treten in höheren Ordnungen unendliche Beiträge auf. Um diese Terme zu umgehen, darf man besonders wenig lokalisierte ($Q^2 \to 0$) und besonders stark lokalisierte ($Q^2 \to \infty$) Wechselwirkungen nicht in den Impulsintegrationen der Feynman-Graphen mitzählen. Natürlich hängt eine solche Prozedur vom Wert des Abschneideparameters ab. Ohne weitere Überlegung wären daher alle Rechnungen bedeutungslos. In "renormalisierbaren" Theorien ist die Abhängigkeit logarithmisch. Es reicht daher aus, die Größenordnung des Abschneideparameters festzulegen.

Zunächst ist der Abschneideparameter für geringe Lokalisierung im Prinzip kein wirkliches Problem, da man im hadronischen Gebiet ja sowieso Color-Singuletts hat und daher eine physikalische Abschneideskala existiert. In Rechnungen mit Quarks und Gluonen wird die nicht verläßlich bekannte Hadronisierung zunächst meist nicht berücksichtigt, was dann besondere Überlegungen notwendig macht.

Die Situation mit dem Abschneideparameter nach kurzen Abständen ist konzeptuell wesentlich komplizierter. Das Ergebnis einer langen Überlegung ist, daß die betrachtete Theorie eigentlich viel weniger fundamental und einzigartig ist, als zunächst angenommen. Die in Feynman-Graphen betrachteten Objekte sind nicht wirklich elementare Quarks und Gluonen, sondern effektive Quarks und Gluonen, die von Gluonenfeldern umgeben sind. Diese Gluonenfelder können bei der betrachteten Lokalisierung nicht aufgelöst werden.

Das Nichtauflösen kann man am Beispiel der Wechselwirkung einer Radiowelle an einem Wasserstoffatom verstehen. Die Welle kann sowohl mit dem Kern als auch mit dem Elektron der Hülle wechselwirken, was zu den Übergangsamplituden $T_{[e]}$ und $T_{[p]}$ führt. Da die Radiofrequenz die Bindung nicht lösen kann, wird in beiden Fällen derselbe Endzustand auftreten, und man muß deswegen beide Amplituden vor der Quadrierung summieren (d.h. Übergangswahrscheinlichkeit $\propto |T_{[p]} + T_{[e]}|^2$). Wegen der betragsgleichen, aber umgekehrten Ladung sind die Amplituden, abgesehen vom Vorzeichen, identisch (d.h. $T_{[p]} = -T_{[e]}$), und der Beitrag verschwindet, wie es für die Wechselwirkung mit einem nicht aufgelösten neutralen Objekt zu erwarten ist.

Der Anteil der mitgezählten Gluonenwolke hängt von dem Grad der Lokalität
des betrachteten Prozesses ab. Genaugenommen hat man es also bei der QCD
nicht mit einer Theorie, sondern mit vielen äquivalenten Theorien zu tun. Die
"Renormierbarkeit" besagt, daß alle Theorien dieselbe Struktur haben. Je nach
der betrachteten Lokalisierung des Prozesses gibt es nur etwas größere oder kleinere Quark-Massen und nur eine etwas größere oder kleinere Kopplung für die
Vertizes in Feynman-Graphen. Diese Abhängigkeit ist sehr schwach für die QED,
sie ist jedoch sehr drastisch in der QCD. In der QCD ist in allen Rechnungen der
Lokalisierungsgrad explizit festzulegen.

Normalerweise würde man im Grenzfall $r \to 0$ zu einer "wirklich elementaren
Theorie" kommen. Ein solche Theorie, d.h. der Punkt $r = 0$ selbst, kann dabei allerdings nicht existieren. Mit einer nicht verschwindenden Wechselwirkung
würde sie zu einer unbrauchbaren, effektiven Theorie bei endlicher Lokalisierung
führen. Dies ist kein Problem in praktischen Rechnungen und auch nicht für
prinzipielle Überlegungen, die die Konsistenz der effektiven Theorie betreffen,
da wegen der Gravitation irgendwann, viele Zehnerpotenzen unter unseren au-
genblicklichen Betrachtungen, alle bekannten Theorien sowieso ungültig werden
sollten. Die einzige Wirkung der dann gültigen, unbekannten Theorie für die
augenblickliche Physik besteht darin, in einem Übergangsgebiet die beobachtete
Abhängigkeit der Massen und der Kopplung vom Grad der Lokalisierung festzulegen.

Betrachtungen niedriger Ordnung gelten mit der höchsten Genauigkeit, wenn
man die Skala der Theorie in der Größenordnung der tatsächlich auftretenden
Impulsüberträge wählt. Für Rechnungen braucht man daher die Konstanten
der Theorie in Abhängigkeit von der Skala. In erster Näherung braucht man
die Abhängigkeit der Massen nicht berücksichtigen. (In unseren Betrachtungen
werden die Quarkmassen sowieso vernachlässigt.) Für die Kopplungskonstante
oder, genauer gesagt, die Größe $\alpha_{QCD} = g^2_{QCD}/4\pi$, die der Feinstrukturkonstanten in der QED entspricht, hat diese Lokalisierungs- oder "Skalenabhängigkeit"
die Form

$$\alpha_{QCD} = \frac{12 \cdot \pi}{(33 - 2 \cdot N_f)\ln(q^2/\Lambda^2)} \,, \tag{3.63}$$

wobei q^2 die Lokalisierung der Wechselwirkung angibt und der Parameter experimentell als $\Lambda \simeq 0.2\,\text{GeV}$ bestimmt wurde. Die Größe dieses Parameters wird
von der unbekannten fundamentaleren Theorie festgelegt.

Betrachten wir die oben besprochenen Grenzwerte. Die Tatsache, daß die
Kopplung für $q^2 \to \infty$ verschwindet, wird als *asymptotische Freiheit* bezeichnet. Sie besagt, daß sich die lokalisierte Theorie, die hier betrachtet wird, wie
die QED durch Störungstheorie behandeln läßt. Nach dieser Formel wird für
$q^2 = \Lambda^2$ die Kopplung unendlich groß. Eigentlich wird die obige Formel (die
aus der Störungstheorie gewonnen wurde) schon vorher ihre Gültigkeit verlieren,
aber man nimmt an, daß sich das prinzipielle Verhalten der Kopplungskonstante
nicht ändert. Man erwartet, daß — ähnlich wie die Kopplung mit abnehmen-
der Lokalisierung — das Quark-Antiquark-Potential mit wachsendem Abstand

nach unendlich geht. Man spricht von *infraroter Sklaverei*. Der Weg, diese Probleme zu vermeiden, besteht darin, die Quarks in Colorsinguletts zusammen (gefangen) zu halten, so daß im Bereich großer Abstände keine Kopplungen an einzelne Quarks vorkommen.

Man beobachtet immer Hadronen, also nicht lokalisierte Quarks. Eine typische Situation mit einem kleinen Gebiet, in dem lokalisierte QCD anwendbar ist, war in Abb. 2.51 skizziert. Wie kann man Prozesse lokalisierter QCD experimentell beobachten? Man benutzt zwei halb empirische, halb theoretische Hypothesen, die besagen,

- daß jeder Partonenzustand sich mit der Wahrscheinlichkeit 1 in Hadronen verwandeln kann und

- daß in den "weichen" hadronischen Wechselwirkungen nicht rapide größere Impulse zwischen verschiedenen Quarks übertragen werden. Nur Hadronen, die in Richtung der ursprünglichen Partonen fliegen, können daher größere Teile des ursprünglichen Partonenimpulses abbekommen.

Mit einer gewissen Unsicherheit kann man daher durch Aufsummation von passend erscheinenden Hadronen eines Jets den ursprünglichen Partonenimpuls rekonstruieren und dadurch die Partonen-Wirkungsquerschnitte direkt messen. Je höher die Impulse der Jets desto geringer sind die Unsicherheiten bei der Zuordnung von Hadronimpulsen zu Jets, und desto genauer kann der Partonen-Querschnitt bestimmt werden. Bei niedrigen Energien muß man sich bei der Bestimmung der ursprünglichen Partonenimpulse auf explizite Modelle der Hadronisation der Partonen verlassen und große Monte-Carlo-Rechnungen zur Simulation der Prozesse durchführen. In dem Kapitel über Vielteilchenproduktion hatten wir spezifische Vorstellungen über die Produktion von Teilchen in solchen Jets kennengelernt.

3.2.1 Die Farbstruktur der Quantenchromodynamik

Wie wir im letzten Kapitel gesehen hatten, ist die QCD analog zur QED eine *Eichtheorie*, die auf einer Symmetrietransformation aufgebaut ist. Für die QCD ist die relevante Symmetrie die Struktur des SU(3)-*Farbraums*. Die Feldquanten der QCD, d.h. die Gluonen, vermitteln, wenn sie an Quark oder Antiquark koppeln, eine Drehung von deren Farbzustand (als Operator im Farbraum).

Wir hatten im hadronischen Teil die Äquivalenz zwischen einer Vertauschungssymmetrie von Konstituenten, die geeignet in den Raum quantenmechanischer Zustände eingebettet ist, und einer entsprechenden Lie-Gruppenstruktur kennengelernt. Man kann diesen Prozeß umdrehen und die Farbstruktur durch imaginäre Farbteilchen in einer sehr einsichtigen Weise beschreiben. Dieser Trick erlaubt es, im Rahmen dieser Behandlung einige wesentliche Eigenschaften der Theorie zu verstehen[34].

---

[34] Betrachten wir die Situation in gruppentheoretischen Notationen. Die Quarks sind Zustände eines SU(3)-Tripletts und die Antiquarks eines SU(3)-Antitripletts. Man weiß aus der Gruppentheorie, daß ein Triplett und ein Antitriplett zusammen, wie sie in einer Kopplung

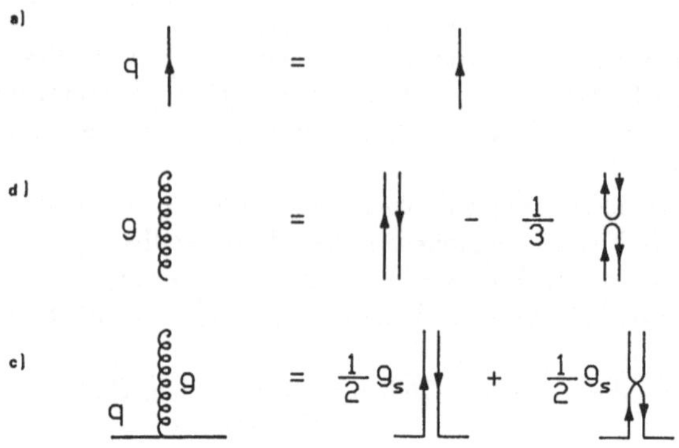

Abb. 3.12 Die Elemente eines "Farblinien"-Graphen

In diesem Farbteilchenbild existieren rote, gelbe und blaue Quarks als separate Objekte, deren Weg völlig analog zu den üblichen Quark-Flavorlinien im Zeit-Raum-Diagramm durch eine vorwärtsgerichtete Farblinie gezeichnet werden kann, wie in Abb. 3.12a dargestellt ist. Für die Antiquarks mit den entsprechenden Antifarben läuft dann die Farblinie rückwärts. Da Gluonen an Quarks koppeln und deren Farbe ändern, müssen sie aus einer vorwärtsgerichteten Farblinie und einer rückwärtsgerichteten Farblinie bestehen. Wenn wir für einen Augenblick 1/3 durch 0 ersetzen, entsprechen sie damit der Abb. 3.12b. Da Farblinien keine dynamischen Eigenschaften tragen, werden beide in Abb. 3.12c dargestellten Kopplungsmöglichkeiten mit gleichem Gewicht vertreten sein.

Zu jedem Feynman-Graphen können wir also einen Farbliniengraphen zeichnen [94]. Bei einer Produktion von Farblinien muß über alle möglichen Farbbelegungen summiert werden. Der ursprüngliche Feynman-Graph erhält auf diese Weise einen Farbfaktor, der je nach Belegungsspielraum größer oder kleiner ist.

In unserer Überlegung haben wir zwei Bedingungen ignoriert. Wir wissen, daß Teilchen Farbsinguletts (d.h. invariant unter Vertauschung von Farben) sind, und daß, da es keine freien Quarks gibt, am Ende des Streuprozesses farblose

auftreten, einen Oktett- und einen Singulett-Zustand bilden können

$$(3) * (\bar{3}) = (1) + (8) \,. \tag{3.64}$$

Sie können daher prinzipiell sowohl an ein Singulett als auch an ein Oktett koppeln. Die Kopplung an ein Farbsingulett findet in der QED statt. Da die Gluonen Drehungen im Farbraum vermitteln müssen, kommt für sie der Singulett-Zustand nicht in Frage, und es verbleibt nur der Oktett-Zustand. Um den Farbzustand von Quarks ändern (drehen) zu können, müssen sie natürlich selber Farbquantenzahlen tragen, wie sie in den Oktettzuständen auftreten.

Um die Farbstruktur-Abhängigkeit von Feynman-Amplituden zu berechnen, betrachtet man — in Analogie zur Drehgruppe oder zur SU(2) mit ihren Pauli-Spinoren, ihren Pauli-Matrizen und ihrem Faktor ϵ_{ijk} — in der SU(3)-Gruppe Zustände in einem dreidimensionalen Farbraum, Quark-Gluon-Vertizes mit tabellierten Gell-Mann-Matrizen und Gluon-Gluon-Vertizes mit tabellierten Strukturkonstanten.

Teilchen zu produzieren sind. Welche Einschränkung folgt daraus für den hier betrachteten lokalisierten Streuprozeß? Es gibt keine Einschränkungen. Da die Wechselwirkung mit einlaufenden Hadronen oder Leptonen beginnt, ist der Endzustand automatisch ein Color-Singulett. Dies gilt natürlich auch für den Teil des Endzustands, der übrigbleibt, wenn schon beliebig viele Color- Singuletts als Teilchen emittiert wurden.

Im Gegensatz zum Photon müssen, wie gesagt, Gluonen mit Farbänderungen verbunden sein. Bei unseren beiden Farblinien gibt es eine Komponente, die die Farben nicht ändert und die eigentlich nichts beitragen sollte. Diese Singulettkomponente muß daher abgezogen werden. Dies geschieht mit dem rechten Term in Abb. 3.12b, so daß das Gluon der dargestellten Differenz entspricht.

Die in diesem Bild rechts dargestellte Schleife zeigt einen Prozeß, bei dem sich der anfängliche Farb-Antifarbzustand vernichtet und ein neuer Zustand mit beliebiger Farbe gebildet wird. Die Schleife wirkt als Projektionsoperator auf die Singulett-Farbbelegung. Es gibt keinen Beitrag zu einem Prozeß mit einem Nicht-Singulett-Zustand. Beginnt der Prozeß unten mit einem Singulett-Zustand, hört er oben mit einem Singulett-Zustand auf.

Um dies explizit zu zeigen, betrachten wir der Einfachheit halber nur farbneutrale Zustände. Offensichtlich kann es für nicht farbneutrale Zustände zu keinem Beitrag mit dem Schleifenterm kommen. Es gibt drei linear unabhängige farbneutrale Zustände

$$\{r\bar{r}, g\bar{g}, b\bar{b}\} , \tag{3.65}$$

die sich mit der folgenden orthogonalen Basis beschreiben lassen:

$$\{\sqrt{\tfrac{1}{3}}(r\bar{r} + b\bar{b} + g\bar{g}), \sqrt{\tfrac{1}{2}}(r\bar{r} - g\bar{g}), \sqrt{\tfrac{1}{3}}(r\bar{r} + g\bar{g} - 2b\bar{b})\} . \tag{3.66}$$

Für die Vernichtungsschleife in der Abb. 3.12b liefert offensichtlich jeder unten hereinkommende Farb-Antifarb-Zustand einen Beitrag. Entspricht der Farbanfangszustand der zweiten oder der dritten Kombination, ergibt sich wegen des unterschiedlichen Vorzeichens Null. Der erste, völlig symmetrische Zustand $\sqrt{1/3}(r\bar{r} + b\bar{b} + g\bar{g})$ entspricht dem Farbsingulett-Zustand. Für ihn treten drei Beiträge jeweils mit dem Gewicht $(1/3) \cdot (1/\sqrt{3})$ auf. Summiert man über alle Farbzustände bei der produzierten Farblinie, ergibt sich oben wieder der richtig normalisierte Farbsingulett-Zustand.

Solche Farbliniengraphen sind nützlich, um die SU(3)-Faktoren in einfachen Feynman-Graphen zu verstehen. Betrachten wir zwei Beispiele.

1. Im Farblinienbild sieht man sofort, daß in dem Prozeß

$$e^+e^- \rightarrow q\bar{q} \tag{3.67}$$

für $q = u, d, s, \cdots$ jeweils *drei* unabhängige Farbbeiträge auftreten. Wir hatten gesehen, daß man die Hadronisierung weglassen kann. Da dann rechts und links identische Farben produziert werden müssen, gibt es nur einmal die Auswahl von drei Farben.

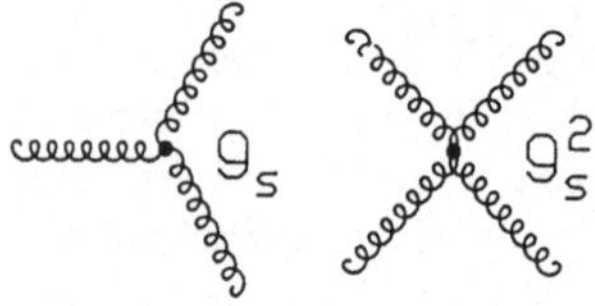

Abb. 3.13 Eine Ein-Gluon-Korrektur zum e^+e^- Prozeß

Abb. 3.14 Die Selbstwechselwirkung der Gluonen

2. Im nächst einfacheren e^+e^--Prozeß wird als drittes Parton ein Gluon produziert, wie es in Abb. 3.13 dargestellt ist. Berechnen wir die Farbfaktoren
des Feynman-Graphen und beginnen wir mit den Quark-Gluon-Vertizes. Da
die Farblinie nicht in die Antifarblinie münden kann, verliert man ohne Beschränkung der Allgemeinheit am oberen Vertex entweder den gekreuzten
oder den ungekreuzten Beitrag, d.h. man erhält insgesamt einen Faktor
$2 \cdot (1/2)^2 = 1/2$. Vom positiven Term des Gluons erhält man $3 \times 3 = 9$
verschiedene Farbbelegungsmöglichkeiten und vom $-1/3$ zählenden Term
3 Beiträge. Der Farbfaktor ist damit $(9-1)/2$, wobei ein Faktor 3 mit
dem Photonvertex verbunden ist und der Faktor $(9-1)/(2 \times 3)$ dem ausgetauschten Gluon zugeordnet wird.

Bei komplizierteren Strukturen wird die Zahl der zu berücksichtigenden Farblinien umfangreicher und die intuitive Methode, die Farbfaktoren auszurechnen,
wird dann unpraktisch.

Ein wichtiger Unterschied zwischen QED und QCD trat in den betrachteten
Graphen nicht auf. Wie oft gesagt, tragen die Gluonen im Gegensatz zu den
ladungslosen Photonen der QED selber eine Farbquantenzahl. In Prozessen höherer Ordnung muß damit auch eine *Wechselwirkung zwischen Gluonen* selber
berücksichtigt werden. In Feynman-Graphen gibt es zwei Beiträge. Es gibt einen Vertex mit drei Gluonen, wie er in Abb. 3.14 links dargestellt ist, und einen
mit vier Gluonen, wie er in Abb. 3.14 rechts zu sehen ist. Die Existenz dieser
Terme ist notwendig in der Eichtheorie, und zwar, abgesehen von Farbfaktoren,
mit derselben Kopplung, wie sie in der Quark-Gluon-Kopplung auftritt, bzw. im
zweiten Fall mit deren Quadrat.

Tabelle 3.1:   Relative Größe des e^+e Wirkungsquerschnitts

mit	ud	-Quarks, den Wert	$R = 3(4/9 + 1/9)$	$= 1.\bar{6}$
mit	uds	-Quarks, den Wert	$R = 3(4/9 + 2 \cdot 1/9)$	$= 2.0$
mit	$udsc$	-Quarks, den Wert	$R = 3(2 \cdot 4/9 + 2 \cdot 1/9)$	$= 3.\bar{3}$
mit	$udscb$	-Quarks, den Wert	$R = 3(2 \cdot 4/9 + 3 \cdot 1/9)$	$= 3.\bar{6}$
mit	$udscbt$	-Quarks, den Wert	$R = 3(3 \cdot 4/9 + 3 \cdot 1/9)$	$= 5.0$

3.2.2 Die Annihilation von e^+e^- in Quarks

Die Annihilation von e^+e^- in Quarks ist ein besonders einfacher Prozeß. Das Photon hat nach der Heisenbergschen Unschärferelation eine Ausdehnung, die dem Inversen von q^2, d.h. dem Quadrat der Gesamtenergie, entspricht. Die QCD-Kopplung ist damit im Bereich der eigentlichen $q\bar{q}$-Produktion ausreichend klein, um eine Anwendung der Störungstheorie zu erlauben. Analog zu $e^+e^- \rightarrow \mu^+\mu^-$ wird in nullter Ordnung der QCD und niedrigster Ordnung der QED ein $q\bar{q}$-Paar erzeugt.

Die Ähnlichkeit zur Myonenproduktion macht es sinnvoll, anstelle des Wirkungsquerschnitts das Verhältnis

$$R(s) = \frac{\sigma(e^+e^- \rightarrow \text{Hadronen})}{\sigma(e^+e^- \rightarrow \mu^+\mu^-)} \tag{3.68}$$

zu betrachten. Es muß offensichtlich einfach der *Zahl der beitragenden Prozesse entsprechen*, und zwar gewichtet mit ihrer Kopplung zum Photon, d.h. mit dem Quadrat ihrer Ladung. Je nach Energiebereich können verschieden viele der schweren Quarks beitragen. Um den Beitrag bei einer vorgegebenen Energie zu berechnen, müssen wir die Ladungsquadrate aufaddieren und wegen der Farbe mit drei multiplizieren. Und zwar hat man theoretisch für die verschiedenen Energiebereiche die in Tabelle 3.1 angegebenen Werte.

Was ergibt ein Vergleich mit den Experimenten? Betrachten wir dazu die Daten in Abb. 3.15a. Wie es von der relativ leichten Strange-Quark-Masse zu erwarten ist, gibt es kein ausgeprägtes ud-Gebiet. Abgesehen von kleinen Beiträgen höherer Ordnung, entspricht R genau den drei vorhergesagten Stufen. Das $t\bar{t}$-Produktionsgebiet ist noch nicht erreicht. Wahrscheinlich werden im Bereich der Top-Quark-Massen die schwachen Wechselwirkungen nicht mehr zu vernachlässigen sein, und, da das "schwere Photon", das Z_0, andere Quark- und Leptonen-Ladungen sieht, wird die Relation in diesem Gebiet sowieso nicht mehr gelten.

Die Relation gilt erstaunlich gut, selbst bei niedrigen Energien in einem Gebiet, in dem Resonanzen nicht vernachlässigt werden können und in dem die wesentliche Annahme, daß der harte Streuquerschnitt nicht davon abhängt, wie

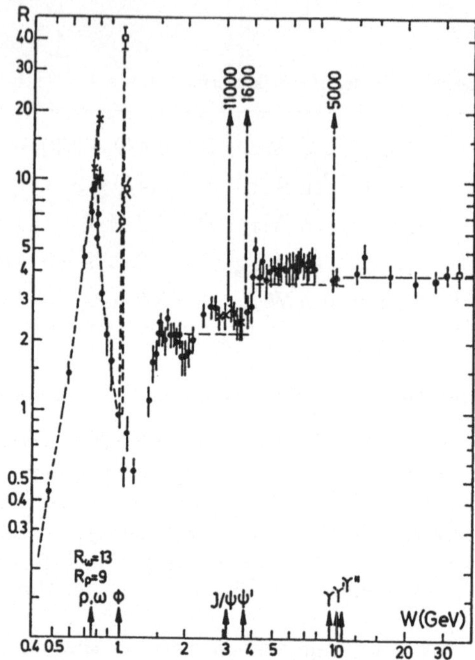

Abb. 3.15a: Die Energieabhängigkeit der relativen Größe des Hadronisationsquerschnitts. $R = \sigma_{e^+e^-\to \mathrm{Hadronen}}/\sigma_{e^+e^-\to \mu^+\mu^-}$ [aus E. Lohrmann [57]]

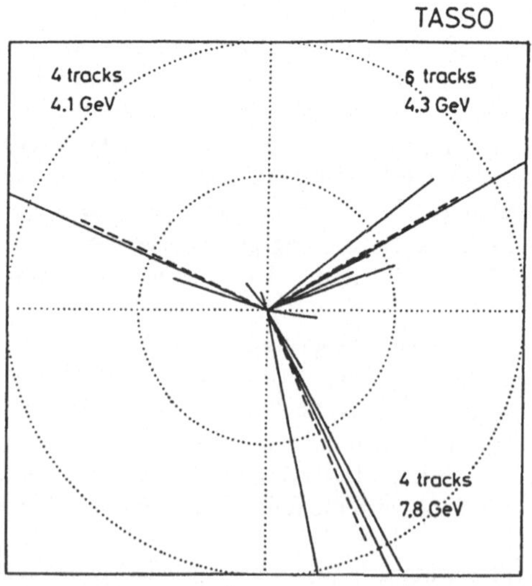

Abb. 3.15b: Ein Drei-Jet-Ereignis in der e^+e^--Vernichtung [aus S.L. Wu [80]]

sich die produzierten Quarks in einer weichen Wechselwirkung zu Hadronen entwickeln können, nicht mehr gültig sein kann. Wie in der hadronischen Physik, gilt eine semilokale Dualität: Mittelt man über die Resonanzbeiträge, entspricht die Größe des Mittelwerts gerade dem darauffolgenden Kontinuum.

Dazu gibt es dann kleine Korrekturen durch den Beitrag mit Gluonen, die entweder ausgetauscht oder produziert werden[35]. Bei höheren Energien verändern solche Korrekturen den Wirkungsquerschnitt um etwa 6% und sie führen einen neuen Typ von Endzustand ein (Abb. 3.15b). Im Kapitel über Vielteilchenproduktion hatten wir gesehen, daß zwischen 20 GeV und 30 GeV solche Quark-Antiquark-Gluon-Beiträge sichtbar werden. Aus den beobachteten Jets kann man mit gewissen systematischen Fehlern die Kinematik der harten Streuung rekonstruieren. Die Winkelverteilung entspricht den Erwartungen, und (etwas simple) Alternativen mit spinlosen Gluonen können ausgeschlossen werden. Die benötigte QCD-Kopplungskonstante ist in dem betrachteten Bereich in etwa

$$\alpha_{\mathrm{QCD}} = 0.14 \tag{3.69}$$

und

$$\Lambda_{\mathrm{QCD}} = 0.02 \, \mathrm{GeV} \tag{3.70}$$

mit beträchtlichen systematischen Unsicherheiten [106].

Bei den höchsten erreichbaren Energien (etwa 50 GeV) wird eine Korrektur durch die schwache Wechselwirkung sichtbar. Anstelle des virtuellen Photons kann ein schweres, schwaches Vektorboson auftreten. Die Situation ist völlig analog zum Beitrag, den wir bei der asymmetrischen Winkelverteilung bei der Annihilation in Myonen besprochen hatten.

3.2.3 Hadronische Streuungen mit großen Transversalimpulsen

In der e^+e^--Annihilation ist die Situation besonders einfach. Bei ausreichend hohen Energien ist eine harte Wechselwirkung wegen der Lokalisierung des virtuellen Photons kinematisch erzwungen, solange in der QED der Prozeß niedrigster Ordnung dominiert. Das ist anders für hadronische Wechselwirkungen. Da die Kinematik für den totalen Wirkungsquerschnitt eine Lokalisierung nicht festlegt, können immer sowohl lokalisierte als auch nicht lokalisierte Beiträge existieren. In einem Beitrag werden große Impulsüberträge auftreten und im anderen nicht. Solche hohen Impulsüberträge haben dann typischerweise auch einen hohen transversalen Anteil.

Betrachten wir eine Streuung mit hohen Transversalimpulsen etwas genauer. Dazu ist der Prozeß in Abb. 3.16 als "Daumenkino"-Seiten dargestellt. Zunächst sieht man die beiden Protonen vor der Streuung. Mit besserer Auflösung, wie sie für den lokalisierten Streuvorgang relevant sein wird, werden einzelne Partonen sichtbar. Wie im dritten Bild dargestellt, kann es dabei zwischen zwei entgegengesetzt laufenden Partonen zu einer harten Streuung kommen. Da die

---

[35]Der Farbfaktor eines solchen Beitrags wurde in Abschnitt 3.2.1 berechnet.

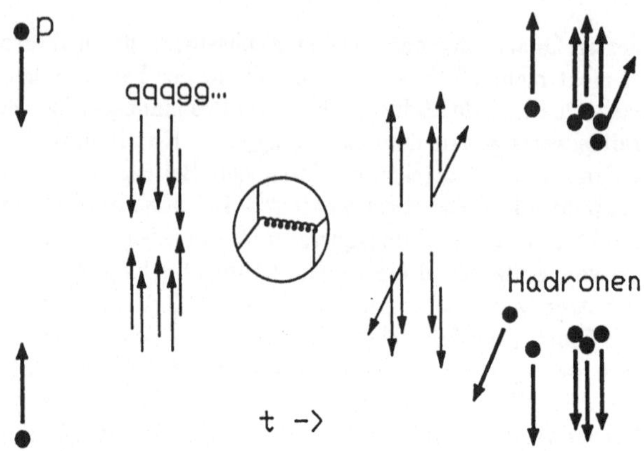

Abb. 3.16:   Die Streuung mit großen Transversalimpulsen als "Daumenkino"-Bilder

Vorwärtsrichtung in harten Streuungen nicht stark ausgezeichnet ist (typisch ist eine $1 + \cos^2 \theta^*$-Verteilung), wird es dabei oft zu großen transversalen Impulsen kommen. Diese Transversalimpulse finden sich in transversalen Jets von Teilchen wieder, die zusätzlich zu den ursprünglichen Jets in Vorwärts- und Rückwärtsrichtung auftreten, wie es im letzten Bild gezeichnet ist.

Die Trennung von harten und weichen Ereignissen hängt natürlich von dem Grad der (definitorisch) erforderlichen Lokalisierung ab. Bei den augenblicklich verfügbaren Energien von etwa $\sqrt{s} < 900\,\text{GeV}$ sind wirklich klar identifizierbare harte Prozesse noch relativ selten gegenüber dem dominanten Pomeron-Austausch-Prozeß. Ihre Rolle steigt allerdings mit zunehmender Energie drastisch an.

Obwohl die Kopplungskonstante mit zunehmender Stärke der Kopplung abnimmt, wächst der Anteil dieser Prozesse mit großen Transversalimpulsen. Der Grund dafür ist der folgende: Kleine Transversalimpulse sind in der weichen, hadronischen Streuung schon berücksichtigt; um einen harten Streuvorgang zu erhalten, ist ein gewisser minimaler Transversalimpuls erforderlich. Mit wachsender Energie ist dies (d.h. das Erreichen des minimalen Transversalimpulses) für zunehmend kleinere Winkel möglich, und der harte Beitrag wird deswegen größer und größer.

Die Zahl der harten Streuungen nimmt sogar noch stärker zu, als man es von diesem einfachen Argument erwarten sollte. Mit zunehmender Energie gibt es mehr und mehr langsame See-Partonen, die von der harten Streuung noch "aufgelöst" werden können. Dies führt unter anderem dazu, daß es beim SPS-Collider schon einen signifikanten Anteil von Viel-Jet-Ereignissen gibt, in denen mehrere harte Streuungen vorkommen.

Da sich oft ein großer Anteil des Jet-Impulses in einem einzelnen Teilchen befindet, konnten solche harten Jets experimentell zunächst als eine Aufweitung der

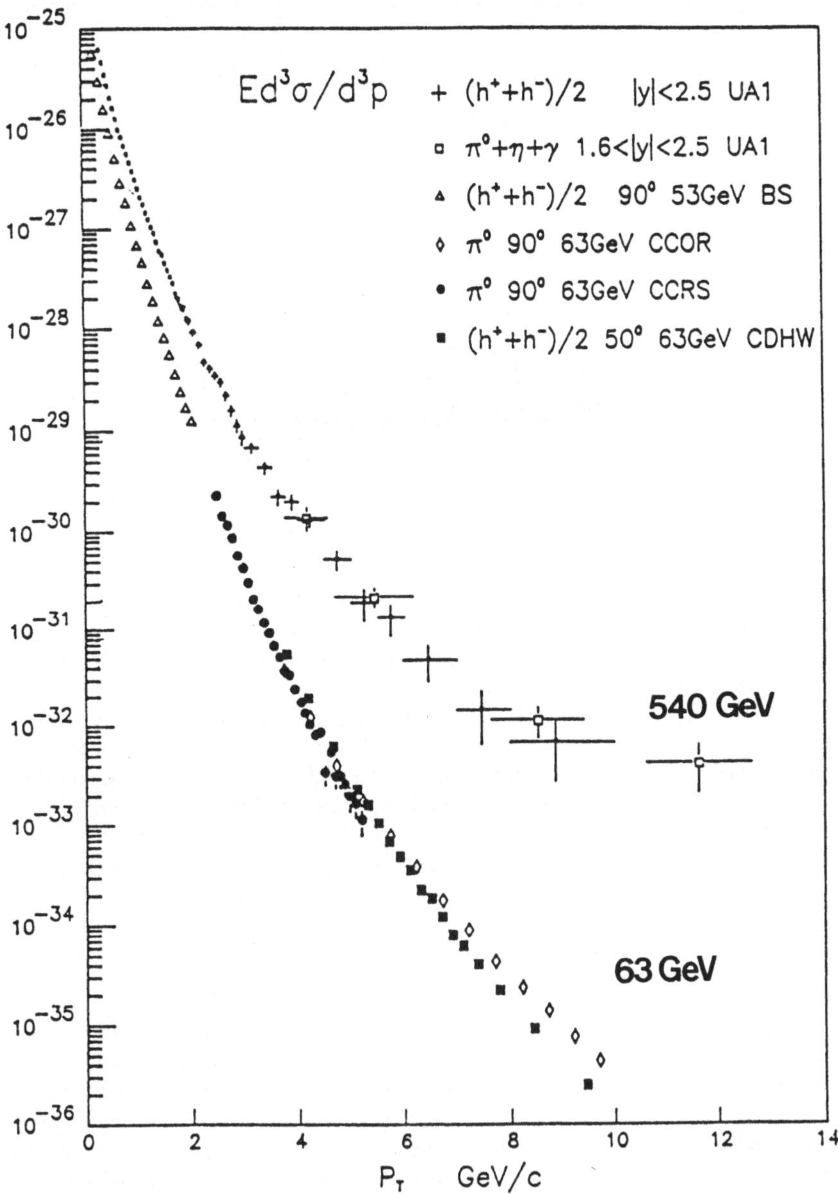

Abb. 3.17 : Die Transversalimpulsverteilung der produzierten Teilchen [aus G. Arnison et al. [83]]

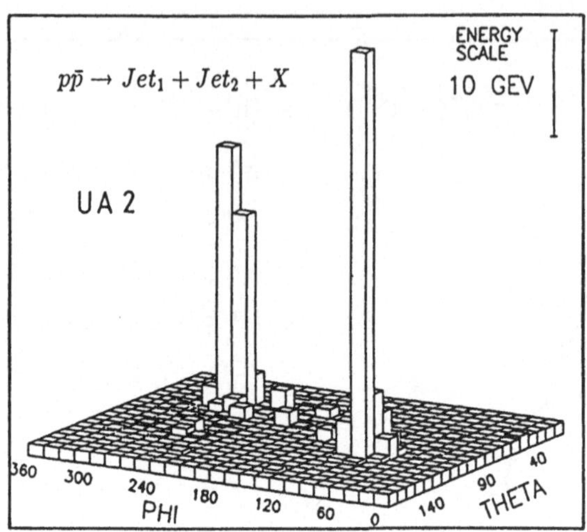

Abb. 3.18 :   Ein Zwei-Jet-Ereignis am SPS-COLLIDER [85] [aus: M.G. Albrow et al. [84]]

Transversalimpulsverteilung der produzierten Teilchen beobachtet werden, wie es in der Abb. 3.17 zu sehen ist. Die Beobachtung begann bei FNAL-Energien als eine kleine Abweichung vom energieunabhängigen, exponentiellen Abfall der nicht lokalisiert produzierten Teilchen. Sie bekam im ISR-Bereich eine deutliche Struktur, die in vielen Details untersucht werden konnte. Für Collider-Energien nimmt diese Struktur nochmals an Klarheit zu. Da wesentlich größere Transversalimpulswerte auftreten können, ist es jetzt oft recht einfach, einzelne Jets zu erkennen, wie es in einem besonders deutlichen Ereignis in Abb. 3.18 zu sehen ist. Es ist daher nicht mehr schwierig, die Teilchen einzelnen Jets zuzuordnen und die ursprünglichen Partonimpulse approximativ zu bestimmen. Für solche Jets oder Partonen erhält man die in Abb. 3.19 dargestellte Verteilung.

3.2.4 Drell-Yang-Streuung

In solchen harten Streuungen, wie sie oben beschrieben wurden, können natürlich andere Objekte als leichte Quarks oder Gluonen gebildet werden. Betrachten wir als Beispiel die hadronische Produktion eines Leptons und eines Antileptons. Dieser Prozeß heißt Drell-Yang-Prozeß. Der harte Prozeß ist genau umgekehrt wie in der e^+e^--Annihilation; ein Quark und ein Antiquark annihilieren sich und produzieren z.B. ein e^+e^--Paar oder ein $\mu^+\mu^-$-Paar, wie es in Abb. 3.20a zu sehen ist. Wie im Annihilationsprozeß hat man nur garantiert lokalisierte Beiträge. Der Prozeß ist besonders interessant, da die Endzustände der harten Streuung im Prinzip genau, d.h. ohne die von der Hadronisierung der Quarks verursachten Fluktuationen und Unsicherheiten, beobachtet werden können.

Experimentell ist es nicht ganz einfach, Leptonen in Vielteilchen-Endzustän-

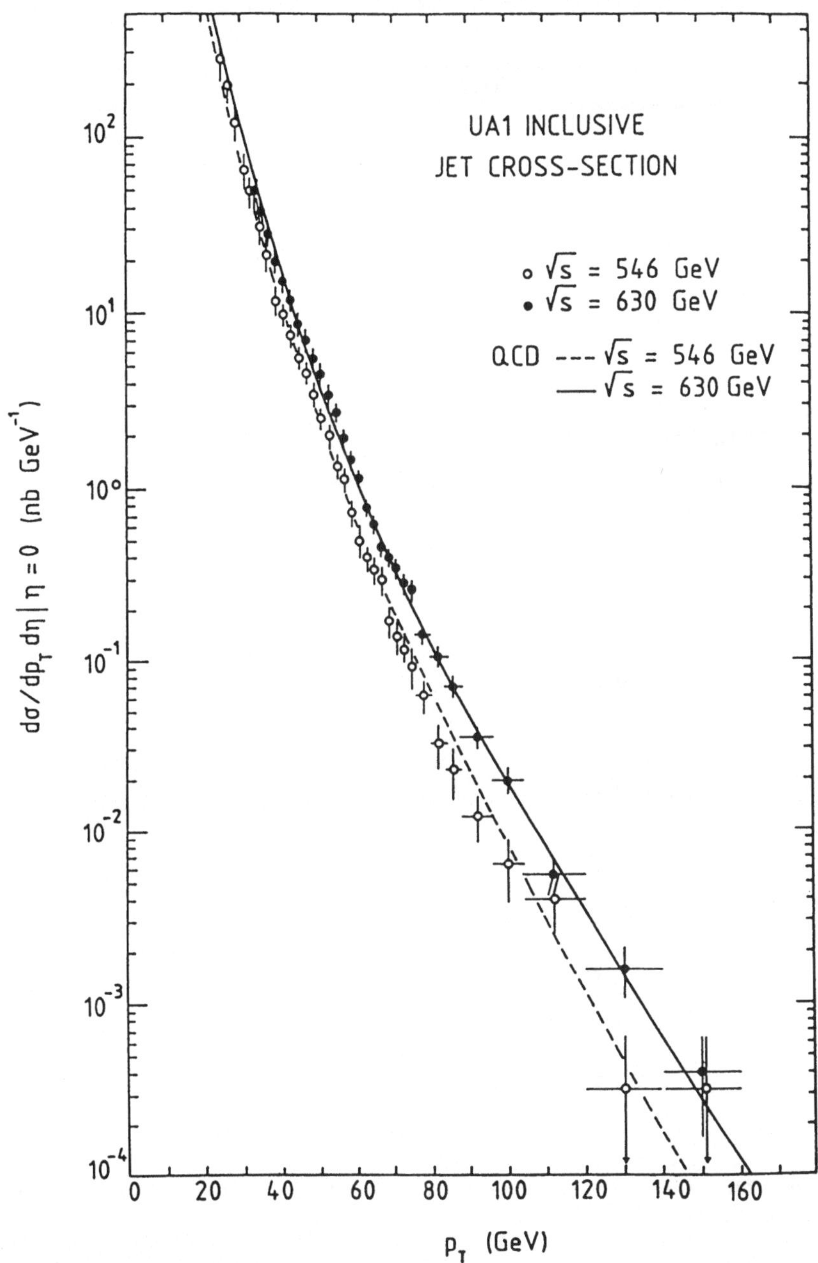

Abb. 3.19 : Die Transversalenergieverteilung der produzierten Jets [aus R. Sorbie [107]]. Die Pseudorapidität entspricht ungefähr der Rapidität.

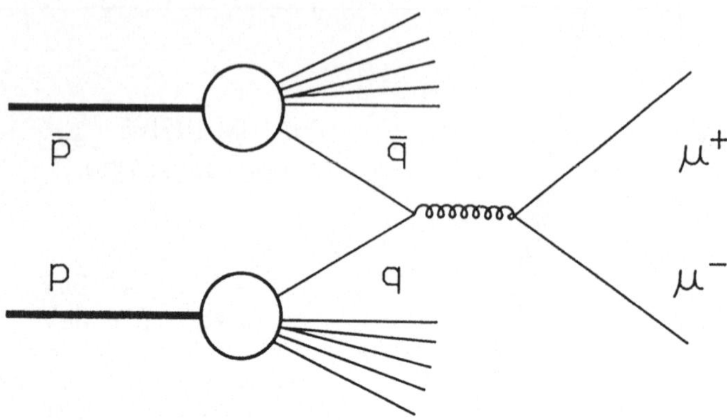

Abb. 3.20a: Das Schema der Drell-Yang-Streuung

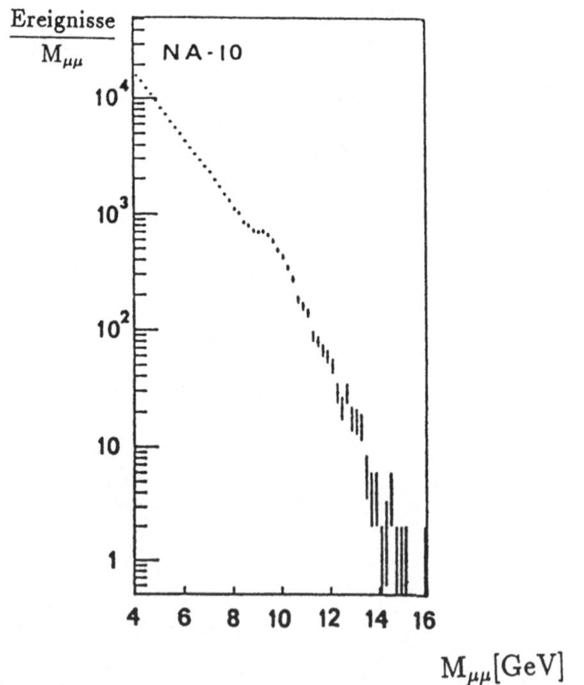

Abb. 3.20b: Die Leptonmassenverteilung in der Drell-Yang-Streuung [aus J. Varela [108]]

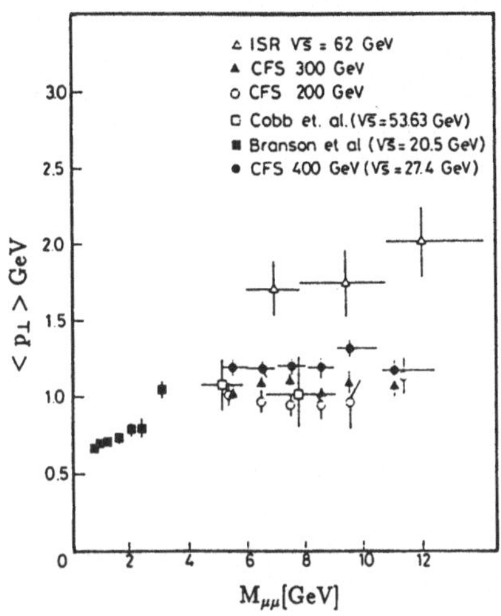

Abb. 3.20c: Der mittlere Transversalimpuls der Leptonenpaare in der Drell- Yang-Streuung [aus F. Vannuci [110]]

den zu identifizieren. Das Prinzip der Identifikation hatten wir in Abschnitt 3.1.7 kennengelernt. In der Regel werden Elektronen schneller wechselwirken als Pionen, sie können daher im "elektromagnetischen Kalorimeter" beobachtet werden, während Pionen erst dahinter, im "hadronischen Kalorimeter", nachzuweisen sind. Im Kalorimeter wird die ursprüngliche Energie der Teilchen durch einen Kaskadenprozeß in einen "Teilchenschauer", d.h. irgendwann einmal in "Wärme" (oder lateinisch "calor") umgewandelt. Aus der Teilchenzahl im Schauer läßt sich bei wachsender Teilchenenergie mit zunehmender relativer Genauigkeit die Energie des ursprünglichen Teilchens bestimmen; die Eindringtiefe ermöglicht eine Unterscheidung der Teilchenart. Das liefert oft befriedigende Resultate. Untersucht man sehr seltene leptonische Prozesse, können, da es sehr viele Pionen gibt, statistische Fluktuationen Schwierigkeiten machen. Eine gewisse Hilfe bietet die Tatsache, daß Elektronen meist recht isoliert und Pionen in Jets auftreten. Die Separation ist im Prinzip einfacher für Myonen. Myonen unterscheiden sich von den Elektronen und den Hadronen dadurch, daß sie vom gesamten Apparat einschließlich der Magnete nicht gestoppt werden. Bei Myonen ist es jedoch relativ schwierig, ihre Energie genau zu bestimmen. Das die restlichen Teilchen absorbierende Eisen ist nicht ohne Einfluß auf die Myonenenergie.

Die Abb. 3.20b zeigt die Abhängigkeit des Wirkungsquerschnitts von der Masse des Leptonenpaares. Diese Masse entspricht der Schwerpunktsenergie des sich im harten Prozeß vernichtenden Quark-Antiquark-Paares. Sie wird bestimmt durch den Wirkungsquerschnitt des harten Prozesses und durch die Partonenver-

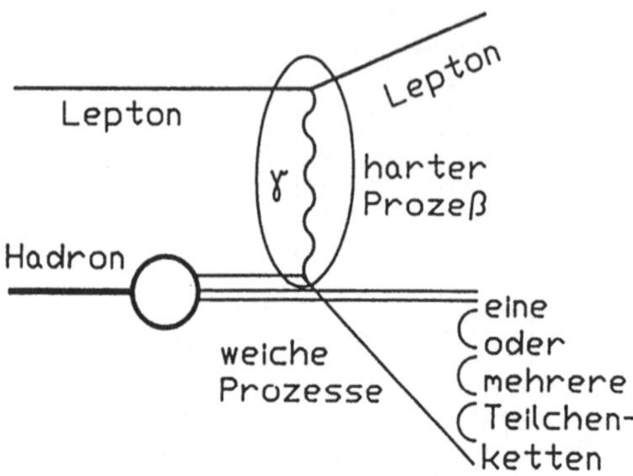

Abb. 3.21a: Schema der tiefinelastischen Streuung

teilung. Dabei gibt es etwas höhere Beiträge im Bereich von Resonanzen, in dem zunächst ein Quarkonium-Zustand gebildet wird, der anschließend in Leptonen zerfällt. Eine Untersuchung solcher Leptonen spielte eine entscheidende Rolle bei der Entdeckung neuer Teilchen.

Die Abb. 3.20c zeigt die mittlere Transversalimpulsverteilung des produzierten Leptonensystems. Die Verteilung des Leptonensystems entspricht der Verteilung von geeigneten Quark-Antiquark-Paaren. Die transversale Verteilung der lokalisierten Partonen in den Hadronen ist größer, als man es von weichen hadronischen Prozessen kennt. Mit zunehmender Lokalisierung werden mehr und mehr Gluonen separat gesehen, d.h. das Quark hat vor der eigentlichen Streuung ein oder mehrere Gluonen ausgesendet. Wegen dieser Gluonenabstrahlung haben die Quarks zunehmender Lokalisierung daher typischerweise einen etwas geringeren Energieanteil und etwas mehr transversale Fluktuationen. Die Zunahme an Transversalimpuls der Quarkpaare kann in Abb. 3.20c beobachtet werden.

Da die Produktion von schweren Objekten oft mit einer Quark-Antiquark-Vernichtung beginnen muß und man sich bei der Lepton-Antilepton-Produktion die Masse des produzierten Leptonen-Paares aussuchen kann, hat man gewissermaßen einen Prozeß, der bezüglich der Rapiditäts- und Transversal-Impuls-Abhängigkeit repräsentativ für die Produktion von vielen schweren Objekten ist.

3.2.5 Tiefinelastische Streuung

Ein anderer Prozeß, bei dem die Lokalisierung durch einen leptonischen Anteil garantiert wird, ist die tiefinelastische Streuung von Leptonen an Protonen. Sie war und ist besonders aufschlußreich für die Partonenstruktur der Hadronen. Einen großen Schritt vorwärts in der experimentellen Situation bei der Lepton-Hadron-Streuung kann man von dem in Hamburg im Bau befindlichen HERA-Beschleuniger erwarten.

Eine schematische Darstellung des Prozesses ist in Abb. 3.21a gezeichnet. Be-

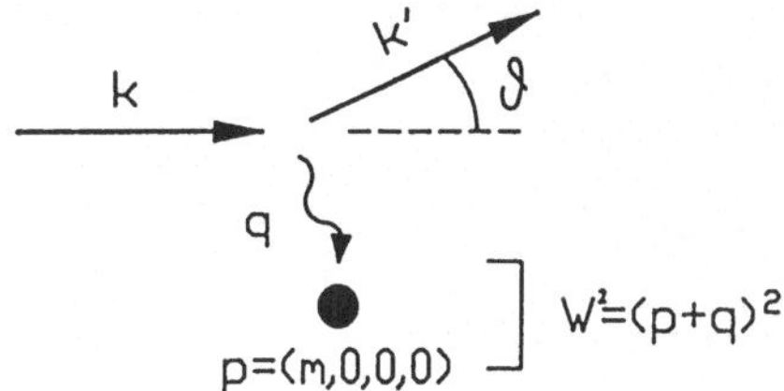

Abb. 3.21b: Kinematische Definitionen zur tiefinelastischen Streuung

trachten wir zunächst die kinematische Situation etwas genauer. Die Definition der relevanten kinematischen Variablen ist in Abb. 3.21b gegeben. Ein Elektron wird um den Winkel ϑ aus dem Impuls k in den Impuls k' gestreut. Dabei überträgt das Photon den Impuls $q = k - k'$ auf das ohne Beschränkung der Allgemeinheit ruhende Proton mit dem Impuls $p = (m, o)$ zu dem Impuls p'. Bei der Photon-Proton-Streuung steht daher die Masse

$$W = \sqrt{(p+q)^2} \tag{3.71}$$

zur Verfügung. Die Lokalisierung des Photons ist durch

$$Q^2 = -q^2 = (k - k')^2 \tag{3.72}$$

bestimmt, und seine Energie im Ruhesystem des Protons ist, abgesehen von der konstanten Protonmasse, durch

$$\nu = q \cdot p = m_p \cdot (k_0 - k_0') \, . \tag{3.73}$$

gegeben. Offensichtlich verbleiben damit für die eigentliche hadronische Streuung zwei unabhängige Variablen. Man benutzt meist Q^2 und ν.

Um eine ausreichende Lokalisierung festzulegen, beobachtet man daher Wechselwirkungen, in denen das Lepton in einen größeren Winkel gestreut wird. Für niedrige Q^2-Werte würde sich das Photon wie ein Meson (Vektormesondominanz) verhalten, und man hätte eine Art von weicher Meson-Proton-Streuung. Bei sehr hohen Energien werden neben dem betrachteten Prozeß Prozesse höherer Ordnung eine Rolle spielen. Solche Prozesse hatten wir beim Anstieg des mittleren Transversalimpulses von Myonenpaaren kennengelernt.

Was die lokalisierte Streuung im sogenannten tiefinelastischen Bereich besonders interessant macht, ist, daß sie relativ *direkte Information* über die Strukur der Hadronen, d.h. über die Partonenverteilung in den Hadronen, liefert.

Betrachten wir dazu zunächst den Prozeß etwas genauer. Wir hatten den Prozeß $e^+ e^- \to \mu^+ \mu^-$ berechnet. Wenn wir andere Impulse einsetzen, können wir zum gekreuzten Prozeß $\mu^- e^- \to \mu^- e^-$ gelangen, der der Lepton-Parton-Streuung entspricht ($\mu \leftrightarrow$ Parton). Wir hatten in unserer Rechnung eine Faktorisierung in zwei Terme gefunden, die jeweils nur von einem der beiden Fermionen abhingen. Dazu kam ein Beitrag von den Photonpropagatoren. Analoges gilt für den partonischen Prozeß. Er faktorisiert in einen leptonischen Teil $L_{\nu\mu}$, zwei Photon-Propagatoren

$$g^{\nu\kappa}/q^2 \text{ und } g^{\mu\lambda}/q^2$$

und einen hadronischen Teil $W_{\kappa\lambda}$. Der leptonische Vertex entspricht unserer Berechnung (siehe 3.42 zweite Zeile)

$$L_{\nu\mu} = 2\left(k_\mu k'_\nu + k'_\mu k_\nu + g_{\mu\nu}\frac{1}{2}q^2\right) . \tag{3.74}$$

Über die Leptonenspins wurde gemittelt bzw. summiert und die Leptonenmassen wurden vernachläßigt. Die unbekannte Struktur des Protons kompliziert das Auffinden des hadronischen Teils. Aus allgemeinen Symmetriebetrachtungen kann man die Struktur dieses Vertex stark einschränken, für einen Prozeß mit Photonenaustausch muß er die folgende Form haben[36]:

$$W_{\nu\mu} = \left[g_{\mu\nu} - \frac{q_\mu q_\nu}{q^2}\right]\cdot W_1 + \left[\frac{1}{m_p^2}\left(p_\mu - \frac{(p\cdot q)q_\mu}{q^2}\right)\left(p_\nu - \frac{(p\cdot q)q_\nu}{q^2}\right)\right]\cdot W_2 . \tag{3.75}$$

Die dimensionslosen Funktionen W_1 und W_2 heißen *Strukturfunktionen*. Verbindet man die obigen Terme und integriert über alle nicht interessierenden Variablen, erhält man die folgende Relation:

$$\frac{d^2\sigma}{d|q^2|\,d\nu} = \frac{4\pi m_e^2 r_e^2}{q^4 m_p}\cdot\frac{k'_0}{k_0}\cdot\left(W_2\cdot\cos^2\frac{\theta}{2} + 2\,W_1\cdot\sin^2\frac{\theta}{2}\right) . \tag{3.76}$$

Wie man sieht, können die Strukturfunktionen aus der Energie und der Winkelabhängigkeit der Elektronen bestimmt werden.

Im tiefinelastischen Bereich hängen die Strukturfunktionen eines Hadrons von der nicht bekannten Verteilung der Quarks in den Hadronen ab. Diese Abhängigkeit wird uns jetzt genauer interessieren.

Für die Verteilung der Partonen im Proton ist die Lokalisierung des Streuvorgangs, in dem die Partonen wechselwirken, und dessen Lorentz-System wichtig. In dem Schwerpunktsystem der harten Wechselwirkung besteht das Proton aus

---

[36]Aus der Stromerhaltung folgt $q^\mu W_{\mu\nu} = W_{\mu\nu}q^\nu = 0$ und der Projektionsoperator

$$P_{\mu\nu} = g_{\mu\nu} - q_\mu q_\nu$$

ist daher wirkungslos. Der mit den verfügbaren Viererimpulsen allgemeinste Ausdruck

$$\tilde{W}_{\mu'\nu'} = W_1 g_{\mu'\nu'} + W_2 p_{\mu'}p_{\nu'}/p^2 + W_3 p_{\mu'}q_{\nu'} + W_4 q_{\mu'}p_{\nu'} + W_5 q_{\mu'}q_{\nu'}$$

ergibt, umgeben vom Projektionsoperator,

$$W_{\mu'\nu'} = P_\mu^{\mu'}\tilde{W}_{\mu'\nu'}P_\nu^{\nu'}$$

den obigen Ausdruck.

sich schnell bewegenden Partonen. Bei Energien, bei denen diese Bewegung ausreichend groß gegenüber der thermischen Bewegung der Partonen in den Hadronen ist, ist es sicher eine gute erste Approximation, die Transversalimpulse der Partonen zu vernachlässigen.

Diese Approximation erlaubt, die unbekannten Impulse der streuenden Partonen vollständig zu bestimmen. Der einlaufende und auslaufende Impuls des streuenden Partons hat acht Komponenten. Vier davon sind wegen der Impulserhaltung durch q bestimmt, zwei durch die Bedingung, daß die Partonen in der betrachteten Näherung eine verschwindende Masse haben und die restlichen zwei dadurch, daß der Polarwinkel und der Azimutalwinkel des einlaufenden Teilchens bekannt ist. Da von den meßbaren kinematischen Parametern auch der Impuls des einlaufenden Teilchens genau festgelegt ist, ist die Impulsverteilung der Partonen direkt (und nicht als Konvolution wie bei der Drell-Yang-Produktion) meßbar.

Betrachten wir dies quantitativ. Definieren wir zunächst den Bruchteil des Gesamtimpulses des gestreuten i-ten Partons

$$p_i = x_i \cdot p \tag{3.77}$$

und analog zu oben

$$\nu_i = q \cdot p_i \sim x_i \cdot \nu \,. \tag{3.78}$$

In der betrachteten Approximation haben die Partonen vor und nach der Streuung in Relation zu Q^2 und ν eine verschwindende Masse, d.h.

$$p_i^2 = 0 \quad \text{und} \quad p_i'^2 = 0 \,, \tag{3.79}$$

wobei $p_i' = p_i + q$ der Partonenimpuls nach dem Streuprozeß ist. Die Ausmultiplikation von $p_i'^2$ ergibt

$$q^2 + 2\nu_i = 0 \,. \tag{3.80}$$

Der Impulsanteil des zum Streuprozeß beitragenden Partons ist damit

$$x_i = \frac{|q^2|}{2\nu} \,. \tag{3.81}$$

Nachdem Q^2-Werte erreicht sind, die eine Auflösung der Partonenstruktur ermöglichen, wird sich die Partonenverteilung nur noch sehr langsam ändern. Betrachten wir die Situation ohne Änderung. Das Hadron besteht dann aus einer Anzahl von Partonen, die jeweils einen gewissen Anteil des Hadronenimpulses tragen. Die Strukturfunktionen sollten daher nur von diesem relativen Impulsanteil x abhängen, und es sollte keine separate Abhängigkeit von Q^2 und ν bestehen. Diese Beobachtung bezeichnet man als *"Bjorken scaling"*. Man findet es in der Tat in den Daten (Abb. 3.22).

Alle Messungen oberhalb von $Q^2 > 2\,\mathrm{GeV}$ und $W = 2\nu - Q^2 > 2\,\mathrm{GeV}$ liegen in dem schraffierten Gebiet.

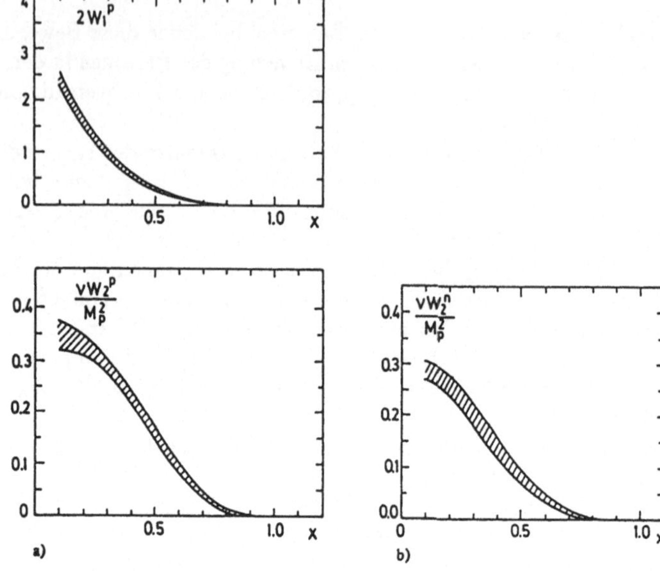

Abb. 3.22:   Das Bjorkensche Skalenverhalten [aus E. Lohrmann [57]]

Im Partonbild muß sich $W_{\mu\nu}$ aus $L_{\mu\nu}$ in der folgenden Weise ergeben:

$$W_{\mu\nu} = L_{\mu\nu}(xp) \cdot q(x)/2Q^2 \,, \tag{3.82}$$

wobei $q(x)$ die mit der Ladung gewichtete Quark-Verteilung und $1/2Q^2$ ein Jacobi-Faktor ist. Vergleicht man diese Gleichung mit dem Ausdruck für $W_{\mu\nu}$ durch Strukturfunktionen, erhält man

$$W_1(Q^2,\nu) = \frac{1}{2}q(x) \,, \tag{3.83}$$

$$\frac{\nu}{m^2_{\text{Hadron}}} W_2(Q^2,\nu) = 2x \cdot W_1(Q^2,\nu) \,. \tag{3.84}$$

Die letzte Gleichung, die die Strukturfunktionen in Relation setzt, wird *Callan-Gross-Relation* genannt. Innerhalb der Meßgenauigkeit ist sie experimentell bestätigt.

Um das Kapitel mit den Strukturfunktionen abzuschließen, sei noch erwähnt, daß man, wenn man das Elektron oder Myon durch ein Neutrino ersetzt, eine völlig analoge Situation mit dem "schweren Photon", dem Vektorboson Z_0, und dessen geladenen Partnern, den Vektorbosonen W_+ und W_-, anstelle des Photons erhält. Ein Vorteil dieser Analyse ist, daß man durch den Vergleich geeigneter Prozesse zwischen verschiedenen Quarks und Antiquarks weitgehend unterscheiden kann. Das Ergebnis einer solchen Analyse ist in Abb. 3.23 dargestellt. Die

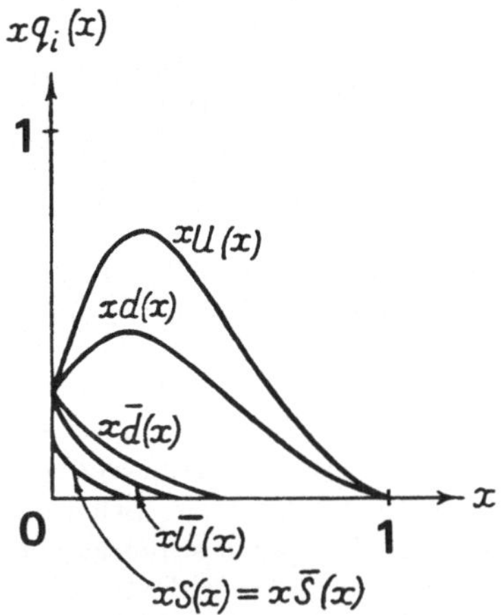

Abb. 3.23:   Die Quark- und die Antiquark-Verteilung eines Protons [aus: S. Gasiorowicz et al. [66]]

Antiquarks kommen im Proton (und Neutron) nur im "See" vor. Unter der Annahme, daß die Quark- und die Antiquark-Verteilung im See identisch sind, kann man die Verteilung der einzelnen Valenz- und See-Quarks isolieren.

4. Einführung in die Physik der schwachen Bosonen

Die schwachen Wechselwirkungen werden durch eine Eichtheorie, die Quantenflavordynamik (QFD), beschrieben [49,57,104,105]. Die Situation ist in gewissem Sinne analog zur Quantenelektrodynamik (QED) und der Quantenchromodynamik (QCD). Allerdings hat im Falle der QFD ein Teil der Eichteilchen eine Masse. Bei sehr lokalisierten Prozessen (sehr hohen Energien) werden diese Massen keine Rolle spielen, und die Theorie wird sich dann wie eine Eichtheorie verhalten. Unterhalb der durch diese Massen gegebenen Energie-Skala haben die Massen drastische Konsequenzen. Die Theorie der schwachen Wechselwirkung wird hier mit einer direkten Strom-Strom-Wechselwirkung beschrieben. Diese effektive Theorie hat nicht die Selbstkonsistenz einer Eichtheorie, und ohne Kenntnisse der zugrundeliegenden Eichtheorie ist es in ihr nicht möglich, höhere Ordnungen zu berücksichtigen. Da die Kopplung der Strom-Strom-Wechselwirkung ohnehin sehr gering ist, ist dies im Niederenergiebereich zunächst ohne praktische Bedeutung.

4.1 Die Strom-Strom-Wechselwirkung

Wie ihr Name sagt, zeichnen sich die schwachen Wechselwirkungen in diesem Bereich durch ihre *geringe Stärke* aus. Sie treten im zunächst betrachteten Niederenergiebereich im wesentlichen in Zerfallsprozessen auf, für die kein anderer Zerfallsmechanismus in Frage kommt. Bei der Diskussion der "hadronischen Resonanzen" hatten wir gesehen, daß nur schwach zerfallende Resonanzen typischerweise länger als 10^{-12} Sekunden leben. Rein hadronische Zerfälle ($< 10^{-20}$ Sekunden) und elektromagnetische Zerfälle (im Zwischengebiet) kommen für viele Zerfälle nicht in Frage, da viele Quantenzahlen, die sonst erhalten sind, nur in der schwachen Wechselwirkung verletzt werden können. Da in den schwachen Wechselwirkungen die *Flavor-Quantenzahlen nicht erhalten* sind, kann z.B. das Neutron schwach in ein Proton und Leptonen zerfallen. Die schwachen Wechselwirkungen ermöglichen Übergänge, die die *Parität* oder die *Ladungsparität* verletzen, wie es in K-Zerfällen beobachtet werden kann.

Tabelle 4.1:   Liste der Quarks und Leptonen

u_r	d_r		c_r	s_r		t_r	b_r
u_g	d_g		c_g	s_g		t_g	b_g
u_b	d_b		c_b	s_b		t_b	b_b
ν_e	e^-		ν_μ	μ^-		ν_τ	τ^-

4.1.1 Grundlegende experimentelle Beobachtungen

Der älteste beobachtete Prozeß der schwachen Wechselwirkung ist der β-Zerfall. Aus der Beobachtung, daß in einen solchen Zerfall scheinbar Energie verloren geht (siehe Abschn. 1.4.5), folgerte Pauli die Existenz eines neuen Teilchens, des Neutrinos. In der Folgezeit hat sich herausgestellt, daß es mehrere solcher Neutrinos gibt. Beginnen wir daher mit der vollständigen Liste der Fermionen, die für die schwache Wechselwirkung in Frage kommen (Tabelle 4.1). Da Gluonen keine Flavor-Quantenzahlen tragen, muß die eigentliche QFD-Wechselwirkung zwischen Quarks und Leptonen stattfinden.

Das erste Kästchen heißt erste, das zweite zweite und das dritte dritte Generation. Abgesehen von ihrer unterschiedlichen Masse verhalten sich die verschiedenen Generationen wie identische Kopien bezüglich der QED, QCD und — wie sich herausstellen wird — der QFD. Da man nicht versteht, wie Generationen zustande kommen, ist die Anordnung nicht zwingend notwendig. Wie wir später sehen werden, involviert die Eichsymmetrie der QFD die horizontalen Paarungen. Die Zuordnung der Leptonen und der Quarks zu den einzelnen Generationen folgt ihrer Masse.

Neu sind die Neutrinos. Ihre Massen sind verträglich mit Null. Die oberen Grenzen sind [50]

$$\text{Masse}(\nu_e) \;<\; 18 \text{ eV},$$
$$\text{Masse}(\nu_\mu) \;<\; 0.25 \text{ MeV},$$
$$\text{Masse}(\nu_\tau) \;<\; 35 \text{ MeV}.$$

Die Evidenz für die Verschiedenheit der "unsichtbaren" Neutrinos wird später besprochen.

Eine wichtige Eigenschaft jeder der Generationen ist, daß die mittlere Ladung aller Teilchen verschwindet. Dies ist aus theoretischen Gründen wichtig, da die mittlere Ladung als Gewichtsfaktor (problematischer) unendlicher Terme der QED auftritt.

Zum β-Zerfall kamen nach und nach mehr und mehr experimentell beobachtete schwache Wechselwirkungen. Man fand dabei heraus, daß sich solche Reaktionen in *rein leptonische*, gemischt leptonisch-hadronische (*"semi-leptonische"*) und *rein hadronische* Reaktionen klassifizieren lassen. Betrachten wir dazu einige Beispiele von schwachen Zerfällen.

Rein leptonische Prozesse

$$\mu^- \to e^- \bar{\nu}_e \nu_\mu \quad \mu\text{-Zerfall}$$
$$\tau^- \to e^- \bar{\nu}_e \nu_\tau \quad \tau\text{-Zerfall zu } 17\%$$
$$\tau^- \to \mu^- \bar{\nu}_\mu \nu_\tau \quad \tau\text{-Zerfall zu } 18\%$$

Semi-leptonische Prozesse

$$d \to u e^- \bar{\nu}_e \qquad \text{Neutronenzerfall}$$
$$d\bar{u} \to \mu^- \bar{\nu}_\mu \qquad \pi^-\text{-Zerfall}$$
$$\mu^- u \to \nu_\mu d \qquad \mu\text{-Einfang im Kern}$$
$$e^- u \to \nu_e d \qquad K\text{-Schalen-Elektroneinfang im Kern}$$
$$\bar{s} u \to \mu^+ \nu_\mu \qquad K^+\text{-Zerfall zu } 64\%$$

Rein hadronische Prozesse

$$s \to \bar{u} d u \qquad \Lambda\text{-Zerfall}$$
$$\bar{s} \to \bar{u} u \bar{d} \qquad K^+\text{-Zerfall zu } 21\%$$

Versuchen wir nun, in diesen Prozessen Regelmäßigkeiten zu finden.

4.1.2 Die Wechselwirkung mit geladenen Strömen

Die schwache Wechselwirkung betrifft jeweils vier ein- oder auslaufende Fermionen. Leptonen und Quarks treten dabei jeweils in Paaren auf. Dies ist konsistent mit einer Faktorisierung der schwachen Wechselwirkung in leptonische und hadronische Teile. Diese Faktorisierung besagt, daß die Amplitude die folgende Form hat:

$$\mathcal{M} \sim (\text{leptonisch} + \text{hadronisch}) \cdot (\text{leptonisch} + \text{hadronisch})$$

und mit geeigneter Kombination einen rein hadronischen, einen semi-leptonischen und einen rein leptonischen Prozeß erlaubt.

Welche Möglichkeiten gibt es für die elementaren Quark- und Lepton-Vertizes? Der Vertex mit der 4×4-Matrix O im Dirac-Spinor-Raum

$$\text{Vertex} = \bar{\psi} \, O \, \psi$$

hat 16 Komponenten. Sie lassen sich bezüglich ihrer Lorentz-Struktur in der

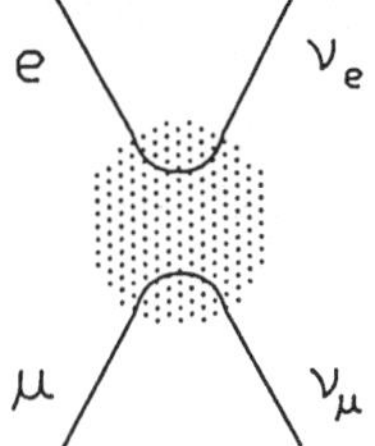

Abb. 4.1: Beispiel einer rein leptonischen schwachen Wechselwirkung

folgenden Weise in 5 verschiedene Beiträge einteilen[37]:

$$
\begin{aligned}
O_{\text{Skalar}} &= O_{\text{S}} = 1 \;, \\
O_{\text{Pseudoskalar}} &= O_{\text{P}} = \gamma_5 \;, \\
O_{\text{Vektor}} &= O_{\text{V}} = \gamma_\mu \;, \\
O_{\text{Axialvektor}} &= O_{\text{A}} = \gamma_\mu \gamma_5 \;, \\
O_{\text{Tensor}} &= O_{\text{T}} = \gamma_\mu \gamma_\nu \;.
\end{aligned}
$$

Eine Messung der Winkelabhängigkeit im β-Zerfall zeigt, daß eine Vektor- und bzw. oder eine Axialvektorkopplung möglich ist. Eine Wechselwirkung mit einer Vektorkopplung kann man mit

$$
\mathcal{M} = \frac{G_F}{\sqrt{2}} J_\lambda^* \cdot J^\lambda \tag{4.1}
$$

als eine *Strom-Strom-Wechselwirkung* schreiben, wobei G_F eine Art Kopplungskonstante der effektiven schwachen Wechselwirkung ist. Ihr Wert ist vergleichsweise klein. Mit einer festzulegenden Definition der Ströme ist der Wert gerade $1.2 \cdot 10^{-5}$ GeV^{-2} [50]. Ein Beispiel für eine solche schwache Wechselwirkung ist in Abb. 4.1 dargestellt.

Die Frage, ob eine Vektor- oder eine Axialvektorkopplung erforderlich ist, läßt sich nicht einfach beantworten. Sie berührt einen wichtigen Schritt in der Entwicklung der schwachen Wechselwirkung, der die Genialität erforderte, gewohnte Vorstellungen aufzugeben, und für den T.D. Lee und C.N. Yang [32,116] 1957 den Nobelpreis bekommen haben.

Ein Problem war damals das folgende. Es gab Hinweise für zwei Teilchen, die θ und τ genannt wurden und die wegen ihrer offensichtlich geraden und ungeraden Parität in drei bzw. zwei Pionen zerfielen. Wegen der langsamen Zerfallszeit kam dabei nur ein schwacher Prozeß in Frage. Das Paradoxe bei diesen Teilchen war, daß sie in jeder anderen Weise völlig identische Eigenschaften hatten.

---

[37] Die Definition von γ_5 war

$$
\gamma_5 = \begin{pmatrix} 0 & 1 \\ 1 & 0 \end{pmatrix} \;.
$$

Die Lösung des Paradoxons war, daß die Parität, die zur Klassifikation benutzt wurde, in schwachen Wechselwirkungen nicht erhalten ist. In Wirklichkeit handelt es sich bei θ und τ um ein einziges Teilchen, das heute Kaon heißt und das einmal mit gerader und einmal mit ungerader Parität zerfällt, d.h.

$$\theta^+ \;=\; K^+ \;\to\; \pi^+\pi^0$$

und

$$\tau^+ \;=\; K^+ \to \pi^+\pi^+\pi^- \;.$$

Die Parität war in hadronischen und elektromagnetischen Wechselwirkungen gut getestet, und sie wurde routinemäßig zur Rekonstruktion von Teilcheneigenschaften verwandt. Lee und Yangs Hypothese beruhte auf der Beobachtung, daß die Paritätserhaltung in der schwachen Wechselwirkung nicht wirklich untersucht war. Solche Tests waren zwar im Prinzip möglich, aber niemand hatte sich die Mühe gemacht, z.B. die Richtungsabhängigkeit der emittierten Elektronen im β-Zerfall von geeigneten polarisierten Kernen genau genug anzuschauen. In solchen Experimenten konnte dann gezeigt werden, daß die Parität in der Tat verletzt ist [106,113].

Was bedeutet das für unseren Vertex? Das Matrixelement muß also paritätsverletzende Anteile haben. Dies ist der Fall, wenn der Strom sowohl einen Axialvektor- als auch einen Vektoranteil ($\approx (O_V + O_A)^* \cdot (O_V + O_A)$) hat. Das Quadrat des Matrixelements enthält dann gemischte Beiträge ($\approx (O_V)^* \cdot (O_A)$), die ungerade unter Paritätstransformation sind und die daher zur Paritätsverletzung führen müssen. Tatsächlich ist die Parität in geladenen leptonischen Strömen maximal verletzt: der Axialvektorstrom und der Vektorstrom treten mit gleicher Größe auf, und zwar mit identischen Vorzeichen[38].

Betrachten wir zunächst den *leptonischen Strom*. In schwachen Prozessen tritt jeweils ein Übergang zwischen den Leptonen ein- und derselben Generation auf. Diese Feststellung beruht auf der Beobachtung, daß es für jedes geladene Lepton ein eigenes Neutrino gibt. Die Evidenz dafür stammt zum einen von Streuexperimenten. Ein Elektron-Neutrino, das aus dem β-Zerfall eines Kerns oder aus dem μ-Zerfall stammt, kann nur in ein Elektron übergehen und ein Myon-Neutrino, das aus dem Zerfall von Pionen stammt, nur in ein Myon. Wir werden im Abschnitt 4.1.4 auf Neutrino-Experimente zurückkommen. Zum anderen würde bei einem gemeinsamen Neutrino in zweiter Ordnung ein Übergang $\tau \to e + \gamma$ bzw. $\mu \to e + \gamma$ möglich sein. Diese Möglichkeit ist sehr genau untersucht, ein solcher Übergang tritt nicht auf (z.B. $< 1.7 \cdot 10^{-10}$ % im μ-Zerfall).

Der *leptonische Strom* der ersten Generation ist daher

$$J_\lambda^{[e]} = \bar\psi^{[e]}\,\gamma_\lambda \cdot (1 + \gamma_5)\,\psi^{[\nu_e]} \;. \tag{4.2}$$

Die schwache Wechselwirkung ist für jede der Generationen identisch. Man muß in (4.2) nur e durch μ oder τ ersetzen. Der Strom der drei Generationen läßt

---

[38] Eine andere Anordnung der γ-Matrizen $\gamma_5 \cdot \gamma_\mu$ verändert das Vorzeichen des axialen Stroms.

sich daher in der folgenden Weise zusammenfassen:

$$J_\lambda^{\text{leptonisch}} = J_\lambda^{[e]} + J_\lambda^{[\mu]} + J_\lambda^{[\tau]} . \tag{4.3}$$

Wie der Vektorstrom, so ist auch der Axialvektorstrom von einer Konjugation nicht berührt. Analog zu

$$(\gamma_0\gamma_\mu)^+ = \gamma_0\gamma_\mu$$

gilt wegen $(\gamma_5)^+ = \gamma_5$

$$(\gamma_0\gamma_\mu\gamma_5)^+ = \gamma_5(\gamma_0\gamma_\mu)^+ = -\gamma_0\gamma_5\gamma_\mu = \gamma_0\gamma_\mu\gamma_5 .$$

Teilchen und Antiteilchen haben daher einen identischen Strom.

Der Faktor $(1 + \gamma_5)/2$ ist ein Projektionsoperator, der nur Beiträge linksdrehender Fermionen zuläßt. Wegen dem obigen Verhalten der Operatoren unter Konjugation gilt diese Restriktion für beide Fermionen am Vertex.

Analog zum leptonischen Strom setzt sich der *hadronische Strom* aus den Beiträgen der *einzelnen Quarks* zusammen, die die in (4.2) beschriebene Form haben. Das gilt zumindest für die "lokalisierten" Wechselwirkungen, wie sie in schwachen, tiefinelastischen Wechselwirkungen zur Bestimmung der Quark-Verteilungen benutzt werden.

Die meisten Betrachtungen schwacher Prozesse gelten allerdings Zerfällen. Die Faktorisierungshypothese zwischen schwacher und hadronischer Wechselwirkung gilt nicht in diesem niederenergetischen Gebiet. Die Tatsache, daß die Quarks in Hadronen gebunden sind, kann nicht vernachlässigt werden, wenn die auftretenden Energien in der Gegend von typischen Anregungsenergien liegen. Um den Einfluß der hadronischen Wechselwirkungen zu berücksichtigen, definiert man formal

$$J_\lambda^{[\text{hadronisch}]} = \bar\psi^{[p]}\,\gamma_\lambda \cdot (g_V + g_A \cdot \gamma_5)\,\psi^{[n]} \tag{4.4}$$

als resultierenden schwachen Strom eines Hadrons. Die empirisch bestimmten Konstanten sind $g_V = 1$ und $g_A = 1.25$.

Im betrachteten kinematischen Gebiet kann die Quarkstruktur nicht aufgelöst werden. Ohne hadronische Wechselwirkungen (bei festliegender Symmetrie des Protons und Neutrons und unter Vernachlässigung einer Korrektur von 2% durch den Cabibbo-Winkel, den wir im nächsten Absatz kennenlernen werden) wären beide Konstanten eins. Das Proton und das Neutron verhielten sich wie elementare Teilchen, d.h. wie ein u-Quark und ein d-Quark. Der Einfluß der hadronischen Wechselwirkung ist relativ klein. Da der Vektorstrom der schwachen Wechselwirkung — analog zum elektromagnetischen Strom — erhalten bleibt, gilt $g_V = 1$. Das trifft beinahe auch für den Axialvektoranteil zu (da $g_A = 1.25 \sim 1$). Wie bereits erwähnt, ist das Pion das Goldstone-Teilchen der QCD, das als einziges keine Masse durch die Wechselwirkung erhält. Im Grenzfall, in dem das Pion wirklich die Masse Null hätte, wäre, wie eine komplizierte Argumentation ergibt, auch der axiale Strom erhalten, und das Proton würde sich auch bezüglich des axialen Stroms mit $g_A = 1$ wie ein u-Quark verhalten.

In schwachen Wechselwirkungen sind Flavor-Quantenzahlen nicht erhalten. Neben den Übergängen innerhalb einer Generation gibt es Übergänge zwischen Flavor-Quantenzahlen *unterschiedlicher Generationen.* Im Strom muß es also solche generationsmischenden Terme geben.

Dies ist in der folgenden Weise zu verstehen. Die Quarks der verschiedenen Generationen sind Eigenzustände eines Massenoperators. Transformiert man die Eigenzustände aus der u, c, t-Quark-Welt mittels eines geladenen Stroms in die d, s, b-Quark-Welt, so erhält man mit dem universellen schwachen Strom die Zustände d', s', b'. Diese Zustände entsprechen nicht exakt den Eigenzuständen des Massenoperators, d.h. den bekannten d, s, b-Quarks. Der Übergang hat daher nicht direkt mit der eigentlichen schwachen Wechselwirkung selbst, sondern nur mit dem Massenoperator zu tun, der sich jeweils etwas andere Eigenzustände aussucht.

Die zentrale Beobachtung, die dieses Konzept der Mischung erfordert, ist, daß Prozesse, die in zweiter Ordnung ablaufen und die einen Übergang aus der u, c, t-Welt in die d', s', b'-Welt und wieder zurück in die u, c, t-Welt enthalten, zu keinen Generationsänderungen führen, wenn man den kleinen Einfluß der Massen des Zwischenzustands (in den Propagatoren) vernachlässigt[39]. Die Interpretation erklärt natürlich auch, warum es keine generationsändernden Übergänge im leptonischen Bereich gibt, zumindest, solange die Neutrino-Massen innerhalb der Meßgenauigkeit Null sind und die Massenmatrix im Neutrinobereich damit verschwindet.

Die schwache hadronische Wechselwirkung ist auf der Quark-Ebene, abgesehen von dieser Umdefinition, völlig analog zum leptonischen Sektor

$$
\begin{aligned}
J_\lambda^{\text{hadronisch}} &= J_\lambda^{[u \to d']} + J_\lambda^{[c \to s']} + J_\lambda^{[t \to b']} \\[2mm]
&= \left(\bar{\psi}^{[u]}, \bar{\psi}^{[c]}, \bar{\psi}^{[t]} \right) \gamma_\lambda \cdot (1 + \gamma_5) \begin{pmatrix} \psi^{[d']} \\ \psi^{[s']} \\ \psi^{[b']} \end{pmatrix}.
\end{aligned} \tag{4.5}
$$

Die Matrix, die die d, s, b-Quarks in die d', s', b'-Quarks transformiert, heißt *Kobayashi-Maskawa-Matrix*

$$
\begin{pmatrix} \psi^{[d']} \\ \psi^{[s']} \\ \psi^{[b']} \end{pmatrix} = \begin{pmatrix} \text{Kobayashi-} \\ \text{Maskawa-} \\ \text{Matrix} \end{pmatrix} \begin{pmatrix} \psi^{[d]} \\ \psi^{[s]} \\ \psi^{[b]} \end{pmatrix}. \tag{4.6}
$$

Abgesehen von einer komplexen Phase, die eine winzige Verletzung der CP- oder T-Invarianz einführt, gibt es drei Euler-Winkel. Die Matrixelemente haben in

---

[39] Daß beide Beiträge sich gegenseitig aufheben, erfordert vollständige Generationen. Um sie zu erreichen, wurde von *Glashow, Iliopoulos and Maiani* das c-Quark postuliert, als nur die übrigen Quarks der ersten beiden Generationen bekannt waren.

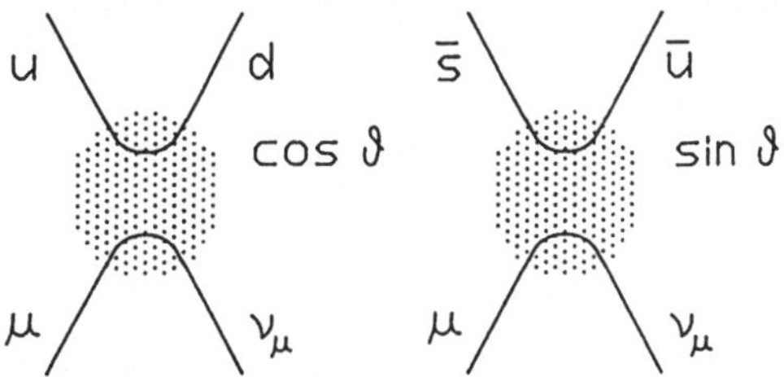

Abb. 4.2: Beispiel semi-leptonischer schwacher Wechselwirkungen

etwa die folgende absolute Größe [50]:

$$\begin{pmatrix} 0.975 & 0.22 & 0.007 \\ 0.22 & 0.974 & 0.045 \\ 0.010 & 0.045 & 0.999 \end{pmatrix} . \tag{4.7}$$

Die Mischung in der Matrix ist am stärksten für Zustände der ersten beiden Generationen.

Unter Vernachlässigung der Mischung mit höheren Generationen definiert man einen *Cabibbo-Winkel* und schreibt

$$\begin{pmatrix} \psi_{d'} \\ \psi_{s'} \end{pmatrix} = \begin{pmatrix} \cos\theta_C & \sin\theta_C \\ -\sin\theta_C & \cos\theta_C \end{pmatrix} \begin{pmatrix} \psi_d \\ \psi_s \end{pmatrix} . \tag{4.8}$$

Sein experimenteller Wert ist

$$\sin\theta_C = 0.23 . \tag{4.9}$$

Da $\sin\theta_C$ kleiner ist als der $\cos\theta_C$, sagt man, die generationsändernden Prozesse ($s \to u$), die einen Faktor $\sin\theta_C$ enthalten, seien "Cabibbo-unterdrückt", während die anderen Prozesse ($d \to u$) "Cabibbo-erlaubt" heißen.

Die Matrixelemente von Übergängen der ersten beiden Generationen sind in dieser Näherung durch die Kopplungskonstante und durch den Cabibbo-Winkel vollständig beschrieben. Für rein leptonische Prozesse tritt kein Cabibbo-Winkel auf. Für semi-leptonische Prozesse hat man dabei entweder einen Faktor

$$\cos\theta_C \quad \text{oder} \quad \sin\theta_C$$

für die erlaubten oder verbotenen Prozesse, die in Abb. 4.2 dargestellt sind. Für die hadronischen schwachen Prozesse sind zwei Faktoren zu berücksichtigen,

$$\cos\theta_C \cos\theta_C \ , \quad \cos\theta_C \sin\theta_C \quad \text{oder} \quad \sin\theta_C \sin\theta_C,$$

die die Größe der jeweiligen Prozesse entscheidend beeinflussen. Ein Beispiel für eine solche Wechselwirkung ist in Abb 4.3 dargestellt.

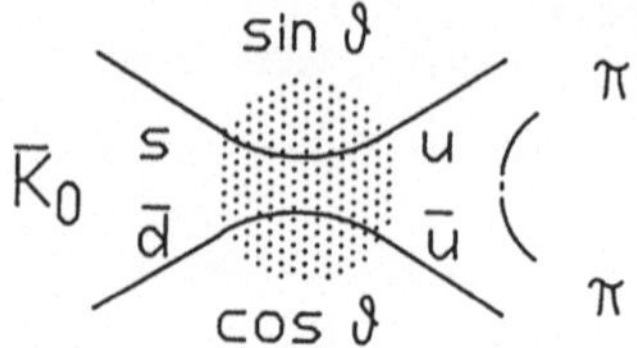

Abb. 4.3:   Der Zerfall eines neutralen K-Mesons als Beispiel einer rein hadronischen schwachen Wechselwirkung

4.1.3 Das neutrale Kaon

In hadronischen Wechselwirkungen gibt es vier Kaonen

$$\boxed{\begin{array}{ll} K^- = (\bar{u}, s) & \bar{K}^0 = (\bar{d}, s) \\ K^0 = (\bar{s}, d) & K^+ = (\bar{s}, u) \end{array}} . \tag{4.10}$$

Es gibt zwei Isospin-Dubletts mit jeweils einem neutralen Teilchen.

Von der Besprechung der Hadronen wissen wir, daß es in hadronischen Wechselwirkungen entscheidend ist, ob ein Teilchen ein s- oder $\bar{s}$-Quark enthält. Die Isospin-Paare werden daher oft in Streuvorgängen ineinander übergehen oder als Teilchen-Antiteilchen zusammen produziert werden.

Der Quark-Inhalt ist auch entscheidend für die semi-leptonischen Zerfälle. Da das c-Quark zu schwer ist, treten dabei nur die Cabibbo-unterdrückten Zerfälle auf

$$\begin{aligned} s &\rightarrow u\,\bar{\nu}_\mu\,\mu^- \\ \bar{s} &\rightarrow \bar{u}\,\nu_\mu\,\mu^+ . \end{aligned}$$

Die Situation ist kompliziert, da die neutralen Kaonen ineinander übergehen können. Ein Beispiel für einen solchen Übergang ist in Abb. 4.4 dargestellt. Er liefert einen Beitrag zum nicht-diagonalen Übergang in einer $(K^0, \bar{K}^0)$-Übergangsmatrix[40]. Ein ähnlicher, zusätzlicher Beitrag kommt vom gekreuzten Prozeß.

Man kann zeigen, daß Wechselwirkungen, mit denen Teilchen in sich selber übergehen, zur Masse der Teilchen beitragen. Bezüglich der starken Wechselwirkung ist die Masse der beiden neutralen Kaonen entartet. Ein "noch so"

---

[40]Entscheidend ist dabei die schwere c-Quark-Masse. Im Prinzip sind zwei Übergänge innerhalb der ersten beiden Generationen möglich

$$s \rightarrow u \rightarrow d \quad \text{und} \quad s \rightarrow c \rightarrow d . \tag{4.11}$$

Sie haben in den Cabibbo-Faktoren $\sin\theta_C \cdot \cos\theta_C$ und $-\cos\theta_C \cdot \sin\theta_C$ ein entgegengesetztes Vorzeichen, so daß sie sich bei gleicher u-Quark- und c-Quark-Masse in den Propagatoren gegenseitig aufheben würden.

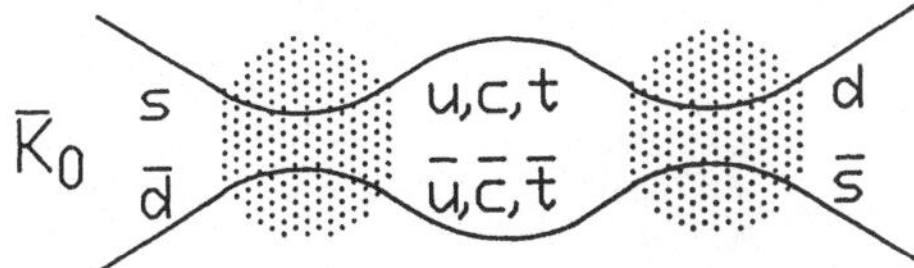

Abb. 4.4: Eine Wechselwirkung, die einen Übergang zwischen den beiden neutralen Kaonen ermöglicht

schwacher Prozeß kann daher die Entartung in der Massenmatrix aufheben und die Position der Masseneigenzustände bestimmen.

Mit der Übergangsmatrix hat die Massenmatrix des $(K^0, \bar{K}^0)$-Systems die folgende Form:

$$\begin{pmatrix} m_{K^0} & \Delta m \\ \Delta m & m_{\bar{K}^0} \end{pmatrix}.$$

Diese Matrix wird durch den symmetrischen und den unsymmetrischen Zustand diagonalisiert. Der "Nebendiagonal"-Term trägt im symmetrischen Zustand

$$K_S^0 \approx K^0 + \bar{K}^0 = (\bar{s}, d) + (\bar{d}, s)$$

mit einem geraden und im unsymmetrischen Zustand

$$K_L^0 \approx K^0 - \bar{K}^0 = (\bar{s}, d) - (\bar{d}, s)$$

mit einem negativen Vorzeichen zur Masse bei. Und zwar sind die so definierten geraden und ungeraden Zustände gerade Eigenzustände der CP (d.h. Ladungs-konjugation und Paritäts-Transformation). Wenn man von einer winzigen, sogenannten superschwachen CP-Verletzung absieht, sind dies die physikalischen Eigenzustände, die den beobachteten Teilchen entsprechen.

Für neutrale Kaonen sind die rein hadronischen Zerfälle

$$\begin{aligned} K_S^0 &\rightarrow 2\,\text{Pionen} \\ K_L^0 &\rightarrow 3\,\text{Pionen} \end{aligned}$$

wichtig, die mit etwa 100% bzw. 34% auftreten. Je nach CP-Parität können dabei entweder zwei oder drei Pionen gebildet werden. Der Prozeß ist in Abb. 4.3 dargestellt.

Das "Leben eines neutralen Kaons" hat also die folgenden Stufen. Es wird zunächst in einer hadronischen Wechselwirkung als K^0 oder $\bar{K}^0$ gebildet. Jeweils mit 50% zu 50% entpuppt es sich als ein K_S^0 oder ein K_L^0, und es zerfällt dann, falls es ein K_S^0 ist, in zwei, oder falls es ein K_L^0 ist und hadronisch zerfällt, in drei Pionen. Falls es sich überlegt, semi-leptonisch zu zerfallen, muß es sich wiederum entscheiden, ob es dies als $\bar{K}^0$ oder als K^0 tun möchte. Wegen der doppelten Entscheidungsmöglichkeit gibt es jeweils zwei Wege zum selben Endzustand. Quantenmechanisch werden beide Amplituden, d.h. die K_S^0- und die K_L^0-Beiträge, interferieren und die Wahrscheinlichkeit der endgültigen "Entscheidung" festlegen. Dabei kommt es auf die relative Phase zwischen K_S^0 und

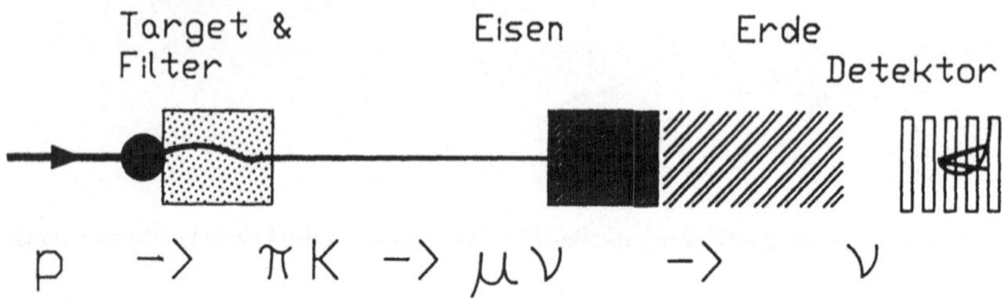

Abb. 4.5:   Das Schema eines Neutrinoexperiments

K_L^0 an. Wegen der Massendifferenz wird der Zustand langsam oszillieren. Der beobachtete Zerfallszustand hängt daher vom Abstand zum Erzeugungsort ab; er entspricht im allgemeinen nicht dem ursprünglichen Zustand.

Tatsächlich gibt es, wie erwähnt, auch eine winzige Verletzung der CP-Symmetrie, die einen Übergang von K_L^0 nach K_S^0 ermöglicht. Sie führt dazu, daß auch im großem Abstand vom Produktionspunkt, wenn alle ursprünglichen K_S^0-Mesonen zerfallen sind, einige Zerfälle in zwei Pionen auftreten. Die Beobachtungen lassen sich mit einem kleinen, CP-verletzenden Imaginarteil der Kobayashi-Maskawa-Matrixelemente parametrisieren. Weitergehende Informationen erhofft man sich aus einer entsprechend präzisen Analyse des analogen (B_S^0, B_L^0)-Systems. Für eine solche Analyse plant man den Bau e^+e^--Speicherringen mit besonders hoher Luminosität im benötigten Energiebereich.

Die CP-Verletzung ist eine fundamentale Beobachtung. In bekannten Theorien gilt die CPT-Symmetrie und eine CP-Verletzung entspricht daher der Symmetrie unter Zeitumkehr T. Prozesse können rückwärts anders ablaufen als vorwärts. Die CP-Verletzung spielt in der Kosmologie eine wichtige Rolle. Es scheint im Kosmos mehr Baryonen und Leptonen als Antibaryonen und Antileptonen zu geben. Man hofft, diese Antisymmetrie durch die Wirkung der CP-Verletzung in einem frühen Stadium der kosmologischen Entwicklung erklären zu können.

4.1.4 Die Wechselwirkung mit neutralen Strömen

Mit ausreichend hochenergetischen Beschleunigern ist es möglich, hochenergetische Neutrinostrahlen zu erzeugen. Dies geschieht in der in Abb. 4.5 skizzierten Weise. Man erlaubt einem sekundären Pionenstrahl, in Leptonen zu zerfallen. Eine lange Strecke von absorbierendem Material blockiert den Durchgang der Myonen. Übrig bleibt ein Neutrinostrahl mit einer bekannten Energieverteilung.

Der Streuquerschnitt von Neutrinos wächst mit zunehmender Energie. Selbst bei den höchsten Beschleunigerenergien ist der Wirkungsquerschnitt jedoch noch sehr klein. Zur Beobachtung von Streuvorgängen der Neutrinos muß man daher möglichst große Detektoren benutzen, in denen die Ionisierung, die die in einem Streuprozeß produzierten Teilchen hinterlassen, ausreichend genau beobachtet werden kann.

Typisch für solche Neutrinostreuprozesse ist, daß aus dem Nichts, d.h. aus

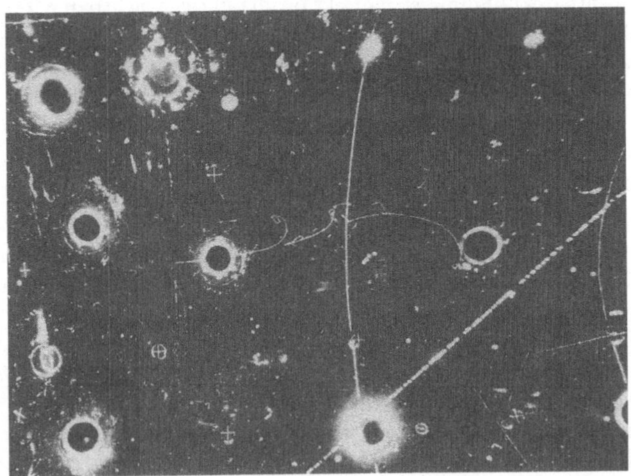

Abb. 4.6: Eine Blasenkammeraufnahme eines Neutrinoereignisses mit einer neutralen Stromwechselwirkung.[117] [Photo CERN, Genf]

einer nicht gesehenen Neutrinobahn, plötzlich geladene Teilchenbahnen entstehen. Dabei wird oft eine Myonen-Spur auftreten, wie man sie von einer Wechselwirkung mit einem geladenen Strom erwartet. Aus der Tatsache, daß ein Neutrino, das im Pionzerfall zusammen mit einem Myon (μ^+) produziert wurde, dabei in immer in ein Myon (μ^-) übergeht, wurde 1962 die separate Existenz des Elektronneutrinos und Myonneutrino geschlossen. Für das Experiment [122] und für die Entwicklung von Neutrinostrahlexperimenten haben 1988 Leon Lederman, Melvin Schwarz und Jack Steinberger den Nobelpreis erhalten.

Neben geladenen Strömen gibt es aber auch Ereignisse ohne Myonen. Sie kommen durch eine neutrale Strom-Strom-Wechselwirkung zustande, bei der das Neutrino nicht umgewandelt wird. Eine der ersten solchen Beobachtungen [117] aus dem Jahre 1973 ist in Abb. 4.6 dargestellt. Es handelt sich um eine Blasenkammeraufnahme. In einer Blasenkammer wird der Druck in einer beinahe siedenden Flüssigkeit reduziert, so daß um Ionisationskeime entlang der Bahnen geladener Teilchen kleine Gasbläschen entstehen, die dann eine optische Rekonstruktion der Teilchenbahnen erlauben. In dem gezeigten Bild streute ein Myonneutrino, das im Bild von links kam, an einem Elektron, das an seiner spezifischen bischofstab-artigen Bahn zu identifizieren ist. Da weder ein Myon (das ungestreut die Kammer durchquert hätte) noch ein Hadron auftrat, muß es sich um den folgenden rein-leptonischen Prozeß gehandelt haben:

$$\nu_\mu + e^- \rightarrow \nu_\mu + e^- , \tag{4.12}$$

bei dem ein Neutrino an einem Bahnelektron eines Atoms elastisch streut und diesem Elektron einen Teil seines Impulses abgibt. Ein vom Elektron emittiertes (selber unsichtbares) Photon ist indirekt für die übrigen sichtbaren Teilchenspuren verantwortlich.

Ähnliche Bilder existieren mit rein hadronischen, myonenlosen Endzuständen, die durch einen semi-leptonischen Prozeß der folgenden Art entstehen:

$$\nu_\mu + \text{Quark} \to \nu_\mu + \text{Quark} . \tag{4.13}$$

Neben der positiv bzw. negativ geladenen schwachen Strom-Strom-Kopplung muß es daher auch einen *neutralen* Anteil geben. Mit ihrem leptonischen und hadronischen Anteil ist die neutrale schwache Wechselwirkung wiederum konsistent mit der Strom-Strom-Struktur. Der Strom hat dabei eine ähnliche Form wie der geladene Strom. Allerdings tritt nun auch eine kleinere $\gamma_\mu \cdot (1 - \gamma_5)$-Komponente auf. Diese Komponente wird im Rahmen der Weinberg-Salam-Theorie verständlich.

Bei geladenen Strömen wurden die Übergänge zwischen Zuständen von verschiedenen Generationen nicht mit einem generationsändernden Anteil in der schwachen Wechselwirkung erklärt, sondern damit, daß die Massenoperatoren, deren Eigenzustände den Zuständen der verschiedenen Generationen entsprechen, jeweils etwas andere Eigenzustände im Bereich der u, c, t-Quarks und im Bereich der d, s, b-Quarks auswählen. Da in den neutralen schwachen Prozessen kein Übergang zwischen diesen beiden Bereichen stattfindet, gibt es erwartungsgemäß keinen generationsändernden Anteil. Dies ist der Grund dafür, daß die neutralen Ströme nicht bei Zerfällen gesehen werden konnten.

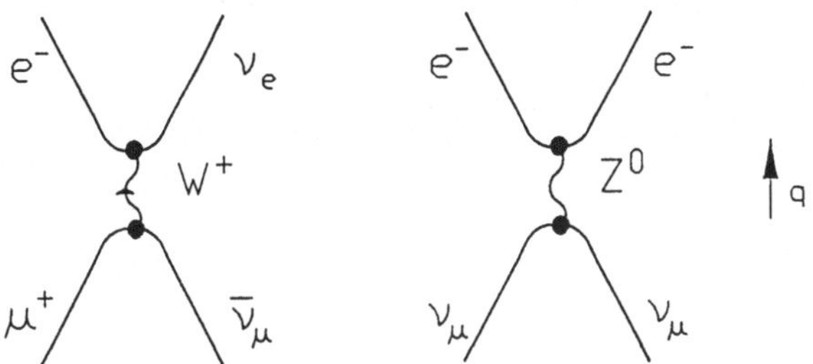

Abb. 4.7: Die Wechselwirkung mit dem Austausch eines schwachen Vektorbosons

4.2 Die Weinberg-Salam-Theorie

In den Jahren 1967 und 1968 haben S. Weinberg und A. Salam für die schwache und für die elektromagnetische Wechselwirkung, d.h. für die QFD und für die QED, eine gemeinsame Theorie vorgeschlagen [114,115], die heute allgemein als sogenanntes Standardmodell akzeptiert wird.

4.2.1 Das schwache Vektorboson

Die Strom-Strom-Wechselwirkung führt an vielen Stellen zu Problemen. Zum Beispiel ist das Übergangsmatrixelement (Abb. 4.4), das zur Massendifferenz der neutralen Kaonen geführt hat, in einer solchen reinen Strom-Strom-Theorie mit einer Vier-Fermionen-Wechselwirkung unendlich groß, wenn über die inneren Impulse integriert wird und (virtuell) beliebig hohe Impulse auftreten können[41]. Der Strom-Strom-Vertex kann nur in einem begrenzten kinematischen Bereich unabhängig von Impulsüberträgen sein.

Als Abhilfe führte man schon vor der Entwicklung der Weinberg-Salam-Theorie schwere *schwache Vektorbosonen* ein, die dieses Problem beheben, ohne das Niederenergieverhalten der schwachen Strom-Strom-Wechselwirkung zu ändern.

Die hadronischen schwachen und die leptonischen schwachen Ströme koppeln dabei an dies schwache Vektorboson, das als ausgetauschtes Zwischenteilchen auftritt, wie es in der Abb. 4.7 gezeigt ist. Entsprechend den drei verschiedenen Ladungsübertragsmöglichkeiten bei der Strom-Strom-Wechselwirkung muß es drei verschieden geladene schwache Vektorbosonen geben. Das schwache Vektorboson spielt damit eine ähnliche Rolle wie das Photon in der QED und das Gluon in der QCD. Das neutrale schwache Vektorboson wird daher manchmal "schweres Photon" genannt.

---

[41]Gemäß den Feynmanregeln muß über die innere Zwei-Propagator-Schleife integriert werden. Dabei tritt ein Integral der folgenden Form als Faktor auf:

$$\int d^4k \, \frac{1}{\not{k}+m} \frac{1}{\not{k}+\not{p}+m} \,.$$

Es divergiert wegen der zu geringen Potenz ($\rightarrow 1/k^2$) im Zähler.

Abgesehen von der Masse des schwachen Vektorbosons erhält man die Struktur einer Eichtheorie. Der einzige Unterschied ist, daß anstelle des Photonpropagators ein Propagator der Form

$$\frac{-g_{\mu\nu}}{q^2} \quad \to \quad \frac{-g_{\mu\nu} + q_\nu q_\mu / M_W^2}{q^2 - M_W^2} \tag{4.14}$$

auftritt.

Im Gebiet kleiner Energien, d.h. im Gebiet der üblichen schwachen Wechselwirkungen, spielen die auftretenden Impulse keine Rolle gegenüber den Vektorbosonmassen. Im Zähler überlebt daher nur der erste Term und im Nenner der zweite. Der Propagator wird einfach eine Konstante, deren geringe Größe für die "Schwach"-heit der Wechselwirkung verantwortlich ist. Zusammen mit den Vertexfunktionen (jeweils ig_w) kann man sie in der gewohnten Weise als

$$- g_{\mu\nu} \cdot \frac{1}{\sqrt{2}} G_F = -g_{\mu\nu} \cdot \frac{g_w^2}{M_W^2} \tag{4.15}$$

schreiben, so daß sich die korrekte *Strom-Strom-Phänomenologie* ergibt. Abgesehen von der Notation mit hoch- und tiefgestellten Indizes hat der Term $g_{\mu\nu}$ keine Bedeutung.

4.2.2 Die Symmetriestruktur der elektroschwachen Wechselwirkung

Eichtheorien basieren auf Symmetrietransformationen. Welche Symmetrietransformationen könnten einer Eichtheorie der schwachen Wechselwirkung zugrunde liegen? Da sich die schwachen Wechselwirkungen von Generation zu Generation wiederholen, kann man sich dabei auf eine Untersuchung der ersten Generation beschränken.

Notwendig ist eine Transformationen, die zwischen dem linkshändigen u- und dem d'-Quark und zwischen dem linkshändigen Elektron und dem Neutrino vermittelt. Damit die Transformation einer Drehung in einem geeigneten Raum entspricht, kann man die linkshändigen Fermion-Paare als etwas analoges zu den beiden Isospin-1/2-Zuständen betrachten. Man spricht dann von schwachen Isospin-Zuständen oder kurz von einem Dublett der Gruppe SU(2):

$$\begin{aligned}
(u, \, d')_L &= (2)_{\mathrm{SU(2)}} \, , \\
(\nu, e^-)_L &= (2)_{\mathrm{SU(2)}} \, .
\end{aligned} \tag{4.16}$$

Rechtshändige Fermionen nehmen nicht an schwachen Wechselwirkungen teil, d.h. es gibt keine Eichkopplung. Sie können daher keinen schwachen Isospin tragen. Bei solchen Isospin-neutralen Teilchen spricht man von Singuletts bezüglich der Gruppe SU(2):

$$
\begin{aligned}
(u)_R &= (1)_{\mathrm{SU(2)}}\,, \\
(d)_R &= (1)_{\mathrm{SU(2)}}\,, \\
(e^-)_R &= (1)_{\mathrm{SU(2)}}\,, \\
(\nu)_R &= (1)_{\mathrm{SU(2)}}\,.
\end{aligned}
\tag{4.17}
$$

Für das zugehörige Eichfeld benötigt man (um die Übergänge unterzubringen) Zustände mit dem schwachen Isospin 1. Man spricht von einem Triplett der Gruppe SU(2)

$$
(W_\mu^+, W_\mu^0, W_\mu^-) = (3)_{\mathrm{SU(2)}}\,.
\tag{4.18}
$$

Mit dieser Zuordnung scheinen viele Probleme gelöst. Es verbleibt allerdings die folgende, gravierende Schwierigkeit. Wenn z.B. das u-Quark und das d'-Quark in einem Multiplett der schwachen Wechselwirkung sind, müssen sie bezüglich aller anderen Wechselwirkungen dieselbe Struktur haben. Das ist bezüglich der QCD der Fall, beides sind Tripletts. Bezüglich der QED ist diese Forderung nicht erfüllt. Beide Teilchen müßten mit derselben Kopplung mit dem elektrischen Feld wechselwirken (d.h. sie bräuchten dieselbe Ladung).

Um Weinbergs und Salams Lösung dieses Problems zu verstehen, ignorieren wir zunächst die experimentelle Situation und führen ein "verkehrtes Photon"

$$
(B_\mu) = (1)_{\mathrm{SU(2)}}
\tag{4.19}
$$

ein, das zu jedem Multiplett jeweils, wie erforderlich, nur eine Kopplung hat und daher bezüglich der schwachen SU(2)-Gruppe ein Singulett ist. Die Existenz eines Eichteilchens ist mit einer Symmetrie der Eichtheorie verbunden. Das verkehrte Photon beruht auf der Invarianz unter Phasentransformation. Die Gruppe der Phasentransformationen wird U(1) genannt und man spricht daher vom Eichteilchen der U(1).

In einer solchen Theorie gibt es, wie in Wirklichkeit, zwei neutrale Ströme, die an das B_μ bzw. an das W_μ^0 koppeln. Vom Experiment wissen wir, daß eines dieser Eichbosonen, das Photon, masselos bleiben und das andere eine Vektorbosonmasse erhalten muß. Die Weinberg-Salam-Hypothese besagt, daß alle Massen durch eine spontane Symmetriebrechung dynamisch entstehen. Wichtig ist dabei, daß die Erzeugung der Massen völlig unabhängig von der Symmetrie der bisher betrachteten Fermion-Vektorboson-Wechselwirkung ist. Es besteht daher die Möglichkeit, daß das, was das masselose Photon ist, und das, was das neutrale schwache Vektorboson ist, einer anderen Kombination der obigen Zustände entspricht. Wie bei den Cabibbo-Winkeln könnten die Masseneigenzustände wieder gedrehte Zuständen sein. Mit einem geeignet definierten Drehwinkel, den sogenannten *Weinberg-Winkel* θ_W, kann man dann die Relation zwischen den Eichbosonen der SU(2) und der U(1) und dem experimentell beobachteten Photon und dem massiven schwachen Vektorboson als

$$
\begin{pmatrix} Z_\mu^0 \\ A_\mu \end{pmatrix} = \begin{pmatrix} \cos\theta_W & -\sin\theta_W \\ \sin\theta_W & \cos\theta_W \end{pmatrix} \begin{pmatrix} W_\mu^0 \\ B_\mu \end{pmatrix}
\tag{4.20}
$$

schreiben.

Die elektromagnetischen und die schwachen Wechselwirkungen treten nicht mehr separat auf. Das Photon, das lange als *das* fundamentale Teilchen angesehen wurde, verbleibt dabei als Mischung zwischen einem Singulett mit der "verkehrten Photon"-Kopplung und einem Triplettzustand mit der Schwachen-Isospin-Kopplung. Da das Photon nun eine Komponente hat, die mit unterschiedlichem Vorzeichen an die beiden Zustände des $SU(2)$-Dubletts koppelt, erreicht man zumindest verschiedene elektrische Ladungen in den schwachen Multipletts. Kann die Theorie die bekannten elektromagnetischen Ladungen im Detail reproduzieren?

Betrachten wir zunächst die zweite Komponente von (4.20), die für die elektrische Ladung verantwortlich ist. Beginnen wir mit der *Ladungsdifferenz* im schwachen SU(2)-Dublett (d.h. mit $Q[\nu] - Q[e] = Q[u] - Q[d]$), die der Elektronladung e entsprechen muß,

$$e = \sin\theta_W \cdot g \ . \tag{4.21}$$

Für die betrachtete Differenz war die "Ladung" bezüglich des "verkehrten Photons" ohne Bedeutung, da sie in den Dubletts jeweils einen konstanten Wert einnehmen wird. Die Größe $\pm g/2$ war die Kopplung unter der SU(2), die in der Differenz zweimal beiträgt. Die Größe dieser Konstante ist bei bekannter Vektormesonmasse durch die Wechselwirkung geladener Ströme festgelegt (in Relation zu 4.15 gilt $g_w = g/\sqrt{8}$). Die Relation erlaubt eine Festlegung des Weinberg-Winkels. Sein heutiger Wert ist [50]

$$\sin^2\theta_W = 0.23 \pm 0.04 \ . \tag{4.22}$$

Für die richtigen Ladungen verbleibt die Forderung, daß die Kopplung des "verkehrten Photons", die üblicherweise als $g'y_{\text{Multiplett}}$ bezeichnet wird, in jedem (schwachen Isospin-) Multiplett dessen mittlerer Ladung entspricht. Für die mittlere Ladung spielt die SU(2)-Kopplung keine Rolle. Für linkshändige Fermionen (durch $[L]$ gekennzeichnet) gelten die folgenden Relationen:

$$\begin{aligned}
\cos\theta_W \cdot g'y_{\text{Leptonen}[L]} &= e/2 \ , \\
\cos\theta_W \cdot g'y_{\text{Quarks}[L]} &= e/6 \ .
\end{aligned} \tag{4.23}$$

Für rechtshändige Teilchen tritt nur die Kopplung an das verkehrte Photon auf. Alle rechtshändigen Teilchen sind bezüglich des schwachen Isospins Singuletts. Jedes der Teilchen kann daher jeweils seine eigene Kopplungskonstante haben:

$$\begin{aligned}
\cos\theta_W \cdot g'y_{e[R]} &= e \ , \\
\cos\theta_W \cdot g'y_{\nu[R]} &= 0 \ , \\
\cos\theta_W \cdot g'y_{u[R]} &= 2/3e \ , \\
\cos\theta_W \cdot g'y_{d'[R]} &= -1/3e \ .
\end{aligned}$$

Die drittelzahligen Ladungen treten für die Teilchen auf, die in drei Farbzuständen vorkommen.

Man hat also den richtigen elektrischen Strom. Vertauscht man $\sin\theta_W$ mit $\cos\theta_W$ und $\cos\theta_W$ mit $-\sin\theta_W$ (siehe 4.20), erhält man die entsprechenden Kopplungen an das massive neutrale Vektorboson. Die experimentellen Größen dieser Wechselwirkungen ergeben zusätzliche Beziehungen zwischen Weinbergwinkeln und Vektormesonmassen. Aus ihnen konnten die Massen der schwachen Vektorbosonen vor ihrer Entdeckung bestimmt werden.

4.2.3 Die Experimente am SPS Collider

Die vorhergesagten schwachen Vektorbosonen konnten im SPS Collider am CERN erzeugt und direkt nachgewiesen werden. Man beobachtete Ereignisse, in denen sich ein Quark und ein Antiquark des Protonen- und des Antiprotonenstrahls in das kurzlebige geladene oder ungeladene Vektorboson annihilierten und dann anschließend in Leptonen zerfielen. Die gemessenen Massen sind [50,119,118]

$$\boxed{\begin{aligned} M(W^+) &= 81.0 \pm 1.3\,\text{GeV} \\ M(Z^0) &= 92.4 \pm 1.8\,\text{GeV}\,. \end{aligned}} \tag{4.24}$$

Im Standardmodell für die Erzeugung der Massen der schwachen Vektorbosonen, das wir im letzten Abschnitt besprechen werden, erhält man wiederum mit kleinen Korrekturen die folgende Relation zwischen den Massen der geladenen und ungeladenen Vektorbosonen:

$$\frac{M(W^+)}{M(Z^0)} = \cos\theta_W\,. \tag{4.25}$$

Diese Relation ist innerhalb der erwarteten Genauigkeit erfüllt. Alle beobachteten Zerfälle entsprechen den Erwartungen des "Standardmodells".

Welche Möglichkeiten gibt es, die schwachen Vektorbosonen experimentell direkt zu beobachten? Ein Weg ist die Erzeugung in e^+e^--Streuungen. Das Problem dabei ist, daß es wegen der Bremsstrahlung sehr schwer ist, e^+e^--Strahlen ausreichender Energien zu erzeugen. Der Vorteil einer solchen Messung ist, daß man dabei die Resonanzen direkt im totalen Wirkungsquerschnitt vermessen kann und daß man dann im Resonanzgebiet praktisch nur die Zerfälle von schwachen Vektormesonen hat. Sobald die entsprechende Energie am SLC oder LEP zur Verfügung steht, werden interessante Ergebnisse erwartet.

Für Partonen in geeigneten Hadronenstrahlen können wesentlich einfacher ausreichend hohe Energien erzeugt werden. Die Schwierigkeit bei einem hadronischen Experiment besteht darin, eine Handvoll interessanter Ereignisse aus vielen Milionen Streuungen herauszufinden. Dies war möglich,

- da im Zerfall Leptonen auftreten, und
- da die Ereignisse eine völlig andere Struktur als die üblichen Streuprozesse haben.

Es treten Transversalimpulse von der Ordnung der schwachen Vektorbosonmassen auf.

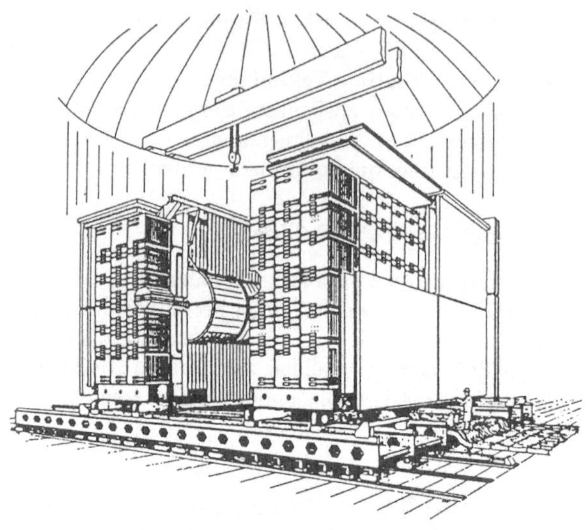

Abb. 4.8:   Skizze des UA1-Detektorsystems [aus M. Calvetti [111]]

Es erforderte jedoch einen enormen apparativen Aufwand. Um einen Eindruck von der Größenordnung zu geben, zeigt Abb. 4.8 eine Zeichnung des Detektorsystems der UA1-Kollaboration. Das Schema der Teilchendetektion ist in Abb. 4.9 dargestellt. Der Abstand zwischen den beiden "End-Cap Shower Counters" (Endplattenschauerzähler) beträgt 6 m. Die Protonen und Antiprotonen kommen von rechts und links, so daß die Kollision im Zentrum des Detektors stattfindet. Die gestreuten Teilchen fliegen in alle Richtungen. Da der gesamte Winkelbereich, abgesehen von einem engen Gebiet um die Strahlen, mit Detektoren abgedeckt ist, spricht man von einem "4 π"-Detektor. Im Inneren des Detektors besteht ein horizontales Magnetfeld von 0.7 Tesla. Magnetfelder erlauben die Bestimmung der Impulse und des Ladungsvorzeichens der beobachteten Teilchen. Die geladenen produzierten Teilchen werden zunächst in einer zentralen Driftkammer ("Central Detector") beobachtet (genauer gesagt: die Ladungen, die sie entlang ihrer Spuren produzierten, werden zur elektronischen Spurenrekonstruktion auf geeignet gespannten Drähten aufgesammelt). Dieser Zentraldetektor ist umgeben von dem elektromagnetischen Schauerzähler. Für Photonen und Elektronen kommt es hier zu einem Kaskadenprozeß, der die Bestimmung ihrer ursprünglichen Energie erlaubt. Zur Positionsbestimmung sind die Schauerzähler geeignet untergliedert. Außerhalb der Aluminiumspule, die das Magnetfeld erzeugt, folgt das Hadron-Kalorimeter, das die Beobachtung der von den Hadronen verursachten Schauer erlaubt. Es ist in das Eisen, das zur Herstellung des Magnetfelds benötigt wird, integriert. Hinter dem Eisen folgt der Myonendetektor.

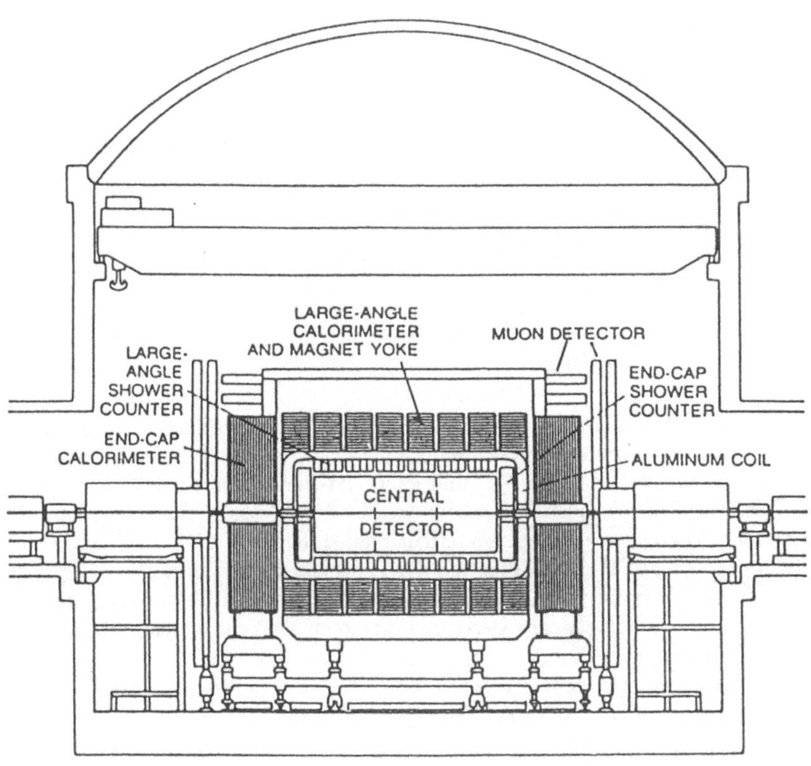

Abb. 4.9: Schema des UA1-Detektorsystems [aus C.D. Dowell [112]]

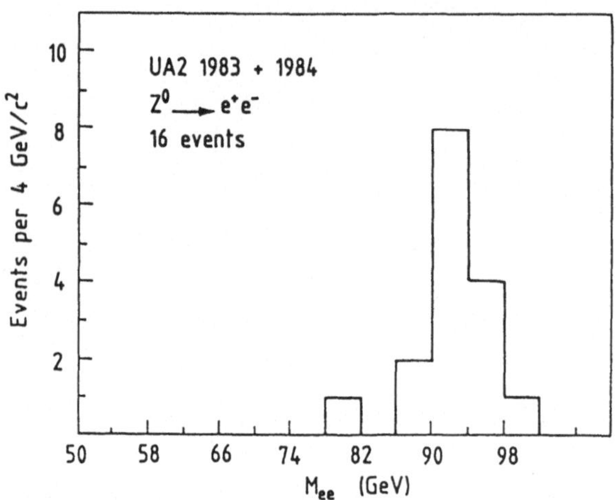

Abb. 4.10:   Die Masseverteilung von e^+e^--Paaren, die in $p\bar{p}$-Streuung erzeugt wurden. Ereignisse, die nicht für eine Leptonenproduktion aus einem Z^0 in Frage kommen, wurden entfernt. [aus M. Livan [118]]

Die experimentellen Anforderungen sind etwas geringer für den Nachweis des Z^0, obwohl es wegen seiner höheren Masse eigentlich seltener produziert wird. Die beobachteten Zerfälle in e^+e^- und $\mu^+\mu^-$ haben den Vorteil, daß beide produzierten Leptonen gesehen werden können. Mit geeigneten "Schnitten", die uninteressante Ereignisse ausschließen, erhält man [118] die in Abb. 4.10 dargestellte Massenverteilung. Die Identifikation der Leptonen funktioniert ausreichend genau, da sie als isoliert auftretende Teilchen mit hohen Transversalimpulsen in einem anderen kinematischen Bereich vorkommen als die in weichen Wechselwirkungen produzierten Pionen.

Für Ereignisse mit dem geladenen Vektorboson ist eines der Zerfallsteilchen ein Neutrino, d.h. ein Teilchen, das nicht direkt beobachtet werden kann. Um seinen Impuls zu bestimmen, muß man alle Teilchenimpulse im "4π"-Detektor messen. Der fehlende Impuls wird dann dem Neutrino zuzurechnen sein. Die Methode funktioniert, weil man sich mit der Messung des transversalen Anteils begnügen und sich mit relativ großen Fehlern abfinden kann. Daß sie überhaupt anwendbar war, d.h. daß bei, sagen wir, 200 Teilchen der fehlende Transversalimpuls ausreichend genau bestimmbar war, ist der Punkt, an dem das gewaltige Ausmaß des Detektors und der hohe Stand der Kunst, Detektoren zu bauen, zum Tragen kamen.

4.2.4 Ausblick auf die Physik unterhalb der schwachen Vektorbosonen

Im letzten Abschnitt hatten wir Prozesse kennengelernt, in denen Vektorbosonen produziert werden. Gehen wir jetzt einen Schritt weiter nach unten auf unserem Weg zu kleineren Skalen und untersuchen die Streuung dieser Teilchen. Bei der Betrachtung von Streuungen schwacher Vektorbosonen treten wiederum unendliche Terme auf. Eine Möglichkeit zur Behebung dieser Unendlichkeiten ist die Einführung eines *schwachen skalaren Mesons*. Eine Evidenz für ein solches Teilchen sollte in dem von dem Beschleuniger SSC in Amerika angestrebten Energiebereich (d.h. 40 TeV) sichtbar werden. Dasselbe gilt [120] für einen Elektron-Positron-Beschleuniger von etwa 1 TeV mit ausreichender Luminosität.

Die Unendlichkeit kam dadurch zustande, das die naive Einführung der Masse die Struktur der Eichtheorie ändert. Eine konsistente Theorie mit massiven schwachen Vektorbosonen erhält man, wenn man annimmt, daß in der fundamentalen Theorie selber keine Massen vorkommen und daß Massen erst im "niederenergetischen" Bereich durch Selbstwechselwirkungen der beteiligten Teilchen zustande kommen (*"Spontane Symmetriebrechung"*). Weinberg und Salam [114, 115] konnten zeigen, daß dies möglich ist, wenn man ein odere mehrere geeignete zusätzliche skalare "Higgs-Teilchen" einführt. Die Selbstwechselwirkung des Higgs-Teilchens kann dabei so gewählt werden, daß das Vakuum (der "leere" Raum) als energetisch niedrigster Zustand eine konstante Füllung von Higgs-Teilchen enthält. Physikalische Objekte sind dann Anregungszustände aus diesem Grundzustand. Nach einer geeigneten Umdefinition kann man die Differenz zu der konstanten Füllung als störungstheoretische Teilchenfelder betrachten, die in Feynman-Graphen auftreten. Neben den üblichen Wechselwirkungen verbleibt eine Wechselwirkung mit der konstanten Füllung. Diese Wechselwirkung hat, wie eine genaue Betrachtung zeigt, für die anderen Teilchen, die mit dem Higgs-Teilchen wechselwirken, die Struktur eines Masseterms. Die Größe der dadurch entstandenen effektiven Massen bestimmt sich unter anderem aus der Stärke der jeweiligen Kopplung an das Higgs-Teilchen. Diese Kopplung ist nicht bekannt, und die Massen können daher nicht vorhergesagt werden.

Die Reise in den Mikrokosmos ist noch nicht zu einem Ende gekommen. Das Ziel des Skripts ist es, einen Überblick über die bekannten Phänomene zu vermitteln. Natürlich gibt es auf der theoretischen Seite viele interessante Konzepte über die (wiederum) zugrundeliegende Physik [121]. Es gibt Versuche, eine weitere Substruktur einzuführen und die Teilchen als komplizierte Repräsentationen einer einfachen zweikomponentigen "Tohu-Vabohu"-Struktur zu erklären (englisch: subconstituent models). Ein anderer Vorschlag ist, die Vereinigung der schwachen und elektromagnetischen Wechselwirkungen mit größeren Gruppen auf die Farb- und vielleicht auch auf die Generationsstruktur auszudehnen (Theorie der Großen Vereinheitlichung, englisch: Grand Unification). Man nimmt dabei an, daß für sehr lokale Wechselwirkungen eine Eichtheorie, die auf einer größeren Gruppe basiert und die viele Eichbosonen enthält, gültig ist. Diese fundamentale Theorie soll dann im uns bekannten "Niederenergiebereich", dadurch daß ein Teil der Eichbosonen durch spontane Symmetriebrechung bisher unerreichbar große Massen erhält, in die beobachteten Eichtheorien, die auf kleineren Gruppen aufbauen, zerfallen.

Das wichtigste Beispiel einer solchen Vereinheitlichungstheorie ist die SU(5). Diese Theorie enthält 24 Eichfelder. Davon haben 12 Eichfelder, die sogenannten Leptoquarks, sehr große Massen. Für den augenblicklich zugänglichen Bereich bleiben die acht Gluonen, die drei schwachen Vektorbosonen und das verkehrte Photon als Eichteilchen übrig, genau wie sie in der Weinberg-Salam-Theorie benötigt werden. Eine wichtige Vorhersage des Modells betrifft die Größe der Kopplungskonstanten. Wie erwähnt, hängen die Kopplungskonstanten in Eichtheorien in berechenbarer Weise von der betrachteten Lokalisierung ab. Entspricht die Lokalisierung den inversen Leptoquarkmassen, müssen alle drei Wechselwirkungen, abgesehen von Clebsch-Gordan-Koeffizienten, identische Kopplungsstärken haben. Daß dies für geeignet gewählte Leptoquarkmassen von $1 \cdot 10^{15}$ GeV für alle drei Wechselwirkungen gleichzeitig der Fall ist, ist als Erfolg dieser Theorie zu werten. Allerdings sagt die Theorie mit den so bestimmten Leptoquarkmassen für den Protonzerfall eine Rate voraus, die ausgeschlossen werden konnte. Es ist daher zu früh, diesem Buch einen fünften Teil über die Physik der Leptoquarks hinzuzufügen. Um weiterzukommen, ist mehr experimentelle Information erforderlich.

Literaturverzeichnis

[1] E. Bagge: *Die Nobelpreisträger der Physik*, Reihe Forum Imaginum (Moos, München 1964)

[2] G. Gamow: *Biography of Physics*, Modern Science Series (Harper & Brothers, New York 1961)

[3] E. Segrè: *Die großen Physiker und ihre Entdeckungen* (Piper, München 1981); *Nuclei and Particles: An Introduction to Nuclear and Particle Physics* (Benjamin, New York 1977)

[4] R.H. Stuewer: *Bringing the News of Fission to America*, Physics Today (Okt.1985) **49**

[5] Ch. Kerner: *Lise, Atomphysikerin* (Beltz, Basel 1986)

[6] T.J. Trenn: *The Self-Splitting Atom – A History of the Rutherford-Soddy Collaboration* (Taylor & Francis, London 1977)

[7] S.F. Mason: *Geschichte der Naturwissenschaft* (Kröner, Stuttgart 1961)

[8] E. Rutherford: Phil. Mag.**21** (1911) 669; H. Geiger, E. Marsden: Phil.Mag.**25** (1913) 604; E. Rutherford: Phil.Mag.**37** (1919) 537

[9] W.N. Cottingham: *An Introduction to Nuclear Physics* (Cambridge University Press, Cambridge 1986)

[10] R.C. Berret, D.F. Jackson: *Nuclear Sizes and Structure* (Clarendon Press, Oxford 1977)

[11] H. Enge: *Introduction to Nuclear Physics* (Addison- Wesley, Reading 1966)

[12] A.H. Kazi, N.C. Rasmussen, H. Mark: Phys.Rev.**123** (1961) 1310

[13] H. Yukawa: *"Tabibito" (The Traveler)*, (World Scientific, Singapore 1982)

[14] D.J. Bjorken, S.D. Drell: *Relativistic Quantum Mechanics*, International Series in Pure and Applied Physics (McGraw-Hill, New York 1964)

[15] D.J. Bjorken, S.D. Drell: *Relativistic Quantum Fields*, International Series in Pure and Applied Physics (McGraw-Hill, New York 1965)

[16] D.B. Lichtenberg: *Unitary Symmetry and Elementary Particles* (Academic Press, New York 1978)

[17] C.F. von Weizsäcker: Z. Phys. **96** (1935) 431; H.A. Bethe, R.F. Bacher: Rev.Mod.Phys.**9** (1936) 69; G. Garvey, J. Gerace, R. Jaffe, I. Talmi, I. Kelson: Rev. Mod. Phys. **41** (1969) 1

[18] A. Bohr, B.R. Mottelson: *Nuclear Structure* (Benjamin, New York 1969)

[19] F. Wapstra: *Handbuch der Physik, XXXVIII/1* (Spinger, Heidelberg 1958)

[20] E. Fermi: *Nuclear Physics* (Chicago University Press, Chicago 1950)

[21] J.H. Barlett: Phys. Rev. **41** (1932) 370; W.M. Elsasser: J. Phys. Radium **4** (1933) 549

[22] J.H.E. Mattauch, W. Thiele, A.W. Wapstra: Nucl. Phys. **67** (1965) 1

[23] M. Goeppert-Mayer: Phys.Rev. **74** (1948) 235; O. Haxel, J.H.D. Jensen, H. Suess: Phys. Rev. **75** (1949) 1766

[24] J.M. Mayer, M.G. Mayer: *Statistical Mechanics* (Wiley, New York 1977)

[25] K. Wildermuth, Y.C. Tang: *A Unified Theorie of the Nucleus, Clusterring Phenomena in Nuclei* (Vieweg, Braunschweig 1975); Y.C. Tang: "A Microscopic Description of the Nuclear Cluster Theory", in: *Topics of Nuclear Physics*, Proceedings of the Beijing Winter School in Nuclear Physics (Springer, Heidelberg 1981)

[26] T.E.O. Ericson: "Summary Talk", in *Proceedings of the International Conference on Extreme States in Nuclear Physics in Dresden* (World Scientific, Singapore 1981)

[27] H. Frauenfelder, E.M. Henley: *Teilchen und Kerne* (Oldenburg, München 1979)

[28] H. Bucka: Nukleonenphysik (Walter de Gruyter, Berlin 1981)]

[29] B.G. Levi: Physics Today (Febr.1988) **17**

[30] S.E. Hunt: *Nuclear Physics for Engineers and Scientists*, Harwood Series in Mechanical Engineering (John Wiley, Chichister 1987); J.E. Turner: *Atoms Radiation and Radiation Protection* (Pergamon Press, New York 1986); Grupen C.: *Umweltradioaktivität* (Universität Siegen Preprint SI-88-05); APS study group: Report to the APS of the Study Group on Radionucleide Releases from Severe Accidents at Nuclear Power Plants, Rev.Mod.Phys.**57**,3 (1985) 1

[31] R.L. Mößbauer: Z.Phys. **151** (1958) 124

[32] T.D. Lee: *History of Weak Interactions,* CERN Courier (Jan/Febr.1987, CERN, Genf)

[33] P. Marmier: *Kernphysik I-III* (Verlag der Fachvereine, Zürich 1977)

[34] K.H. Hellwege, *Landolt-Börnstein* (Neue Serie), Gruppe I, Band 1 (Springer Verlag, Heidelberg 1961)

[35] R.J. Woods, D.S. Saxon: Phys.Rev. **95** (1954) 577

[36] A.E.S. Green: *Nuclear Physics* (McGraw-Hill, New York 1955)

[37] J.D. Jackson: *Classical Electrodynamics* (John Wiley, New York 1975)

[38] T. Mayer-Kuckuk: *Kernphysik* (Teubner, Stuttgart 1984)

[39] C.J. Gallagher, J.O. Rasmussen: J.Inorg.Nucl.Chem.**3** (1957) 333

[40] P. Marmier, E. Sheldon: *Physics of Nuclei and Particles* (Academic Press, New York 1969)

[41] L.B. Okun: *Leptons and Quarks* (North Holland, Amsterdam 1982)

[42] G.E. Brown: *Unified Theory of Nuclear Models and Forces* (North Holland, Amsterdam 1971)

[43] G.A. Jones: *The Properties of Nuclei* (Oxford University Press, Oxford 1987)

[44] H. Feshbach, C. Porter, V.F. Weisskopf: Phys.Rev. **96** (1954) 448

[45] A.M. Weinberg, E.P. Wigner: *The Physical Theory of Neutron Chain Reactors* (Chicago University Press, Chicago 1958)

[46] S.E. Hunt: *Nuclear Physics for Engineers and Scientists* (Ellis Horwood Series, John Wiley, New York 1987)

[47] R. Lenk, W. Gellert: *Fachlexikon ABC Physik* (Harri Deutsch, Frankfurt/M 1982)

[48] N. Bohr: Nature **137** (1936) 344

[49] G. Musiol, J. Ranft, R. Reif, D. Seeliger: *Kern- und Elementarteilchenphysik* (VEB Deutscher Verlag der Wissenschaften, Berlin 1988)

[50] M. Aguilar-Benitez et al.: Physics Letters **170B** (1986); Physics Letters **204B** (1988);

[51] C.M.G Lattes., H. Muirhead, C.F. Powell, G.P. Occhialini: Nature **159** (1947) 694

[52] M. Jacob, L. Van Howe: "Highlights of 25 Years Physik at CERN", Phys.Rep. **62** Nr.1 (1980) 1

[53] K. Johnson: *Theoretical Aspects of the Behaviour of Beams in Accellerators and Storage Rings* (CERN Scientific Information Service CERN 77-13, Genf 1977)

[54] H. Daniel: *Beschleuniger* (Teubner, Stuttgart 1974)

[55] J.R. Cudell, F. Halzen, X.-G. He, S. Pakvasa: University of Wisconsin Preprint MAD/PH/376 (Oct. 1987)

[56] H. Schopper: *Elementary Particle Physics — Where is it going?* (CERN Scientific Information Service CERN 82- 08, Genf 1982)

[57] E. Lohrmann: *Hochenergiephysik* (Teubner, Stuttgart 1980)

[58] G. Fraser, "Around the Laboratories",Cern Courier Vol.28 No.1 (1988) 3

[59] V.L. Telegdi: "Accelerators of the Future", in: *Proceedings of the XXII International Conference on High Energy Physics* (Akademie der Wissenschaften der DDR, Zeuthen 1984)

[60] J.H. Mulvey et al.: *Proceedings of the Workshop on Future Accelerators* (CERN Scientific Information Service CERN 87- 07, Genf 1987)

[61] Z. Kunszt: *Proceedings of the Workshop on Future Accelerators* (CERN Scientific Information Service CERN 87-07, Genf 1987)

[62] A. Capella, A. Kaidalov: Nucl.Phys. **B111** (1976) 477

[63] A. Casher, S. Neuberger, S. Nussinov: Phys.Rev. **D20** (1980) 179; B. Anderson, G Gustafson., T. Sjöstrand: Phys.Rep. **97**, No.2&3 (1983) 31; X. Artru: Phys.Rep. **97** No. 2&3(1083) 147

[64] D.B. Lichtenberg: *Unitary Symmetry and Elementary Particles* (Academic Press, New York 1978)

[65] H. Grosse, A. Martin: Phys.Rep. **60** No.6 (1980) 1

[66] S. Gasiorowicz, J.L. Rosner: Am.J.Phys. **49** (10) (1981) 954

[67] R.C. Johnson: "Basic Regge Theory", in: *Rutherford School for Young High Energy Physicists,* ed. P.E. Murphy (Rutherford Laboratory, Chilton 1977)

[68] J.K. Storrow: "Hadron Dynamics at High Energies", in *Rutherford School for Young High Energy Physicists,* ed. P.E. Murphy (Rutherford Laboratory,

Chilton 1975)

[69] V.D. Barger, D.B. Cline: *Phenomenological Theories of High Energie Scattering* (Benjamin, New York 1969)

[70] S. Gasiorowicz: *Elementary Particle Physics* (Wiley, New York 1967)

[71] S.C. Frautschi: *Regge Poles und S-Matrix Theory* (Benjamin, New York 1963)

[72] G.F. Chew, C. Rosenzweig: Phys.Rep. **41C** (1973) 263

[73] G. Veneziano: Phys.Rep. **9C** (1974) 199

[74] R. Slansky: Phys.Rep. **11C** (1974) 101

[75] G. Giacomelli: Phys.Rep. **23C** (1976) 126

[76] K. Igi, M. Fukugita: Phys.Rep. **31C** (1977) 239

[77] M. Kramer, H. Krasemann: Acta Physica Austriaca, Suppl.**XXI** (1979) 259

[78] E. Lohrmann: Annual Report (CERN, Genf 1978)

[79] V.V. Anisovich, M.N. Kobrinsky, J. Nyiri, Y.M. Shabelski: *Quark Model and High Energy Collision* (World Scientific, Singapore, 1985)

[80] S.L. Wu: Phys.Rep. **107C** (1984) 59

[81] G. Mikenberg (Tasso Collaboration) in: *Proceedings of the XV Rencontre de Moriond* (Editions Frontières, Gif sur Yvette 1980)

[82] K.H. Mess, B.H. Wiik: "Elektron Positron and Lepton Hadron Interactions", Report DESY 82-011 (Desy, Hamburg 1982)

[83] G. Arnison et al. (UA1-Collaboration) in: *Proceedings of the Third Topical Workshop on Proton-Antiproton Collider Physics*, Report CERN 83-04 (CERN, Genf 1983)

[84] M.G. Albrow, C.W. Fabian, M. Jacob: "Selected Topics in ISR Physics", Report CERN 82-11 (CERN, Genf 1982)

[85] M. Banner et al. (UA2-Collaboration): Phys.Lett. **118B** (1982) 15

[86] F.W. Bopp: Rev. del Nuovo Cimento, Vol.1, No.8 (1978) 1

[87] M.L. Perl: *High Energie Hadron Physics* (Wiley, New York 1974)

[88] B. Müller: *The Physics of the Quark-Gluon Plasma* (Springer, Heidelberg 1983)

[89] J. Tran Thanh Van (ed.): *Nuclear Interaction and Quark-Gluon Plasma Formation*, Proceedings of the XXIInd Rencontre de Moriond, Hadronic Session (Editions Frontieres, Gif sur Yvette 1987)

[90] A. Stock: Cern Courier Vol. 27 No.10 (1987) 13

[91] A. Capella: *Partons in Hadronic Physics*, Proceedings of the Europhysics Study Conference (World Scientific, Singapore 1981)

[92] J.D. Bjorken: *QCD and the Space-Time Evolution of High Energy e^+e^-, $\bar{p}p$, and Heavy Ion Collission, Proceedings of the Conference on Physics in Collissions* (Stockholm, World Scientific 1982)

[93] I.J.R. Aitchison: *Relativistic Quantum Mechanics* (McMillan, London 1972)

[94] P. Cvitanović: *Field Theory, Nordita Lecture Notes* (Nordita, København 1983)

[95] B. De Wit: *Field Theory in Particle Physics,* Personal Library (North

Holland, Amsterdam 1986)

[96] R.S. Schwinberg, R.S. Van Dyck, H.G. Dehmelt: Phys. Rev. Lett. 47 (1981) 1679; Kinoshita T., Lindquist W.: Phys. Rev. Lett. 26 (1981) 1573; weitere Arbeiten: Atomic Physics 9, eds. R.S. Vqan Dyck and E.N. Fortson (World Scientific, Singapore 1984)

[97] D.H. Perkins: *Introduction to High Energy Physics* (Addison-Wesley, Reading 1982)

[98] F.M. Rennard: *Basics of Electron Positron Collisions* (Editions Frontières, Gif sur Yvette 1981)

[99] F.J. Yndurain: *Quantum Chromodynamics,* Texts and Monographs in Physics (Springer-Verlag, Heidelberg 1983)

[100] M. Chaichian, N.F. Nelipa: *Introduction to Gauge Field Theories,* Texts and Monographs in Physics (Springer-Verlag, Heidelberg 1984)

[101] C. Itzykson, J.-B. Zuber: *Quantum Field Theory,* International Series of Pure and Applied Physics (McGraw-Hill, New York 1980)

[102] P. Becher, M. Böhm, H. Joos: *Eichtheorien* (Teubner, Stuttgart 1981)

[103] O. Nachtmann: *Elementarteilchenphysik – Phänomene und Konzepte* (Vieweg, Braunschweig 1986); K. Bethge, U.K. Schröder: *Elementarteilchen* (Wissenschaftliche Buchgesellschaft, Darmstadt 1986)

[104] L.B. Okun: *Leptons and Quarks,* Personal Library (North-Holland, Amsterdam 1982)

[105] H. Georgi: *Weak Interaction and modern Particle Theory* (Benjamin, Menlo Park 1984)

[106] C.S. Wu, E. Ambler, R. Hayward, D. Hoppes, R. Hudson: Phys.Rev. 105 (1964) 380

[107] R. Sorbie (UA1-Collaboration) in: *Proceedings of the XXI Rencontre de Moriond* (Editions Frontières, Gif sur Yvette 1986)

[108] J. Varela in: *Proceedings of the IIXX Rencontre de Moriond,* (Editions Frontières, Gif sur Yvette 1983)

[109] F. Vannuci in: *Proceedings of the XV Rencontre de Moriond,* (Editions Frontières, Gif sur Yvette 1980)]

[110] F. Vannuci in: *Proceedings of the XV Rencontre de Moriond,* (Editions Frontières, Gif sur Yvette 1980)]

[111] M. Calvetti (UA1 Collaboration) in: *Poceedings of the Third Topical Workshop on Proton-Antiproton Collider Physics,* Report CERN 83-04 (CERN, Genf 1983)

[112] C.D. Dowell (UA1 Collaboration) in: *Proceedings of the Sixth Topical Workshop on Proton-Antiproton Collider Physics,* Report (CERN, Genf 1986)

[113] R.L. Garwin, L.M. Lederman, M. Weinrich: Phys.Rev. **105** (1957) 1415

[114] S. Weinberg: Phys.Rev.Lett. **19** (1967) 1264

[115] A. Salam in :*Elementary Particle Theory,* ed. N.Svartholm (Almquist and Wiksell, Stockholm 1968) 367

[116] T.C. Lee, C.N. Yang: Phys.Rev. **194** (1956) 254

[117] P. Musset, J.P. Vialle: "Neutrino Physics with Gargamelle", Phys.Reports **39** (1978) 1

[118] M. Livan: *$W^{\pm}$ and Z^0 Production in UA2*, Proceedings of the Conference on Multiparticle Dynamics (Edition Frontières, Gif sur Yvette 1985)

[119] C. Rubbia: "Experimental Observation of the Intermediate Vector Bosons", Rev.Mod.Phys. **57** (1985) 699

[120] J.H. Mulvey: *Proceedings of the Workshop on Future Accelerators* (CERN Scientific Information Service CERN 87-07, Genf 1987)

[121] V.D. Barger, J.N. Phillips: *Collider Physics,* Frontiers in Physics (Addison-Wesley, Reading 1987)

[122] G. Danby, J. Gaillard, K. Goulianos, L. Lederman, M. Schwarz, J. Steinberger: Phys.Rev.Lett. **9** (1962) 36

Sachverzeichnis

Teubner Studienbücher

Physik/Chemie

Becher/Böhm/Joos: **Eichtheorien der starken und elektroschwachen Wechselwirkung**
2. Aufl. DM 39,80

Bopp: **Kerne, Hadronen und Elementarteilchen.** DM 34,–

Bourne/Kendall: **Vektoranalysis.** 2. Aufl. DM 28,80

Carlsson/Pipes: **Hochleistungsfaserverbundwerkstoffe.** DM 28,80

Daniel: **Beschleuniger.** DM 28,80

Elschenbroich/Salzer: **Organometallchemie.** 2. Aufl. DM 46,–

Engelke: **Aufbau der Moleküle.** DM 38,–

Fischer/Kaul: **Mathematik für Physiker**
Band 1: Grundkurs. DM 48,–

Goetzberger/Wittwer: **Sonnenenergie.** DM 26,80

Gross/Runge: **Vielteilchentheorie.** DM 39,80

Großer: **Einführung in die Teilchenoptik.** DM 26,80

Großmann: **Mathematischer Einführungskurs für die Physik.** 5. Aufl. DM 36,–

Heil/Kitzka: **Grundkurs Theoretische Mechanik.** DM 39,–

Heinloth: **Energie.** DM 42,–

Hennig/Rehorek: **Photochemische und photokatalytische Reaktionen von Koordinaten-verbindungen.** DM 24,80

Kamke/Krämer **Physikalische Grundlagen der Maßeinheiten.** DM 26,80

Kleinknecht: **Detektoren für Teilchenstrahlung.** 2. Aufl. DM 29,80

Kneubühl: **Repetitorium der Physik.** 3. Aufl. DM 48,–

Kneubühl/Sigrist: **Laser.** 2. Aufl. DM 42,–

Kopitzki: **Einführung in die Festkörperphysik.** DM 36,–

Kröger/Unbehauen: **Technische Elektrodynamik.** DM 42,–

Kunze: **Physikalische Meßmethoden.** DM 28,80

Lautz: **Elektromagnetische Felder.** 3. Aufl. DM 32,–

Lindner: **Drehimpulse in der Quantenmechanik.** DM 28,80

Lohrmann: **Einführung in die Elementarteilchenphysik.** DM 24,80

Lohrmann: **Hochenergiephysik.** 3. Aufl. DM 34,–

Mayer-Kuckuk: **Atomphysik.** 3. Aufl. DM 34,–

Mayer-Kuckuk: **Kernphysik.** 4. Aufl. DM 39,80

Mommsen: **Archäometrie.** DM 38,–

Neuert: **Atomare Stoßprozesse** DM 28,80

Nolting: **Quantentheorie des Magnetismus**
Teil 1: Grundlagen. DM 38,–
Teil 2: Modelle. DM 38,–

Primas/Müller-Herold: **Elementare Quantenchemie.** DM 39,–

Raeder u. a.: **Kontrollierte Kernfusion.** DM 42,–

Rohe: **Elektronik für Physiker.** 3. Aufl. DM 29,80

Teubner Studienbücher Fortsetzung

Physik/Chemie Fortsetzung

Rohe/Kamke: **Digitalelektronik.** DM 28,80

Schatz/Weidinger: **Nukleare Festkörperphysik.** DM 34,–

Schmidt: **Meßelektronik in der Kernphysik.** DM 28,80

Theis: **Grundzüge der Quantentheorie.** DM 34,–

Vögtle: **Supramolekulare Chemie.** DM 42,–

Vögtle: **Reizvolle Moleküle der Organischen Chemie.** DM 39,80

Walcher: **Praktikum der Physik.** 6. Aufl. DM 38,–

Wegener: **Physik für Hochschulanfänger.** 2. Aufl. DM 46,–

Wiesemann: **Einführung in die Gaselektronik.** DM 32,–

Preisänderungen vorbehalten

 B. G. Teubner Stuttgart